U0161560

风力发电
机组维护与检修

中国华电集团有限公司　组编

中国电力出版社
CHINA ELECTRIC POWER PRESS

内容提要

　　清洁低碳、安全可控、灵活高效、智能友好、开放互动是新型电力系统的基本特征，能源绿色低碳转型是全球的普遍共识和一致行动。为践行央企绿色低碳战略部署，秉承"奉献清洁能源、创造美好生活"使命，主动适应新型电力系统发展要求，坚持"人才是第一资源"理念，加快推进新能源高质量发展，特组织系统内外专家学者，编写了风电和光伏的理论、维护与检修系列书。本书为《风力发电机组维护与检修》分册。

　　本系列书内容通俗易懂、贴合实际，总结提炼了生产过程中的典型案例，可作为风电和光伏一线生产、运行、检修、维护和管理人员培训用书，也可供相关专业的院校师生，以及从事风电和光伏科研、技术的人员学习参考使用。

图书在版编目（CIP）数据

风力发电机组维护与检修/中国华电集团有限公司组编. —北京：中国电力出版社，2023.12
ISBN 978-7-5198-8176-4

Ⅰ．①风… Ⅱ．①中… Ⅲ．①风力发电机－发电机组－维修 Ⅳ．①TM315

中国国家版本馆 CIP 数据核字（2023）第 185823 号

出版发行：中国电力出版社
地　　址：北京市东城区北京站西街 19 号（邮政编码 100005）
网　　址：http://www.cepp.sgcc.com.cn
责任编辑：孙　芳（010-63412381）
责任校对：黄　蓓　常燕昆
装帧设计：赵姗姗
责任印制：吴　迪

印　　刷：三河市万龙印装有限公司
版　　次：2023 年 12 月第一版
印　　次：2023 年 12 月北京第一次印刷
开　　本：787 毫米×1092 毫米　16 开本
印　　张：26.75
字　　数：518 千字
印　　数：0001—4000 册
定　　价：145.00 元

《风力发电机组维护与检修》
编委会

序言

　　党的二十大报告提出，积极稳妥推进碳达峰碳中和，加快构建新型电力系统。清洁低碳、安全可控、灵活高效、智能友好、开放互动是新型电力系统的基本特征，能源绿色低碳转型是全球的普遍共识和一致行动，我国疆域辽阔，风光资源储量丰富、潜力巨大，发展风力、太阳能等绿色能源是建设新型电力系统的重要措施之一，也是促进电力行业迭代升级的基本途径。

　　中国华电集团有限公司践行央企绿色低碳战略部署，秉承"奉献清洁能源、创造美好生活"的使命，主动适应新型电力系统发展要求，坚持"人才是第一资源"理念，加快推进新能源高质量发展。中国华电集团有限公司一直高度重视人才培养和培训体系建设，特组织系统内外专家学者，编写了风电和光伏理论、维护检修系列培训用书籍，为生产技术技能人才培养提供了较好的资源条件。该系列书籍主要适用于一线生产人员，遵循"易懂、易学、易用"原则，力求通俗易懂、贴合实际，总结提炼生产过程中的典型案例，更加体现了书籍的针对性和普遍实用性。希望该系列书籍能切实帮助提升新能源生产人员技术技能水平，为新能源高质量发展做出贡献，同时也感谢参与该系列书籍编写的单位和个人。

中国华电集团有限公司

2023 年 10 月

前言

近年来，我国社会经济快速发展，随着"双碳"目标的确立，国内新能源发电行业也随之迅猛发展。风力发电是新能源发电中非常重要的一个分支。要想实现风力发电可持续健康发展的目标，则需确保风力发电机组安全、稳定运行。但是，随着风电场风机并网数量和容量越来越大，风机运行故障频率逐年升高，对风电场风机的正常运行产生了严重影响。因此，风电场风机的检修维护工作越来越重要，制定规范及管理标准，以及培养风电检修维护人员势在必行，且加快有效实施时不我待。

《风力发电机组维护与检修》根据中国华电集团有限公司多年风电场检修维护经验，立足于生产现场实际，总结提炼出典型风机故障、处理措施、日常巡检标准等内容。其内容图文并茂、贴近实际、通俗易懂、详略得当，在广度和深度上适用于各级岗位人员阅读和自学。

本书共十四章，第一章主要介绍维护与检修基础理论，包括维护与检修的概念和风力发电机组检修管理等内容；第二章主要介绍风电机组常用检修工器具及典型作业案例，包括电动工器具，仪器仪表的结构、原理、使用方法和注意事项，并列举轴对中、起重和力矩紧固典型作业等内容；第三章主要介绍风电机组叶轮的维护与检修，包括叶片、轮毂等主要部件的检查方式、维护方法、检修典型案例等内容；第四章主要介绍风电机组传动系统维护与检修，包括传动系统中主轴、齿轮箱、联轴器的检查方式、维护方法、检修典型案例等内容；第五章主要介绍风电机组发电机的维护与检修，包括发电机的检查方式、维护方法、检修典型案例等内容；第六章主要介绍风力发电机组基础、塔架、主机架、机舱罩的基本组成及其维护与检修等内容；第七章主要介绍风电机组主控系统和安全链的维护、测试、检修以及检修方法等内容；第八章主要介绍风电机组变桨系统的结构与组成，主要部件的检查及维护，掌握和分析变桨系统常见故障处理等内容；第九章主要介绍变流器系统的维护与检查、故障处理和典型作业案例等内容；第十章主要介绍偏航系统的维护与检查、故障处理和典型作业案例等内容；第十一章主要介绍液压系统的维护与检查、故障处理和典型作业案例等内容；第十二章主要介绍传感器、开关电气、电动机、SCADA、视频监控、提升装置等系统的维护与检修等内容；第十三章主要介绍远程集控系统维护与检修等内容；第十四章主要介绍海上风电的维护与检修等内容。

在本书编写过程中，参考了大量相关专业图书和资料，在此一并特致感谢。

限于时间仓促与作者水平，书中难免有不少错误和不足之处，恳请广大读者批评指正。

编 者

2023 年 12 月

目录

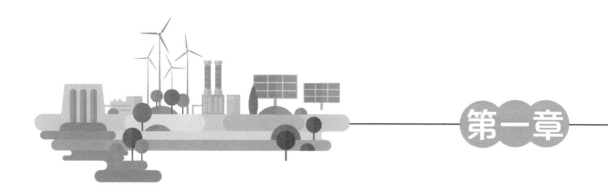

第一章

维护与检修基础理论

本章主要介绍维护与检修基础理论，主要内容包括风力发电机组维护与检修的概念及管理。通过本章内容的学习，帮助检修人员了解检修管理基本原则，掌握风力发电机组检修全过程管理及安全要求。

第一节　维护与检修的概念

一、检修的定义

设备检修管理经常用到的名称是检修和维修，一般认为检修是对设备进行检验和维修的简称，维修是对设备进行维护和修理的简称。同时，也有人认为维修和检修均包含维护、检查和修理，但检修偏主动行为，偏重于预防性的维护、检查和修理，而维修偏被动行为，偏重于故障性解决的维护、检查和修理。当前推行主动的预防性维护、检查和修理，因此本书采用检修表述，主要包括设备维护、检查和修理。

1. 维护

设备维护是指为防止设备性能劣化或降低设备失效的概率，按事先确定的计划或相应技术条件的规定进行的技术管理措施。其内容包括及时紧固松动的紧固件、加注油脂和卫生清理等，目的是保持设备清洁、整齐、润滑良好、安全运行等。

2. 检查

设备检查是指对设备的运行情况、工作精度、磨损或腐蚀程度进行测量和校验。通过检查全面掌握设备的技术状况和健康情况，及时查明和消除设备隐患，有目的地做好修前准备工作，提高修理质量，缩短修理时间。

3. 修理

设备修理是指修复因日常运行或异常原因所造成的设备损坏和精度劣化。通过修理或更换磨损、老化、腐蚀的零部件，使设备性能得到恢复。

设备的修理和维护保养是设备检修的不同方面，两者因工作内容与作用的不同，不能相互替代，应把两者同时做好，以便相互配合、相互补充。

二、检修方式分类

风力发电机组的检修方式分为定期检修、状态检修和故障检修三类。

1. 定期检修

定期检修是一种以时间为基础的预防性检修，根据设备磨损和老化的统计规律，事先确定检修间隔、检修项目及需用备件、材料等的检修方式。风力发电机组运行环境较为恶劣，定检可以使设备保持最佳状态，延长风力发电机组使用寿命，因此该项工作很重要。根据时间不同，工作内容也有所不同，主要包括连接件的力矩检查（包括连接）、润滑性能检查、部件功能测试、油位和电气设备的检查、设备的清洗、发电机对中等。

2. 状态检修

状态检修是指根据状态监测和诊断技术提供的设备状态信息，评估设备的状况及其零部件寿命，在故障发生前、零部件寿命终结前或性能衰减超过正常值前进行检修的方式。开展状态检修工作应充分利用新能源远程诊断系统，全面开展设备状态监测，加强设备状态分析，根据不同设备的重要性、可控性和可维护性，结合对设备状态信息的系统分析、诊断，科学合理地制订检修计划并实施。

3. 故障检修

故障检修是指设备在发生故障或其他失效时进行的非计划检修。故障检修也称为事后检修，这种修理方法出于事先不知道故障在什么时候发生，缺乏修理前准备，因此修理停歇时间较长。此外，因为修理是无计划性，所以会打乱生产计划。

第二节　风力发电机组检修管理

风力发电机组检修管理是一项系统性工作，通过有效的管理，保证检修质量，控制检修费用，提高设备的安全性、可靠性和经济性。

一、基本原则

（1）风电场检修管理贯彻以定期检修为基础，以安全、质量为保障的思想，运用先进的检修管理方法和感知诊断技术手段，逐步增大实施状态检修设备的比例，最终形成一套定期检修、状态检修和故障检修相结合的优化检修模式，以实现设备可靠性和经济性的最优化。

（2）检修应自始至终贯彻"安全第一、预防为主、综合治理"的方针，杜绝各类违章，确保在检修生产工作中的人身和设备安全。

（3）检修管理坚持"应修必修、修必修好"的原则，合理安排检修工作，科学控制检修费用投入，避免出现欠修、过修、设备长期带病运行和超检修周期服役等情况。

（4）应在检修前建立组织机构和质量管理体系，编制质量管理措施手册、完善程序文件，推行工序管理。检修质量实行全过程管理，严格执行作业指导书、推行标准化作业。

（5）应制定检修过程中的环境保护和安全作业措施，做到文明施工、清洁生产。要求作业现场设备、材料和工具摆放整齐有序，现场实行定置管理，安全措施到位、标志明显，并做到"工完、料尽、场地清"。

（6）检修项目的管理要实行全过程项目管理负责制，对安全、质量、工期、作业环境进行全面监督管理。

（7）检修管理实行"质量追溯制"，做到"四个凡事"，即"凡事有章可循、凡事有据可查、凡事有人负责、凡事有人监督"。

（8）设备检修管理采用 PDCA（P 为计划、D 为实施、C 为检查、A 为总结）循环的闭环管理方式，注意检修管理的持续改进。

（9）风力发电机组检修管理应在满足设备可靠性的前提下，追求检修费用最低，有效控制成本。

二、检修全过程管理

（一）策划与准备

风力发电机组的检修要实现全过程管理，风电场根据设备运行情况应编制年度定期检修计划，成立企业检修管理组织机构，明确安全、质量、进度目标，明确各环节责任人及职责。

1. 计划管理

风电场每年年末根据当年发电设备的技术指标和健康状况，结合当地年度不同季节风资源情况、电网停电检修计划合理编制年度检修计划，并严格执行，不得随意修改和拖延，不得漏项和减项，如遇特殊情况需延期的应由企业分管生产领导（或总工程师）批准后更新检修计划。

检修计划内容主要包括项目名称、设备参数、设备投运时间、检修项目、起止时间、检修级别、列入原因、检修方式、检修安全、质量及进度目标、质量检查和项目验收内容、检修人员构成、备品备件、机具使用、费用等内容。

检修计划应根据全面预算管理、生产费用计划等要求，按照检修项目内容编制年度检修费用计划，并落实费用来源，包括备品备件采购、检验检测费、维护费、修理费、人工费、管理费及其他费用等，并保证费用来源依法依规，费用支付及时。

2. 目标管理

风力发电机组检修目标重点包括安全目标、质量目标、修后运行目标。

（1）安全目标执行安全生产工作管理规定要求，企业按照四级管控［个人—班组—部门（场站）—企业］要求做好安全目标管理。

（2）质量目标不得低于本企业要求的生产目标，至少应达到检修合格率100%，设备消缺率100%，设备主要保护测试动作合格率100%，设备一次性并网成功，检修时间不超过计划时间。

（3）修后运行目标要保证设备可连续运行240h（从检修后并网计算），设备参数变化无异常（包括温度、转速、压力、螺栓紧固力、振动参数等），检修后3个月内机组运行可利用率不应低于检修前3个月指标，检修后3个月内已处理的缺陷不得重复发生。

（二）实施与控制

检修实施与控制工作内容主要包括风电场根据检修计划、文件包、设备运维、作业指导书等内容，并开展设备检修工作。在工作过程中，依照国家、行业标准，集团公司相关要求、制度进行全过程监督、检查和指导，及时修复计划偏差或纠正违反相关规定的行为，对检修工作进行验收、检查及考核，从而确保风力发电机组在检修过程中各项工作顺利进行，保证检修工作安全、质量可控在控，实现检修工作目标。

1. 开工前准备

（1）修前分析。结合设备修前试验数据、运行情况等，梳理分析存在的主要缺陷，全面评估设备状态，编制修前分析报告。

（2）细化检修项目内容。根据设备修前分析，进一步细化检修项目计划，包括技术监督、反事故措施、应急措施、设备消缺等项目。

（3）检修技术文件准备。其主要内容包括有关的规程、规范、技术标准。在检修前一个月要编写检修项目表、检修文件包、组织措施、技术措施、安全措施、应急措施、设备异动报告等技术文件，相关技术文件需履行编审批手续，由企业分管生产领导（或总工程师）批准后方可实施。重点审查检修项目、措施方案、拟外包项目、外委单位资质和外委人员技能要求、备品备件及工器具供应、修前准备各类问题应对措施等。

检修文件包是指导风电场检修工作的标准和依据。检修文件包主要包括检修单位、设备台账、设备运行参数及系统图、风力发电机组启停操作说明、风力发电机组运行情况说明、各类检查发现的问题清单、设备故障信息及内容、上次检修完成后存在的问题及未完成项目、风力发电机组检修内容（包括周期、作业方法、要求、目标等）、检修风险辨识及防范措施、检修内容所需备品备件及工器具、作业记录表、作业检查表、作业验收表等。

（4）检修人员培训。企业应组织全体检修人员对检修相关要求、检修文件包、技术措施、安全措施等进行培训，并经考试合格，履行安全技术交底手续，使检修人员掌握检修工作项目、内容、要求、安全措施等，掌握专用工具操作使用方法，熟悉质量验收标准。

（5）检修工器具、备件配件及材料的准备。在检修开工前应做好相关物资的准备工作，主要包括：常用工具、专用工具、安全器具、测量仪器等的检查、标定和校验，工程机具和车辆的准备等；特种设备应按规定经相关有资质的单位检验，有效期必须满足检修周期；检修所需的备品、耗材等物资应完成采购并运抵现场，履行物资到场验收手续，做好出入库管理。

2. 现场实施过程管理

（1）检修日例会。每日工作前组织检修人员及风电场相关责任人、技术员、安全员等召开检修例会，明确当日工作进度、重点工作、安全、技术要求等内容。当日工作结束后，与本项工作有关的全体人员组织召开收工会，汇报当日工作完成情况，分析实际进度与计划误差及纠偏计划，分析当日工作中存在的问题及整改措施，对明日工作进行简要安排。

（2）项目执行。各项工作必须由有资质的单位和人员进行，相关检测仪器仪表，带有计量功能的工器具必须经过检测并在有效期内，使用特种设备按照特种设备管理要求执行。必须采用标准和格式统一的数据，保证信息的规范和完整。在工作过程中需要做专项检测的工作（如油样化验、材料分析等），按照设备分类统计记录和收集，专项检测数据要与本次工作内容相结合，及时发现数据异常，如必须进行项目调整或变更的，要做好后续的项目调整工作。

（3）项目监督。如委托第三方或者在质保期内由设备厂商进行的，企业应成立项目监督机构，以工作面为单位，每个工作面必须至少有一名本企业员工作为负责人，监督各项工作的安全、质量和进度；如自主开展检修项目的，以风电场为单位，明确一名负责人，每个工作面负责人作为监督人，监督工作班成员工作情况。无论哪一种模式，分管生产领导（或总工程师）及安全、生产管理部门要定期开展督查和抽查等工作。

（4）项目变更。在检修过程中如发现因设备、人员等客观因素造成的原计划无法执行，须按照要求填写项目变更申请。项目变更内容包括检修的增项、减项、部件更换、参数调整、检验检测项目变化等。如涉及设备异动，按照设备异动管理要求执行。

3. 工期控制

（1）检修工作原则上应在风速较低且在环境温度适宜的时期开展，并结合设备缺陷处理或技改工作同步开展，减少电量损失。

（2）在保证安全和质量的前提下，可采用工作进度网络图的模式统筹开展进度管理。如涉及重要部件采购、大型机械入场等工作，可将招标与采购进度、机械进场进度等纳入进度网络图内，分别由专人负责跟踪进度。根据工作情况定期开展进度分析，发现实际进度与计划偏差超过 48h 的，要及时调整进度计划，采取有效的纠偏措施，保证进度可控在控。

（3）如遇非人为因素造成的进度延迟，如疫情、气候变化等，要及时采取有效措施，做好进度延期调整准备工作，即可调整项目结束时间，但总的工期不得随意改变，具备继续开工条件后及时恢复各项工作。应针对重大检修项目编制周报，汇报每周工作完成情况，包括工作进度、物资到货情况、资金使用情况、人员配备情况、项目完成比例、存在问题等。

4. 费用控制

检修费用控制应实行预算管理、成本控制。在工作过程中，根据工作进度，做好预算管理，并制定相应的管理制度和考核办法，做到计划与实际相符，支付与进度一致。运维片区（风电场）根据工作进度，据实报送进度及物资到货信息。生产管理部门定期检查工作进度，按照企业要求做好费用使用计划。合同管理部门在招标、合同签订过程中明确费用支付要求，督导检查费用是否按照合同要求支付或结算。费用管理部门要落实费用来源，资金充足，确保各项工作不因费用不足导致停工或延迟。

5. 质量要求

（1）为实现风力发电机组检修工作切实达到预期效果，保证设备运行可靠，在设备检修过程中必须贯彻"应修必修、修必修好"的方针，强化检修全过程质量管理，检修项目表、技术措施、检修文件包、检修规程和设备厂家说明书等技术文件是检修工作的技术质量标准，应严格执行。

（2）根据工作的内容和范围，建立涵盖企业、部门、班组的三级质量监督网络，成立质量监督管理机构，配备齐全质量监管人员，按照"PDCA 循环"结合检修工作方案、各类作业指导书，通过不断地检查、验收、整改、再检查等方式，开展全过程质量监督管理工作。在质量监督过程中要做好对比分析工作，形成质量不断提高的良性循环。

（3）按照工作的重要性和难易程度应在检修过程中设置关键工序质量控制点，如主要螺栓力矩校验、主要部件更换前、主要部件更换后、安全链测试、参数校验等。

（4）在质量监督过程中，要按照作业文件包要求，如实填写相关检查内容及数据，并做好影像记录，发现质量不满足要求的当场提出整改意见，并监督整改完成情况。

6. 验收

（1）检修项目完工后，根据工作内容和项目难易程度，应遵循检修人员自检，班组、运维片区（风电场）、企业三级验收管理制度，所有项目的检修施工和质量验收均应实行签字负责制和质量追溯制。定期维护和常规检修项目，可由运维片区或风电场开展终验工作。重大维修或难度较大的各类检修项目，因投资大、技术水平高、专业性强、技术复杂、验收时专项试验及检验较多等原因，可委托有资质的第三方机构开展验收工作，并形成第三方独立的验收报告。验收参与单位包括企业、运维片区（风电场）、检修单位，涉及重大检修或难度较大的检修项目还应有其专业分包单位、监理单位、由企业委托的其他第三方机构等。

（2）对未完工项或不满足要求项，有权拒绝验收，要求检修单位重新进行整改或重新开展工作，确实无法进行整改或拒不执行的，可以对相关单位进行考核，未完工项或不满足要求须报企业检修管理组织机构审批，重新开展相关工作，但要对企业内相关责任人进行问责。

（3）验收包括静态验收和动态验收。静态验收主要内容为对照作业包及作业指导书等检查设备外观是否良好、场地是否满足"工完、料尽、场地清"的标准，是否有遗漏项目，各类检查报告是否齐全等；动态验收主要内容为设备参数测试、对更换后的大部件试运行检查、安全链试验是否可靠、各部件联动测试是否正常等。静态验收和动态验收均无误后，由验收参与单位共同签署验收合格证书，验收期间要做好影像记录。

7. 修后启动

待项目完工验收后，根据作业指导书要求，可进行修后启动工作，启动前应做好以下工作：

（1）验收资料已完备，参与验收单位已签署验收意见。

（2）检修后交底已完成，相关人员均已悉知，设备台账已更新。

（3）设备保护投入率100%，各部件联动测试检查已完成，自检程序完成。

（4）安全措施已拆除，工作票已办理结票手续。

（5）现场全部检查完成，工器具、杂物无遗漏。

（6）后台监控系统通信信号正常，各类指示信号与实际一致。

（7）各类机械、现场人员撤离现场，启动观察人员已到安全位置。

（8）启动操作人员及监督人员经培训后上岗，了解并熟知启动要求和流程。

（9）启动后，按照作业文件包及指导书相关要求设置设备功率，观察运行情况，重点检查设备转速，以及各部件温度、油位、油温、功率等变化是否正常，并做好相关记录。在保证待连续运行要求时间后，方可将检修后设备纳入其他正常设备管理中。

（三）总结与评价

为进一步规范风力发电机组检修管理，在设备检修后，经验收合格，启动运行连续运转时间满足要求，应及时开展本次检修总结工作，对设备投运后的安全性、稳定性、经济性进行总结、分析及评价。通过总结与评价，为下一年度检修工作提供参考依据。

（1）及时完成检修资料的汇总整理，包括实施方案、检修记录、设备异动情况、试验记录、验收资料和总结等全过程资料，并及时归档。

（2）在发电设备检修后，对所有检修设备的运行安全性、稳定性、经济性进行跟踪，并对设备发生的问题、原因进行分析，总结经验，不断完善检修方案措施，编制形成检修总结报告。

（3）按照检修计划对项目实施情况进行分析和评估，对调整项目说明更改原因，对涉及性能、功效评估类项目进行评估，判断是否达到预期效果。

（4）对检修中消耗的备品备件及材料进行统计、分析，并对备品备件、材料定额进行修订。对检修项目的工时、费用进行分析、总结，根据情况变化对标准项目的工时、费用定额进行优化。

（5）对外委检修项目和重要设备的采购情况进行必要说明。对检修资金进行核查，核查是否超计划、超批复预算及挪用资金等。

（6）修编检修规程、运行规程、图纸等，修改保护定值和控制逻辑，补充完善检修台账、异动报告等工作。

（7）总结检修过程中发现缺陷的原因，对设备日常维护和运行工作提出建议。对设备遗留问题进行重点分析，制定防范措施。

三、安全要求

在检修全过程中，必须坚持"安全第一、预防为主、综合治理"的工作方针和"不安全不作业"的理念，明确参与各方、各级人员安全责任，健全检修安全管理制度，严格执行国家、行业和集团公司有关安全生产规定及标准，做到检修安全的全员、全过程、全方位控制。

（一）作业人员基本要求

1. 身体条件

（1）工作人员定期进行体格检查，符合电力生产人员健康要求。从事有职业病危害岗位的人员，应按照有关规定进行健康检查。

（2）凡患有妨碍工作病症（高血压、恐高症、癫痫、晕厥、心脏病、梅尼埃病、四肢骨关节及运动功能障碍）的人员，不能从事高处作业。

（3）外委工程施工单位的人员和临时参加现场工作的人员进入现场前，应经体格检查合格，并持有相应的资格证书。

2. 基本技能要求

（1）所有生产人员应按其岗位和工作性质，掌握电力安全工作规程相关知识，并考试合格后方可上岗。

（2）生产人员应具备必要的机械、电气、安装知识，熟悉风电场输变电设备、发电机组的工作原理和基本结构，掌握判断一般故障的产生原因及处理方法，掌握监控系统的使用方法。使用易燃物品（乙炔、油类、天然气、煤气等）时，应熟悉其特性、操作方法及防火防爆规定。

（3）生产人员应熟悉岗位所需的安全生产知识及技能，掌握安全带、防坠器、缓冲绳、安全帽、防护服和工作鞋等个人防护用品的正确使用方法，了解作业场所危险源分布情况和可能造成人身伤亡的危险因素及控制措施。学会正确使用及检查消防器材、安全工器具和检修工器具。

（4）生产人员应熟悉岗位所需的相关应急内容，掌握逃生、自救、互救方法，具备必要的安全救护知识，学会紧急救护方法。特别要学会触电急救法、窒息急救法、心肺复苏法等，熟悉有关烧伤、烫伤、外伤、电伤、气体中毒、溺水等急救常识。

（5）风力发电机组作业人员应具备高处作业、高处逃生及高处救援的相关知识和技能，持证上岗。

（6）特种作业、特种设备操作人员（含高处作业、电工、焊工、起重工等）应持证上岗。

3. 作业安全基本要求

（1）无关人员不得进入生产现场。

（2）在生产现场不得吸烟，酒后不得进入生产现场。

（3）进入生产现场前，应了解生产过程中的危险和有害因素，并熟悉有关防范和应急措施。

（4）作业前，应辨识并消除作业环境中存在的危险因素。当作业环境的安全条件发生变化时，应对现场环境重新进行危险辨识，采取必要措施满足安全要求后，方可继续工作。

（5）在检修作业、工作监护、巡视设备、运行操作和监视调整、驾驶车辆期间不得使用手机，如因工作需要使用手机等通信设备时，应停止工作，在确保安全的前提下使用。

（6）在设备转动时或在设备断电隔离前，不得拆除联轴器和齿轮的防护罩或其他防护设备（如栅栏）。

（7）在设备完全停止以前，不得进行检修工作。设备检修前，应做好防止突然转动的安全措施。

（8）不得在运行中清扫、擦拭和润滑设备的旋转和移动部分，不得将手或其他物体伸入设备保护罩及栅栏内。清扫、擦拭运转中设备的固定部分时，不得戴手套或把抹布缠在手上使用。只有在转动部分对工作人员没有危险时，方可用长嘴油壶或油枪往油盅和轴承里加油。

（9）不得在栏杆、管道、联轴器、防护罩上或运行中的设备轴承上行走和坐立，如必须在管道上坐立才能工作时，应做好安全措施。

（10）不得用汽油洗刷机件和设备。生产现场各类废油应倒入指定的容器内，及时回收处理，不得随意倾倒。

（11）所有工作结束后应检查确认使用工具无遗漏，并清理作业现场。

4. 职业健康和安全防护要求

（1）进入生产现场应穿着材质合格的工作服，衣服和袖口应扣好，着装不应有可能被转动的设备绞住或卡住的部分，不得戴围巾、穿着长衣服。工作服不得使用尼龙、化纤或棉、化纤混纺的衣料制作，以防遇火燃烧加重烧伤程度。进入生产现场，不得穿裙子、短裤、拖鞋、凉鞋、高跟鞋，辫子、长发应盘在帽内。

（2）进入生产现场（办公室、控制室、值班室和检修班组室除外），应正确佩戴合格的安全帽，安全帽带应系好。

（3）进入噪声超标的作业区域，应正确佩戴耳罩、耳塞等防护用品。

（4）接触高温物体时，应戴专用手套，穿专用防护服和防护鞋。

（5）接触带电设备的工作，应穿绝缘鞋。风力发电机组登塔作业人员应穿防护服、专用防护鞋。

（6）在高温环境工作时，应穿透气、散热的棉质衣服，并合理增加工间休息时间；现场应为工作人员提供足够的饮水、清凉饮料及防暑药等防暑降温物品。对温度较高的作业场所，应增加降温、通风等设备。

（7）从事低温环境作业时，作业人员应穿防寒衣物，佩戴防寒安全帽等防护用品。

（8）从事涂漆作业时，应保持现场通风良好，工作人员应戴口罩或防毒面具，并采取防火防爆措施。

（9）劳动防护用品应按照规范进行配备，并定期检查和更换。

（二）网络安全防护要求

（1）风力发电机组调试所用的笔记本和移动存储介质应指定专用，定期查杀病毒，禁止在不同的生产区间交叉使用。

（2）外部人员访问程序，应对允许访问人员实行专人全程陪同或监督，并登记备案。

（三）风力发电机组作业的基本安全技术措施

1. 停机

（1）攀爬风力发电机组前，应将风力发电机组置于停止状态。

（2）风力发电机组停止运行后，应切断风力发电机组的远程控制，并将风力发电机组切至"就地"模式（或"维护"模式）。

2. 上锁

（1）进入轮毂或在叶轮上工作前应将叶轮进行机械锁定。锁定叶轮时，应使其中一支叶片竖直指向地面（"Y"位置）。

（2）严禁在叶轮转动的情况下插入锁定销，禁止锁定销未完全退出插孔前松动制动器。

（3）松开叶轮锁定前应确保叶轮内部无遗留物且三个桨叶处于顺桨位置。

3. 设置标示牌

（1）在"远程/就地"开关旋钮处应设置"禁止合闸 有人工作"安全警示标示牌，并在工作地点设置"在此工作"安全警示标示牌。

（2）在锁定销处设置"禁止操作 有人工作"安全警示标示牌。严禁未完全锁定叶轮就进入轮毂作业。

（四）风力发电机组检修作业安全规定

1. 一般规定

（1）风力发电机组塔架上应有设备编号，塔架外部应有"请勿靠近当心落物""雷雨天气禁止靠近""未经允许禁止入内"安全警示标示牌，塔架内部应有"必须系安全带""必须戴安全帽""必须穿防护鞋""禁止吸烟""禁止明火""当心触电""当心坠落""当心落物"安全警示标示牌。

（2）雷雨天气不得进行风力发电机组任何工作。

（3）叶片有覆冰时，人员及车辆不得逗留在风力发电机组下方。

（4）风速超过 12m/s 不得打开机舱盖；风速超过 14m/s 应关闭机舱盖，不得出舱或进入轮毂作业；风速超过 18m/s 不得攀爬风力发电机组塔架；风速超过 25m/s 不得进行风力发电机组任何作业。

（5）不得触碰风力发电机组动力电缆。

（6）严禁将风力发电机组控制回路信号短接和屏蔽，禁止将回路的接地线拆除；未经授权，严禁修改机组设备参数及保护定值。

（7）严禁在风力发电机组内吸烟或燃烧废弃物品，工作中产生的废弃物品应统一收集和处理。

2. 叶片检修

（1）在叶片外部作业时，应遵守电力安全工作规程高处作业有关规定。

（2）检查叶片内部时，应将叶片置于水平位置；进入叶片内部前应先通风。

（3）叶片零位标定时应采用手动慢转叶片。调试时机组应处于刹车状态，叶轮锁应锁定，并注意观察风速，如果风速过大，应停止调试。

（4）每完成一只叶片的零位标定工作后，应将该叶片顺桨后方可进行下一只叶片的标定工作。

3. 轮毂和变桨系统检修

（1）开始工作前，应确认叶片处于顺桨位置。

（2）进入轮毂应锁定机组主刹车系统，并将叶轮锁锁定，液压变桨系统同时应锁定零度锁。

（3）进入轮毂作业应确保有足够的照明，应确认叶片盖板安全，防止踏空坠落到叶片中。

（4）轮毂内工作时，不得踩踏各连接线及插头，严禁站在变桨齿面上作业。

（5）拆开滑环时，应断开相关电源。

（6）在拆卸变桨减速机、电机时，为避免叶片在重力作用下滑桨，应使用枕木垫在变桨齿轮处。

（7）轮毂作业后应将各电气柜柜门关闭并锁紧。

（8）严禁在轮毂锁定情况下启动风力发电机组。

（9）维修液压变桨系统前，应先断开电源，并对变桨蓄能器泄压。对于漏出的油污要及时清理，防止人员滑倒、摔伤。

（10）维修机组变桨系统后备电源时，应避免金属工具误碰造成电池正负极短接。超级电容更换前，应进行充分放电。

4. 齿轮箱检修

（1）在齿轮箱传动部位作业前，应可靠锁定叶轮锁。

（2）检查齿轮箱内部时，拆开观察口前应采取防止工具、螺栓等物件落入齿轮箱内部的措施。

（3）风力发电机组刚停止运行时，不宜打开齿轮箱观察口，如需打开，应戴口罩，防止吸入热油蒸汽。

（4）更换油管、油泵滤芯前，应将齿轮箱油泵电机可靠断电，并采取措施防止油溢出；作业完成后应检查各接头连接牢固。

（5）更换齿轮箱油泵电机、高速轴等重物时，应采取可靠的防滑脱措施。

（6）对齿轮箱进行内窥镜检查需盘车时，应取出内窥镜，人员撤离至安全位置，待盘车至要求位置重新锁定叶轮锁后，方可进行。

（7）齿轮箱换油：工作前要确认齿轮箱注、排油口位置；当油管吊到风机吊口后，应采用安全绳对吊口处的油管进行安全固定；换油工作过程中，人员应与油管接头保持足够安全距离；刚停运的风力发电机组，油温较高，应待油冷却后方可进行换油工作；换油结束后应启动油泵，检查放油孔、注油孔、滤芯等处有无渗漏。

5. 发电机检修

（1）检修发电机前，应将机侧及网侧电源可靠断开，并可靠锁定叶轮锁。

（2）清理发电机集电环碳粉时，应佩戴防尘口罩。

（3）发电机对中作业转动刹车盘时，应保证1人在急停按钮旁边，随时能够进行刹车。旋转时应缓慢转动，避免造成设备或人身伤害。

（4）更换发电机轴承时，禁止使用喷灯等明火加热轴承。经感应加热的轴承温度很高，须戴隔热手套，并做好防护措施。

6. 主轴和联轴器检修

（1）外置主轴、联轴器应有坚固可靠的防护罩，严禁踩踏防护罩。

（2）主轴、联轴器作业前应可靠锁定叶轮锁。

（3）拆卸或安装联轴器应采取可靠措施，防止联轴器突然掉落伤人。

（4）对联轴器或主轴旋转检查时，应保证有人在急停按钮旁边，随时可以制动。

7. 偏航系统检修

（1）严禁私自调整偏航零位，防止风机过度偏航伤及电缆；严禁短接偏航限位开关或屏蔽报警信号。

（2）出舱更换风速仪、风向标时，应符合安全工作规程高处作业有关规定。

（3）在手动偏航时，工作人员要与偏航电机、偏航齿圈保持足够的安全距离，工作人员身体及使用的工具要远离旋转和移动的部件。

（4）调整偏航电机刹车片间隙、测量偏航减速机与偏航齿圈间隙、更换偏航计数器等作业时，应对偏航电机可靠断电，防止意外启动。

8. 液压系统检修

（1）液压系统作业前应断开液压系统电源并泄压；严禁对带有压力的液压、冷却系统进行维护作业。

（2）在拆除液压变桨系统的零件前应将叶片锁定，并使用泄压阀排空系统中的压力，压力表指示到0，确定系统内压力彻底释放后才能开始工作。

（3）液压系统作业应穿防护服，戴护目镜、防护手套和口罩，避免吸入液压油雾气或蒸汽。

（4）拆除液压制动装置应先切断液压、机械与电气连接，安装液压制动装置应最后连接液压、机械与电气装置。

（5）液压系统作业时，应站在安全牢固的地方，禁止踩踏油管。

（6）禁止用手检测针孔性泄漏，应使用纸板或木板沿着液压管路检测泄漏。

（7）液压系统检修完毕投入后，应检查有无渗漏油情况发生，如发现有渗漏油情况切勿靠近，并立即停止液压系统运行。

9. 电气柜及变流器检修

（1）变流器测试时，工作人员应站在远离并网接触器及变流器功率柜等的安全位置，防止电容、功率模块等爆炸造成伤害。

（2）在变流器送电或部分电路送电前，应确保变流器电气回路上已无人员工作和无工具等杂物。

（3）检修变流器、电容器前，应对电容进行放电并验电。

（4）启动风力发电机组并网前，应确保电气柜柜门关闭，外壳可靠接地。

10. 冷却及加热系统检修

（1）水冷系统中的冷却剂主要成分为乙二醇，检修前应戴好橡胶手套，佩戴护目镜。

（2）拆卸水冷系统元件时，应先断开水泵电机电源，再对系统进行泄压，放出系统内冷却液。

（3）拆卸水冷系统水管时，应做好防护措施，并准备好盛装冷却液容器，人员应站在不正对管口的位置。

（4）在拆开水冷系统管路后，应做好管路内冷却液盛装措施，防止冷却液溅到电气设备及电气回路上。检修完成后，应仔细检查管路有无渗漏。

（5）机组内任何加热器附近不应有油污及易燃物，应保证周边清洁。

（6）手动开启机舱加热器时，在工作结束后应将加热系统切换至自动模式。

（7）油系统加热温度应严格控制在允许范围内，超温保护应可靠投运。

11. 提升装置使用相关规定

（1）一般规定。

1）风力发电机组提升装置操作人员应经过专业安全技术培训，熟练掌握操作流程及安全注意事项，并经考试合格后方可操作。

2）提升装置安全防护装置（如限位开关、过流保护开关等）应可靠。

3）应急逃生装置不得移作他用。

（2）助爬器。

1）助爬器防坠落系统应各自独立。操作人员应正确穿戴和使用个人防坠落防护用品。

2）禁止用助爬器提升工具及零件，禁止 2 人及以上同时使用。

3）禁止在使用助爬器过程中接听电话或做与其无关的工作。

4）应根据个人体重调整提升力，提升力不得超过使用者体重的 2/3。

（3）免爬器。

1）免爬器在使用前，应进行 2m 左右高度空载升降试验，确定状况良好。

2）免爬器防坠落系统应各自独立。操作人员应正确穿戴和使用个人防坠落防护用品。在进行人员传送和物料运输时，总重量不得超过说明书限定重量。使用的载物箱尺寸要严格控制，长宽不得超过升降车平台，高度不得超过 50cm，且应稳定放置在升降车平台上。

3）在免爬器上升或下降过程中，乘用人员应保持站姿稳定，双手紧握升降车把手，在经过各层平台前，应减速运行，对平台上、下部进行观察，确认通过无阻拦，并确保身体各部位不与塔架法兰或升降口边缘过于接近，严禁人体触碰升降钢丝绳。

4）在操纵免爬器升降车上下过程中，如遇到紧急情况（坠落、超速下滑），应握紧固定把手，保持身体站姿，待失速保护锁锁止安全后，方可离开升降车，使用爬梯离开现场，躲避在安全区域。

5）有人使用免爬器时，禁止其他人同时在本直梯上攀爬，禁止其他人在主机平台使用升降车的手动操作装置或者手持遥控器操作。

6）应在免爬器垂直梯正下方划定安全区域警示线，在免爬器升降过程中，安全线内严禁站人。检修或巡视工作结束，应将免爬器停电并上锁。

（4）升降机。

1）在升降机运行过程中，严禁打开上下逃生门及出入门。严禁将头、手及其他物品伸出轿厢外。

2）使用过程中，应定期检查钢丝绳和轨道确保处于正常状态，如运行过程中出现异常声音，应立即停止使用，严禁带病运行。

3）升降机应每年由专业人员进行 1 次检测，定期进行维护与保养。

4）严格按照升降机载人、载货要求操作，严禁超载运行。

5）在升降机内部操作或者外部遥控操作，应将所有的门锁紧，指示灯显示正常，方可进行上升或者下降。

6）升降机在运行期间，下方不得站人。

（5）检修吊车。

1）检修吊车应每 6 个月进行一次全面检查。

2）使用前，作业人员应进行检查，应有合格证。正在吊物时，禁止任何人在吊物下停留或行走。

3）提升物品应使用专用的工具袋，绑扎稳妥。禁止使吊钩斜拽提升物品。禁止用限位器停车。禁止用检修吊车载人。

4）打开机舱内的吊物孔之前或在吊物孔处提升或下放吊物过程中，检修人员应正确穿戴、使用安全带等个人安全防护用品。使用双钩安全绳时，应连接至两个不同的牢固构件上，禁止固定在旋转部件上或带有尖角、毛刺、尖锐突出的部位上，防止高处坠落、物体打击。

5）使用时，严禁超过额定载荷，提升物品的最大实体尺寸应能安全通过吊物孔孔距，机舱内吊物孔门应保持紧闭。吊装后应立即关闭。吊物孔下方禁止站人和堆放物品。

6）提升物品通过吊物孔时，应设专人跟踪，并与提升装置操作人员保持联络畅通，以防提升物品在提升过程中发生磕碰、损坏、坠落等情况。

7）在塔架外部使用检修吊车时，应使用辅助导向绳引导，拉导向绳人员应远离吊物孔正下方；作业下方 10m 半径内禁止人员通行、逗留。当风速超过 8m/s 时，禁止机舱外提升作业。

8）在塔架外部使用检修吊车应将机舱偏航，使吊链（钢丝绳）和起吊物件与周围带电设备保持足够的安全距离后，方可起吊作业。

9）当检修吊车处于运行状态时，严禁人员触碰检修吊车的吊链（钢丝绳）及其他转动部分。

常用检修工器具及典型作业

本章主要介绍风力发电机组检修常用工器具和典型作业案例，主要内容包括电动工器具、仪器仪表的结构、原理、使用方法和注意事项，并列举轴对中、起重和力矩紧固典型作业，将工器具的使用贯穿其中。通过本章内容的学习，帮助检修人员正确使用工器具，进而提升风力发电机组检修质量及工作效率。

第一节 电动工器具

一、液压力矩扳手

液压力矩扳手（简称液压扳手）是以液压为动力，提供大扭矩输出，用于螺栓的安装及拆卸的专业螺栓上紧工具。液压力矩扳手最大输出扭矩可达 110000N·m，不仅提高了工作效率，减轻了劳动强度，而且极大地提高了安装质量，也有利于现场安全管理。

液压扳手是由工作头、液压泵以及高压油管组成，如图 2-1 所示。通过高压油管，液压泵将动力传输到工作头，驱动工作头旋转螺母的拧紧或松开。液压泵可以由电力或压缩空气驱动。

图 2-1 液压扳手

（一）液压扳手使用方法

（1）判断方向：对液压扳手（即方轴、套筒式），应首先确定是拆松，还是锁紧（面向扳手头部，观察方头驱动轴朝向，左松右紧）。通过按下驱动方轴定位按钮，可取保持帽，拿出方头驱动轴，取出驱动方轴进行左、右换向。

（2）放置扳手：根据螺栓或螺钉的尺寸，选择合适的套筒，然后将扳手放置在套筒上。在扳手的扭矩范围内，可使一部扳手紧固多种规格的螺栓。

（3）调整力臂：反作用力臂可以360°自由旋转，通过按下油缸后方卡扣，可将力臂完全取下，然后根据工况选择合适的支撑点。

（4）快速释放杆：独特的快速释放杆设计，可轻松取下机具。当抗扭转掣子卡住的时候，扳手便无法取下。这时按住液压泵启动开关，对其施压，然后拔下快速释放杆，并保持其不动，再松开液压泵开关，释放掉压力，可以轻松取下扳手。需要注意的是，每次在扳手工作前要检查快速释放杆的停留位置是否正确，若位置不准确，需拨至正确位置，方可工作。

（5）连接泵站：通过油管将液压扳手与泵站连接。需要注意的是，接头必须旋紧，不能留有空隙，否则油管接头截止阀（钢珠）会卡住，使油路不通，扳手不能正常工作。若钢珠卡住，需用布包覆扳手接头，用铜棒将其敲回即可。

（6）调试泵站：使用液压泵之前，要对其进行调试。按住启动开关，顺时针方向旋拧调压阀，将压力从零调至最高，观察压力是否稳定，有无明显漏油的现象。需要注意的是，在调压前要先将调压阀调到零（逆时针），试压的时候，必须从低往高调。

（7）调试扳手：通过油管将液压扳手与泵站连接，在空载的情况下操作。观察扳手工作是否正常，有无漏油现象。需要注意的是，接头必须旋紧，不能留有空隙，否则油管接头截止阀（钢珠）会卡住，使油路不通，扳手不能正常工作。

（二）液压扳手注意事项

（1）液压扳手在搬运和使用的过程中一定要避免摔碰、锤击，防止设备损坏。

（2）液压扳手使用的工作介质是液压油，液压油必须保持清洁、纯净。

（3）日常使用中，若液压扳手上残留了各种油污，应立即用干净抹布擦拭干净。

（4）如果长期不使用液压扳手，要做好防锈处理。常用的防锈方法是将凡士林涂抹在液压扳手上，将其放置在干燥、温度适宜的室内进行储存。

（5）为了防止污物污染液压油，连接油管的接头宜使用螺纹堵头。

（6）长期使用会降低液压扳手的强度，应定期进行校验。

（7）使用液压扳手之前，需要仔细阅读说明书并按要求进行操作。

（8）进行预紧的时候，要将压力控制好，不可超压使用。

二、角磨机

角磨机又称研磨机或盘磨机，是一种利用玻璃钢切削和打磨的手提式电动工具，主要用于切割、研磨及刷磨金属与石材等。角磨机的组成包括开关、握持区域、辅助把手、主轴自锁钮、外法兰、内法兰、主轴、砂轮片、磨片护罩、护罩锁紧螺钉。其工作原理是利用高速旋转的薄片砂轮以及橡胶砂轮、钢丝轮等对金属构件进行磨削、切削、除锈、磨光加工。角磨机是由主轴、砂轮片、开关等组成，如图 2-2 所示。角磨机常见型号按照所使用的附件规格划分为 100mm（4 寸）、125mm（5 寸）、150mm（6 寸）、180mm（7 寸）及 230mm（9 寸）。

（一）使用方法及注意事项

（1）使用前检查：操作员在操作时，要注意配件是否完好，绝缘电缆线有无破损、老化等现象。检查无问题后，插上电源，方可进行作业。

图 2-2　角磨机

（2）更换砂轮片：当砂轮片使用完以后，需要更换的时候，须切断电源进行更换。

（3）防止温度过高：在长时间使用 30min 后，应该停止 15min 以上，待冷却后方能进行作业。防止长时间使用，电机温度过高损坏角磨机。

（4）使用角磨机时，启动前必须双手紧握手柄，防止启动时角磨机脱落，确保人身安全。

（5）角磨机必须配备防护罩，否则不得使用。

（6）使用时必须佩戴护目镜，操作人员不要站在排屑方向。

（7）磨削薄板构件时，砂轮应轻拿轻放，不可用力过猛，并密切注视磨削部位。

（8）使用角磨机时要小心轻放。使用后及时切断电源或气源，并妥善放置。

（二）维护与保养

（1）定期检查电源线连接是否牢固，插头是否松动，开关动作是否灵活、可靠。

（2）检查电刷是否磨损过短，防止因电刷接触不良而造成火花过大或电枢烧毁。

（3）注意检查进、出风口不可堵塞，并清除油污与灰尘。

三、电钻

电钻又称手枪钻、手电钻，是一种手提式电动钻孔工具，适用于在金属、塑料、木材等材料或构件上钻孔。通常，对于因受场地限制，加工件形状或部位不能用钻床等设备加工时，一般都用电钻来完成。

电钻是由电动机、控制开关、钻夹头和钻头等组成，如图 2-3 所示。电钻按结构分为手枪式和手提式两大类，按供电电源分单相串励电钻、三相工频电钻和直流电钻三类。单相串励电钻有较大的起动转矩和软的机械特性，利用负载大小可改变转速的高低，实现无级调速。小电钻多采用交直流两用的串励电动机，大电钻多采用三相工频电动机。

图 2-3　电钻

（一）使用方法

（1）在金属材料上钻孔，先在被钻位置处打上冲眼。

（2）在钻较大孔眼时，先用小钻头钻穿，然后再使用大钻头钻孔。

（3）如需长时间在金属上进行钻孔时，可采取一定的冷却措施，以保持钻头的强度。

（4）钻孔时产生的钻屑严禁用手直接清理，应用专用工具。

（二）注意事项

（1）使用前检查导线绝缘性能是否良好，最好使用三芯橡皮软线，并将电钻外壳接地。

（2）应根据使用场所和环境条件选用电钻。对于不同的钻孔直径，应尽可能选用相应规格的电钻，以充分发挥电钻的性能及结构上的特点，达到良好的钻孔效率，以免过载而烧坏电动机。

（3）与电源连接时，应注意电源电压与电钻的额定电压是否相符（一般电源电压不得超过或低于电钻额定电压），以免烧坏电动机。

（4）在使用电钻时，应戴绝缘手套、穿绝缘鞋或站在绝缘板上，以确保安全。

（5）使用前，应空转 1min 左右，检查电钻的运转是否正常。三相电钻试运转时，还应观察钻轴的旋转方向是否正确，若转向不对，可将电钻的三相电源线任意对调两根，以改变钻头旋转方向。

（6）使用的钻头必须锋利，钻孔时用力不宜过猛，以免电钻过载。遇到钻头转速突然降低时，应立即放松压力。如发现电钻突然刹停时，应立即切断电源，以免烧坏电动机。

（7）在工作过程中，如果发现轴承温度过高或齿轮、轴承声音异常时，应立即停转检查。若发现齿轮、轴承损坏，应立即更换。

（8）电钻应保持清洁，通风良好，经常清除灰尘和油污，并注意防止铁屑等杂物进入电钻内部而损坏零件。

（9）移动电钻时，必须握持电钻手柄，严禁使用拖拉电源线的方法来搬动电钻。

（10）电钻使用完毕后，放置干燥处保管。

四、电动扳手

电动扳手就是以电源或电池为动力的扳手，是一种拧紧高强度螺栓的工具，其又称高强螺栓枪。电动扳手通常由电机、减速器、启动开关、电源线、扳手头等部件组成，如图 2-4 所示。其主要分为冲击扳手、扭剪扳手、定扭矩扳手、转角扳手、角向扳手。

（一）使用方法

（1）电动冲击扳手是指具有旋转带切向冲击的一类电动扳手，通常被用于需要特定扭矩值的工作场合。

（2）电动扭剪扳手主要用于终紧扭剪型高强螺栓，使用时对准螺栓扳动电源开关，直到把扭剪型高强螺栓的梅花头打断为止。

（3）电动定扭矩扳手既可初紧又可终紧，它的使用是先调节扭矩，再紧固螺栓。

图 2-4　电动扳手

（4）电动转角扳手也属于定扭矩扳手的一种，它的使用是先调节旋转度数，再紧固螺栓。

（5）电动角向扳手是一种专门紧固钢架夹角部位螺栓的电动扳手，它的使用和电动扭剪扳手原理一样。

（二）注意事项

（1）确认现场所接电源与电动扳手铭牌是否相符，是否接有漏电保护器。

（2）根据螺帽大小选择匹配的套筒，并妥善安装。

（3）在送电前确认电动扳手上开关在断开状态。

（4）若作业场所远离电源，需延伸线缆时，应使用足够容量，安装合格的延伸线缆。延伸线缆如通过人行过道应高架或做好防止线缆被碾压损坏的措施。

（5）尽可能在使用时找好反向力矩支撑点，以防反作用力伤人。

（6）使用时发现电动机碳刷火花异常时，应立即停止工作，进行检查处理，排除故障。此外，碳刷必须保持清洁干净。

五、热风枪

热风枪主要是利用发热电阻丝的枪芯吹出的热风来对元件进行焊接与摘取元件的

工具。热风枪主要由启动开关、温度调整旋钮、温度显示屏、隔热装置、吹风管、通气口等组成，如图2-5所示。

图2-5　热风枪

（一）使用方法

（1）根据需要选择不同尺寸的风嘴。

（2）将热风枪接上电源，打开电源开关。

（3）将温度调到300～360℃，风速调到1～2挡。

（4）将风嘴放在距离元件上方2～3cm处，垂直对准元件，轻轻晃动风嘴使元件得到均匀加热。

（5）关掉电源开关，将热风枪放回原位即可。

（二）注意事项

（1）热风枪使用时勿靠近易燃易爆物品，不可长时间吹纽扣电池、电容等易爆元器件。

（2）勿触摸发热管，以免气流灼伤或烫伤皮肤。

（3）使用完毕后勿立即关闭电源，应等热风枪发热体完全冷却后再关闭电源。

（4）热风枪枪体避免磕碰及掉落，磕碰、掉落容易损坏发热芯本体。

六、吹风机

吹风机直接靠电动机驱动转子带动风叶旋转，当风叶旋转时，空气从进风口吸入，由此形成的离心气流再由风筒前嘴吹出。吹风机由外壳、电动机、风叶和电热元件等部件组成，如图2-6所示。

（一）使用方法

（1）使用前检查：①机器所用电压是否符合说明要求。②机器所有电线、插头及其他部件有无破损。③机器各部件是否齐全，安装是否正确。

图2-6　吹风机

（2）使用方法：①分为高、中、低三个风量调速挡位，使用时可以根据需要干燥的时间、地点的特点选择相应的挡位。②要经常移动机器的位置，使其可以吹到更多的范围。③开机时，出气口不能有障碍物挡住，以免影响风量。

（二）注意事项

（1）使用完毕后，用干净湿抹布擦干净机器配件、电线。

（2）插头及电线必须定期检查，是否有破损。

（3）机器不允许被雨水淋湿。

（4）切断电源时，应该拔插头，不得拉电线来断电。

（5）使用机器时，不得将手伸入出风口内，以免造成危险。

第二节 仪 器 仪 表

一、万用表

万用表又称为多用表、复用表等，是一种多功能、多量程的测量仪表，按显示方式分为指针式万用表和数字式万用表。一般用于测量直流电流、直流电压、交流电流、交流电压等。万用表由表头、测量线路、转换开关以及测试表笔等组成，如图2-7所示。

（一）使用方法及操作流程

黑表笔接 COM 端，红表笔接对应电气测量插孔。功能转换开关拨到所需挡位，开关从 OFF（关闭状态）按顺时针旋转，依次可进行直流电压（DC）测试，交流电压（AC）测试、电阻测试、二极管测试、通断测试、电容测试（电容测试插座在图位置4处）、频率测试、三极管测试（三极管测试插座在位置5处）、电流测试、毫安电流测试、大电流测试。

图 2-7　万用表

1—COM 端；2—电流以外的其他测
试量测试插座；3—功能转换开关；
4、5—挡位；6—10A 电流测试插座；
7—小于 400mA 电流测试插座；
8—挡位转换开关

在测量交流、直流电压，应注意交流、直流电压峰值，不得超过万用表量程。同时，切勿在电路带电情况下测量电阻。不要在电流挡、电阻挡、二极管挡和蜂鸣器挡测量电压；仪表在测试时，不能旋转功能转换开关，特别是高电压和大电流时，严禁带电转换量程；当屏幕出现电池符号时，说明电量不足，应更换电池；在每次测量结束后，应把仪表关掉。

在测量电阻时，表笔要跟所测物体金属表面充分接触，待数值稳定后，正确读出电阻的数值。

（二）注意事项

（1）在使用万用表过程中，不能用手接触表笔的金属部分，保证测量的准确和人身安全。

（2）不能在测量的同时换挡，尤其是在测量高电压或大电流时，更应注意，否则，会导致万用表毁坏。如需换挡，应先断开表笔，换挡后再去测量。

（3）万用表使用完毕，应将转换开关置于关闭挡位。如果长期不使用，还应将万用表内部的电池取出来，以免电池腐蚀表内其他器件。

二、钳形电流表

钳形电流表又称钳表，是数字万用表的一个重要分支，是一种不需断开电路就可直接测电路交流电流的便携式仪表。钳形电流表是由电流互感器、电流表及测试表笔等组合而成，如图2-8所示。

图2-8　钳形表

钳形电流表的工作原理与变压器相似，初级线圈就是穿过钳形铁芯的导线，相当于一匝的变压器的一次线圈，二次线圈和测量用的电流表构成二次回路。当导线有交流电流通过时，就使这一匝线圈产生了交变磁场，在二次回路中产生了感应电流，电流的大小和一次电流的比例，相当于一次和二次线圈的匝数的反比。钳形电流表用于测量大电流，如果电流不够大，可以将一次导线再通过钳形电流表增加圈数，同时将测得的电流数除以圈数。

（一）使用方法及操作流程

（1）测量交流或直流电流值。

1）将旋转功能开关转至合适的电流量程。

2）根据需要，可按"AC/DC"按钮选择直流。默认是交流电流。

3）如要进行直流测量，先等待显示屏稳定，然后按"ZERO"将仪表归零。

4）按住钳口开关张开夹钳并将待测导线（一根）插入夹钳中。

5）闭合夹钳并用钳口上的对准标记将导线居中。

6）查看液晶显示屏上的读数。

7）一般钳形电流表用于测量较小量程电流（交流电流：40A；直流电压：400A）。

（2）测量交流和直流电压。

1）将旋转功能开关转至电压挡；如果测量直流电压，按"AC/DC"按钮变换为直流电压。默认是交流电压。

2）将黑色测试导线插入COM端子，并将红色测试导线插入V/Ω端子。

3）将探针接触想要的电路测试点，测量电压。

4）一般钳形电流表用于测量较小量程电压（交流电压：400mV～4V～40V～400V～600V；直流电压：4V～40V～400V～600V）。

（3）测量电阻。

1）将旋转功能开关转至"Ω"挡位。

2）切断被测电路的电源。

3）将黑色测试导线插入 COM 端子，并将红色测试导线插入 V/Ω 端子。

4）将探针接触被测电路测量点。

5）查看液晶显示屏上的读数。

（4）测试通断性。

1）切断被测电路的电源。

2）将旋转功能开关转至"Ω"。

3）将黑色测试导线插入 COM 端子，并将红色测试导线插入 V/Ω 端子。

4）将探针与待测电路或组件的两端连接。

5）如果电阻小于30Ω，蜂鸣器持续发声，表示连通，如果显示屏显示"OL"，表示电路开路。

（5）保持：要捕获和保持当前读数，在读数时按"HOLD"按钮。再按一次"HOLD"按钮返回实时读数。

（二）注意事项

（1）不要在潮湿、脏污或危险的环境中使用仪表。

（2）测量时要使用正确的端子、功能挡和量程。

（3）切勿在测试导线插入输入插孔时测试电流。

（4）端子或任何一个端子与接地点之间施加的电压不能超过仪表上标示的额定值。

（5）对 30V AC（有效值），42V AC（峰值）或 60V DC 以上的电压，应格外小心，这类电压有造成触电的危险。

（6）为避免因读数错误而导致触电或伤害，显示电池低电量指示符时应尽快更换电池。

（7）在打开后盖更换电池前，要先取下测试导线并断开仪表与被测电路的连接。在电池盖取下或机壳打开时，请勿操作仪表。

三、相序表

相序表是用来测量三相电源相序的。可检测缺相、逆相、三相电压不平衡、过电压、欠电压五种故障现象。相序表是由相序指示器、电源插头、三相插头等组成，如

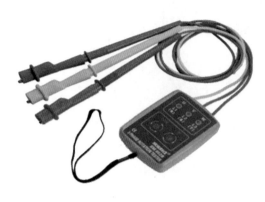

图 2-9　相序表

图 2-9 所示。

（一）使用方法及操作流程

（1）相序表的接线：将相序表三根表笔线 A、B、C 分别对应接到被测源的 A、B、C 三根线上。

（2）相序的测量：按下仪表左上角的测量按钮，灯亮，即开始测量。松开测量按钮时，停止测量。

（3）相序表的缺相指示：面板上的 A、B、C 三个红色发光二极管分别指示对应的三相来电。当被测源缺相时，对应的发光管不亮。

（4）相序表的相序指示：当被测源三相相序正确时，与正相序所对应的绿灯亮，当被测源三相相序错误时，与逆相序所对应的红灯亮，蜂鸣器发出报警声。

（二）注意事项

（1）使用前注意观察仪表电压测量等级，被测电压不能超过该电压等级，以防仪表损坏。

（2）使用过程中务必让表笔与测量点之间充分接触。

（3）使用过程中不能用手触碰表笔金属头，确保人身安全。

（4）单人使用该仪表时，尽量使用鳄鱼夹接触测量点。

（5）使用完成后，仪表不能与其他金属工具等混合放置在工具包中，以防止屏幕、金属表笔的损坏。

四、兆欧表、绝缘电阻表

（一）兆欧表

兆欧表俗称摇表，兆欧表大多采用手摇发电机供电，故又称摇表。它的刻度是以兆欧（$M\Omega$）为单位。它是电工常用的一种测量仪表，主要用来检查电气设备、家用电器或电气线路对地及相间的绝缘电阻，以保证这些电气设备、电器和线路工作在正常状态，避免发生触电伤亡及设备损坏等事故。兆欧表是由一个手摇发电机、测试表笔和三个接线柱组成，如图 2-10 所示。

1. **使用方法及操作流程**

（1）兆欧表放置平稳牢固，被测物表面擦干净，以保证测量正确。

（2）正确接线：兆欧表有三个接线柱：L 线路、E 接地、G 屏蔽。

1）测量线路对地绝缘电阻时，E 端接地，L 端接于被测线路上；

2）测量电机或设备绝缘电阻时，E端接电机或设备外壳，L端接被测绕组的一端；

3）测量电机或变压器绕组间绝缘电阻时先拆除绕组间的连接线，将E、L端分别接于被测的两相绕组上；

4）测量电缆绝缘电阻时E端接电缆外表皮（铅套）上，L端接线芯，G端接芯线最外层绝缘层上。

（3）由慢到快摇动手柄，直到转速达120r/min左右，保持手柄的转速均匀、稳定，一般转动1min，待指针稳定后读数。

（4）测量完毕，待兆欧表停止转动和被测物接地放电后方能拆除连接导线。

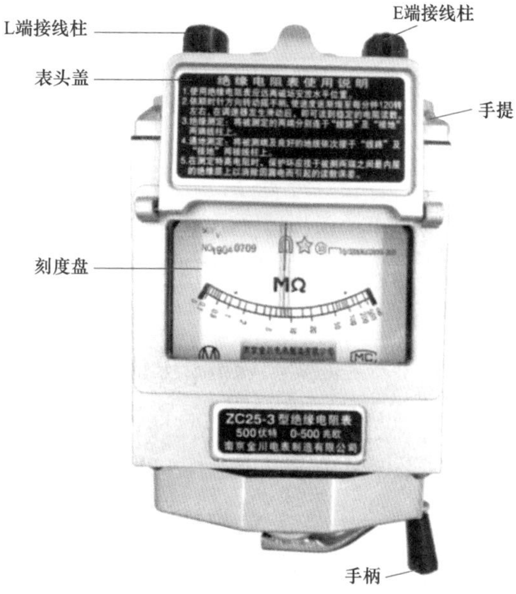

图2-10　兆欧表

2. 注意事项

（1）正确选择兆欧表。

（2）测量前，应切断被测设备的电源，并对被测设备进行充分放电，保证被测设备不带电。用兆欧表测试过的电气设备，必须充分放电，以确保安全。

（3）被测对象的表面应清洁、干燥，以减小测量误差。

（4）兆欧表与被测设备间的连接线应用单根绝缘导线分开连接，并使用专用测量线。两根测试线不可缠绞在一起，也不可与被测设备或地面接触，以避免导线绝缘不良造成测量误差。

（5）测量时，摇动手柄的速度由慢逐渐加快，并保持在120r/min左右的转速，测量1min左右，待指针稳定后读取并记录测量数值。如果被测设备短路，指针指零，应立即停止摇动手柄，以防表内线圈发热而损坏仪表。

（6）测量电容器的介质绝缘电阻时，应按电容器耐压的高低选用兆欧表，注意电容器的正极接L，负极接E，不可反接，否则会击穿电容器。

（7）测量电感性或电容性设备时，例如大容量电动机、电力电容器、电力电缆等，除测前须放电，测量完毕后也应充分放电后再拆线。测量时，L线的处理应遵循"先摇后接，先撤后停"的原则。

（8）被测电缆停电后应采取必要的安全技术措施，被测电缆的另一端应有人监护或装设临时遮拦，挂警示牌。

（9）当兆欧表没有停止转动和被测物没有放电前，不可用手触及被测物的测量部分，或进行拆除导线的工作。在测量大电容量的电气设备绝缘电阻时，在测定绝缘电阻后，应先将 L 连接线断开，再降速松开手柄，以免被测设备向兆欧表倒充电而损坏仪表。

（10）测量前，还应掌握环境温度及相对湿度，以便进行绝缘分析，当湿度较大时，应接屏蔽线。

（二）绝缘电阻表

绝缘电阻表是将一定高压交流或直流施加在电气设备带电部分和非带电部分（一般为外壳）之间，用以检查电气设备的绝缘材料所能承受的耐压能力。电气设备在长期工作中，不仅要承受规定的工作电压的作用，还要承受操作过程中引起短时间的高于额定工作电压的过电压作用（过电压值可能会高于额定工作电压值的好几倍）。在这

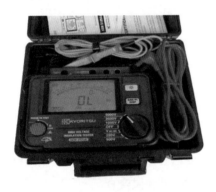

图 2-11　绝缘电阻表

些电压的作用下，电气绝缘材料的内部结构将发生变化。当过电压强度达到某一定值时，就会使材料的绝缘击穿，电气设备将不能正常运行，操作者就可能触电，危及人身安全。绝缘电阻表是由表体、显示器、电源开关、测量旋钮和测量表笔等组成，如图 2-11 所示。

1. 使用方法及操作流程

测量步骤如下：

（1）检查被测回路确无电压，将量程开关切换到需要的绝缘电阻范围。

（2）接地线（黑）连接回路接地端。

（3）测试线（红）头部接触被测电路，按下测试按钮。测量中，间歇地发出蜂鸣声音（500V 除外）。

（4）LCD 显示测量值。测量后显示值固定不变。

（5）测量完毕后，切换到"OFF"位置，取下测试线，并对设备进行放电。

2. 注意事项

（1）测量前，检查被测回路确无电压。

（2）必须佩戴绝缘手套。

（3）绝缘电阻量程时，按测试开关后测试线头部和被测回路中产生高压电，请注意避免触摸。

（4）电池盖打开时，不要进行测量。

（5）雷雨天气严禁测量设备绝缘。

五、接地电阻测试仪

接地电阻测试仪是测量电气设备接地装置的接地电阻值和土壤电阻率的仪器。接地体对地电阻是指从接地体至零电位间的土壤电阻，一般采用补偿法进行测量。基于补偿原理的接地电阻测试仪称"电位计式接地电阻测试仪"，误差范围一般为±5%。此外，还有流比计式接地电阻测试仪，误差范围一般为±10%。接地电阻测试仪是由直流发电机、旋转电流反向器、整流器和用于测量电阻的 PMMC 仪器组成，如图 2-12 所示。

（一）使用方法及操作流程

（1）测量前，将被测接地极 E′与电位探测针 P′和电流探测针 C′排列成直线，其间距为 20m，且 P′插于 E′和 C′间，P′和 C′插入地下 0.5～0.7m，用专用导线将 E′、P′和 C′分别接到仪表相应的接线柱上。

（2）测量时，把仪表放在水平位置，检查检流计的指针是否指在中心线上。如果未指在中心线上，则可用调零螺钉将检流计的指针调整到中心线上。

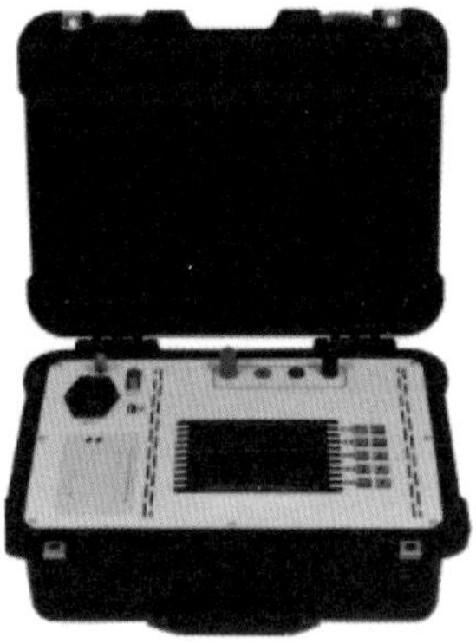

图 2-12　接地电阻测试仪

（3）将倍率标度置于最大倍数，慢慢转动发电机摇柄，并旋动测量标度盘使检流计指针平衡，当指针接近中心线时，加大发电机摇柄转速，使发电机摇柄转速达到 120r/min 以上，再调整测量标度盘，使指针置于中心线上。

（4）若测量标度盘的读数小于 1，应将倍率标度置于较小倍数，再重新调整"测量标度盘"，即可得到正确的读数。当指针完全平衡，指至中心线后，将标度盘的读数乘以倍率标度，即为所测的电阻值。

（5）接地电阻的测量应根据 DL/T 475《接地装置特性参数测量导则》相关规定进行。接地电阻的测量采用可采用电位降法、电流—电压三极法、接地阻抗测试仪法等多种方法。为综合考虑风力发电机组接地网的实际，由风电场人员进行接地电阻测量采用简单有效的电压—电流三极法进行，接线连接方法如图 2-13 所示。

（二）注意事项

（1）在测量时，应将接地装置线路与被保护的设备断开，以确保测量准确。

（2）若测量探测针附近有与被测接地极相连的金属管道或电缆时，则整个测量区域的电位将产生一定的均衡作用，影响到测量结果。此时，电流探测针 C′与上述金属管道或电缆的距离应大于 100m，电位探测针 P′与上述金属管道或电缆的距离应大于 50m，如果金属管道或电缆与接地回路无连接，则上述距离可减少 1/2～2/3。

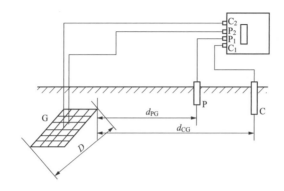

图 2-13　接地电阻测试接线示意

d_{PG}—电压极到接地网的距离；d_{CG}—电流极到接地网的距离；D—接地网对角线长度

（3）当检流计灵敏度过高时，可将电位探测针 P′插入土中浅一些；当检流计灵敏度不足时，可将电位探测针 P′和电流探测针 C′间的土注水湿润。

（4）当接地极 E′，和电流探测针 C′间的距离大于 20m 时，电位探测针 P′的位置可插在离 E′、C′之间直线外，此时测量误差可以不计；当接地极 E′和电流探测针 C′间的距离小于 20m 时，则应将电位探测针 P′插于 E′和 C′的直线间。

六、红外测温仪

红外测温仪的原理是将物体发射的红外线具有的辐射能转变成电信号，红外线辐射能的大小与物体本身的温度相对应，根据转变成电信号大小，可以确定物体的温度。红外测温仪是由光学系统、探测器、信号处理模块和显示模块组成，如图 2-14 所示。

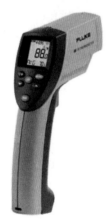

（一）使用方法及操作流程

（1）将红外测温仪红点对准要测的物体，按测温按钮，在测温仪的 LCD 上读出温度数据，保证安排好距离和光斑尺寸之比，以及视场。定位热点，要发现热点，仪器瞄准目标，然后在目标上做上下扫描运动，直至确定热点。

（2）红外测温仪只测量表面温度，不能测量内部温度。如果测温仪突然暴露在环境温差为 20℃或更高的情况下，允许仪器在 20min 内调节到新的环境温度。

图 2-14　红外测温仪

（二）注意事项

（1）红外测温仪不能透过玻璃进行测温，玻璃有很特殊的反射和透过特性，不能够精确红外温度读数。但可通过红外窗口测温。红外测温仪最好不用于光亮的或抛光的金属表面的测温（不锈钢、铝等）。

（2）为了避免损坏红外测温仪，使用压缩空气清除大的颗粒和灰尘，然后用一块布擦拭。使用干净的电脑监视器清洁布轻轻擦拭显示屏，使用干净略湿的布轻轻擦拭测温仪机身，必要时可用水加少量温和肥皂配成的溶液将布浸湿。当使用完成后，尽快将红外测温仪盖上镜头盖，并放入携带箱内保存。

七、红外热成像仪

红外热成像仪又被称为红外成像仪、热成像仪等，主要用于现场温度检测、电力预防性维护等场合。

红外热成像仪具有成像清晰、测量准确、携带轻便的优点。其一般测温范围为 $-20℃\sim+300℃$（可扩展至 $1500℃$）。红外热成像仪是由探测器、信号处理器、显示器、光学系统组成，如图 2-15 所示。

图 2-15　红外热成像仪

（一）使用方法及操作流程

（1）设定参数。使用红外热成像仪之前，先要对参数进行设置。其中，发射率的设定对测量的结果影响很大，为了保证精度，需要正确选择被测物体的发射率；此外，还有温度、湿度及距离等参数，都要设置好。

（2）调整焦距。使用红外热成像仪时，如果被测目标周围的温度过热或过冷，都会影响到被测目标温度测量的精确度，所以需要调整焦距和测量方位，来减少或者消除这些影响。

（3）选择合适的距离。红外热成像仪存在最大测量距离，这个距离与被测目标的大小以及红外热成像仪性能有关，如果测量一个面积比较大的目标，那么可检测距离就远些，反之近些。

（4）保持仪器平稳。使用时应保持仪器平稳，以保证图像精准不模糊。可以将仪器用三脚架支撑稳固。

（5）探测环境要单一。因为被测目标的分布问题，所以红外热成像仪工作环境常常是在室外，很容易受到天气因素影响。根据环境特点提前进行适度调整，以保证测量数据的精确度。

（二）注意事项

要定期对设备进行维护和保养。一旦发现问题就要即刻解决，避免出现更大的问题，给后期带来更多的不便。

八、直流电阻测试仪

直流电阻测试仪简称直阻测试仪、直流电阻仪、变压器直流电阻测试仪直流电阻检测仪、直流数字电桥等。直流电阻测试仪是由主机、监控软件、测试线、通信线等组成，如图 2-16 所示。

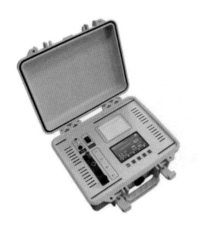

图 2-16　直流电阻测试仪

（一）使用方法及操作流程

（1）测量前的准备。

1）首先将电源线以及地线可靠连接到直流电阻测试仪上，然后把随机附带的测试线连接到直流电阻测试仪面板与其颜色相对应的输入输出接线端子上，将测试线末端的测试钳夹到待测变压器绕组两端，并确保接触良好。

2）根据直流电阻测试仪提供的测量电流的挡位，可以根据需要按"▲"和"▼"键进行选择，使用时注意每种测量电流的最大测量范围，以免出现所测绕组直流电阻大于所选电流的最大测量范围，使测量开始后电流达不到预定值，导致直阻仪长时间处于等待状态。

（2）测量（以测量变压器为例）。

1）直流电阻测试仪在按下"测量"键后开始对被测绕组充电。显示器中部显示区将出现一个充电进度条，进度条上部为当前的电流值，一般在测量大电感负载时，电流达到稳定需要一定时间，电流值由零向额定值上升。

2）当电流达到额定值后，充电结束，直流电阻测试仪开始对数据进行采样计算。显示器提示"正在测量，请稍候"，计算完毕后，所测电阻值将显示在显示屏上。待数据稳定后，即可以按"存储"键存储或按"打印"键打印数据。

3）在测量无载分接开关时，不允许直接切换分接开关，必须退出测量状态，放电完成后才能切换分接开关。

（3）测量完毕后，按"退出"键退出测量，此时如果是电感性负载，直流电阻测试仪将自动开始对绕组放电，显示器提示"正在放电，请稍候"，并发出蜂鸣音提示，放电指示消失后，即可拆除测量接线。

（二）注意事项

（1）测量感性负载后，测试线不能直接拆除，以免因感性放电而危及测试仪和设备的安全。输出端设有放电回路，当输出关闭时，电感通过仪器释放能量。放电指示完成后一定要拆下测试线。

（2）对于空载调压变压器，在测量过程中不允许改变分接开关。

（3）如果在测量过程中突然断电，仪器会自动开始放电。这个时候不要立即拆线，等待 30s 后再进行拆线工作。

（4）测量时，其他未测绕组不要短路接地，容易导致变压器磁化过程缓慢，延长数据稳定时间。

（5）开机前检查直阻铭牌确定电源电压等级，若电源电压非 220V AC±10% 50Hz，使用德标或欧标插头连接。测试过程中，请确认被测设备已断电并与其他带电设备断开连接。试验时外壳必须可靠接地。测试过程中不允许无关的物品在设备面板上和周围堆积。

（6）要注意仪器应放置在干燥通风的地方，注意防潮、防油。

九、噪声测试仪

噪声测试仪（见图 2-17），是用于工作现场、广场等公共场所的噪声检测和测试的仪器。噪声污染是影响较大的环境污染之一，较高分贝的噪声甚至会对人的耳膜造成严重的损伤，致使失聪等。噪声测试仪的应用可以提供噪声所达到的分贝以便采取相关措施控制和减小噪声。声音大小的计量单位是分贝，专业的噪声测试仪具有高灵敏的传感器，精度高，适用范围广，能广泛用于各种环境的噪声测量。

图 2-17 噪声测试仪

（一）使用方法及操作流程

（1）正确装好电池，注意电池极性；

（2）按开机按键开机，开机后进入测量状态；

（3）在测量之前先调好所需功能挡位进行测量，同时要观察测试的时候有没有超量程；

（4）频率加权 A 和 C 的选择，普通环境选择 A 权，机械噪声环境选择 C 权；

（5）最大值、最小值和当前测量的选择，一般选择当前测量模式，调好后就可以测量噪声了。

（二）注意事项

（1）测量时应戴上防风球；

（2）噪声检测仪是精密仪器，应该轻拿轻放，避免摔碰；

（3）挡位应选择正确，避免超量程；

（4）使用完毕后应该立刻关闭；

（5）电量不足应及时更换新电池；

（6）如果长时间不用，要把电池取出。

十、内窥镜

内窥镜采用模块化设计，主机与手柄可一键分离，一台主机可搭配多根不同尺寸、不同功能的探头应对各种工况。内窥镜是由冷光源、光纤管和光纤内窥镜组成，如图2-18所示。

图 2-18　内窥镜

（一）使用方法及操作流程

（1）使用前，需要先将手柄安装到位。设备不支撑热插拔，需在关机状态进行手柄更换，否则设备启动会出现异常。

（2）使用时，首先确认控制器已安装电池和 SD 卡，按开/关机键开机。

（3）观察物体步骤：

1）按相机灯调节键，打开相机 LED 光源灯（可根据需求打开辅助光源灯）。

2）保证检测线的插入管部分无缠绕弯曲，且勾头部分伸直，然后将探头插入观测体内部，到达观察位置。

3）通过控制摇杆调整可转动部位，使探头达到目标方位。

4）调整光源的亮度和图像的放大倍数，从而达到实时画面的最佳效果。

（4）观测位置调准后，可以通过控制器功能按键对检测结果进行观察录制储存。

（二）注意事项

（1）设备使用前一定要检查检测线是否有部位盘绕，在检测线盘绕的状态下禁止操作操作杆，以免检测线内部钢丝损坏。

（2）在拍照和录像的时候，要保证相机灯的亮度合适，同时保证探头端稳定不晃动。

（3）设备使用结束时，需调整弯曲部位平直，再拉出被测体，禁止硬拉硬拽。

（4）设备使用结束后，切勿对设备进行浸泡冲洗，可用软布将探头及控制器清洁干净，以免污垢腐蚀，损坏设备性能。然后将设备放入专用设备箱内，妥善保护，从而延长产品的使用寿命。

（5）严禁使设备受到挤压、碰撞或冲击，避免不必要的损伤；设备长时间不用时应取出电池，以免电池损坏和腐蚀仪器。

（6）不能在−10～50℃范围以外的温度下使用。

（7）严禁在带有腐蚀性的环境中使用或者放置。

（8）严禁将仪器暴露在雨水中，除防水探头外，请勿长时间将探头置于液体中。

（9）严禁放置于强磁力的物品附近。

（10）严禁在烟尘过多的环境下使用。

十一、千分表

千分表（见图 2-19），是通过齿轮或杠杆将一般的直线位移（直线运动）转换成指针的旋转运动，然后在刻度盘上进行读数的长度测量仪器。将形成杠杆一部分的测头的移动作为机械性旋转运动，传达给末端的指针，此指针再将测头所移动的量显示在圆形刻度板上的测量仪器。

（一）使用方法及操作流程

（1）将表固定在表座或表架上，稳定可靠。

（2）调整表的测杆轴线垂直于被测平面，对圆柱形工件，测杆的轴线要垂直于工件的轴线。

（3）测量前调零位。绝对测量用平板做零位基准，比较测量用对比物（量块）做零位基准。

（4）调零位时，先使测头与基准面接触，压测头使大指针旋转大于一圈，转动刻度盘使 0 刻度线与大指针对齐，然后把测杆上端提起 1～2mm 再放手使其落下，反复 2～3 次后检查指针是否仍与 0 刻度线对齐，如不齐则重调。

（5）测量时，用手轻轻抬起测杆，将工件放入测头下测量，不可把工件强行推入测头下。

图 2-19 千分表

（二）注意事项

（1）测量时注意表的测量范围，不要使测头位移超出量程，以免过度伸长弹簧，损坏指示表。

（2）不要使测头跟测杆做过多无效的运动，否则会加快零件磨损，使千分表失去应有精度。

（3）当测杆移动发生阻滞时，不可强力推压测头，须送计量室处理。

（4）不要使测量杆突然撞落到工件上，也不可强烈振动、敲打指示表。

十二、游标卡尺

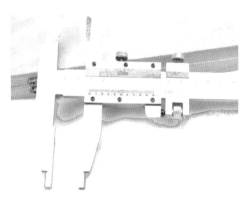

图 2-20　游标卡尺

游标卡尺（见图 2-20），是一种测量长度、内外径、深度的量具。游标卡尺是由主尺和附在主尺上能滑动的游标两部分构成。主尺一般以毫米（mm）为单位，而游标上则有 10、20 或 50 个分格，根据分格的不同，游标卡尺可分为十分度游标卡尺、二十分度游标卡尺、五十分度格游标卡尺等，游标为 10 分度的有 9mm，20 分度的有 19mm，50 分度的有 49mm。游标卡尺的主尺和游标上有两副活动量爪，分别是内测量爪和外测量爪，内测量爪通常用来测量内径，外测量爪通常用来测量长度和外径。

（一）使用方法及操作流程

（1）确认游标卡尺精度，游标卡尺的精度为 0.02mm。一般情况下尺身（主尺）的读数单位为 cm。为了方便读数，需要化为 mm，1cm=10 格，所以一格为 0.1cm，化为 mm，即主尺一格就为 1mm。

（2）确认游标（副尺）读数，由于精度为 0.02，游标（副尺）的一格为 0.02mm，五格就为 0.10mm。此时有两种游标（副尺）读数方法：

1）数游标与主尺（从左到右）数过去相对应的格数×0.02；例如：10 格在游标上对应的位置为 2，通过计算：10×0.02=0.20mm。

2）直接看游标读数：例如 1 为 5 格，所以为 0.10mm；2 为 10 格，所以为 0.20mm；3 就是 0.30mm，以此类推。

（3）进行外观检查，重点检查刻度是否磨损，游标是否能够正常滑动。

（4）清洁：重点清洁外量尺和内量尺和刻度，以及被测物体。

（5）校零：确认游标卡尺上的主尺和副尺 0 刻度线是否重合，如果未重合即万用表存在误差，需要读出误差值。

（6）进行游标卡尺测量被测物体，然后保证游标卡尺外量尺接触物体后，保证游标卡尺水平后旋转锁止螺母进行锁止，取出游标卡尺。

（7）具体读数：结果=主尺读数+游标（副尺读数），最好测两次及以上。

（二）注意事项

（1）使用前要检查游标卡尺的零点是否准确，如有偏差需要进行调整。

（2）使用时应避免过度用力，避免导致游标卡尺变形。

（3）测量时要注意游标卡尺和被测物体的接触面要保持一致，否则会影响测量结果。

（4）使用后应及时清洁并放回包装盒内，长时间不用，应存放在干燥、通风、无腐蚀的环境中，避免生锈腐蚀。

第三节 典 型 作 业

一、轴对中作业

（一）轴对中作业目的

通过对中使两转动轴在正常工作状态时处于同一轴线上，降低设备振动和噪声等级，减少轴弯曲，保持适当的轴承内部间隙，减少轴承、联轴器的磨损，减缓垫圈、填料和机械部件的退化，消除周期性疲劳导致的轴故障，保证设备平稳运行。

（二）轴对中前的准备

为保证对中工作顺利进行，在轴对中作业前应做好充分准备工作，轴对中前的准备工作主要由以下两个部分组成。

1. 工器具使用

不同机型所使用的对中工器具略有差异，通常包含专用工装、激光对中仪、卧式千斤顶、钢卷尺或激光测距仪、力矩扳手、套筒、活动扳手或开口扳手、弹性支撑垫圈、记号笔、手电筒、螺纹紧固胶、工具包等。

2. 要求及环境条件

对中工作对人员和工序以及作业环境有严格要求，不同机型对作业环境也有些许差异，一般情况下应满足以下条件：

（1）对中作业中至少需 3 名作业人员，其中技术负责人应对作业安全及作业工序熟练掌握。

（2）确认桨叶是否处于顺桨状态，测试能否手动盘车，高速轴制动器能正常动作，以确保对中作业安全及对中数据的准确性。

（3）对中作业应选择合适风况下进行，要求风速一般稳定在 6m/s 以下，遇有强阵风应停止作业，并重新校核对中数据。

（三）对中仪器及术语

通常对中作业使用激光对中仪。激光对中仪主要包含测量单元 S、测量单元 M、显示单元、电缆或光纤、轴固定器、延长链条、磁吸座、偏移支架、钢卷尺、探杆、蓝牙单元等，如图 2-21 所示。

图 2-21　对中仪组成

（1）平行偏差（位移偏差）：两个轴的中心线不同心但平行。

（2）角度偏差（张口）：两个轴的中心线不平行。

（3）M 端设备：调整设备，可移动设备。

（4）M 测量单元：安装、固定在 M 端设备上的测量单元。

（5）S 端设备：基准设备，静止不动的设备，在调整过程中不可移动。

（6）S 测量单元：安装、固定在 S 端设备上的测量单元。

（7）软脚：设备的地脚和基础的接触情况，在对中之前要先做软脚测量。

对中过程中存在的情况，如图 2-22 所示。

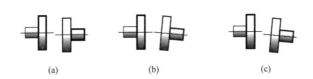

(a)　　　　　　　　　(b)　　　　　　　　　(c)

图 2-22　对中偏差

（a）平行偏差；（b）角度偏差；（c）平行和角度偏差

（四）轴对中的过程

1. 激光发射器的安装

在对中之前要先拆除刹车盘罩壳和联轴器罩壳，其次安装激光测量单元。将带有

S 字样的发射器安装到制动盘上。S 极测量单元安装在由 2 个磁铁组成的固定支架上，将支架上的黑色旋钮打到 ON 位置，支架便可吸附在制动盘上。

将带有 M 字样的发射器，用链条绕过发电机轴方式固定在电机输入轴上，并保证在发电机轴旋转的时候发射器与发电机轴同步旋转。

安装位置可根据实际配置进行调整，但必须分布在联轴器两侧、面对面安装。两个测量单元和显示单元通过蓝牙发射器或光纤相互连接。蓝牙发射器安装在激光发射器上，激光发射器通过连接杆与磁吸座紧紧相连。当磁吸座上面的开关打在 ON 挡，则磁吸座会牢牢地吸在法兰盘上，当开关打在 OFF 挡时，则磁吸座会失去磁性，自动脱落，如图 2-23 所示。

注意：M 和 S 字符的两个发射器安装后，字符的方向应一致，即同时为正立或者同时倒立。确保信号接收正常。

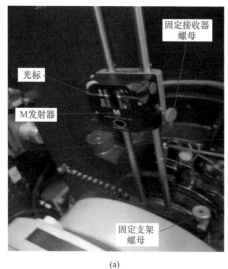 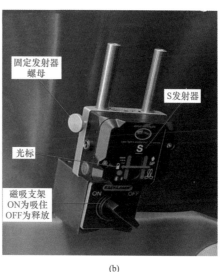

(a)　　　　　　　　　　　　　　　(b)

图 2-23　发射器安装

（a）M 发射器；（b）S 发射器

2. 激光孔的对准

打开对中仪以后，点击进入，此时显示单元上会出现三个区域：S 测量单元的区域→M 测量单元发射的激光所找的位置；M 测量单元区域→S 测量单元发射的激光所找的位置；中间的时钟区域→M 测量单元和 S 测量单元在转动过程中所划过的。两个点心通过激光发射器上的激光调节钮调至靶心。安装后如果激光红点没有显示在 M 极、S 极信号面内，需要调节 M 极、S 极固定位置，使激光红点显示在信号面内，如果激光红点不在中心位置，通过调节 M 和 S 极探头的位置，可以实现对准中心位置。

3. 扫描测量

准备工作完成后，开始对中工作，在此以任意三点式对中方法进行。对中时需要测量四组数据：M 极探头到 S 极探头间、S 极探头到中间、M 到发电机前地脚螺栓、发电机前后地脚螺栓之间的距离。其中，S 极到中间的距离等于 M 到 S 极之间距离的一半。如图 2-24 所示，4 个空格数据都是需要测量输入。

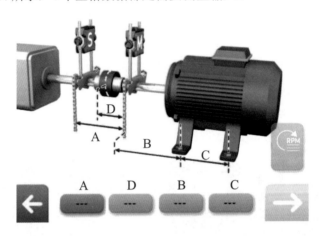

图 2-24　数据输入

完成数据输入后，松开制动器，准备盘车，进行扫描。扫描作业之前应检查探头安装是否牢固，以防在高速轴旋转时探头掉落。

扫描数据前确保制动器在松闸状态，采用任意三点法测量数据，首先把红色点调节移动到中心位置。按 OK 键，转动制动盘，大于 30°（红色区域为 30°，不同品牌激光对中仪该角度有差异，以屏幕显示变绿为准），再按 OK 或确认键，如此再操作一次，得到 3 个扫描点。

当 3 个扫描点完成扫描后，对中仪自动计算出当前的对中偏差。保存好初次扫描（未做偏差调整）的数据，做好存档。制动器对对中的精确度是有干扰作用的，所以在用对中仪扫描获取对中偏差数据的过程中不宜用制动器将制动盘刹死。需一人控制盘车工装或手动盘车，控制高速轴的旋转，另一人控制主轴制动器的开合。根据实际情况，保证高速轴的均匀旋转与停止。

此时，需对发电机前后偏差进行测量，闭合制动器，高速轴制动。用钢卷尺（或者激光测距仪）测量制动盘后端面与发电机侧涨紧套法兰的前端面的间距。联轴器的距离要求应符合出厂规定值。

通过测量结果，便可判断发电机对中误差是否合格，如不合格需对发电机进行左右和上下的调整，直到前后偏差和平行偏差或角度偏差的数值达到对中所允许的误差范围内，而这个误差范围是根据发电机的转速来确定的，一般依据厂家维护手册建议值进行调整。

4. 对中调整

对中结果显示以后，要对不满足要求的进行对中调整。对中调整包括前后调整、垂直偏差调整和水平偏差调整。

（1）前后调整。为便于调整发电机位置，需根据发电机底部结构使用专用的工装。松开发电机紧固螺母之前，需在后机架上安装 2 台发电机对中专用工装，并手动将调节螺杆顶住发电机后端筋板，防止松开发电机地脚螺母后发电机向后滑动。

用液压扳手或者扭矩倍增器、可调式扭力扳手拧松发电机的 4 个地脚螺母后进行前后偏差调节。观察地脚螺杆与发电机的距离，根据测量数据判断是否需要拧松弹性支撑底面上的小螺栓（一般情况下不需要）。

用发电机对中工装 1 调节螺杆将发电机向前推动。使轴器的前后间距达到发电机对中度标准值的要求，如图 2-25 所示。

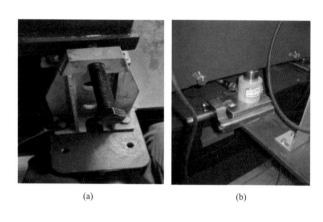

(a)　　　　　　　　　(b)

图 2-25　专用工装

（a）工装 1；（b）工装 2

（2）垂直偏差调整。专用工装 2 主要是在对中的工作中，要对发电机进行左右移动和上下抬升，而通过工装 2 和液压千斤顶就可实现发电机平稳移动，安装后的工装如图 2-26 所示。安装完工装以后松开发电机的地脚螺栓。

将电机对中调节装置 2 摆放到发电机前端（底部）。打开制动器，按激光对中仪说明书的操作方法进入垂直方向调整模式，根据激光对中仪调整提示，用千斤顶顶起发电机前端或后端，直至对中仪显示发电机调整方向发生改变。此时千斤顶需顶住发电机的筋板处以防止底板变形。向上或向下旋转发电机弹性元件总成螺母（调整量依据对中仪测量提示值而定）。

如向上调整量大于 5mm，则需使用发电机调整环，放置在发电机和弹性元件总成之间，以增加发电机升高量。调整环相对弹性支撑螺杆应居中放置，且 U 形槽开口应朝外，具体如图 2-27 所示。

图 2-26　旋转发电机弹性支撑螺母　　　　图 2-27　发电机调整环放置要求

如图 2-28 所示，测量数据显示前地脚调整量为-0.45mm，需升高发电机，因此，旋转发电机两个前地脚弹性支撑螺母约 1/4 圈，使发电机上升。调节好后，缓慢释放千斤顶的压力，使发电机落位。

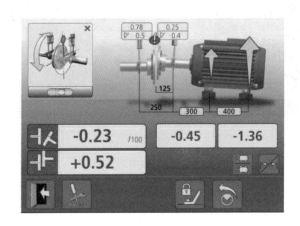

图 2-28　垂直方向调整提示图

用同样方法调节发电机的后地脚垂直偏差。

（3）水平偏差调整。水平偏差通过对中调节工装 2 调整。打开制动器，按激光对中仪说明书操作方法进入水平方向调整模式，根据水平方向的对中值及调整方向，在相应的发电机底部放置发电机对中调节工装 2。

如图 2-29 所示，检测数据显示前地脚需向左偏移 4.83mm，将调节工装放在发电机需调节的前地脚处，给千斤顶打压，使发电机前端稍稍抬起，便于移动。使用套筒棘轮扳手调节发电机对中调节工装 2 的调整螺杆，依靠螺栓产生的轴向力使调节发电机前部水平偏差调节好后，缓缓泄压，使发电机缓慢落位。按照上述方法，调整发电机后地脚左右偏差。

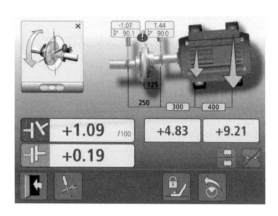

图 2-29　水平方向调整提示图

1）保存数据。若发电机对中度（同轴度）、发电机前后偏差均满足要求，则可保存好当前的数据，做好存档。

2）紧固发电机的地脚螺母。

使用液压扳手或者扭矩倍增器或可调式扭力扳手，对角交错紧固发电机 4 个地脚螺母，分三级进行紧固，紧固完成后打紧固标记。

紧固完成后对发电机对中进行复测，按以上步骤再来一遍；测量发电机后端发电机底面至发电机弹性支撑安装面间的距离符合要求。

检查发电机弹性元件总成 4 个螺栓，若发现螺栓紧固标记错位、螺栓松动，则需将螺栓取下，并进行清洁；目测该螺栓是否损坏，如果没有损坏则对其涂抹螺纹紧固胶后以规定的力矩再次紧固，并打紧固标记；否则更换该螺栓后再紧固；整理并完善对中数据记录。

3）拆卸对中工装。取出对中工装 2，拆卸对中工装 1（前后调节、防后移工装），将对中工装收回工具包内。

4）拆卸激光对中仪。拆分激光对中仪，对中仪可使用棉布或棉球蘸淡肥皂水擦拭，激光探测器表面只能用酒精清洗，擦拭干净后收入包装箱，妥善放置。

5）安装联轴器罩。将联轴器保护罩与后机架连接，联轴器罩安装无变形，与制动盘无接触，最小距离不小于 20mm。紧固完后打紧固标记。

（五）轴对中注意的事项

（1）在使用千斤顶的时候，一定要缓慢地增加支撑力以及卸压，防止突然卸压或加力时，发电机对弹性支撑产生冲击，造成数据跳动影响结果，且起升高度不宜过高，以防间接损坏弹性支撑。

（2）紧固力矩时，发电机的四个脚以及每个脚的螺栓要对角紧固。

（3）在风力发电机组对中时，尽量选择风速低的时候；在调整的过程中，也尽量避免人员在发电机附近走动，影响数据。

（4）在轴对中过程中，如果发现螺栓螺纹端出现任何变形或者损坏，则要用新的同规格螺栓更换。

（5）热量对激光测量是有影响的，当激光通过不同温度的气体时，其光束发生了折射。因此在测量时应避免周围有明显的热源或冷风。

（6）在测量的过程中要始终保证在 3 个区域内激光都能打在靶心内。

（7）测量过程中，激光不能再调，在盘动刹车盘时注意不能拉扯测量单元的接线。

（8）调整水平方向时，测量单元必须在 9 点钟位置，调整垂直方向时，测量单元必须在 12 点钟位置，才能够正确地实时观察数据变化。

（9）在进行垂直调整时，电机尾部工装必须顶住电机，防止电机后滑。

（10）轴对中一般每年检查一次。当齿轮箱与发电机相对位置发生变化时，应重新对中。

二、起重作业

（一）基础知识

1. 起重作业

起重作业，是指所有利用起重机械或起重工具移动重物的操作活动。除了利用起重机械搬运重物以外，使用起重工具，如千斤顶、滑轮、手拉葫芦、自制吊架、各种绳索等，垂直升降或水平移动重物，均属于起重作业范畴。

2. 起重机械

起重机械，是指用于垂直升降或者垂直升降并水平移动重物的机电设备，其范围规定为额定起重量大于或者等于 0.5t 的升降机；额定起重量大于或者等于 1t，且提升高度大于或者等于 2m 的起重机和承重形式固定的电动葫芦等。

起重作业按工件重量可划分为四个等级：①超大型，工件重量大于等于 300t 或工件高度大于等于 100m；②大型，工件重量为 80～300t 或工件高度大于等于 60～100m；③中型，工件重量为 40～80t 或工件高度大于等于 30～60m；④小型，工件重量小于 40t 或工件高度小于 30m。

起重机械按形式可分为桥架型起重机、臂架型起重机和缆索型起重机。其中，桥架型起重机包含桥式、梁式、门式、半门式等；臂架型起重机包含铁路起重机、塔式起重机、桅杆起重机、流动式起重机、悬臂起重机、门座起重机和半门座起重机等；

缆索型起重机包括缆索起重机、门式缆索起重机。

3. 起重术语

（1）起重施工。指用机械或机具装卸、运输和吊装工作。

（2）工件。指设备、构件、其他被起重的物体的统称。

（3）安全系数。在工程机构和吊装作业中，各种锁具材料在使用时的极限强度与容许应力之比。

（4）索具。索具是指与绳缆配套使用的器材，如钩、松紧器、紧索夹、套环、卸扣等，统称索具，也有把绳缆归属于索具的。索具主要有金属索具和合成纤维索具两大类。

（5）专用吊具。为满足起重工艺的特殊要求而设置的设备吊耳、吊装梁或平衡梁等的统称。

（6）地锚。地锚一般用钢丝绳、钢管、钢筋混凝土预制件、圆木等做埋件埋入地下做成，用于固定拖拉绳的埋地构件或建筑物，稳定抱杆使其保持相对固定的空间位置。

（7）吊耳。设置在工件上，专供系挂吊装索具的部件。

（8）主吊车。抬吊被吊装工件顶（或上）部的吊车。

（9）辅助吊车。抬吊被吊装工件底（或下）部的吊车。

（10）单吊车吊装。用一台主吊车和一台或两台辅助吊装进行的吊装。

（11）双吊车吊装。用两台主吊车和一台或两台辅助吊装进行的吊装。

（12）侧偏法吊装。提升滑车组动滑车的水平投影偏离设备基础中心，设备吊点位于重心上且偏于设备中心的一侧，在提升滑车组的作用下，设备悬空呈倾斜状态，然后由调整索具校正其直立就位的吊装工艺。

（13）捆绑绳。连接滑车吊钩与重物之间的绳索。

（14）临界角。当设备处于脱排瞬时位置，设备重力作用线与尾排支点共线时，设备的仰角（即设备吊装临界角）。

（15）信号。在指挥起重机械操作时，常因工地声音嘈杂不易听清楚或口音不对容易误解，或距离操作台司机较远无法听见等，故常用信号来指挥，常用的信号有手示信号、旗示信号及口笛信号等。

（16）额定起重量。额定起重量是起重机械在正常工作情况下所允许的最大起吊重量，用符号 Gn 表示，单位为吨（t）或者千克（kg）。

（17）作业半径。指起重机吊钩中心线（即被吊重物的中心垂线）到起重机回转中心线的距离，单位为米（m）。

（18）起重机曲线。起重机曲线是指起重机吊臂曲线，是表示起重机吊臂在不同吊臂长度和不同作业半径时空间位置的曲线，规定直角坐标的横坐标为幅度（即作业半径），纵坐标为起升高度。起升高度是表示最大起升高度随幅度改变的曲线。不难看出，当幅度变小（作业半径变小），起重量增加，起升高度也随之增加，此时的起重机吊臂的仰角也同时增加。同样，同等的变幅，不同的臂长，起重量也有所不同，如图2-30所示。

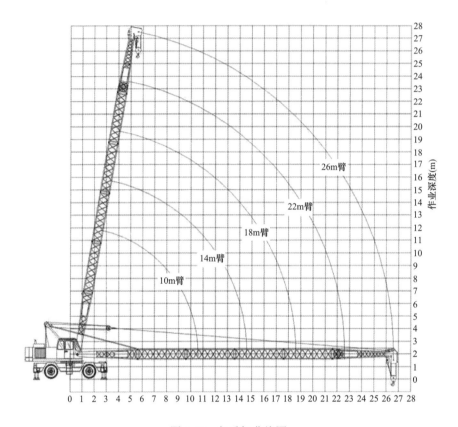

图 2-30　起重机曲线图

4. 起重指挥通用手势信号

手势信号如图 2-31 所示。手势信号详解如下所述。

（1）"预备"（注意）：手臂伸直，置于头上方，五指自然伸开，手心朝前保持不动。

（2）"要主钩"：单手自然握拳，置于头上，轻触头顶。

（3）"要副钩"：一只手握拳，小臂向上不动，另一只手伸出，手心轻触前只手的肘关节。

（4）"吊钩上升"：小臂向侧上方伸直，五指自然伸开，高于肩部，以腕部为轴转动。

（5）"吊钩下降"：手臂伸向侧前下方，与身体夹角约为 30°，五指自然伸开，以腕部为轴转动。

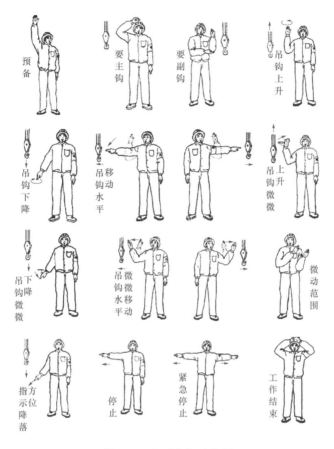

图 2-31　起重指挥手势图

（6）"吊钩水平移动"：小臂向侧上方伸直，五指并拢手心朝外，朝负载应运行的方向，向下挥动到与肩相平的位置。

（7）"吊钩微微上升"：小臂伸向侧前上方，手心朝上高于肩部，以腕部为轴，重复向上摆动手掌。

（8）"吊钩微微下降"：手臂伸向侧前下方，与身体夹角约为 30°，手心朝下，以腕部为轴，重复向下摆动手掌。

（9）"吊钩水平微微移动"：小臂向侧上方自然伸出，五指并拢手心朝外，朝负载应运行的方向，重复做缓慢的水平运动。

（10）"微动范围"：双小臂曲起，伸向一侧，五指伸直，手心相对，其间距与负载所要移动的距离接近。

（11）"指示降落方位"：五指伸直，指出负载应降落的位置。

（12）"停止"：小臂水平置于胸前，五指伸开，手心朝下，水平挥向一侧。

（13）"紧急停止"：两小臂水平置于胸前，五指伸开，手心朝下，同时水平挥向两侧。

（14）"工作结束"：双手五指伸开，在额前交叉。

（二）风力发电机组吊装作业

1. 风力发电机组吊装安全规范

机组的现场安装包含高处作业，为了保证风力发电机组的安全与正确安装，现场所有作业人员须认真阅读和遵守技术要求内容，严禁违章操作。风电场现场管理人员须按国家相关规范对起重设备、索具、吊具及安全设施等进行必要的保护、维护与检查，如果发现任何安全隐患应及时处理。

（1）人员资质要求。

1）机组安装是具有一定风险性的作业，机组安装人员必须具备相应的资质。

2）安装作业人员须年满18岁，身体健康，具有登高作业证书。

3）特种作业人员必须持证上岗。

（2）安全要求。

1）现场安装人员应经过专业安全培训并考核合格。

2）严禁违反相关工艺规范及要求的作业。安装过程中，所有人员应积极配合并服从现场指挥调度。现场安全员负责监督所有人员严格按照安全规范进行操作，人员每天到场及各工序吊装前，应由安全员进行安全宣贯、检查。

3）执行高度超过2m以上作业时，须使用个人安全防护装备，并随身携带通信设备以备在紧急情况时使用。在机舱外工作时，须确保此期间无人在风力发电机组周围，避免坠物伤人。

4）遇有大雾、大雪、雷雨天、沙尘暴或能见度不足等情况，不得进行安装、起吊作业。安装现场临时用电作业时应采取可靠的安全保护措施。

5）安装现场须有灭火器等防火设施。在安装现场进行焊接、切割、明火等容易引起火灾的作业必须得到相关单位批准后才能实施，同时确保灭火器有效并随手可及；确保易燃易爆物品远离作业周围。

6）安装现场应设置警示性标牌、围栏等安全设施。安装现场应准备常用的急救医药用品。安装现场如非必要，车辆及无关人员应远离风力发电机组300m以外。

7）现场设备，安装零部件、工具等仓储要求：现场设备、安装零部件、工具等仓储均应指定专人和合适的场所进行存储，做好防火、防盗、防潮、防水措施；机舱、轮毂、叶片、变流器等部件应储存在指定机位上，并置于坚实、平坦的地面上，不得倾斜放置、不得放置在容易积水的凹坑地面上，叶片存放应减少主风向受力面，并对其支架进行固定。塔基控制柜、标准件、电气元器件、电缆、导电轨等零部件应指定场所进行集中存放，做好防火、防盗、防潮、防水等措施。

8）文明施工的内容：保持现场、设备清洁，杜绝乱丢杂物，严禁吸烟；禁止现场的不文明行为；现场人员要求明确分工，杜绝嬉戏、打闹等与工作无关的事情发生，与作业无关人员不得进入现场；施工车辆按指定的路线行驶，按指定场地停车，不得碾压草地苗木，不得破坏生态。

2. 吊装时的安全要求

（1）为确保吊装安全，在下列气象条件下，吊装工作应有相应限制：在风速超过 10m/s（或以实际机型吊装指导书为准）的情况下，不得进行塔筒的安装、不得进行塔筒与机舱的拼接安装；在风速超过 8m/s（或以实际机型吊装指导书为准）的情况下，不得进行风轮与机舱的对接安装；大雾、暴雨等能见度低于 200m 的天气及雷暴天气情况下，不得进行风力发电机组的安装。

（2）吊装现场必须设专人指挥；指挥必须有风力发电机组安装工作经验，指挥的行为及作业必须符合国家及行业的相关规范。

（3）起重机械操作人员在吊装过程中负有重要责任。吊装前，吊装指挥和起重机械操作人员要共同制定吊装方案；吊装指挥应向起重机械操作人员交代清楚工作任务。在使用起重机等机械设备搬运、起吊物体时，首先应检查起重机、吊具等是否合格，其载荷量是否在安全要求范围之内。吊装前应认真检查机组设备，防止物品坠落，严禁作业过程中出现交叉作业。

（4）所有吊具调整应在地面进行；在吊绳被拉紧时，不得用手直接接触起吊部位，以免挤伤。在起吊过程中，发现吊具有问题，必须落钩，地面调整并确认检查合格后再起吊。吊具拴挂应牢靠，吊钩应封钩，以防在起吊过程中钢丝绳、吊带滑脱；捆扎有棱角或利口的物件时，钢丝绳、吊带与物件的接触处，应做相应防护处理。物件起吊时，先将物件提升离地面 10~20cm，经检查确认无异常现象时，方可继续提升。放置物件时，应缓慢下降，确认物件放置平稳、牢靠，方可松钩，以免物件倾斜翻倒伤人。

（5）在起重设备工作期间，任何人不得站在吊臂下；尤其是在重物上升或下降时要听警示铃的警示，并确保所有人员远离吊臂及起吊物下方。安装人员要注意力集中，严禁将头、手伸出塔筒外或伸进叶片内，防止挤伤。高处作业人员应配有通信设备并确保通畅，以便工作时与地面人员通过对讲机相互联系。

（6）当使用设有大小钩的起重机时，大小钩不得同时各自起吊物件。两台起重机同时起吊一重物时，要根据起重机的起重能力进行合理的负荷分配。事前应制定详细的技术措施，并交底，必须在施工负责人的统一指挥下进行。

（7）起重机在架空高压线路附近进行作业时，起重机（包括起吊物件）与架空线路（在最大偏斜时）的最小距离不应小于表 2-1 所示数值。

表 2-1　　起重设备（包括起吊物件）与线路（在最大偏斜时）的最小间隔距离

线路电压（kV）	<1	1~20	35~110	154	220	330	500	750
与供电线路在最大偏斜时的最小间隔距离（m）	1.5	3	4	5	6	7	8.5	11

注　如不能保持这个距离，则必须停电或设置好隔离设施后，方可工作；如在天气潮湿工作时，距离还应当加大。

（8）出机舱拆卸吊具时，要求在打开天窗前，机舱内人员必须戴好安全帽，穿好安全带，系好安全绳；安全绳要系在牢固的构件上，禁止系在不可靠、有相对运动的构件上，如机舱顶部扶手或电缆等物体上。机舱外工作结束后不许逗留，应及时回到机舱内。

（9）在每一吊装程序结束前，所吊装的部件、构件或节段必须完全固定好。禁止用临时绑扎代替安装螺栓。待吊装的部件、构件或节段的拼合部位稳定性得到保证后，起重机才能摘钩。严禁在吊装过程中从机舱向下抛撒物品，要求及时回收包装物，收集后统一处理。

3.　吊装前组织工作

风力发电机组的现场吊装是一项极其复杂的工作，在现场安装前需注意以下几点：

（1）根据气象条件、设备到货时间、吊装现场地形等情况，制定合理的工期和有效、可靠的措施。

（2）及时、细致地做好现场吊装前各类机具准备，包括吊装设备（主、辅起重机）、索具、工具、附件等的准备。主起重机须在有效幅度内，有效起吊高度高于轮毂中心高 10m，同时起吊重量满足要求，并且起重机能 360°回转。所有设施准备齐全后，吊装前还需进行全面、细致的检查、检验，经试运转或试验、合格后方可使用。

（3）勘测吊装现场，根据吊装现场的实际情况制定合理、可靠的吊装方案。制定吊装方案时，应详细了解风力发电机组的基本参数，对吊装工程的进度要求、现场的吊装条件（如雷雨、风速、风向、地形、交通运输状况等）、吊装技术水平及吊装设备等情况全面考虑、分析，以便制定最合理、最可靠的吊装方案。

4.　风力发电机组安装的注意事项

（1）塔筒吊装注意事项。

1）塔筒吊装前，必须对基础环防雷接地进行检查，防雷接地没有达到要求，不得进行塔筒吊装。

2）若现场风速大于 10m/s（或以实际机型吊装指导书为准），不得进行塔筒的吊装。

3）考虑到大风、雨雪等情况带来的危险，塔筒不超过 4 段时，最后一段塔筒应与机舱在同一天完成吊装；塔筒为 5 段或 6 段时，最后两段塔筒应与机舱在同一天完成吊装。

4）若在吊装过程中，由于天气等原因无法完成所有部件吊装，在保证安全的前提下，应在撤离现场前将已完成吊装的部件进行可靠连接；对于高强度螺栓，应按要求紧固到规定扭矩。暴露于环境中的部件应做好防雨雪、防风沙等措施。

（2）机舱吊装注意事项。

1）考虑到大风、雨雪等情况带来的危险，塔筒不超过 4 段时，最后一段塔筒应与机舱在同一天完成吊装；塔筒为 5 段或 6 段时，最后两段塔筒应与机舱在同一天完成吊装。

2）现场风速大于 10m/s 时（或以实际机型吊装指导书为准），不得进行机舱的吊装。

（3）风轮吊装安装注意事项。

1）若桨叶与轮毂已组装完毕，且因天气原因不能进行风轮的吊装，需根据风向手动变桨，确保 3 片桨叶处于最小受力状态（叶片尾缘对准风向）；变桨后，打地锚固定住叶片。

2）现场风速大于 8m/s 时（或以实际机型吊装指导书为准），不得进行风轮的吊装。

5. 塔筒的吊装过程

（1）吊装前的准备工作。

1）塔筒检查、清洁。安装前应检查塔筒上、下法兰的椭圆度，如不符合要求，不能进行吊装；检查并清洁塔筒的内外表面、上下法兰安装面，如有油漆剥落，需补漆；检查塔筒内部构件有无松动、缺失。

2）塔筒法兰涂抹密封胶并将螺栓就位。清洁法兰及平台，在每个螺栓孔周围的法兰结合面上，连续均匀涂上一层密封胶；将螺栓、螺母和平垫圈整齐摆放在法兰面每个通孔的下方，并将螺栓螺纹处均匀涂上二硫化钼装配膏。

3）塔筒顶平台置放工具。将电缆桥架、液压站、液压扳手、连接螺栓、工具等（用于两段塔筒的对接）整齐放入塔筒顶部平台上，并做好加固措施，防止在塔筒吊起翻转过程中滚落。

（2）塔筒法兰安装吊具。

1）塔筒底法兰安装吊具。拆除米字架，将 2 个塔筒下吊座安装在塔筒Ⅰ段底部的法兰螺栓孔分布圆上；用 2 根吊带分别连接 2 个塔筒下吊座，吊带的另一端与辅助起重机的吊钩相连；在塔筒下法兰端口绑好两根导向绳。安装吊座时注意位置，保证塔筒Ⅰ段离地后不会自动旋转、翻滚，两组件间距 3～5 孔位。

2）塔筒顶法兰安装吊具。拆除米字架，将 4 个塔筒上吊座安装在塔筒顶部的法兰螺栓孔分布圆上；4 个塔筒上吊座用 2 根钢丝绳和 2 个滑车组件相连。两个滑车组件的挂钩端各用 1 根吊带与主起重机的吊钩相连。4 个吊座组件需均匀分布在法兰盘上，具体间距孔位以实际法兰螺栓孔数而定，吊座与法兰须紧固。

（3）塔筒Ⅰ段的起吊与就位。

1）塔筒起吊。确认塔筒Ⅰ段内所有物体均可靠固定后，主辅起重机同时将塔筒Ⅰ段缓慢吊起，并翻转至竖直状态。确保塔筒Ⅰ段竖直时，塔筒不得与地面磕碰。

2）拆除下吊座组件。卸掉塔筒底部下吊座组件，清理其法兰面。考虑到场地因素，塔筒米字架也可在此时拆卸。

3）塔筒Ⅰ段与基础环就位。起吊塔筒Ⅰ段至塔底平台上方，利用两根导向绳使其平稳、缓慢下降，过程中不得磕碰变流柜、塔底平台；将塔筒Ⅰ段下降至基础环法兰上方10cm左右的距离，确定好方位拆除导向绳后，在塔筒法兰通孔内按三等分均布插入相应规格的导向棒，用导向棒定位塔筒；继续下降使塔筒Ⅰ段与基础法兰就位（起重机仍应保持受力状态），在对接法兰螺栓孔上穿上连接螺栓和垫片，除导向棒安装孔外，所有螺栓均穿好并安装好螺母；在塔筒法兰的4个等分点用电动扳手以对角方式预紧规定颗数螺栓后，取出导向棒并穿入连接螺栓预紧。

4）接地线安装。按要求用电缆（或铜编织带）连接塔筒Ⅰ段和基础环上的接地点。

5）起重机脱钩。待全部螺栓预紧完毕，并用液压扳手将螺栓以对角方式紧固至50%预紧力后，起重机方可脱钩。起重机缓降卸力后，将上法兰吊具拆下并吊到地面。

6）螺栓力矩紧固。起重机脱钩后，使用液压扳手以对角方式将塔筒Ⅰ段与基础环连接螺栓紧固到规定力矩并做好标识方可继续吊装。

（4）其他段塔筒的起吊与就位。

其他段塔筒的起吊与就位过程与Ⅰ段相同，需注意各段塔筒间连接螺栓紧固力矩不同。

6. 机舱的吊装过程

（1）机舱罩上罩拆卸及附件安装。

1）拆除机舱罩上罩。选择平整的场地，预备6～10段高度一致的枕木，用于机舱上罩拆卸后临时放置；在起重机的吊钩上挂吊带，吊带的下端各挂一个卸扣，连接到机舱上罩起吊点；拆除机舱上罩的固定螺栓，缓缓起吊，将机舱上罩置于预先准备的枕木上。

2）安装风速风向仪、航空灯。用螺栓将风速风向仪支架安装至机舱上盖尾部的预钻孔处，在连接处及连接螺栓的头部涂抹密封胶；在风速风向仪支架上安装风速风向仪、航空灯，风速风向仪和航空灯的电缆线从风速风向仪支架的空心管道中穿进机舱内，沿穿线管走线至上罩末端，多余的线捆好固定在机舱上罩上；将机舱内预留的接地电缆与风速风向仪支架的固定螺栓连接、紧固。此过程需注意要将风速风向仪正北标记正对机舱尾部，并与风速风向仪支架安装板垂直。

3）安装齿轮箱通风罩、机舱罩前冠。用螺栓安装齿轮箱通风罩，安装完成后，在齿轮箱通罩与机舱上罩间涂抹密封胶；机舱内齿轮箱冷却风管用抱箍固定到通风孔盖板上；安装机舱罩前冠时，在机舱罩前冠与机舱上罩间涂抹密封胶。

（2）传动系统安装。

1）安装传动系统吊具。使用符合吊装手册要求的吊具、吊带和卸扣，将其牢固连接在起重机的吊钩和传动链上的各个起吊点。在传动系统上安装吊具时，应注意保护振动传感器、温度传感器、压力表等元器件及油管、电缆等，严禁踩踏。

2）拆除机舱内附件。拆除预装在机舱座上的低速轴过梯和轴承座固定螺栓，清洁机舱座上的传动系统安装面和连接螺孔，必要时用丝锥回丝；松开齿轮箱支撑座的固定螺栓，并将上半部取下置于一旁，用外围的螺栓将齿轮箱支撑座下半部定位后装上齿轮箱弹性支撑下半部。

3）安装传动系统。拆除传动系统与运输支架的连接螺栓，将其缓缓吊起移至机舱上方，将弹性支撑隔圈套在齿轮箱支撑销轴上，注意弹性支撑隔圈的方向，有倒角一方朝弹性支撑；将传动系统慢慢下放，使齿轮箱扭力臂位于两弹性支撑座下半部中间，主轴轴承座位于机舱座平面的止口内，轴承座安装孔与机舱座螺孔对准，齿轮箱的支撑轴放在弹性支撑座下半部上；依次将齿轮箱弹性支撑上半部、齿轮箱支撑座上半部安装在支撑销轴上，将螺栓按规定力矩拧紧；将弹性支撑挡板安装在齿轮箱支撑销轴的两端，螺栓按规定力矩拧紧；轴承座用螺栓固定，并按规定力矩拧紧。

此过程需注意：传动系统安装时，要求风轮锁紧盘内端面与主机架风轮锁凸台端面距离在规定范围以内；轴承座固定螺栓、齿轮箱弹性支撑固定螺栓全部拧入后可拆除传动系统吊具；传动系统安装后，要求盘车灵活，无卡阻、无异响。

4）齿轮箱加注润滑油。用加油装置加注规定型号的齿轮箱润滑油，在齿轮箱静止 15min 后检查油位应处于油标规定范围内。加注润滑油时应保证油品清洁，防止异物从注油口进入齿轮箱。

（3）机舱罩上罩安装。

按前述方法在机舱罩上罩安装卸扣和吊带,起吊机舱罩上罩至机舱上方缓缓下降,用导向棒等使上、下罩孔位对准后，拧上所有连接螺栓，并拧紧。

（4）安装机舱吊具。

1）机舱吊具安装。机舱专用吊具上部前端用 2 根吊带、上部后端用 2 根吊带与弓形卸扣连接；专用吊具下部前端经弓形卸扣连接两根吊带，下部后端经弓形卸扣连接两根吊带；拆开机舱罩的吊装口盖板（或天窗），机舱吊具移至机舱上方，下方的四根吊带从机舱罩的吊装孔（或天窗）进入，与机舱内的起吊点连接。

2）缆风绳安装。在机舱座前、后端各安装揽风绳，缆风绳与机舱罩结合处需放布防磨。

（5）机舱起吊与就位。

1）机舱起吊。缓缓起升吊钩，使吊带处于拉紧受力状态即可，检查各吊带与卸扣的受力状况；将机舱连同运输支架缓慢吊起，即将离地时使机舱自动调整到吊钩的中心位置，再将机舱缓慢放下放稳，拆除与运输支架的连接螺栓。

2）机舱与塔筒就位对接。将机舱提升至略高于塔筒顶段的上法兰的上方，确认机组方向，调整机舱并使机舱下方的偏航轴承上的安装孔正对塔筒顶段法兰孔；指挥起重机缓慢下降，使机舱与塔筒顶段就位，然后迅速在对接法兰的对称位置成对地装上螺栓及垫圈，并按对角方式进行预紧；将全部螺栓安装预紧后，再用液压扳手以对角法按规定力矩进行紧固。

3）机舱就位。待顶段塔筒与机舱连接螺栓全部紧固至规定力矩后，起重机松钩，拆卸下机舱内的连接卸扣，起重机将专用吊具、吊带和卸扣一并吊下。

7. 风轮的吊装过程

（1）吊前准备工作。

1）轮毂定位。拆除轮毂叶片孔布罩、导流罩运输盖板，用卸扣和吊带连接轮毂导流罩总成吊具，使用轮毂导流罩总成吊具吊起轮毂移动到合适位置后，拆除吊装口盖板并将导流罩安装到轮毂罩上。轮毂的位置要能满足叶片伸长与起重机的站位，轮毂底部建议垫上钢板，轮毂运输支架与钢板之间垫橡胶皮以增加摩擦系数；叶片伸长的地面需平整，以免叶片变桨时与地面刮擦。

2）手动变桨测试。接通临时电源，使用手操盒测试变桨功能正常，并将变桨轴承旋转至规定位置。

3）桨叶的起吊。桨叶可按两种方式起吊。①在桨叶吊具的上端挂两个卸扣及两根环形吊带，连接到起重机挂钩上，在桨叶吊具下端挂四个卸扣及两根扁吊带，连接到叶片的重心点两侧后起吊。这种方式起吊时桨叶重心两侧扁吊带具体挂点位置以现场实际调整位置为准，可多次起吊叶片调整挂点位置。②在距叶片叶根端部处系上扁吊带（对折使用）连接到主起重机吊钩，在叶片叶尖方向受力点标记处系上扁吊带（对折使用），连接到辅助起重机吊钩后起吊。

起吊前，在桨叶根部和叶尖各系一缆风绳（叶尖处需套叶尖护套），起稳定和导向作用，辅助调整叶片至正确位置。

（2）风轮组装。

1）起吊桨叶并对接。拆除桨叶前、后运输支架，并安装好桨叶螺栓；将桨叶吊起，移动到轮毂附近；用缆风绳配合起重机控制桨叶平衡，使桨叶法兰与变桨轴承法兰平行；手动变桨使桨叶与变桨轴承按规定位置相对，缓缓将桨叶螺栓穿入变桨轴承螺栓孔内；通过手动变桨，用力矩扳手以对角的方式按规定的预紧力紧固两侧的桨叶螺栓。此过程中，起重机需吊住桨叶使轮毂保持稳定，或使用工装、枕木保持稳定。

2）其余两片桨叶按同样方法安装。待第三片桨叶按上述步骤安装完成后，风轮自身能保持平衡，方可撤去桨叶上的吊带，或桨叶下的工装、枕木。

（3）风轮的起吊与对接。

1）手动变桨。手动变桨至反顺桨状态，另两片桨叶为顺桨状态。

2）安装吊具起吊。环形吊带（对折使用）通过弓形卸扣连接风轮吊具，吊带的两端挂于主起重机吊钩及轮毂吊点上，拆除轮毂运输支架；主辅起重机同步缓慢起吊，提升风轮至离地面 5～10m 的高度处，此时主起重机继续上升，辅助起重机同步水平移动，待主起重机上升到一定高度时，风轮由原来的水平位置变成垂直位置。

风轮提升过程中，用系在桨叶上的揽风绳控制整个风轮平稳上升，确保吊装过程中溜尾桨叶不会与地面、塔筒壁触碰。

3）风轮对接。主、辅起重机继续缓缓上升，将风轮提升到机舱位置的高度，由在机舱内的工作人员手动盘车，使风轮锁盘上的孔对准风轮螺纹孔；在主轴法兰的左右两侧各插入 1 根导向棒，便于风轮与主轴的定位；待风轮与主轴对接后由工作人员迅速在对接法兰位置装上连接螺栓，然后取出导向棒。

4）风轮与机舱连接力矩紧固。装入规定数量的螺栓并用力矩扳手紧固，确保轮毂和主轴结合面不存在缝隙后，用液压扳手将螺栓紧固到预紧力矩值，并做好标记；分左右沿着做好标记的螺栓往下依次穿上剩余螺栓，并用力矩扳手依次紧固；确认风轮与机舱不存在倾角后，将未做标记的螺栓用力矩扳手紧固。

5）拆除风轮吊具、安装吊装口盖板。锁紧高速轴制动盘及风轮锁定装置，取下溜尾桨叶吊具；主起重机吊钩缓降，施工人员进入风轮拆除风轮吊具；螺栓装入工具包后与风轮吊具一起由主起重机吊回地面；取下导流罩支架上的吊装口盖板，在安装结合面上打胶后重新用螺栓装回轮毂罩上。

6）再次紧固力矩。待施工人员返回机舱后，松开风轮锁定装置、松开高速轴制动装置，缓慢转动齿轮箱高速制动盘，将未标记的螺栓全部紧固至预紧力矩，并做好标记。手动盘车，将全部螺栓以最终力矩紧固。

此过程风速大于 6m/s 时不得操作，并需由专人负责液压系统的手动操作，需要时立刻将高速轴制动。

（4）收尾工作。

1）拆除叶尖护套。松开液压制动装置，手动盘车，拆掉向上两片起吊叶片的叶尖布罩、拉绳。

2）叶片与变桨轴承连接螺栓终拧。用液压扳手以规定力矩紧固三片桨叶的所有螺母。

3）风轮变桨。清理好机舱内卫生、轮毂内杂物；手动变桨，让三片桨叶都处于顺桨状态。

三、力矩紧固作业

（一）力矩紧固的目的

风力发电机组各部件通过高强度螺栓进行连接固定，由于风机在运行过程中，各高强度螺栓受到不同程度的振动、冲击等交变载荷作用，容易造成高强度螺栓连接松动、滑丝、断裂失效等情况，影响机组的正常运行，甚至造成风力发电机组倒塔。通过力矩紧固，及时发现螺栓预紧力不足的问题，保证风力发电机组安全稳定运行，防范发生重大设备事故。

（二）力矩紧固安全要求

（1）作业人员应有登高证，并接受过专门培训，熟练掌握对应型号紧固工具使用方法及安全注意事项。

（2）两人配合作业，需沟通确认好，再进行作业，防止误操作带来人身伤害。

（3）紧固工具如液压力矩扳手、液压拉伸器等应为计量合格产品，提供检验合格证，并在计量周期内，其最大精度误差应符合说明书的要求。

（4）在操作设备时，操作者应佩戴护目镜、手套、护耳和安全帽，穿安全鞋以及采取其他保护措施。

（5）使用工具注意身体位置，不要让身体处于危险区域和冲击线范围内。

（6）使用合适的扳手，不能用小型扳手来代替大型扳手的工作，不要用锤子敲打套筒或用其他工具增加作用力。如果现当前使用的扳手无法拆松很紧的螺母，请换用大一型号的扳手。不要利用高压油管及快速接头移动或携带扳手。

（7）使用电动液压泵时，确保电源与电机铭牌上的要求一致。所用电源必须有接地设置。不要在易发生爆炸的环境下使用电动液压泵，这种情况只能使用气动液压泵。

（8）不能使用损坏、老化的高压油管、套筒等配件。用高压油管连接液压扭力扳手和液压泵时，要保证公母快速接头连接到位，并确保锁固环锁固到位。

（9）要避免过度弯折高压油管，防止油管中形成后备压力，导致油管寿命降低，且扳手产生的扭矩无法达到设定的值。

（10）遇到异常情况停止操作，排除故障后方可继续作业，禁止盲目操作与维修。

（三）力矩紧固方式和工具选择

（1）紧固方式。紧固方式一般采用扭矩紧固法、扭矩转角紧固法、拉伸紧固法。三种紧固方法可根据实际情况选用，如技术文件中规定了紧固方法应按规定执行。

（2）紧固工具的选择。高强螺纹紧固件紧固工具一般使用力矩扳手、电动力矩扳手、液压力矩扳手、液压拉伸器。以上紧固工具可根据高强螺纹连接副的规格及实际情况选择，但均应满足技术文件规定的力矩要求。值得注意的是液压力矩扳手在低温0℃以下应注意更换低温液压油以保证力矩值与显示值的一致性。

（四）力矩紧固作业工序

下述液压扳手力矩紧固作业工序和拉伸器紧固作业工序为通用工序，实际操作方法应以紧固工具技术文件为准。

1. 液压扳手力矩紧固作业

（1）使用前。

1）确认工具在校验合格期内后，对照铭牌上的额定电压要求，选择正确的动力电源，并确保电动液压泵使用时接地良好。

2）选择合适的扳手，并确保扳手反作用力臂的作用面清洁无异物。

3）检查高压油管是否有弯折及损坏、油管之间是否有缠绕，确保所有接头、弯头、旋转接头没有变形或损坏。

4）检查油箱里的液压油油位、颜色，确认油位正常、油质无污染。

（2）使用中。

1）将泵站的主电源打开，在开始接上负载正式工作之前，先在低压、空载下试运行后再投入使用。

2）确认空运转无误后，对照力矩校准表，核对液压扳手与液压泵的序列号是否一致，根据工艺力矩需求值，换算对应的 psi 或 bar，1MPa=10bar=145psi。

3）操作时需要选择合适的反作用力支点，根据现场需要适当的调整反作用力臂或反作用力板的位置（扳手在使用过程中应尽量减少手扶，应一只手扶把手，另一只手禁止扶反作用力臂处，禁止手提油管）。

4）液压扳手完全放置到螺母上之前，不得按动打压按钮，须等到放置扳手人员确认 OK 后，发出打力矩的指令后，方能启动打压。使用中油管接头禁止磕碰到螺栓上，以防接头断裂。

5）低温条件下使用液压泵时，应将液压阀的调压阀完全卸压至零后，启动液压泵，在不增压的情况下让液压泵空载转动 10～30min 后再进行工作。根据当地气温条件更换低温液压油。极端低温条件下，液压泵不适于暴露在寒冷的空气中保存，避免管路因冻结破裂。

6）使用中应时刻注意油管是否缠绕，油管接头是否受压、漏油，如发现漏油立即停止使用，并更换密封圈或产生形变的组件。

（3）使用后。

1）使用结束后，将调压阀压力卸至零，将高压油管盘成圈状，防尘帽盖好，避免异物进入油管（禁止油管盘好后公母接头对接，这样接头处油管受外力易发生爆破风险）。

2）不要通过拖拽液压油管、旋转接头、液压泵的电源线或外接电缆线等方式来移动设备，可通过搬动或抬钢结构来移动设备。

2. 拉伸器紧固作业

（1）使用前。

1）确认工具仍然在校验合格期内后，对照铭牌上的额定电压要求，选择正确的动力电源，并确保电动液压泵使用时接地良好。

2）泵无压力的情况下，确认表头指针在十字加号范围内，确认泵压力表有效期内。

3）油管目视检查确认无塑性变形、漏钢丝后，插入拉伸器泵油管母接头，油管另一头禁止朝向人员。

4）止流阀均匀缓慢拧到关闭状态一手拨动电机启动开关，一手均匀缓慢调节压力阀，看指针指示数值，调到所需压力值，调完后泄压。

5）观察被拉螺栓螺纹长度是否达到要求，一般判断标准：漏出螺纹长度为螺栓直径的 1.5 倍。

（2）使用中。

1）用棘轮扳手把拉伸器头拧在被拉螺栓上，确定拉伸器底部贴紧在反作用面上，然后回半圈；来回转动拨套，确保完全套在螺母上（防止出现拉芯把双头螺柱和螺母一起往上拉与拨套边缘相接触造成工具损坏）。

2）油管另一头接入拉伸器油管公接头处，确保接头完全卡紧到位。

3）戴上眼镜，操作人员站在拉伸器侧面（站在冲击线以外），起到保护自己的目的。

4）启动电机，观察拉伸器拉伸有无异常，若发现拉伸器头部红色警示线露出立即停止加压，迅速把压力卸掉，查出原因。

5）达到拉伸值后，用定扭扳手打规定力矩即可，一个螺栓作业完成。

6）拧开止流阀，确定泄压后，把拉伸器头拆下，拧到下一个螺栓上，重复以上工作，直到完成为止。

（3）使用后。

1）使用结束后，将调压阀压力卸至零，将高压油管盘成圈状，防尘帽盖好，避免异物进入油管。

2）不要通过拖拽液压油管、旋转接头、液压泵的电源线或外接电缆线等方式来移动设备，可通过搬动或抬钢结构来移动设备。

（五）力矩紧固注意事项

（1）在使用液压扳手紧固力矩时，应注意各种力矩扳手的换算表是不一样的，操作时必须严格按照力矩扳手提供的"N·m"与"bar"的对应换算表进行数据换算。

（2）螺栓力矩紧固需核对螺栓的润滑方式是全润滑或半润滑（如确认螺栓润滑方式错误后施加力矩会导致螺栓断裂）。

（3）螺栓应进行编号，并统一编号方法，以便于定检维护作业。防松标记线应采用一字贯穿线，贯穿螺杆、螺纹、螺母、固定面。

（4）扭矩法/拉伸法紧固的螺栓：抽检比例应按技术文件规定执行，但不得低于GB/T 25385《风力发电机组运行及维护要求》。其余螺栓目测防松标记，检查螺栓是否松动，如防松标记不清晰，需清理原防松标记后补画防松标记。若发现锈蚀则除锈并涂抹水性涂料。

（5）为避免重复检查，首次检修时被抽检的螺栓均需在螺栓附近的法兰面标记数字"1"，依此类推，第 N 次检修时被抽检的螺栓标记数字"N"（N=1，2，3，4，5，…），该标记应与螺栓编号做位置或颜色上的区分。

（6）螺栓重新预紧、力矩检验、部件更换后需进行二次防腐处理，并做防松标记；检查后补画的防松标记应与施工时的防松标记做颜色上的区分。

（7）采用力矩法重新安装的螺栓（含大部件更换、断裂后更换等）需进行 500h维护。

（8）当维护的螺栓完成 100%力矩和标识后，应使用规定颜色的记号笔在指定位置记录维护作业的相关信息，包括维护力矩值或拉伸力值（单位 N·m 或 kN，非液压泵压力值）、抽检比例、作业人员姓名及作业日期，记录位置应明确规定。

（9）力矩不合格率达 30%以上时，宜对连接螺栓进行无损探伤检测，并对不合格的螺栓全部更换。

叶轮维护与检修

本章主要介绍风力发电机组叶轮的维护与检修，主要内容包括叶片、轮毂等主要部件的检查方式、维护方法、检修典型案例。通过本章内容的学习，帮助检修人员了解风力发电机组叶轮在工作中的维护检修基本要求，熟悉各部件故障表现及故障原因，进而掌握维护与检修方法。

第一节 叶 轮 概 述

一、叶片简介

叶片是风力发电机组的关键部件之一，是风力发电机组中将风能转换为电能的核心部件。叶片将空气的动能转化为叶片和主轴的机械能，继而通过发电机转化为电能。叶片的尺寸、形状决定了能量转化效率，也直接决定了机组功率和性能。

叶片采用复合材料制成的薄壳结构，复合材料在整个叶片中的重量占到90%以上。叶片根据不同制造工艺可分为手糊成型、模压成型、预浸料成型、拉挤成型、纤维缠绕成型、树脂传递模塑成型以及真空灌注成型等制作方式。

叶片主要包括叶根、PS面（迎风面、压力面）、SS面（背风面、吸力面）、前缘（LE）、后缘（TE）、梁帽（主梁）、腹板、叶尖等，如图3-1、图3-2所示。

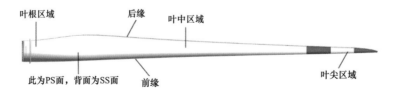

图 3-1　叶片结构图

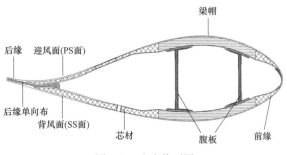

图 3-2　叶片截面图

二、轮毂简介

轮毂的材料通常是球墨铸铁，利用球墨铸铁良好的成型性能铸造而成。其一般结构如图 3-3 所示。轮毂的作用是将叶轮与主轴连成一体，通过传动链将风轮的转矩传递给发电机。

轮毂系统由变桨控制系统、叶片系统、轮毂导流罩（见图 3-4）、轮毂支架总成、润滑系统、轴承系统和照明系统组成。

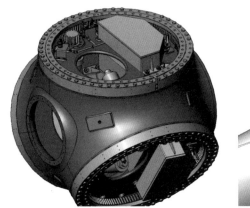

图 3-3　轮毂结构示图

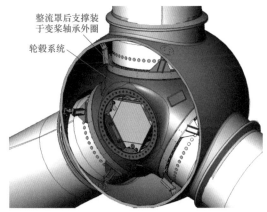

图 3-4　轮毂导流罩

轮毂与主轴不宜采用金属面直接接触的连接方式，应对轮毂及主轴端面进行防腐，而且防腐等级需达到 C3 级（海上风力发电机组需要至少 C4 级）以上。

第二节　叶轮检查与维护

一、叶片检查与维护

（一）叶片检查维护内容

（1）定期检查叶片表面是否有污渍、腐蚀、气泡、结晶和雷击放电等痕迹，是否有裂纹、砂眼、脱漆、腐蚀等缺陷，定期检查防雨罩与叶片壳体间密封是否完好。一般要求每三个月检查一次。

（2）每年（雷雨季节前）对风力发电机组接地电阻进行测试，电阻值不应高于4Ω；对轮毂至塔架底部的引雷通道进行检查和测试，电阻值不应高于0.5Ω；测量叶片接闪器到其根部法兰之间的直流电阻，电阻值不应高于0.05Ω。

（3）定期对叶片与变桨轴承、变桨轴承与轮毂、轮毂与主轴连接螺栓力矩进行全部复测检查，合格率应为100%。力矩不合格率达30%以上时，应对连接螺栓进行无损探伤检测，并对不合格的螺栓全部更换。原则上，每年检查一次。

（4）雷雨季节后，应查看叶片雷电记录卡数据，并与往年及其他机组数据进行对比分析，并进行相应处理。

（5）当出现可能导致叶片覆冰的天气时，应加强对叶片的巡视检查，发现叶片覆冰应采取有效措施进行处理。

（6）当出现超过叶片设计风速时，运转过程中可能出现异响、表面裂纹、雷击开裂、漆面脱落等情况，应对叶片外部及腔体内部进行全面检查。

（二）叶片日常检查与维护方法

1. 望远镜检查

在日常检查过程中，检修人员携带高倍率望远镜，对风力发电机组叶片进行表面外观静态检查，发现问题及时报告处理，避免叶片损伤扩大，具体方法如下：

（1）风力发电机组停机，使检查叶片垂直向下，用望远镜对叶片外观进行远距离检查，发现异常进行拍照记录，对现场难以识别的应多角度拍照、摄像。

（2）如果叶片表面有油污，应使用望远镜检查叶片表面油漆是否存在因油污产生浸泡腐蚀现象，若有及时将损坏处进行记录。

2. 无人机检查

无人机检查具有准备时间短且可保留影像资料的优点，与望远镜检查相比效果好。另外，还可搭载摄像机拍摄（见图3-5）。其一般方法如下：

（1）检修人员携带无人机进入风力发电机组区域，检查无人机自检状态和硬件状态。

（2）风力发电机组停机在叶片倒"Y"字位置，锁定叶轮。检修人员将无人机放置在轮毂正前方平坦的空地上，起飞无人机，开始对

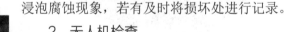

图3-5 无人机检查叶片

叶片PS面、SS面、前缘、后缘进行检查作业。在爬升过程中，地面站操作人员控制

云台和相机，对叶片表面进行拍照取证，当发现可疑点时，与无人机操作人员沟通，将无人机悬停后，对焦拍摄高清照片并记录缺陷。

注意：在整个检查过程中，须确保无人机与叶片之间的安全距离。一般情况下，因风速、控制精度等造成的漂移量在 1m 左右。检查时，无人机与叶片保持 2m 以上的安全距离，避免无人机与叶片发生碰撞。

3. 听音识故障法

风力发电机组启动运行中，对叶片旋转过程中产生的声音进行异常判别。如果叶片开裂、大面积掉漆、叶片内腔杂物或结构遭到破坏时会产生扫风异响或裂纹挤压摩擦发出异响。

（三）叶片专项检查与维护

在叶片专项检查中，应对叶片进行详细检查，检查叶片表面是否出现裂纹、雷击开裂、漆面脱落，防雷系统有无异常，叶片内部腹板黏接是否完好，叶片前、后缘补强区域有无异常状况等。

1. 叶片外部检查与维护

（1）对叶尖接闪器进行检查，检查接闪器的完整性，是否存在松动、破损、雷击氧化；检查叶尖排水孔位置和尺寸是否异常，排水孔是否通透，使用钢丝锥插入排水孔，检查是否存在阻塞现象。

（2）查看接闪器是否雷击损坏，防雷系统有无损伤，测量叶片接闪器到其根部法兰之间的直流电阻，电阻值不应高于 0.05Ω。

（3）检查叶片表面是否存在缺陷以及潜在发生缺陷的部位，重点检查叶片表面是否存在砂眼、漆面脱落、裂纹、污垢。

（4）使用橡胶锤敲击检查表面是否存在鼓包、气泡等缺陷。

（5）检查叶片前、后缘是否裂纹、分层，前缘保护层是否脱落、起皱，后缘单向布区域是否有凸起，分层等缺陷。

（6）检查叶片表面的重心和起吊标识外观、是否清晰，易于识别。

（7）检查防雨罩表面是否有脱落、开裂等缺陷。

2. 叶片内部检查与维护

（1）检查叶片的铭牌、0 度标尺是否齐全，根部平台及盖板固定是否牢固。

（2）检查叶片内部结构是否有发白、裂纹、褶皱、鼓包、开裂等异常状况。

（3）检查导雷电缆是否固定完好，壳体内部避雷导线的连接处是否完好，雷电记录卡是否齐全。

（4）检查壳体内部铺层是否存在气泡、裂纹、分层等缺陷。

（5）检查纤维布与芯材的结合质量，是否存在分层。

（6）检查腹板及黏接区域是否变形、开裂，前、后缘的黏接区域有无异常。

（7）检查叶片法兰和连接螺栓镀锌层有无损伤，连接螺栓标记线有无松动、力矩值是否符合要求。

（四）叶片专项检查与维护开展方法介绍

1. 叶片外部检查方法

叶片外部检查使用高空作业平台（简称吊篮）。吊篮检查机动灵活，可覆盖叶片所有位置，定位准确，稳定性好，安全性高，是叶片外部检查的有效方法之一。一般操作流程如下：

（1）检查吊篮各零部件有无异常情况。吊篮示意图如图 3-6 所示。

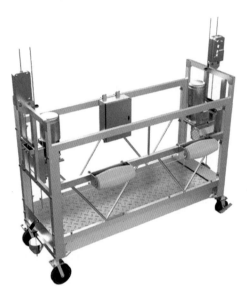

图 3-6　吊篮

（2）风力发电机组停机并处于维护模式，叶片姿态调整到"Y"字型位置，锁定叶轮。人员通过吊篮到达叶片需检测位置，从叶尖到叶根的顺序进行检查，主要检查叶片的 PS 面（迎风面）、SS 面（背风面）、前缘（风切入侧）、后缘（风切出侧）、叶尖、梁帽（叶片中间部位）、防雷系统等区域。

（3）检查人员使用吊篮分区域分部位对叶片的表面进行检查，检查叶片表面是否存在缺陷以及可能发生缺陷的部位，针对检查发现的问题，测量损伤范围并拍照记录，按照规定格式"××风场+××机位+叶片号+位置+问题描述"做好详细记录。

（4）吊篮使用安全注意事项：

1）工作温度低于−20℃时禁止使用吊篮平台，当工作处 10min 平均风速大于 8m/s 时不应进行塔外作业。

2）吊篮上的工作人员应配置独立于悬吊平台的安全绳和坠落防护装备，并始终将安全带系在安全绳上。

3）根据常规吊篮本身尺寸吊篮中的作业人员数量，一般应控制在 1～2 人之间（异型吊篮作业除外）。

4）严禁使用车辆作为缆绳支点和起吊动力器械；严禁用铲车、装载机、风力发电机组吊机作为高空作业人员的运送设施。

5）使用吊篮时，应使用不少于 2 根缆风绳控制吊篮方向，防止吊篮大幅摆动。

2．叶片内部检查方法

（1）叶片内部检查方法。叶片内部检查需要由工作人员进入到叶片内部进行目视检查，并做好检查影像记录。也可以使用叶片机器人对人员不能达到的叶尖部位进行辅助检查。无法通过观察或打磨直接判断的，可利用超声无损检测来进行内部检查。

（2）作业前准备。风力发电机组停机进入维护状态，2 名工作人员上塔，将 1 支叶片锁定在水平或人员可进入叶片内部位置，锁定叶轮。

（3）内部检查流程：

1）进入轮毂后，打开处于水平位置的叶片的人孔盖。

2）使用扳手将人孔盖螺栓依次拧下，放置在工具袋内，检测人员进入到叶片内部，分别对内部防雷系统、腹板及粘接区域、前后缘补强区域、壳体、芯材及梁帽等区域进行检查。对检查发现问题进行拍照记录，记录内容为：××风场+××机位+叶片号+位置+问题描述。

（4）超声检测。可对叶片主梁内部、壳体及腹板结构胶黏接情况进行超声检测，检查叶片内部是否存在孔洞、分层、褶皱、脱胶和结构胶不均匀等缺陷。

二、轮毂检查与维护

轮毂系统检查维护主要内容包括外观、轮毂内的硬件和导流罩、变桨齿面、变桨轴承密封圈、变桨润滑系统（润滑泵、分配器、油管）、照明系统的检查维护工作。

（一）轮毂系统外观检查

1．轮毂清洁度、裂纹检查内容

（1）检查轮毂表面的防腐涂层是否有腐蚀或脱落，若有则要求及时修复；

（2）检查轮毂内外表面清洁度，如有污物，应及时用干净无纤维抹布清理干净；

（3）检查轮毂表面是否有裂纹，若有，必须做好标记并拍照，应立即采取停机措施并及时维修。

2．轮毂内螺栓检查内容

（1）轮毂与转动轴、变桨驱动支架等部件连接螺栓检查：检查连接螺栓是否锈蚀，做好防松标记，防松标记的颜色应每次使用不同颜色区分。

（2）发电机转速检测盘固定螺栓、叶片锁定块固定螺栓检查：目测或手触检查螺栓无松动、锈蚀。

（二）轮毂与主轴连接检查与维护

1．检查内容

（1）轮毂与主轴连接螺栓是否有生锈、缺失。

（2）轮毂与主轴连接螺栓力矩线是否有错位，判断螺栓是否有松动。

（3）轮毂机械刹车装置是否能够正常运行。

（4）轮毂与主轴连接法兰盘是否变形、弯曲、有裂纹；运转声音是否正常。

2．轮毂与主轴连接螺栓力矩紧固

（1）轮毂与主轴连接采用高强度螺栓，其预紧力矩执行主机厂家的螺栓力矩表。一般预紧应力不大于材料屈服极限的 70%，否则将导致在拧紧时螺栓损坏。

（2）对照风力发电机组原厂家螺栓力矩表进行螺栓力矩紧固。

（3）力矩拧紧采用可直接显示扭矩值的特定扭矩扳手。为了克服构件和垫圈等变形，基本消除板件间的间隙，使拧紧力系数有较好的线性度，提高施工控制预拉力值的准确度，螺栓的拧紧应按照初拧、复拧和终拧步骤进行。初拧扭矩为标准扭矩的 50% 左右，复拧扭矩等于初拧扭矩，最后 100% 终拧。螺栓在初拧、复拧和终拧时，按对角的顺序施拧，并应在同一天内完成。

（三）轮毂变桨轴承检查与维护

1．轮毂变桨轴承外观检查与维护

（1）轴承表面清洁状况，根据表面污染物类型和污染程度，选用无纤维抹布和清洗剂进行擦拭清理。清洗剂可使用喷罐类的，但不允许将清洗剂直接喷洒到轴承密封上，以免对密封件造成腐蚀或损伤。

（2）变桨轴承表面的防腐涂层是否有脱落并引起轴承表面锈蚀的情况，如有，则应按相关要求及时修复。除日常检查外，变桨轴承外观清洁和防腐应定期检查。

（3）变桨轴承和轮毂连接螺栓是否有锈蚀，防松标记线是否正常。

（4）变桨轴承整体外观有无裂纹，特别是内外圈堵球孔部位。

2．轮毂变桨轴承密封检查内容

（1）检查轴承内外圈处表面有无渗油或漏油情况（见图 3-7），若有则清理干净油污，检查轴承密封圈有无开裂、缺口及过度磨损的情况出现，若密封出现较大裂纹（目测裂缝自然长度大于 5mm）则需更换密封件；日常检查、定检发现漏油现象，如进行清理后一个月内又出现漏油现象，须更换密封圈。

（2）检查更换方法：检查轴承密封圈有无老化现象（破裂、掉粉等）、使用 0.02mm 塞尺检查密封唇与轴承接触面是否有间隙，如能塞入则需更换密封圈；密封圈更换时可先在裂纹处撬断它，然后用抹布清理废旧油脂，再将新的密封圈套上去，套的时候注意正反面，将密封条两头对齐，在对齐后超过对齐长度 3mm 处将长出的密封条垂直用密封剪剪下，最后用粘胶将密封圈接头对齐后进行粘接，完成后用橡胶榔头敲紧。

3．轮毂变桨轴承齿面检查内容

（1）用头灯或手电筒检查齿面是否有点蚀、腐蚀、磨损或开裂、断齿等现象，对于齿面轻微点蚀、腐蚀和磨损可用砂纸、油石、细齿锉刀等工具研磨修复，修复完成后需变桨一次检查是否有卡滞及异响；

图 3-7　变桨轴承密封圈渗漏油

（2）对于出现开裂、断齿并导致巨大声响及振动的情况需更换受损的变桨轴承。

4. 轮毂变桨轴承声音检查内容

（1）变桨系统工作时若轴承内有明显异响，应停止变桨动作并查找异响的来源，如齿面有异物则清理干净；

（2）若确定声音来源于滑道，需要联系厂家或专业技术人员进一步检查处理。

（四）润滑系统的检查与维护

采用集中润滑泵（见图 3-8）润滑的风力发电机组，润滑质量应满足要求，轮毂内轴承运行时滑道及齿面须保持足够的润滑（见图 3-9），轴承滑道润滑脂型号要求与厂家配置清单提供的一致。对于无集中润滑的机组，变桨轴承滑道和齿面润滑定检周期一般要求为 6 个月和 3 个月。齿面润滑首次定检应为 3 个月。

图 3-8　润滑泵　　　　　　　　　图 3-9　变桨齿面的润滑

1. 集油瓶在轮毂上的分布

一般变桨集油瓶安装于风机轮毂的变桨轴承上的各个排脂口上，主要由瓶体和接头总成两个部件组成。当变桨轴承内部的油脂量过高时，其过多的油脂会随着轴承内部钢球的碾压作用从排脂口排出。这样安装于排脂孔口上的集油瓶就收集到排出的废油脂。

2. 排脂口、集油瓶检查内容

（1）检查排脂口是否有堵塞，排油是否顺畅；

（2）检查集油瓶外观是否完好、有无裂纹；

（3）检查集油瓶是否损坏、脱落；

（4）检查从滑道和内圈齿面收集的废油脂中的杂质和金属屑，由此来判定滑道、滚珠以及齿轮的磨损状况；

（5）发现有润滑不良的情况应及时检查，可临时将新油脂均匀涂抹在每个齿面上；

（6）清理旧润滑脂时要使用无纤维抹布和喷罐型的清洁剂。

（五）轮毂导流罩与支架检查及维护

1. 导流罩检查的主要内容

（1）检查轮毂外观无裂纹、损伤，防腐漆无破损；

（2）检查轮毂内整洁干净无异物；

（3）检查螺栓连接部分是否有松动、锈蚀的现象；

（4）检查导流罩无裂纹、损伤，无漏雨现象。

2. 轮毂支架检查主要内容

（1）检查导流罩前、后支架有无裂纹、损坏；

（2）检查导流罩体分块总成连接螺栓无生锈、松动；

（3）检查轮毂支架连接螺栓防松标记线是否有松动；

（4）检查支架横梁是否有弯曲、破损、锈蚀的痕迹。

（六）轮毂照明系统检查与维护

（1）检查灯具照明是否正常。因轮毂空间狭小，轮毂灯具宜采用24V安全电压灯具，且应具备较强的抗电磁干扰及抗振动、抗冲击、灯光柔和清晰等特性。

（2）检查轮毂照明灯具表面是否有污物，如有应及时清理干净。清理时尽量注意抹布的湿度，防止水滴流进灯具内部，造成线路短路。

（3）检查轮毂照明系统接线情况，如松动应在关闭电源后，清除导线和接线端子上氧化物并重新接线。

第三节 叶轮典型故障处理

一、叶片典型故障处理

（一）叶片损伤原因

叶片是风力发电机组最关键的核心部件，叶片的安全运行直接影响整个机组的性能，叶片出现损伤的原因一般有以下几点：

1. 叶片制作工艺问题

叶片在工厂制作过程中零部件组装和粘接过程相关工艺质量控制不够严格，品控出现疏漏，致使叶片存在安全隐患。例如，组装和粘接过程中粘接面粉尘清理不到位或者灌注树脂及合模胶过程中存在气泡，这种隐患会在运行过程中逐步暴露，发生合模缝开裂、梁帽损伤等问题。

2. 叶片运输和吊装过程损伤

风电场建设中叶片需要长途运输、风电场内机位点转运以及吊装作业，在运输和吊装过程中可能很小程度的钝击都会让叶片漆面下结构层出现局部损伤，运行中叶片承受较大的风力荷载，小的局部损伤随时间和应力积累造成前后缘开裂，蒙皮分层、芯材、后缘单向布受损等问题。

3. 天气等方面的影响

风力发电机组运行环境十分恶劣,空气中各种介质每时每刻都在侵蚀着叶片漆面。高温低温、雷电、冰雹、雨雪、沙尘随时都有可能对叶片产生危害。

雷击是造成风力发电机组叶片损伤问题的主要诱因。若叶片排水孔堵塞，在下雨天叶片内部形成严重的积水情况，当遭遇到雷击时，其内部的水分会瞬间蒸发，此时所产生的蒸汽压力会导致叶片出现蒙皮、芯材或避雷线受损断裂。

风力发电机组叶片在转动的过程中，风速超过额定值，变桨系统会直接对叶片实施顺桨操作，避免超过叶片的最大荷载。但由于风速和风向具有不确定性，叶片受到了较大的剪切力，使叶片的荷载超过了设计荷载，导致叶片根部区域受到损伤。

部分风力发电机组安装在风沙较大的区域，叶片转动过程中叶尖部位线速度高，环境中的沙子对叶片的漆面磨损加剧，易造成叶片前缘区域出现沙眼、开裂等问题。

（二）典型故障处理

1. 漆面损伤处理

漆面损伤（见图3-10）主要包括表面擦伤、划伤、局部轻微腐蚀、表面蒙皮裂纹、表面小凹坑和局部轻微压陷等。这类损伤一般对叶片结构强度不产生明显削弱，基本处理过程如下：

（1）打磨漆面损伤区域呈长方形，清理表面粉尘，确认损伤是否涉及腻子及补强。

（2）若腻子层发生深度超过0.5mm的凹痕，必须先使用腻子修复，固化后打磨处理。

（3）使用常温固化的油漆，按照材料配比调配后进行辊涂或者喷涂。

2. 前后缘及其补强损伤处理

前后缘及其补强损伤（见图3-11）基本处理过程如下：

图 3-10　漆面损伤　　　　　　　　　　　　图 3-11　补强区域损伤

（1）错层打磨漆面及损伤区域，确认损伤范围内打磨深度至无损伤区域，清理干净后确认。

（2）按照原铺层结构选择同规格的纤维布根据原铺设次序进行手糊修复，手糊修复的层数一般不超过5层，靠近根部区域超过5层，必须使用真空袋压或者真空灌注的方式进行修复。

（3）铺设时注意纤维布方向，尤其是0°纤维方向务必与叶片长度方向一致。

（4）根据所用树脂型号进行加热固化，确保常温下维修区域的树脂硬度值达到性能要求（或者留样进行 T_g 值测试）。

（5）打磨修形检验合格后进行正常的漆面施工。

3. 蒙皮损伤处理

蒙皮损伤（见图3-12）基本处理过程如下：

（1）错层打磨蒙皮发白、分层等损伤区域。

（2）判断是否伤及芯材，如不伤及芯材可按照以下方案继续处理，如伤及芯材参见芯材损伤处理方案。

（3）按照原铺层顺序手糊补强即可。

（4）手糊补强后不允许存在纤维发白现象，表面修形不允许使用合膜胶（或者黏结剂）。

（5）结构层完成修复以后进行正常的漆面施工。

注意：部分割伤多表现为表面的蒙皮损伤，实际结构层可能发生面积更大的分层，因此务必适当扩大打磨漆面的范围以确认损伤涉及范围及程度。

4．芯材损伤处理

芯材损伤（见图3-13）处理过程如下：

图3-12　蒙皮区域损伤　　　　　　图3-13　芯材区域损伤

（1）错层打磨外蒙皮，确认芯材损伤具体的深度和范围。

（2）芯材损伤厚度大于20mm，但损伤宽度不超过2mm的情况下无须更换芯材可直接进行蒙皮补强，损伤宽度超过2mm必须更换芯材。

（3）裁剪与损伤区域同规格芯材至尺寸合适，周围缝隙不超过2mm，使芯材浸透树脂后进行定位，调整芯材四周间隙与高度至标准要求。

（4）在芯材上方手糊或者真空袋压同结构纤维层，使叶片外表面与周围区域平滑过渡。

（5）外蒙皮及结构层按照树脂要求进行加热固化。

（6）打磨修形并进行维修区域的涂装。

（7）修补用轻木务必妥善保存或者在使用前测量其含水率处于合格状态。

5．合膜缝区域损伤处理

前后缘合膜缝区域损伤（见图3-14）处理如下：

图 3-14　合模缝区域损伤

（1）错层打磨损伤区域单面的纤维布层和合膜胶，切勿扩展合膜胶中的裂纹裂缝。

（2）测量原有合膜胶的粘接厚度，确认其粘接高度是否满足设计要求，一般要求粘接高度不超过 10mm。

（3）超过 10mm 的粘接厚度必须使用宽度超过粘接宽度要求的双轴向布手糊补强，预留一定高度的蒙皮层数即可。

（4）维修前将合膜胶打磨至无损伤区域并呈台阶或者斜坡状，便于直接使用纤维布手糊补强。

（5）根据错层进行蒙皮或者结构层的维修。

（6）对修复后漆面进行涂装处理。

注意：禁止使用快速固化合膜胶，快速固化合膜胶仅用于厚度不超过 2mm 的修型。叶尖区域处理完毕以后检验后缘厚度，如超差必须进行二次处理。

6. 后缘单向布损伤处理

后缘单向布区域损伤（见图 3-15）处理如下：

图 3-15　后缘单向布区域损伤

（1）可以采用手糊操作处理，2 级及以上损伤必须采用分步骤的真空灌注或者袋压方式进行处理，单次真空灌注或者真空袋压修补层数一般不允许超过 10 层。

（2）3 级及以上损伤必须采用真空灌注修复，按要求铺设纤维布。

（3）后缘单向布损伤涉及的粘接损伤参见合膜缝区域损伤处理过程。

（4）根据树脂型号性能要求进行加热固化，在室温条件下测试硬度。

（5）固化完成后进行打磨修型及表面涂装。

注意：灌注所用树脂、纤维布须与叶片原材料规格一致，并控制好单向布的方向，纤维布存放运输过程中不允许折叠。

7. 梁帽损伤处理

梁帽区域损伤处理如下：

（1）根据损伤情况打磨确认损伤等级，见图3-16。一般根据损伤程度和部位，分为Ⅰ级、Ⅱ级、Ⅲ级，Ⅲ级为最严重级。

（2）错层打磨损伤梁帽，确认维修的范围和层数，对应分级标准进行处理。

（3）Ⅰ级损伤可以手糊处理，Ⅱ级及以上损伤必须进行真空灌注或袋压方法处理。

（4）单向布及灌注树脂须使用与叶片同规格材料。

图3-16　梁帽区域损伤

（5）固化须按照既定的温度时间标准执行并检验维修区域在室温时的硬度否则须测定 T_g 值。

（6）打磨修型并表面涂装。

注意：梁帽用单向布存放、运输、铺设等要求同后缘单向布。

8. 防雷系统损伤处理

防雷系统主要分为接闪点损伤和导线损伤（见图3-17），处理方案如下：

图3-17　防雷区域损伤

（1）Ⅰ级损伤，损伤较小，可以打磨修型，确保平滑过渡即可。接闪器表面刮痕进行打磨，确保其平滑过渡即可。根据叶片测量长度，打磨修型后其长度符合公差即可。

（2）对于雷击导致的蒙皮芯材分层按照芯材损伤的处理方案处理。

（3）雷击导致的叶尖区域梁帽损伤按照梁帽损伤的处理方案处理。

（4）避雷线熔断指一股及以上避雷线中断，截面积减小导致无法有效连接的情况。对于 T 型螺栓损伤更换、避雷线截面积减小等影响电阻变化的情况处理完毕必须进行电阻的检测并记录。

（5）对于雷击导致的前后缘及腹板开裂，前后缘开裂参考合膜缝损伤区域处理过程，腹板粘接开裂处理方案如下：

1）准确测量腹板粘接开裂的长度及范围，并剔除开裂合膜胶。

2）剔除区域清理干净后刮涂常温固化合膜胶或常温固化合膜胶（须加热），注意刮涂形状以便后续补强操作。

3）按照补强宽度不低于300mm，其中梁帽宽度至少100mm，腹板宽度至少200mm的要求进行补强。对于腹板宽度不足 200mm 的区域，补强可以铺设至粘接未开裂的叶片壳体，并注意控制错层及消除气泡分层等缺陷。所有操作完毕后进行常温固化或在低温条件下（环境温度低于20℃）采用加热措施进行加热固化。硬度合格后，保持维修区域温度 20℃以上继续加热 1h。

注意：防雷系统发生损伤，发现后须立即停机待查，经判断雷击损伤范围不涉及粘接面且对防雷效果无影响的情况下，并且结构层损伤面积任意方向不超过 200mm 的情况下可以继续降低功率运行。

9. 根部区域损伤处理

（1）叶根法兰盘、螺栓锈蚀情况下先用砂纸将锈蚀痕迹打磨干净，然后喷涂防锈剂，防锈剂厚度为100～200μm。

（2）叶片螺栓发生断裂，无法直接取出时按照如下过程处理：

1）打磨叶片内表面螺栓补强。

2）用磁力钻沿 T 型螺母靠近双头螺栓螺杆的一侧进行打孔，直至将双头螺栓打断并且取出更换。

3）打孔过程中位置务必调整准确，切勿伤及叶片壳体。

（3）防雨罩磕碰伤若不伤及罩体结构，仅伤及胶衣表面可以进行表面涂装修补；如果伤及罩体结构，原则上必须更换，如操作条件有限，可以采用搭接的方式进行维修。

二、轮毂典型故障处理

从风力发电机组整个系统来看，主轴与轮毂的连接需要考虑支撑叶轮总成的悬伸、传递叶轮旋转扭矩和雷击电流顺利通过这三项主要功能。轮毂及其支撑系统主要问题有轮毂与主轴连接异响、轮毂变桨齿圈齿面磨损和断齿、轮毂变桨轴承失效等。

（一）轮毂与主轴连接异响

1. 滑移导致的异响

一般情况，轮毂为球磨铸件，主轴为钢件。钢与铸铁间滑动摩擦系数在无润滑剂时可达 0.30，而在有润滑剂时仅为 0.05。因此当主轴与轮毂结合面间有油污时，将会发生轮毂和主轴结合面间的错动滑移的异响，必须密切关注。

2. 螺栓断裂导致的异响

轮毂和主轴结合面间的螺栓经常受到巨大的剪切冲击而发生断裂。一旦某个螺栓破坏，则向两侧逐个发展，若不及时发现，就会导致主轴与轮毂连接突然断开，造成轮毂掉落事故。

3. 疲劳断裂导致的异响

在疲劳方面，为防止疲劳断裂，需要足够的夹持长度。在预紧方面，为保障螺栓不松脱，防止预紧扭矩载荷的反向储备和螺栓与端面的摩擦增大，可采用厚垫片与液压拉伸法预紧螺栓，以提高螺栓的防松性能。

当发现有上述异响或发生螺栓疲劳断裂的情况后，应立即停止机组运行，结合主机维护手册制定专项拆解或更换方案，经审批后尽快实施。

（二）轮毂变桨齿圈齿面磨损和断齿

1. 断齿诱因

（1）由于风力发电机组工作性质及整机控制策略导致的工况特殊性，风机变桨系统啮合齿面在其工作寿命的 70% 时间内，都是由 0° 齿附近 2～3 个齿面承受往复微动啮合，极易发生微动磨损。

（2）在风力发电机组运行期间，在微动作用下，齿面接触处的润滑油脂被挤出接触面，导致变桨齿接触齿面的金属直接接触作用而产生微动损伤，并不断扩展，严重时导致轮齿产生疲劳断裂。

（3）风力发电机组通常处在复杂多变的大气环境中，受气温变化形成的冷凝水，以及海上风力发电机组受海风中的盐分、酸雨和腐蚀性气体等腐蚀，造成微动磨损中伴有腐蚀，加剧了变桨轴承齿面微动磨损。

2. 防范措施

（1）变桨轴承齿面需要进行表面中频淬火，改善材料的性能，提高齿表面硬度，降低相对容易更换的驱动齿轮表面硬度，使磨损更多发生在驱动齿表面。另外，提高齿面粗糙度也可以有效降低摩擦系数，从而改善齿轮啮合表面接触状况。

（2）缺少润滑和磨料磨损是加剧齿面磨损的主要原因。因此，定期（每季度）补充润滑油脂、缩短润滑周期和及时清理齿面依附的颗粒状异物是降低齿面微动磨损的主要预防措施。

（三）轮毂变桨轴承失效

1. 失效原因

轮毂变桨轴承失效断裂主要发生在轴承-轮毂连接螺栓负载集中的区域，一般多为轴承外圈断裂。轴承外圈断裂的主要原因如下：

（1）设计裕度不足导致。由于轴承强度不够，导致疲劳裂纹扩展和轴承断裂。部分风电场风轮组装以及更换轮毂-轴承连接副螺栓时，由于采用的润滑方式不同，导致螺栓轴力差异较大，受力较大以及应力集中区域的螺栓容易先期断裂，使得轴承更容易出现裂纹，发生断裂。

（2）部分风电场定检运维注脂不足、注脂不规范，以及排油孔堵塞和密封不严等，都会使得滚珠和轨道之间长期润滑不良，导致轴承出现不同程度的磨损剥落，剖分轴承磨损剥落严重导致变桨过程卡涩。此外，一些风力发电机组的防雷设计存在缺陷，雷电流直接通过叶片轴承，造成叶片轴承滚珠与滑道间容易产生电蚀损伤。这些都是造成风力发电机组变桨轴承失效断裂的重要原因。

2. 防范措施

（1）在提高轴承材料性能和制造工艺条件的同时，增加淬火硬度层厚度，轴承内外圈增厚，以便提高变桨轴承的刚度，降低轴承变形，改善螺栓受力等。

（2）严格执行厂家维护作业指导书要求，按照要求注入符合规范的润滑脂。同时定期按要求对润滑系统进行检查。

（3）针对防雷设计缺陷问题，结合实际情况组织讨论可行性改造方案，避免雷击电流直接通过叶片轴承。

第四节 叶轮典型作业案例

一、叶片典型作业案例

（一）案例1：叶片前缘侵蚀维护

风力发电机组叶片尖部由于长时间高速运动，叶片周围空气中粒子（包括雨滴、冰雹、盐雾、沙石以及野外高空生物等）对叶片前缘造成侵蚀，另外紫外线及湿气等不利因素加速了叶片前缘的老化。出现侵蚀的叶片若不经过处理，随着损伤程度的加深会造成叶片涂层的剥落甚至结构性损伤，最终影响风力发电机组的安全运行。另外，叶片的前缘侵蚀破坏了叶片的气动特性，每年会造成风力发电机组 3%～8%发电量的损失。因此及时对发生前缘侵蚀的叶片进行维护能最大程度地保障风力发电机组的性能稳定及运行安全。

1. 维护目的

通过及时恢复叶片的气动外形，保障风力发电机组叶片的结构安全性、机组的性能稳定及运行安全性，从而避免因前缘侵蚀扩展造成叶片结构胶开裂及发电量损失。

2. 维护要求

（1）维护前先清理表面粉尘，确认损伤是否涉及腻子和补强。

（2）确认腻子层损伤深度，若发生深度超过 0.5mm 的凹痕，必须先使用腻子修复，固化后打磨处理。

（3）使用常温固化的油漆，按照要求材料配比调配后进行辊涂或者喷涂。

（4）要求对维护机组信息、维护过程做好详细记录。

3. 处理措施（见图 3-18）

（1）对缺陷叶片铭牌进行拍照记录，且照片清晰。

（2）使用角磨机打磨漆面损伤区域，损伤区域完全打磨干净，表面为粗糙面；使用干净棉布或脱脂纱布对打磨区域卫生进行擦拭，完全清理干净后进行下一步操作。

（3）使用海绵辊辊涂面漆，油漆辊涂均匀，最后辊涂航标漆，无色差、无流挂、无露底等。

（4）使用角磨机打磨漆面损伤区域，损伤区域完全打磨干净，表面为粗糙面；使用干净棉布或脱脂纱布对打磨区域进行擦拭，完全清理干净后进行下一步操作。

（5）使用海绵辊辊涂面漆，油漆辊涂均匀，最后辊涂航标漆，无色差、无流挂、无露底等。

（6）使用角磨机打磨漆面损伤区域，损伤区域完全打磨干净，表面为粗糙面；清理打磨面卫生，使用干净棉布或脱脂纱布对打磨区域卫生进行擦拭，完全清理干净后进行下一步操作。

（7）使用海绵辊辊涂面漆，油漆辊涂均匀，最后辊涂航标漆，无色差、无流挂、无露底等。

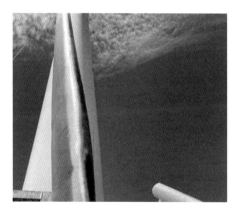

图 3-18　前缘侵蚀叶片维修

（二）案例 2：叶片雷击损伤维护（见图 3-19）

风力发电机组叶片在运行过程中由于雷雨天气遭受雷击情况时有发生，叶片遭受雷击损伤后结构会遭到破坏，这不仅影响机组的发电效率，更直接影响风力发电机组的安全运行。因此，发现叶片雷击损伤后需要迅速开展修复工作。

图 3-19　雷击损伤叶片维修流程

（a）损伤清理；（b）树脂配比；（c）裁剪纤维布；（d）糊布打磨毛刺；

（e）预制件粘接；（f）加热固化；（g）油漆刷涂；（h）阻值测量

1. 现场损伤情况

2022 年 9 月，某风电场第 F13 机位#03 叶片遭受雷击，现场登机初步检查发现叶片 SS 面轴向 66.7～68.5m 壳体雷击损伤，且导雷线断裂，叶尖缺失。

2. 叶片雷击损伤维护前准备

（1）叶片外部检查：详细检查遭受雷击叶片表面外观状态，包括叶片的 PS 面、SS 面、叶片的前后缘及排水孔，详细记录叶片受损位置信息及损伤状态信息。

（2）叶片内部检查：详细检查叶片内部的雷电记录卡、观察内部有无透光现象，检查前后缘腹板、主梁帽及避雷导线是否有损伤，详细记录检查信息。

（3）导电系统检查：

1）测量 SS 面、PS 面叶根至叶身阻值；

2）测量叶根至叶尖阻值；

3）测量叶根至轮毂位置阻值；

4）测量轮毂至塔基位置阻值并详细记录。

3. 处理措施

（1）将距叶尖 1.8m 轴向 66.7m 位置 SS 面蒙皮切除，清理干净损伤区域。

（2）树脂配比：按照手糊树脂配比 100:30 调配。

（3）按照实际损伤区域大小裁剪玻纤布，然后对 PS 面损伤区域进行糊布修复。

（4）对手糊区域进行加热固化。要求 70℃以上保温 3h。

（5）硬度测试。要求修复面固化后硬度大于 45HD。检查完成后对手糊区域进行毛刺打磨。

（6）粘接前缘挡胶板、粘接避雷导线，手糊避雷导线并加热固化。

（7）将预制件与叶片 SS 面壳体粘接。调制结构胶，结构胶配比 100:45。将预制件与叶片 SS 面壳体用结构胶进行粘接。

（8）固化加热。对粘接区域进行整体加热，固化结构胶。

（9）拆除粘接固定工装，打磨残余结构胶后对叶片壳体 SS 面接口与预制件粘接口进行错层打磨。

（10）裁剪玻纤布，按照手糊树脂配比 100:30 调配后粘接。

（11）还原内蒙皮、主梁、外蒙皮及芯材，并进行加热固化，要求 70℃以上保温 3h。

（12）撕除脱模布，打磨毛刺后测量修复区域硬度，要求修复面固化后硬度大于 45HD。

（13）对修复区域进行刮腻子。腻子配比为 5:1 调配腻子。

（14）打磨腻子，并将修复面清理干净。

（15）油漆配比。油漆配比比例为 5:1。

（16）涂装油漆。要求涂装后叶片表面油漆均匀、无流挂。

（17）测试叶尖导雷电阻。该叶片修复后实际电阻为 35.6mΩ，如图 3-18 所示。

（三）案例 3：叶片前缘粘接位置开裂维护

叶片前缘是叶片在转动时受风阻力最大的部位，特别是在叶尖附近线速度很大，因此前缘部位出现表面损伤的概率是最大的。以 40m 的叶片为例，叶尖的线速度达到约 80m/s，对于更长的叶片，叶尖的线速度将会更大。叶尖部位的高速运转，给叶片前缘带来了很大的压力。叶片前缘表面发生风损后如果长期运行就会产生沙眼、胶衣脱落、玻璃纤维层破损直至叶片前缘开裂。

1. 现场损伤情况

2020 年 9 月，某风电场 16 号风机在勘察过程中发现距叶尖约 20m 前缘合模缝位置出现 2800cm×40cm 长的开裂问题。勘察后立即将风力发电机组停止运行，对该损伤进行维修。

2. 前缘损伤过程（见图 3-20）

叶片前缘受损后，前缘产生不规则的凹陷以及棱角，虽然尺寸不大，但足以扰乱叶片表面的层流流动，在气流流经叶片表面的初始阶段造成紊乱，加速附面层转捩，进而加速气流分离，造成叶片吸力面静压区扩大，引起压差阻力上升，升力下降，导致叶片性能下降。叶片前缘的破损会导致风机运行效率的降低，由于失速效应，致使发电量受到严重影响。

叶片前缘损伤失效一般要经历较长的一段时间和失效状态的演变。一般来讲，叶片前缘开裂大致经历以下几个过程：胶衣沙眼→胶衣脱落→玻纤破损→合模胶脱落→叶片开裂。在前缘损伤初期及时对失效位置进行修复可最大程度地避免损伤扩展及叶片结构失效问题隐患。

图 3-20　叶片前缘开裂损伤过程

（a）涂层点蚀；（b）涂层剥落；（c）表层结构损伤；（d）合模缝裸露；（e）前缘贯穿损伤；（f）前缘开裂

3. 处理措施（见图 3-21）

（1）信息记录。对缺陷叶片铭牌进行拍照记录，详细描述缺陷类型、损伤程度，记录缺陷位置信息。

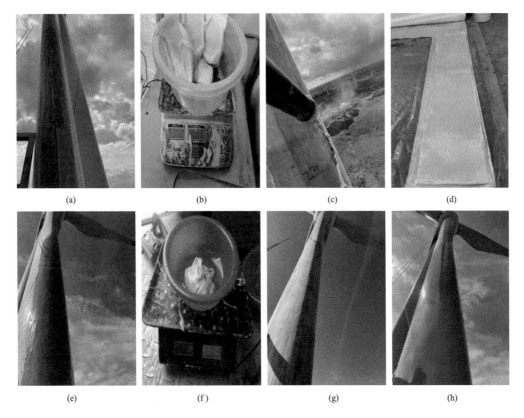

(a)   (b)   (c)   (d)

(e)   (f)   (g)   (h)

图 3-21 前缘开裂维护过程

（a）打磨清理；（b）结构胶配比；（c）填充黏结剂；（d）裁剪纤维布；

（e）铺层；（f）腻子称重；（g）刮涂腻子；（h）辊涂面漆

（2）打磨清理。以合模缝为中线，SS 面、PS 面打磨去除损伤补强，清理粉尘并擦拭干净。

（3）结构胶配比。按照主剂：固化剂比例 100:（45±2），称取适量连接胶，并搅拌均匀。

（4）填充黏接剂。在开裂处填充混合好的黏结胶，注意填充饱满无气泡。

（5）裁剪玻纤布。按照加强布层尺寸裁剪玻纤布，保证玻纤布平直、光顺，无油污、水、粉尘。

（6）铺层。浸润玻纤布，按照 N+1 的修补方式，布层由小到大顺铺放，保证玻纤布平顺、无干纱、无气泡。

（7）加热固化。用热风枪加热，固化过程中随时观察，防止出现暴聚，急速固化等，有暴聚倾向时，适当降低固化温度。

（8）硬度测量。要求纤维布固化后硬度大于 45HD。

（9）打磨。打磨修补区域表面高点和毛刺，无明显凸起、凹坑，打磨完毕擦拭干净。

（10）腻子称重。按照主剂：固化剂比例 5:1 配比，并搅拌均匀。

（11）刮涂腻子。在修补区域均匀刮涂腻子，光滑、平顺。

（12）打磨修型。腻子表面平整，光顺过渡，无凸点、无明显腻子棱、无针孔，打磨完毕用碳酸二甲酯擦拭干净。

（13）辊涂面漆。修补区域均匀滚涂面漆，要求无流挂、无针孔、无露底。

（四）案例 4：叶片裂纹损伤维护

叶片断裂的原因大多是裂纹缺陷未能及时发现并修复，在长期疲劳运转下裂缝不断扩展，最后整体失稳断裂。因此，裂纹的及时发现与处理对叶片的结构稳定性及风力发电机组的安全运行至关重要。图 3-22 所示为叶片裂纹维护过程。

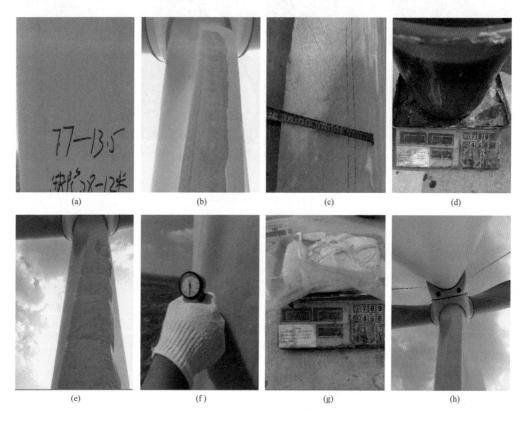

图 3-22　叶片裂纹维护过程

（a）裂纹缺陷；（b）打磨裂纹；（c）裁剪纤维布；（d）树脂配比；

（e）加热固化；（f）硬度测量；（g）腻子配比；（h）表面修型

1. 现场损伤情况

某风场在巡检过程中发现 6 号风机叶片在最大弦长位置至叶尖轴向（8～12m）有裂纹出现，经现场打磨后确认裂缝深度由表面至内蒙皮位置，损伤面积为 4m×0.4m。

2．维护要求

（1）维护前首先打磨裂纹位置然后清理表面粉尘，确认裂纹损伤区域范围及深度。

（2）若裂纹只出现在油漆层及腻子层，将损伤区域打磨清理后先使用腻子修复然后辊涂油漆固化即可。

（3）若叶片结构层出现裂纹则需要按照工艺要求将缺陷打磨去除后复原结构。

（4）要求对维护机组信息、维护过程做好详细记录。

3．处理措施

（1）划线去除缺陷损伤布层，按照方案打磨错层。

（2）使用干净的棉布或脱脂纱布将打磨区域清理干净。

（3）裁剪纤维布。按照损伤区域的大小及损伤程度裁剪准备纤维布。

（4）按照100:（30±2）配比手糊树脂，充分搅拌混合均匀。

（5）手糊纤维布，要求手糊后无褶皱、气泡、浸渍不良等缺陷。

（6）还原结构后加热固化，要求70℃以上保温3h。

（7）硬度测试。要求修复面固化后硬度大于45HD。

（8）表面检查。要求布层固化后无发白，气泡，浸渍不良等缺陷。

（9）表面打磨。打磨完成后无明显光面，表面平滑过渡，并且将粉尘清理干净。

（10）对修复区域进行刮腻子。腻子配比为5:1调配腻子。

（11）打磨腻子，并将修复面清理干净。

（12）油漆配比。油漆配比比例为5:1。

（13）涂装油漆。要求涂装后叶片表面油漆均匀、无流挂。

（14）测试叶尖导雷电阻。该叶片修复后电线阻值为38.9mΩ。

二、轮毂典型作业案例

对风轮进行任何维护和检修，必须首先停运风机，高速轴制动器处于制动状态并用轮毂锁定销锁定装置锁定风轮后，方可进入轮毂内部。如特殊情况，需在维护和检修时（如检查齿轮副啮合、电机噪声、振动等状态）调整叶片角度，必须确保有人在紧急开关旁，可随时按下开关，使系统停机，严禁同时操作2支及以上叶片。

（一）案例1：轮毂变桨齿圈维修

某风电场例行巡检过程中，发现变桨大齿圈断齿（一个），随后找到断裂齿，如图3-23所示。

1．现场检查情况

（1）对风机进行手动变桨测试时发现有异响；

（2）检查变桨大齿及小齿润滑情况良好，减速机油位均正常；

（3）手动变桨时变桨电机功率正常；

图 3-23　齿面断齿

（4）变桨大齿圈有一处断齿现象；

（5）现场导出风机前三个月的运行数据，对数据进行分析，未发现超载、超速或超温情况。

2. 原因分析

（1）现场查看记录，定期工作均正常开展，从轴承油脂情况来看，齿圈润滑工作能够按期开展。

（2）齿面点蚀是由于细微裂纹逐步扩展所致，而齿面塑性变形是过大的接触剪切应力和应力循环次数作用造成的。仔细检查驱动齿轮的表面，发现近断齿区约有 5 个齿轮严重磨损。

（3）对掉落下来的断齿进行检测分析，依据检测报告进行下一步工作。

3. 处理措施

组织人员尽快对断齿进行焊接修复。现场检查齿圈存在断齿、磨损等情况时，一般应按照现场齿圈探伤→焊接准备→加热保温→硬度及探伤检测→补焊轮齿→再进行硬度及探伤检测→预先修形→修形→焊修部位硬化处理→总体检查的检修工序执行。

（1）齿圈探伤检测。对其他未损齿轮检测，根据标准评定检测结果，登记台账、形成检验报告，将存在裂缝需焊接修复齿面、齿数进行记录。

（2）焊接准备。将电缆线和轴承密封圈及驱动系统安装孔等易燃部位用石棉布盖好，直至整个维修过程结束；用角磨机和电磨将有裂纹、气孔的齿进行打磨，直至把所有裂纹、气孔彻底打磨完，打出焊接坡口；打磨后使用着色剂对打磨表面进行着色检查，裂纹、气孔等缺陷应当完全清除；作业过程使用煤油或丙酮仔细清理需要补焊的齿及附近部位并佩戴好安全防护用品，如护目镜等。

（3）预热。对损伤的齿进行提前预热，使损坏部位能够与新补焊部分充分融合，补焊前对轮齿损伤部位进行全部清理。预热温度为 150～350℃，防止温度过高导致退火。

（4）补焊。使用手工电弧焊进行焊接修补，焊接完毕用角磨机和电磨对修补完成的齿进行表面修形和表面精修。

（5）保温。用石棉布包裹修补好的齿，进行保温，保温时间不得少于6h。

（6）检查。用渗透探伤方法对补焊处进行表面检查，修复的齿应保证没有气孔、裂纹等缺陷。

（7）预先修形。在焊接处修磨出深度为0.5mm的凹形面，坡口尖锐处圆滑过渡。作业时应避免打磨工具触碰其他齿轮。

（8）修形、总检查。用硬度计检查经过修复齿的表面硬度，应符合规范要求。同时用齿形样板检查经过修复齿形状，间隙应满足规范，一般不大于0.5mm，如图3-24所示。

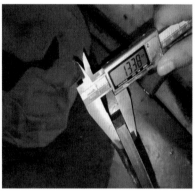

图3-24 齿面断齿修复检查

（二）案例2：轮毂变桨轴承的更换

某风电场例行巡检过程中，发现叶片变桨轴承有裂纹，开裂位置为零度方向逆时针第三颗螺栓，如图3-25所示。

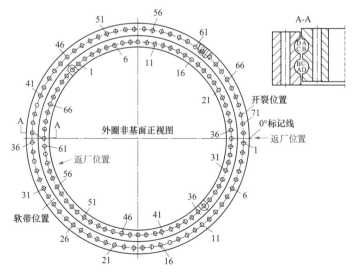

图3-25 轮毂非基面正视图

1. 现场检查情况

（1）对风机进行手动变桨测试时未发现明显异常；

（2）检查变桨轴承其他部位无明显裂纹痕迹；

（3）现场导出风机前三个月的运行数据，对这些运行数据进行分析，未发现超载、超速或超温情况。

2. 原因分析

失效分析主要从轴承设计、运行维护、制造过程追溯、失效轴承检查四个方面进行分析。

（1）对轴承设计安全系数/疲劳损伤进行设计复核，均符合设计要求，并有足够的安全余量；

（2）现场查看记录均有定期开展变桨轴承加脂维护、螺栓预紧力检查，均能够按照维护手册按期开展，无异常记录；

（3）对轴承内外原材料、热处理、机加工等生产记录进行复核，未见异常且记录完整；

（4）对失效轴承进行检测，依据检测报告进行下一步工作。

3. 处理措施

（1）临时措施，可根据现场损伤情况对变桨轴承采取外圈连接板加固措施恢复机组运行，但应加强运行监测，发现异常及时停机。

（2）轮毂变桨轴承更换，主要内容包括：

1）将盘车器与齿轮组传动连接，使盘车器能够驱动齿轮组调节叶轮的角度；

2）调节盘车器从而将与待更换的变桨轴承所对应的叶片调节至拆卸位，并将叶片拆下后吊运至地面放置；

3）调节盘车器以调整叶轮角度，使待更换的变桨轴承所对应的叶片孔朝向正上方；

4）将待更换的变桨轴承拆下并吊运至地面放置；

5）将新的变桨轴承吊运并安装到轮毂上；

6）调节盘车器以调节叶轮角度，并将拆下的叶片安装至叶轮上。

4. 变桨轴承更换验收关键步骤

（1）各连接螺栓验收二硫化钼涂抹工序，主要包括变桨轴承与轮毂连接螺栓、变桨轴承与叶片连接螺栓、轮毂与发电机（主轴）连接螺栓，见图3-26。

（2）螺栓对接完成后的验收，见图3-27。

（3）力矩值验收。在安装工人按安装要求（三遍力矩紧固50%、75%、100%；十字对角紧固法）进行力矩值紧固后，项目人员进行抽检验收。检查内容为：再次核对人员液压站压力调节值，抽检10%的螺栓力矩，确认全部合格后通知施工人员进行螺栓防腐，标记力矩防松线。

图 3-26 连接螺栓验收二硫化钼涂抹

图 3-27 对接完成后照片

　　上述仅对风机变桨轴承更换做简要描述。在实际工作中，大部件的吊装作业均应编制完整的作业指导书及施工方案，经审批同意后方可实施。一般应包含安全要求、设备图纸、螺栓力矩表、物料工具及吊具清单、吊车组车及现场布置要求、拆卸准备、拆卸工序、损坏部件更换、回装、力矩检验检查、恢复前的检查以及一些其他注意事项等。

第四章

传动系统维护与检修

本章主要介绍风力发电机组传动系统的维护与检修，主要内容包括传动系统中主轴、齿轮箱、联轴器的检查方式、维护方法、检修典型案例。通过本章内容的学习，帮助检修人员了解风力发电机组传动系统在工作中维护检修基本要求，熟悉各部分故障表现及故障原因，进而掌握维护与检修方法。

第一节 传动系统概述

一、主轴

（1）主轴及其支撑系统是风力发电机组传动链的主要组成部分，主轴及支撑系统作为连接风轮和齿轮箱的关键性部件，主要功能是支撑风轮将扭矩传递给齿轮箱或发电机，而将其他载荷传递给机架或底座等支撑结构。通常结构设计需要经过静强度和刚度分析，并采用锻造工艺制造。主轴前端通过螺栓与轮毂刚性连接，后端与齿轮箱低速轴连接。主轴及其支撑系统包括主轴、主轴承、轴承座、轴承端盖、锁紧螺母、密封件等部件，如图 4-1 所示。

风力发电机组常见的主轴形式有双轴承支撑主轴、单轴承支撑主轴、主轴集成到齿轮箱、轴承集成在机舱底盘、固定主轴支撑风轮。

（2）主轴承的种类与应用。轴承用来支撑轴及轴上零件，保持轴的旋转精度和减少转轴与支撑之间的摩擦和磨损。结合风力发电机组特点，主轴轴承在承受重力的同时还受到径向力的作用。所以选择合适的轴承至关重要。以下是轴承的分类与应用。

1）轴承的种类有圆柱滚子轴承、调心滚子轴承、深沟球轴承，如图 4-2 所示。

2）一般低转速情况下选用圆柱滚子轴承、深沟球轴承，高转速情况下选用四点接触球轴承、圆柱滚子轴承。风力发电机组主轴轴承一般选用圆柱滚子类型轴承。

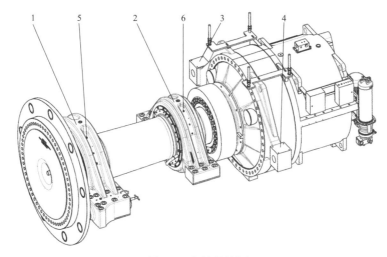

图 4-1　主轴结构图

1、2—主轴轴承支座；3、4—主轴轴承；5、6—主轴轴承注油口

(a)　　　　　　　　　(b)　　　　　　　　　(c)

图 4-2　圆柱滚子轴承、调心滚子轴承和深沟球轴承

（a）圆柱滚子轴承；（b）调心滚子轴承；（c）深沟球轴承

二、齿轮箱

（1）齿轮箱是双馈型风力发电机组的一个重要机械部件，其主要功能是将风轮在风力作用下所产生的动力传递给发电机并使其得到相应的转速。风轮的转速很低，远达不到发电机的要求，必须通过齿轮箱齿轮副的增速作用来实现，故也将齿轮箱称为增速齿轮箱。其外形如图 4-3 所示。

图 4-3　风力发电机组齿轮箱

（2）齿轮箱的结构。常见的兆瓦级风力发电机组齿轮箱由一级行星齿轮和两级平行轴齿轮传动组成。齿轮箱利用其前箱盖上的

两个突缘孔内的弹性套支撑在支架上。齿轮箱低速级的行星架通过胀紧套与风机主轴连接，三个一组的行星轮将动力传至太阳轮，通过内齿联轴节传至位于后箱体内的第一级平行轴齿轮，再经过第二级平行轴齿轮传至高速级的输出轴，通过柔性联轴器与发电机相连。齿轮箱输出端轴端装有制动法兰供安装系统制动器用。此外，为了保护齿轮箱免受极端负荷的破坏，中间传动轴上还装有安全保护装置。

齿轮箱由传动轴、箱体部分和齿轮副三大部分组成。图 4-4 所示为齿轮箱结构图。

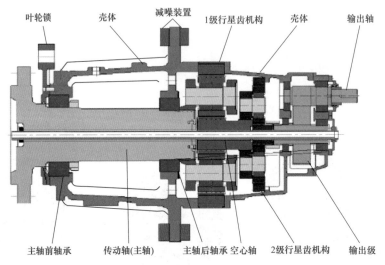

图 4-4　齿轮箱结构图

1）传动轴（主轴）。传动轴的作用就是将风轮的动能传递到齿轮机箱的齿轮副。图 4-4 中齿轮箱的特点是将主轴置于齿轮箱的内部。这样设计可以使风机的结构更为紧凑、减少机舱的体积和重量、有利于对主轴的保护。

2）箱体部分。箱体是齿轮箱的重要部件，由前机体、中机体和后机体三部分组成。齿轮箱的箱体承受来自风轮的作用力和齿轮传动时产生的反作用力，并将力传递到主机架。因此箱体必须具有足够的刚性去承受力和力矩的作用，防止变形，保证传动质量。箱体一般采用铸铁箱体，常用的材料有球墨铸铁和其他高强度铸铁。箱盖上还设有透气罩、油标或油位指示器，在相应部位设有注油器和放油孔。齿轮箱一般采用强制润滑和冷却，在箱体的合适部位设置有进、出油口和相关的液压件的安装位置。

3）齿轮副。齿轮箱的增速机构——齿轮副，采用行星齿轮和平行轴齿轮混合的机构传动，即两级行星齿轮和一级平行轴齿轮。采用行星机构可以提高速比、减小齿轮箱的体积。

齿轮箱通过夹紧法兰和楔块被固定到主机架上。在齿轮箱与夹紧法兰、齿轮箱与主机架之间均有减噪板弹簧。这使齿轮箱和主机架之间没有任何的刚性连接。这种方式可以最大程度地吸收齿轮箱所产生的振动，减小振动对主机架的影响。

齿轮箱的工作过程：齿轮箱主轴的前端法兰与风轮相连，风作用到叶片上驱动风轮旋转；旋转的风轮带动齿轮箱主轴转动并将动能输入齿轮副；经过三级变速，齿轮副将输入的大扭矩、低转速动能转化成低扭矩、高转速的动能，传递到齿轮箱的输出轴上；齿轮箱的输出轴通过弹性联轴器与发电机轴相连，驱动发电机的转子旋转，并将能量输入给发电机；发电机将输入的动能最终转化成电能并输送到电网上。

三、联轴器

联轴器为齿轮箱高速输出轴和发电机转轴之间的柔性连接器，联轴器将齿轮箱输出的驱动力矩传递到发电机驱动轴上，同时具备一定的电绝缘特性，阻抗大于 100MΩ，能够承受 2kV 以上的高电压，从而防止寄生电流通过联轴器从发电机转子轴流向齿轮箱高速轴，避免对齿轮箱高速轴承产生电蚀损害。联轴器传递力矩的同时可以补偿轴向、径向位移和轴向旋转，同时阻断发电机的反作用力。

按照中间管的不同，可将联轴器区分为合金钢中间管风电联轴器和玻璃钢中间管风电联轴器。合金钢中间管采用圆钢管，通过锻造、机械加工或者焊接的方式，按照其接口的要求成型，金属原材料通常采用#45 钢、42CrMo 或 Q345 等；玻璃钢中间管，两端采用金属法兰盘，通过黏结、缠绕固化成型等手段制造，其中间管通常采用玻璃纤维或碳纤维，与环氧树脂一起通过缠绕成型（缠绕角度通常为 45°）后固化得到，绝缘性能较连杆合金钢式联轴器更加稳定。

联轴器根据结构特点，可分为连杆式联轴器（见图 4-5）、膜片式联轴器（见图 4-6）。连杆式联轴器每个连杆内均设有球形轴承和橡胶衬套，具有良好的轴向和角向偏差补偿能力，且能有效地减少振动和噪声。利用过载保护套，当传递扭矩超过一定数值时可自动打滑，保护轴系免受损伤，并可自动复位工作。联轴器的绝缘取决于连杆中的橡胶。早期的产品，随着连杆的使用，因自身的老化、粉尘的堆积等，易出现绝缘性能急剧下降情况。

图 4-5　合金钢管连杆式联轴器

金属膜片式联轴器通过弹簧钢（50CrVA）膜片的刚性变形来实现各项补偿，金属膜片包括分组式、整体式两种结构型式：较常见的分组式采用两端共四组，每组3片，厚度为0.5～2mm的金属膜片，通过螺栓、销套等结构分别与玻璃钢中间管和连接盘安装；整体式直接将金属膜片制造成平行四边形的整体膜片。金属膜片式风电联轴器补偿范围一般为轴向小于4mm、角向小于1°、径向小于6mm。

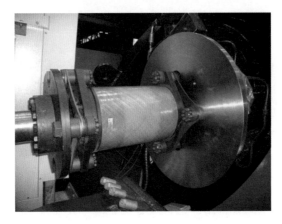

图4-6 某1.5MW机组使用的膜片式联轴器

第二节 传动系统检查与维护

一、主轴检查与维护

主轴日常检查维护内容主要包括主轴润滑系统、主轴轴承、主轴本体、紧固件、碳刷、锁定盘等检查维护。

（一）主轴润滑系统的检查与维护

主轴润滑系统的检查维护内容主要包括：

（1）检查温度传感器的功能是否正常。

（2）检查主油管路、分油管路无渗漏、破裂，管束固定及线束接插牢固，各润滑点均能注入油脂。

（3）若为自动加脂，检查润滑系统电动机的运转和噪声情况。

（4）检查油脂分配控制阀功能是否正常。检查周期一般为3个月/次或依据厂家维护指导手册执行，在日常巡检中应完成上述检查工作。

若在日常检查中发现主轴轴承支座密封处渗、漏油严重或集油盒内积满油脂时，应对主轴轴承进行开箱检查，检查结合油脂更换的周期，观察油脂的状况，以及主轴轴承滚动体和轨道磨损情况，轴承内外圈和保持架是否存在裂纹等状况。

（二）主轴轴承的检查与维护

主轴轴承检查维护主要内容包括：

（1）检查主轴转动时是否有异常声音。

（2）检查主轴轴承润滑是否良好，是否及时加注油脂。

（3）检查主轴轴承是否存在漏油情况，油污是否及时清理。

（4）检查主轴轴承是否存在位置偏移情况。

主轴轴承通常采用的补充润滑方式有手动润滑和集中润滑两种方式。①手动润滑通常采用黄油枪或加脂机，通过轴承箱注脂孔，根据运维手册的要求直接注入相应质量或体积的润滑脂。②集中润滑通常由润滑脂泵、递进式分配器和管路组成，可以保证机组主轴轴承的润滑方式为少量、频繁多次润滑，从而使主轴轴承始终处于最佳的润滑状态。主轴轴承定期补充润滑脂的数量，与主轴轴承的型号、机组运行条件以及采用的润滑方式有密切的关系，需要严格遵守用户手册。

（三）主轴本体检查维护

主轴本体日常检查维护内容主要包括：

（1）检查主轴本体是否有裂纹或开裂。

（2）检查主轴本体防锈漆是否存在脱落情况。

（四）主轴高强度紧固件的检查与维护

主轴高强度紧固件日常检查维护内容主要包括：

（1）检查主轴本体连接螺栓、主轴-轮毂、轴承支座-机架等 8.8 级以上连接螺栓的标记线是否发生偏移，检查周期为 3 个月/次或依据厂家维护指导手册执行，在日常巡检中完成该项检查工作。

（2）主轴的连接或固定螺栓力矩一般按照厂家维护手册进行力矩定期维护，每年度定检时 100%的螺栓力矩检查，若存在松动情况，记录螺栓转动角度，填写《风机维护报告》，对维护过的螺栓做好一字标记并且涂抹水性涂料。

（五）主轴碳刷检查与维护

定期检查主轴锁定盘与机座接触处碳刷的磨损情况，检查时可拆卸碳刷检查其弹力，并查看剩余长度并及时清理接触面异物等，若弹力不足或剩余长度不足 1/3，则需要排查碳刷、刷握及弹簧，根据实际情况更换或维修。

（六）主轴锁定盘检查与维护

定期检查主轴锁定盘上的衬套是否有松动、脱出，如果有，要先将其复位（必要时用专业工具敲击），再焊接牢固或用紧定螺钉拧紧。

（七）风力发电机组主轴的状态监测

（1）通过主轴的温度传感器监测主轴轴承温度是否正常，通过主轴接地碳刷微动开关检测主轴接地碳刷是否断开。通过 SCADA 系统输出实时监测数据进行监测。

（2）采用在线或离线振动监测设备对主轴进行振动监测，在线振动监测为实时监测，及时反馈监测机组状态；离线振动监测周期至少应为每月。被监测的机组定期出具振动监测报告，以便记录机组主轴状态。

二、齿轮箱检查与维护

（一）齿轮箱外观检查

（1）检查齿轮箱箱体是否有明显的凹陷、飞边等缺陷。

（2）检查表面漆膜厚度，油漆应无漏涂、污物、剥落现象，如有油漆脱落应及时记录并上报，现场可使用防锈漆进行简单处理。

图 4-7　齿轮箱支撑臂轴瓦磨损

（3）齿轮箱弹性支撑无明显磨损、损坏的现象，重点观察齿轮箱支撑臂弹性元件磨损情况。如图 4-7 所示，齿轮箱支撑臂轴瓦磨损严重，产生大量黑色粉末。此时也发生齿轮箱振动过大等故障报警，应及时更换轴瓦，保持齿轮箱稳定运行。

（4）检查齿轮箱集油盘是否有积油，观察齿轮箱是否存在漏油点。齿轮箱常见漏油点有各管路连接处、齿轮箱放油阀、齿轮箱滤筒结合处、齿轮箱加热器螺纹连接处等，如图 4-8 所示。

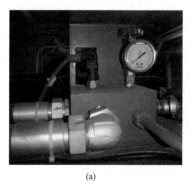

(a)　　　　　　　(b)

图 4-8　齿轮箱易漏油点

（a）齿轮箱阀岛及管路连接；（b）滤筒结合处

（二）齿轮箱温度检测查看

为了保证风力发电机组齿轮箱安全、稳定运行，主控制系统会通过温度传感器实时检测各轴承与油池温度，并依据传感器反馈信号调节齿轮箱冷却系统运行模式，将齿轮箱运行温度控制在正常温度范围，从而保证齿轮箱稳定、长效运行。

目前，齿轮箱主要采集的温度信号来自高速轴轴承以及油池，如图 4-9 所示。有些齿轮箱也会在中速级或低速级安装相应的温度检测，以实现更加全面的温度监控。

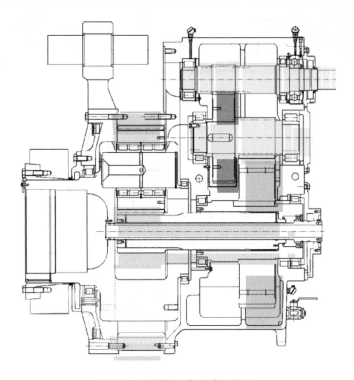

图 4-9　齿轮箱温度传感器位置

齿轮箱各轴承与油池温度值可通过 SCADA 或塔基人机交互软件（HMI）齿轮箱相关界面进行查看。

一般情况下，齿轮箱油池温度不宜超过 85℃，齿轮箱各轴承温度不宜超过 90℃（此参数根据各机型不同而异）。如在检查中发现轴承或油池温度栏显示负的或正的 220℃等偏差较大温度值时，一般为传感器断线或传感器健康状态异常，需进一步检查维修。

（三）齿轮箱润滑油压力检测查看

齿轮箱润滑油压检测也是齿轮箱非常重要的一类参数监控，其在运行中的参数变化可间接反映出齿轮箱相关器件的健康状态。例如，图 4-10（a）所示为齿轮箱入口油压传感器位置，图 4-10（b）所示为齿轮箱过滤器入口油压传感器位置。如齿轮箱入口油压低，在排除压力传感器本身及检测回路问题后，判断可能有齿轮泵损坏无法正常打油、滤芯发生堵塞油液无法顺畅通过、溢流阀（单向阀）密封损坏致使泄漏量过大等原因。入口油压低会对齿轮箱的健康及稳定运行造成严重的影响。

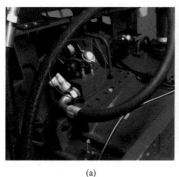 

（a）   （b）

图 4-10　齿轮箱油压检测点

（a）齿轮箱油入口油压检测；（b）齿轮箱过滤器入口油压检测

　　齿轮箱压力检查与温度检查类似，可通过塔基（机舱）配备或外接移动用户端的人机交互界面查看，同时也可通过 4-10 图（a）中齿轮箱入口润滑油分配块上安装的机械压力表进行查看。以 1.5MW 风力发电机组为例，齿轮箱油压范围为−1～20bar，在润滑泵启动状态下进行观察更加准确，可重点观察齿轮箱润滑泵启动前、后齿轮箱过滤器入口油压与齿轮箱油入口油压变化情况，压力提升连续未发生明显压力跳变及压力丢失等异常情况为宜。除此之外，应检查两处压力传感器外观是否完好，有无损坏、变形、接触不良等现象，并紧固其反馈线路接头，如图 4-11（a）所示。同时，可利用"扰动法"摇晃、轻拽接线端子排相关压力反馈接线，如图 4-11（b）所示，观察人机交互界面压力是否发生变化判断其是否存在虚接、松动的现象。

（a）   （b）

图 4-11　齿轮箱油压反馈

（a）齿轮箱压力传感器；（b）齿轮箱压力反馈接线端子排

（四）齿轮箱润滑冷却系统温控阀测试

　　齿轮箱温控阀对于齿轮箱润滑冷却回路中冷却效率的控制有着至关重要的作用。以某风力发电机组齿轮箱润滑冷却回路为例，如图 4-12 所示，圆框内器件为齿轮箱温控阀。

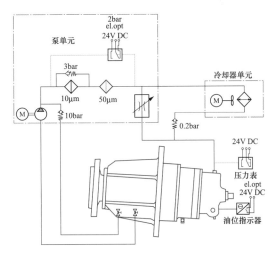

图 4-12　齿轮箱润滑按冷却回路图

温控阀发生卡死，失去流量调节功能时，大部分热油绕过冷却单元由温控阀直接流回油箱，将使齿轮箱内润滑油温升高，影响油膜的形成，加快润滑油氧化变质，加剧机械磨损。

检查温控阀的功能可通过体感油管振动的方式进行判断，如图 4-12 所示。温控阀共连接三根管路，第一根为齿轮箱出油总油路，第二根为直接返回齿轮箱油路，第三根为经过冷却单元冷却后返回齿轮箱油路。假设温控阀动作温度为 45～60℃，即油池温度在 45℃以下时温控阀处于打开状态，油液不经冷却单元而是经齿轮箱油分配器直接返回油箱；当油池温度超过 60℃后，温控阀关闭，油液经冷却单元冷却后再经油分配器返回油箱。明确了齿轮箱油液循环方向后，可通过齿轮箱油池当前温度判断出油液正确的流动方向，用手触摸感知管路内油液流动情况判断温控阀是否动作。管路内油液流动情况感知方法如表 4-1 所示。

表 4-1　　　　　　　　　管 路 压 力 体 感 表

体感	油管情况
手指无任何振动感	无油的空油管
手指有不间断的连续微振感	有压力油的油管
手指有无规则振颤感	有少量压力波动油的油管

除以上方法外，还可以通过触摸过滤器到齿轮箱油分配器管路温度判断温控阀是否起作用。首先保证此时齿轮箱油池温度高于温控阀关闭温度 60℃（此温度参数因各厂商参数设置不同而异），然后按齿轮箱润滑冷却运行原理推算油液应经冷却单元冷却后再经齿轮箱油分配器返回油箱，而经分配器直接回齿轮箱的管路内应无油液（少量

油）流过，那么去往冷却单元的管路温度将高于经分配器直接回齿轮箱的管路温度，如此时触摸感知两管路温度相同则很可能是温控阀失效造成。

（五）齿轮箱冷却系统测试检查

风力发电机组齿轮箱冷却系统对于齿轮箱健康状态保持起着至关重要的作用，一个稳定合适的运行环境将更大限度地延长齿轮箱润滑油润滑性能保持期，高温不仅会加速齿轮箱润滑油氧化变质的速度，同时会影响油液的黏度，影响油膜的形成致使不可挽回的机械磨损。目前，风力发电机组齿轮箱所选用的冷却系统有两种形式：一种是风冷系统，利用冷却风扇旋转驱动空气快速流动将齿轮箱热量带离；另一种则是水冷系统，通过冷却水循环经热交换器将热量带离。

1. 齿轮箱风冷系统测试检查

齿轮箱风冷系统由控制部分、风冷却器、风冷电机和风冷帆布罩等辅助设备共同构成。

风冷系统结构简单便于维护，但一些地区每年4～5月柳絮飘飞的季节很容易发生柳絮进入通风格栅而造成风道堵塞现象，如图4-13所示。届时风冷却器通风量下降，冷却效率低下，加之环境温度较高，机组运行中齿轮箱油池温度快速上升超出故障报警值，导致风力发电机组故障停机。为了避免此类事情的发生，应定期检查风冷却器通风量，保证风冷却器功能完好、表面洁净。测试时可借助手动测风仪测量风冷却器通风量，或通过放置飘带或在风冷却器下端吸附线手套试验等方式验证其通风量。

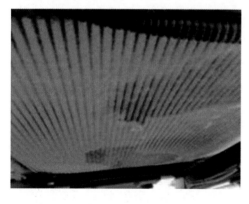

图4-13　齿轮箱风冷却器被柳絮堵塞

若经测试检查发现风冷却器存在堵塞现象，影响齿轮箱散热效率，可对散热器进行清洗，清洗时建议机舱内使用空气压缩机（空压机）进行清洗，拆卸下塔可使用高压水枪进行清洗。机舱内清洗时可将齿轮箱冷却风扇电机接线倒相并启动，使其反转同时使用高压风枪由下向上反复冲洗，直至使用手持式测风仪测量通风量平均值大于等于5.8m/s为合格（此参数因机型不同而定）。拆卸下塔清洗时，需使用高压水（中性净水）对散热器进行反复冲洗，冲洗方向需与散热片平行，以免损坏散热片，如有必要也可加入中性清洗剂，清洗剂不得对铝有腐蚀作用。

2. 齿轮箱水冷系统测试检查

风力发电机组齿轮箱水冷系统一般由热交换器、循环系统、水箱、水泵以及冷却水组成,其结构如图 4-14 所示。齿轮箱水冷系统不仅为齿轮箱提供冷却,同时还会为发电机、变频器等其他设备提供冷却功能。

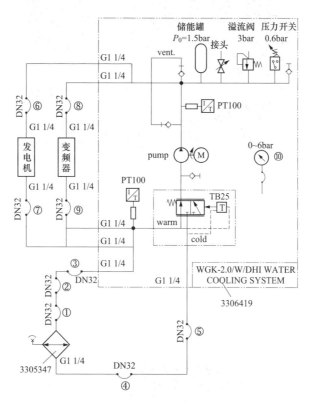

图 4-14 水冷系统原理图

影响水冷系统冷却效率的主要因素有冷却水量是否充足、冷却水泵是否运行正常,是否满足设计所需扬程、温控阀工作是否正常,以及热交换器功能是否正常等。

冷却水量检查时,可通过冷却水箱水压表反馈示数作出判断。首先停机观察压力表示数并记录,启动水冷系统,然后在运行水循环瞬间观察压力表示数,如示数增大,则压力表正常,再次停机,检查水冷系统压力,如压力低于 1.8bar,则需用手动试压泵向系统注入冷却水至规定值 1.8~2.2bar,如图 4-15 所示。加注冷却水过程中要把排气阀打开放气,防止气体存留管道内导致运行过程中散热效果不佳。

冷却水泵电机检查可启动电机试运行,观察电机运行平稳、无杂声,电机输出轴旋转方向与外壳标识方向一致,而温控阀检查方式与齿轮箱温控阀检查方式相同,可在不同温度下触摸管路内流量情况进行判断。热交换器本身情况可根据进、出油管温差情况进行初步判断,在保证冷却系统其他部件工作正常的情况下,并且温控阀动作后所有油液流经热交换器时,热交换器进、出口油温差不大,可判断为热交换器失效,需进行详细检查。

图 4-15　冷却水箱压力表

（六）齿轮箱清洁度、噪音、振动、油位和油色检查

1. 齿轮箱清洁度检查

机械设备由于长期运行以及环境影响难免会产生污垢，如图 4-16 所示。若污垢未及时清理从而长时间滞留堆积很可能造成设备的散热不畅，高温环境下会增加火灾风险。风力发电机组定期维护时需对设备滞留污垢进行及时清洁，使设备见本色，保持一个干净、整洁的工作环境。

图 4-16　齿轮箱表面污垢

齿轮箱易产生油污、污垢的部件有：

（1）齿轮箱上表面。由于齿轮箱空气滤清器通常置于齿轮箱上表面，当齿轮箱油池温度较高时，内部气压较大且会有部分油蒸汽通过空气过滤器排出齿轮箱从而附着于齿轮箱表面，最终形成油垢。

（2）齿轮箱低速轴、高速轴与箱体连接处。如若齿轮箱油池注油过量或密封圈老化，那么在长期运行中此两处很可能产生油液泄漏，特别是高速轴与箱体连接处也会出现油蒸汽泄漏从而附着于高速刹车盘或箱体、轴体的现象。

2. 齿轮箱振动与噪声检查

检查齿轮箱振动以及噪声情况时，需确认在风力发电机组轮毂、传动轴系附近均无人作业，且通知现场其他相关工作人员并得到其准确回复后，使风力发电机组高速轴以 300～500r/min 空转运行，观察齿轮箱运行状态，倾听齿轮箱运行声音，齿轮箱运行平稳、无杂音，传动连续、无卡顿。

振动和噪声检查可以借助一些专业工器具进行检测，例如听针和便携式振动测量仪。

（1）听针（见图 4-17），也称听音棒，使用时一端接触设备的轴承等部位，另一端与耳朵接触，听取运转时设备里面的响声。如现场没有听针也可借助螺丝刀进行初步分析，听音时注意保护耳部，可使用螺丝刀刀口置于设备端，同时大拇指置于螺丝刀尾端并贴近耳部倾听。

图 4-17　听针（听音棒）

（2）便携式振动测量仪［见图 4-18（a）］是一种数字显示多功能振动测试仪，通常均配有压电式加速度传感器和磁吸座，可测量加速度值、速度值与位移值。振动频段较高时测量加速度值，振动频段适中时测量速度值，振动频段较低时测量位移值。测量时将加速度传感器安装于齿轮箱相应测量位置。例如，齿轮箱输入端轴承座、齿轮箱行星轮部位、齿轮箱输出端高速轴等，径向安装，打开电源开关并选择测量值开始测量，读取数值（均为真实有效值）。需注意，安装加速度传感器时小心磁吸座夹手，且便携式振动测量仪需每年进行标定。

(a)　　　　　　　　　　　(b)

图 4-18　便携式振动测量仪

（a）便携式振动测量仪；（b）风力发电机组使用场景

3. 齿轮箱油位、油色检查

目前，风力发电机组齿轮箱由于其齿轮箱品牌及型号的不同，常见油位计会有图

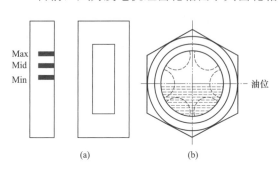

图 4-19　齿轮箱油位计

（a）长形油位计；（b）圆形油位计

4-19 所示的一种或两种，这就要求现场运维人员应根据不同的油位计进行油位确定和油液加注。

检查齿轮箱油位时需保持齿轮箱静止，停止齿轮箱润滑泵，然后根据齿轮箱结构设计将齿轮箱内三个行星轮调至倒三角状态后再观察油位。等待约 30min 以上，待齿轮箱内壁以及齿面、轴承的润滑油充分回流齿轮箱后进行

观察，观察时要保持视线与油位计相垂直，以免不同折射率导致油位观察偏差，同时观察时应以油位计中液面凹液面为准。

（1）长形油位计。长形油位计观察时，油位计内油位应位于最高油位（MAX）与最低油位（MIN）之间为宜。值得注意的是，最高油位不是最高处，一般在位于油窗顶部以下 10cm 左右，同样最低油位也不是最低处，而是油窗顶部以下 40cm 左右。各齿轮箱因其厂家或型号不同，其油位参数也各有不同，如图 4-20 所示。

（2）圆形油位计。圆形油位计中油位应位于齿轮箱圆形油位计的中心位置，如图 4-21 所示。

图 4-20　齿轮箱长形油位计

图 4-21　齿轮箱圆形油位计

正常情况下，齿轮箱油色应为清澈、透亮，整体颜色依据润滑油牌号不同可能为黄色或棕色，应按技术监督要求定期进行油品取样化验。

（七）齿轮箱螺栓连接检查

齿轮箱螺栓连接检查应严格按照设备厂家定期维护手册要求规范执行，主要检查

部件有以下 3 种：

（1）齿轮箱收缩环锁紧螺栓与弹性支撑螺栓连接检查。首先通过目视检查，查看以上两部件螺栓扭矩标记线，看是否存在位移现象。如位移螺栓数目未超出全检规定值可优先校验扭矩标记线位移螺栓；如超出全检规定值则需对收缩环所有锁紧螺栓进行扭矩校验；如未出现扭矩标记线位移螺栓可按照十字紧固法按比例进行螺栓扭矩校验，紧固时依照图 4-22（c）所示顺序紧固，切忌超扭矩校验，应保障校验扭矩的精准度，否则可能导致校验过程破坏螺栓结构，引起螺栓断裂等不良现象。螺栓扭矩校验完成后绘制新扭矩标记线，如图 4-22 所示。

(a)   (b)   (c)

图 4-22 齿轮箱螺栓连接检查

（a）齿轮箱收缩环螺栓检查；（b）齿轮箱弹性支撑螺栓检查；（c）十字紧固法

（2）检查齿轮箱观察口盖板螺栓是否有遗失、松动现象，检查齿轮箱接线盒内接线端子是否发生松动与虚接现象（见图 4-23），如齿轮箱使用风冷系统检查齿轮箱散热片固定螺栓。

（3）齿轮箱弹性支撑轴与圆挡板连接螺栓连接检查。采用中空式液压扳手以及加长反作用力臂组合使用，按照设备厂家规范进行螺栓力矩校验。其紧固方法如图 4-24 所示。

图 4-23 齿轮箱接线盒端子排   图 4-24 齿轮箱弹性支撑轴与圆挡板连接螺栓

（八）齿轮箱油样提取

一个良好的润滑环境对于机械系统长效且稳定运行有着不可替代的作用。目前，风电齿轮箱润滑油取样化验每年进行一次，如有特殊情况则根据实际情况调整周期，油样提取要采用专用的样油采集瓶，并且要将所提取样油机组的机位号、取油时间、取油人员、运行时长等基本信息通过标签纸记录于瓶身上，以备后期分析查验。同时，取油时应保证齿轮箱油池温度处于正常状态，不要在齿轮箱温度很低的时候进行取样。取样时为了保证润滑油中杂质的均匀，更能体现齿轮箱油液整体污染度，通常在风力发电机组停机 30min 内进行取样。如风力发电机组长时间停机，可使齿轮箱空转 300～500r/min 一段时间，将齿轮箱内油液搅匀。取油时，应选取未经过滤器的取油点进行取样；如齿轮箱油有专用取油点可在专用取油点进行油液提取；如齿轮箱未配备专用取油点，则可选择齿轮箱过滤器压力测量阀或排气孔进行取样，如图 4-25 所示。

(a)　　　　　　　　　　　　　　　(b)

图 4-25　齿轮箱取油点

（a）齿轮箱压力测量阀；（b）齿轮箱过滤器排气孔

取油样时，应放出 50mL 齿轮油用于清洗导管，然后将导管放于集油瓶中进行油样提取，当样油达到集油瓶容量 80%即可。油样提取后应尽快送检。

（九）齿轮箱滤芯更换

1. 齿轮箱油滤芯更换

齿轮箱过滤器也是保持齿轮箱油液健康的主要手段。目前，风电齿轮箱过滤器主要有两种方式：主管路过滤器单独过滤，以及主管路过滤器与离线式过滤器组合过滤。离线式过滤器过滤精度要高于主管路过滤器，过滤精度可达到 3μm。

（1）通常每年对齿轮箱过滤器滤芯进行一次更换。

1）更换时，首先断开齿轮箱润滑泵电源，防止操作过程中润滑泵启动打压。然后打开过滤器排气孔，并将废油桶放于过滤器下端，打开放油阀进行排油，如图 4-26 所示。

2）随后慢慢旋开过滤器上部端盖，待过滤器出油口处油的流速较小时，彻底旋开端盖，即可看到滤芯。先将滤芯左右晃动一下方便滤芯的取出，取出后滤芯仍会携带部分油液，应迅速寻找专用储存袋存放，以免油液流出污染机舱。在拔出滤芯后需观察滤筒内杂质堆积情况，可使用磁铁吸附试验进行初步判断，观察是否有大量或大块铁屑存在，如图4-27所示。例如，有铁屑存在很可能为齿轮箱齿面损伤造成，而通过分析铜、铬元素较多则很可能是轴承出现损伤。

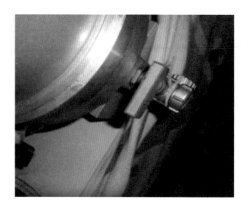
图 4-26　齿轮箱过滤器放油阀

图 4-27　齿轮箱滤芯与滤筒残留物

3）安装新滤芯之前需将滤筒清理干净，并将新滤芯垂直安装于滤筒中部，有明显的插入感，重新旋紧上端盖，顺时针旋紧后需反转 1/4 圈，目的是防止旋紧力度过大压坏滤筒上口 O 形密封圈，有助于保持 O 形密封圈的弹性与密封效果。重新安装过滤器排气孔与齿轮箱连接管，使用抹布擦拭滤筒表面，使其干净整洁。最后手动运行润滑油泵，观察滤筒及连接处是否发生漏油现象，如有应及时处理直至无泄漏点。

（2）在齿轮箱滤芯更换过程中应注意以下 5 点：

1）旋开滤油器上方端盖时一定要缓慢，切勿使用扳手、撬杠撬动或敲打强行打开，且注意齿轮箱油池温度，待温度低于 45℃ 以下时进行操作，以免发生高温烫伤；

2）装入新滤芯时，应防止杂物掉入滤筒内；

3）操作时，作业人员应佩戴防护口罩及丁腈手套，防止吸入油蒸汽以及齿轮油直接接触皮肤；

4）严禁将更换下的滤芯由机舱向下抛投，应使用专用储存袋存放并通过检修吊车运至塔下；

5）安装滤筒上端盖时，应确保 O 形密封圈位于卡槽内，防止旋转端盖时剪切密封圈，造成密封失效。

2. 齿轮箱空气滤芯更换

齿轮箱空气滤芯通常安装于齿轮箱箱体上部，主要有干燥剂式和纸质干式过滤器两种，如图 4-28 所示。其具有除湿与保持齿轮箱箱体内压力平衡的功能，首先当外界空气需要进入齿轮箱时必须流经空气滤芯，而空气中携带的潮气与微尘就会被空气滤芯过滤，以减少水分及杂质进入齿轮箱，减缓齿轮油的氧化与变质，延长齿轮油使用寿命。

(a)   (b)

图 4-28　齿轮箱空气过滤器

（a）纸质干式过滤器；（b）干燥剂式过滤器

齿轮箱纸质干式过滤器需要每年进行一次更换，干燥剂式的空气过滤器则需观察其内部干燥剂变色情况，当颜色变化超过 80% 则需要进行更换。更换时将 4-28（b）所示滤清器下端塑料堵头拔开，建议可隔一个拔一个，如全部拔开将会导致空气过滤器失效较快，造成不必要的资源浪费。以下列举部分空气过滤器品牌变色情况，供参考使用：

（1）PALL 干燥剂颜色由蓝色变为粉红色；

（2）西德福（Stauff）干燥剂由红色变为橙色；

（3）Hydac 干燥剂由灰白色变为红色；

（4）Internormen 干燥剂变为浅粉色；

（5）AKYLIN 干燥剂由蓝色变为红色。

（十）齿轮箱弹性支撑检查

齿轮箱弹性支撑为齿轮箱主要弹性元件，负责缓冲齿轮箱因运行而产生的振动，减小振动冲击。齿轮箱弹性支撑检查主要对象还是从其弹性元件以及各部件之间的位置关系入手，首先弹性元件密度较低导致易于磨损，其次长期受风载影响传动链可能发生后移现象。下面以图 4-29 所示齿轮箱为例。此结构齿轮箱以轴瓦为弹性元件，并通过一个支撑底座通过螺栓连接将齿轮箱扭力臂抱死，用以固定齿轮箱和提供振动缓冲。检查时可通过外观进行查看，查看其弹性支撑有无损坏、开裂、变形等严重问题，同时观察是否存在大量黑色粉末，是否弹性元件轴瓦磨损过量。除此之外，可用手触摸轴瓦与齿轮箱弹性支撑固定座交接处，通常轴瓦应不超出齿轮箱支撑固定底座边沿，如发现突出需检查是否发生滑动。其次还需借助游标卡尺测量齿轮箱支撑固定底座与齿轮箱扭力臂间隔，如图 4-30 所示。其前半部分与后半部分间隔是否相同，是否发生位置窜动，如发生窜动需及时登记并向上级汇报，请专业人员进一步分析处理。

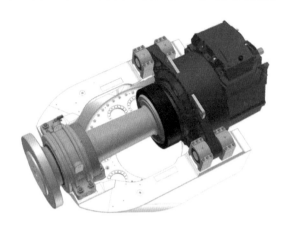

图 4-29　齿轮箱布局图

图 4-30　齿轮箱弹性支撑测量

（十一）齿轮箱连接管路检查

（1）各外接管路连接处连接紧密，无泄漏现象，且各管路未出现老化、龟裂、损坏等现象，如图 4-31 所示。

（2）各外接管路接触处未出现磨损、损坏的现象。检查是否进行预防磨损措施，若齿轮箱润滑油管与齿轮箱箱体发生摩擦，应使用耐磨橡胶包裹并使用扎带、抱箍等进行固定，否则在风力发电机组长期运行振动中很可能会导致油管损坏泄漏。

图 4-31　管路老化龟裂

（3）齿轮箱箱体如有金属管路，应检查其是否发生过度形变、弯折，致使影响其内部油液的流量。另外，检查各管路接口处是否发生明显的跑、冒、滴、漏现象，如漏油点较为隐秘不易发现，可将所有油垢清理干净，重新观察漏油点。

（十二）齿轮箱集油盘清理

齿轮箱集油盘位置通常位于齿轮箱高速轴下端的齿轮箱尾部放油阀位置，用于收集齿轮箱运行中异常漏油以及人工放油时产生的废油。清理集油盘时应将风力发电机组主轴进行机械锁定，防止作业过程中高速轴转动发生卷入伤害，并且清理废油时需佩戴橡胶手套，防止齿轮油直接接触皮肤，引起化学伤害。

如发现集油盘内油液较多时需详细检查齿轮箱泄漏点，如未发现明显泄漏点且无法判断齿轮箱泄漏时间时，可将集油盘及齿轮箱可能泄漏点油垢擦拭干净，过几日再进行检查，观察集油盘废油收集情况以及齿轮箱箱体漏油情况，从而更加有效地断定漏油点。

清理集油盘时，如废油较多时可采用扁铲等工具清理；如废油较少时，则可用吸油纸或抹布进行擦拭。擦拭废油的抹布以及清理出的废油属于化学废弃物，严禁随地掩埋、随意纵火焚烧、随处丢弃等，需使用专用的垃圾袋或废油桶进行收集，并带回升压站进行统一处置。

（十三）齿轮箱开盖检查

风力发电机组定期维护时需对齿轮箱进行开盖检查，如图4-32所示。通过感官检查判断齿轮齿面是否存在异常，有无出现断齿、点蚀、剥落、胶合等情况。进行齿轮箱开盖检查时需要注意以下4点：

（1）因为齿轮箱长期运行导致内部可能会存在油蒸汽，当操作人员打开盖板时会喷涌而出，所以务必佩戴防毒口罩以免吸入过量油蒸汽，造成化学伤害。

（2）齿轮箱观察口均会安装密封垫，如拆卸观察口螺栓后仍较难打开时，可用橡胶锤或铜棒等从侧面敲打使其松动，尽量避免使用螺丝刀或撬杠撬动，以免造成观察口密封垫损坏，导致密封失效。

（3）在打开齿轮箱观察口端盖之前要将观察口周边垃圾、螺栓等杂物清理干净，并将上衣口袋内物品清空，防止在打开观察口或弯腰检查齿面时杂物掉入齿轮箱内，影响齿轮箱正常运转。

（4）在观察口进行齿轮箱齿面检查时务必要站稳抓牢，保持重心，防止机舱突然地晃动引起重心失衡坠入齿轮箱。

1）检查齿轮箱时，如发现异常需拍照记录，如情况严重则禁止启动风力发电机组。

2）恢复齿轮箱观察口端盖时，务必将密封圈重新安装，如已发生损坏需要修复后安装。采用十字紧固法锁紧观察口螺栓，必要时在接口处涂抹密封胶，保证齿轮箱的密闭状态。

三、联轴器检查和维护

（一）联轴器定期检查

图 4-32 齿轮箱观察口

在对联轴器进行维护、检修工作前，必须首先使风力发电机组停止工作，制动器处于制动状态并将叶轮锁锁定。特殊情况，需在联轴器处于旋转状态下进行检查时，必须确保有人守在紧急开关旁，可随时按下开关，使风机制动系统刹车。同时由于联轴器高速旋转存在较高的安全风险，联轴器外部会安装联轴器保护罩。一般对机组联轴器进行检查时需将保护罩上半部分拆除。一般以 3 个月为周期，巡视检查要点主要包含以下内容：

（1）检查合金钢材质的中间轴防腐层是否有脱落情况，存在锈蚀应进行清理，并作防腐处理。发生锈蚀严重情况，应进行更换。

（2）检查连杆式联轴器每个连杆中，关节轴承的两个橡胶衬套是否存在裂纹损坏情况，发现橡胶衬套破损、异常变形应对联轴器进行更换。

（3）检查高强度玻璃纤维材质的中间轴是否存在表面裂纹、变形，中间轴出现裂纹、变形应更换联轴器。

（4）检查高强度玻璃纤维材质的中间轴标记线，标记线发生径向位移的，确认联轴器发生打滑情况，应更换联轴器，并在安装更换后重新在中间轴标记标记线。

（5）检查新更换的联轴器两侧发电机、齿轮箱处涨紧套是否有油渍，确认是否误用润滑油脂，并应及时拆卸清理。

（6）检查联轴器涨紧套、连杆或膜片锁紧螺母的螺栓是否松动，如螺栓力矩线偏移应及时按紧固值重新紧固。

（7）检查联轴器表面脏污以及联轴器罩内异物，并及时清理。

（二）联轴器定期维护

（1）每年对联轴器以及制动盘连接、发电机侧连接所有的螺栓进行力矩紧固。如果螺母不能转动或者偏差小于 20°，说明预紧力在限度以内；如果螺母转动偏差大于 20°，必须按预紧力矩重新进行紧固作业。

（2）风力发电机组应定期开展联轴器轴对中的检查工作，为保证联轴器的使用寿命，同轴度检测周期为半年。由于机组联轴器型号尺寸、型式不同，调整范围不尽相同，对中工作应对照机组维护手册给出径向偏差及角度偏差的最大允许值，使用激光对中仪检测或调整联轴器同轴度。以华锐 1.5MW 机组为例，CENTA 连杆式联轴器径向偏差及角度偏差应在±0.8mm 及±0.3mm/100mm 以内；KTR 膜片式联轴器径向偏差及角度偏差应在±1.5mm 及±0.4mm/100mm 以内。

第三节　传动系统典型故障处理

一、主轴典型故障处理

主轴及其支撑系统主要故障有主轴断裂、轴承振动大或异音、紧固件断裂等。

（一）主轴的主要故障

风力发电机组在实际运行过程中由于疲劳寿命设计的裕度不足或加工制造等原因，在交变载荷和极限冲击载荷作用下，主轴会发生疲劳断裂，疲劳断裂的位置通常发生在主轴与轴承过盈装配的位置。典型的主轴疲劳断裂故障情况如图 4-33 所示。

图 4-33　主轴疲劳断裂

（二）主轴轴承的主要故障

与一般轴承的故障类似，主轴承较为常见的故障主要有运行声音异常、温度升高、振动异常以及漏脂严重。其主要表现为滚动体和滚道的磨损、错误安装或过载引起的缺口或凹痕、滚子末端或导轨边缘污垢引起脏污、润滑不充分或不正确引起的表面损坏，以及安装太松引起的摩擦腐蚀的早期初级损坏、散裂和断裂等终极破坏。

1. 主轴轴承运行声音异常原因及故障处理

主轴轴承运行声音异常包括金属噪声、规则音和不规则音等三种情况。

（1）金属噪声通常来源于安装不良、载荷异常、润滑脂不足或不合适，以及旋转零件接触等问题，可以采用改善安装精度或重新拆卸安装，修正箱体挡肩位置调整负荷，补充适当和适量的润滑脂，以及修正密封的接触状况等进行故障处理。

（2）规则音通常来源于异物造成滚动体和轨道接触面产生压痕、锈蚀和损伤等，表面变形，以及滚道剥离等原因。这种情况通常采用更换轴承、清洗相关零件、改善密封装置、重新注入适量新润滑脂等进行故障处理。

（3）不规则音通常来源于游隙过大、异物侵入或滚动体损伤等原因。这种情况通常采用更换轴承、清洗相关零件、改善密封装置、重新注入适量新润滑脂等进行故障处理。

2. 主轴轴承温度异常原因及故障处理

导致主轴轴承温度异常升高的主要原因有润滑脂过多、不足或不合适，异常载荷、配合面蠕变、密封装置摩擦过大等。通常采用清理轴承和相关零部件，减少或补充、更换适量润滑脂，改善轴承与轴、箱体的接触状况，必要时更换密封或整个轴承进行故障处理。

3. 主轴轴承振动大原因及故障处理

导致主轴振动大（主轴偏心）的主要原因是轴承表面变形、严重磨损或剥离、安装不良。其中，以主轴轴承磨损最为常见。其主要原因包括：①由于安装前或安装时清洁不到位、密封不到位等导致产生研磨颗粒；②不充分的润滑；③传动链机械振动等。对于振动监测等级为注意级，通常采用清洗相关零件，改善密封装置，重新注入适量新润滑脂等进行故障处理；如果振动监测等级达到报警级，则通常更换轴承。

4. 主轴轴承和支撑座漏脂原因及故障处理

导致轴承和支撑座漏脂严重的主要原因是润滑脂过多，异物侵入或研磨粉末产生异物，以及轴承密封损坏或失效。通常采用清洗零部件，使用适量的新润滑剂，更换密封，必要时更换轴承等方法进行故障处理。此外轴承的保持架由于振动、超速、磨损或阻塞等原因也会形成裂缝或磨损，导致破坏，进而使得轴承损坏报废。

5. 主轴轴承裂纹或断裂原因及故障处理

导致轴承裂缝和断裂的主要原因：安装时预载过大、内外温差大等，或用锤子或坚硬的凿子打击后；椭圆轴或椭圆基座挤压等；轴承座或轴承安装未对准；错误安装或未旋转轴承过载引起的缺口/凹痕；深层锈蚀或严重的摩擦腐蚀；轴承设计时表面的槽/坑等。发生裂缝或开裂一般需要进行更换轴承处理。

（三）轴承支座的主要故障

轴承支座是一种起支撑和润滑作用的箱体零部件。主要承受主轴及轴承在运行时产生的轴向力和径向力。风力发电机组轴承支座通常采用铸铁或铸钢材料，并设计成密封安装的结构件，使得在机组运行过程中轴承得到充分润滑。轴承支座通常负载较小、设计裕度较大，因此不易出现塑性变形等损伤，但是由于振动或周期性交变载荷作用下，通常会导致密封损坏、渗漏油等问题。

（四）主轴的连接螺栓故障处理

主轴的连接螺栓故障主要有螺栓松动、螺纹损伤或脱落、螺栓断裂等，因此采用的故障处理方法也不相同。

1. 螺栓松动的原因及故障处理

导致螺栓松动的主要原因有机械连接部件振动异常、螺栓受到交变性的剪力作用等，通常采用定期力矩检查以及重新紧固的方法进行处理。对于出现反复松动的情况，则需要考虑采用扭力系数更小的润滑剂更换新螺栓，或适当的增加螺栓预紧力进行处理。

2. 螺纹损伤或脱落的原因及故障处理

导致螺纹损伤或脱落的主要原因有长期反复预紧螺栓使得螺纹屈服或接触疲劳、安装力矩过大导致螺栓塑形变形、螺栓质量不合格或安装时有异物等。如果是基体螺纹损伤或脱落，则需要对基体材料重新攻丝或扩孔攻丝，采用新螺栓或更大规格螺栓连接；如果是螺母螺纹、螺栓螺纹损伤或脱落，则需要清理螺纹孔，更换新螺栓连接副，并采用螺栓连接副紧固等方式进行故障处理。

3. 螺栓断裂的原因及故障处理

导致螺栓断裂的主要原因有螺栓承受异常的交变载荷导致疲劳断裂或结构件突然过载造成螺栓直接被拉断或切断等。对于这种情况通常要查明螺栓断裂原因，并进行相应的事故分析，再进行故障处理。故障处理的方法主要有更换断裂螺栓或更换全部螺栓，更换断裂螺栓时需对断裂螺栓左右可能受损的旧螺栓进行更换，具体方案根据断裂螺栓的原因进行制定，可以选择重新采用同一规格螺栓或级别更高的螺栓进行替换。

二、齿轮箱典型故障处理

（一）齿轮箱温度类故障处理

齿轮箱温度类故障应该引起风电现场检修人员足够的重视，油温高会加速油液氧化，同时无法形成有效油膜，造成齿面损伤进而污染油液，而油液氧化及污染又会进一步加速油温升高，周而复始，导致齿轮箱及其部件寿命缩短，甚至发生断齿、轴承损坏等故障。

齿轮箱温度类故障主要包含油池温度与轴承温度两部分，其触发机制通常为相应温度检测点测量值超出风力发电机组正常运行要求的门限值，并且在延时期限内未恢复到正常状态。遇到此类故障可从两方面进行考量，一是风力发电机组误报故障；二是齿轮箱油池温度确实高温，需要根据具体故障情况具体分析。

1. 风力发电机组误报温度类故障分析

风力发电机组齿轮箱温度检测回路（见图 4-34）相对较为简单，通常为单反馈回路。由温度传感器（热敏电阻）检测后直接将温度信号反馈 PLC，如齿轮箱油池温度正常，则可能的故障点就为检测回路，如 PLC 温度模块、温度传感器，以及传输电缆等。

（1）PLC 温度模块与温度传感器异常通常表现为温度出现明显的异常，会在人机交互界面（HMI）内显示出±220℃或更大；

（2）传输电缆主要故障点为虚接、断线，重点可检查模块相应输入端口接线，中间端子排接线以及 PT100 内接线是否正常，有无出现虚接、断线情况；

（3）可通过监控软件调取故障时刻齿轮箱油池温度变化曲线，观察曲线是缓慢上升还是大幅度突变来区分故障真假。

除齿轮箱油池温度外，齿轮箱还会检测如齿轮箱入口油温、齿轮箱高速轴前端轴承温度、齿轮箱高速轴后端轴承温度等温度信号，均可依照以上方法进行检查。

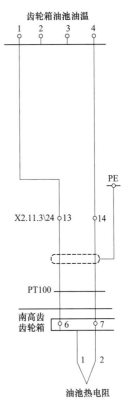

图 4-34　齿轮箱油池温度检测

2. 风力发电机组齿轮箱相关温度确实超限

如果通过相关温度曲线查验发现温度曲线正常，且实测温度确实较高，则可以从以下几方面进行排查：

（1）冷却系统出力不够，导致散热效率低引起温度过高，如图 4-35 所示。可能故障点如下：

1）温控阀由于长期运行内部产生油垢或杂质卡涩阀芯，导致温控阀无法正常打开或部分打开，从而导致部分油液将无法通过冷却单元，而直接返回油箱，降低冷却效果。在实际处理中可通过不同温度下触摸管路内油液流量判断温控阀好坏。

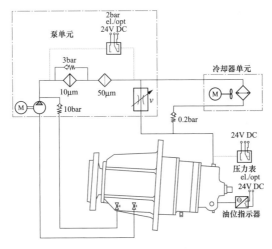

图 4-35　齿轮箱油池温度异常

2）热交换器散热片堵塞，导致通风量不足。实际检查中可利用手套或飘带，将冷却风扇启动后，看是否可以吸附手套（飘带）进行判断，如果发生堵塞可使用高压风枪或水枪进行清理。

3）冷却风扇出力不够。如果为高低速风扇可检查参数设置是否正确（启、停、换），同时还应检查风扇运转是否正确，是否反转、扇叶是否出现断裂的情况以及运行是否平稳，是否出现卡涩现象等。

4）系统安全阀（10bar 单向阀）有杂质卡涩阀芯或弹簧因长时间运行而导致老化，弹力不足致使安全阀密封不良，油液不经过滤与冷却直接返回油箱，造成油温较高。实际检查中可通过排除法更换单向阀运行验证。

（2）润滑系统功能不正常，导致润滑不到位引起相关部件温度过高，可能的故障点有：

1）油液经安全阀流回油箱导致进入系统油液总量减少，从而影响润滑效果。

2）齿轮箱箱内喷油不正常，管路堵塞造成轴承与齿面润滑不到位，引起高温，喷油嘴工作情况可通过打开相应观察口进行观察，如图 4-36 所示。但并不是所有喷油嘴都可以从观察口进行查看。

3）齿轮箱内油位较低或过高，因齿轮箱润滑最主要的方式是飞溅式润滑，如齿轮箱内润滑油油量不足将影响齿轮箱整体润滑效率，但如果齿轮箱内润滑油位过高，会增加齿轮箱整体运动阻力与热阻，不仅造成能量浪费，同时还会影响齿轮箱散热。

图 4-36　齿轮箱喷油嘴及其管路

（3）环境因素或运行情况，例如风力发电机组长时间高负荷运行且环境温度较高，导致齿轮箱整体温度居高不下。如果出现此类问题可视情况限功率运行及时进行处理。

（4）设备状态，如齿轮油氧化变质、加热器误投持续加热、轴承损坏引起局部温度较高、发电机对中不正常等。引起以上设备状态异常的可能原因有：

1）能够引起齿轮箱齿轮油变质的因素有很多，例如齿轮箱空气过滤器失效（空气过滤器内干燥剂全部变色但长期未更换），会导致空气中潮气伴随空气流通进入齿轮箱，促使齿轮油水解变质；齿轮箱过滤器精滤旁路单向阀失效导致旁路常通，油液将不经过精滤过滤，

油液污染无法实现有效控制，从而使齿面磨损加大引起油液进一步污染且释放出更多

热量，进入恶性循环，影响润滑油润滑效果。

2）加热器参数设置错误或控制回路故障导致加热器长时间投入，不断提升齿轮箱油温引起各部件温度升高，尤其在环境温度较高时，温升会更快。

3）轴承结构损坏引起轴承部件间摩擦与碰撞增加，从而释放出更多热量引起相关部件温度过高或油池温度过高，可让齿轮箱以 300～500r/min 空转，仔细倾听齿轮箱问题轴承是否发出异常杂音或振动进行判断。

除以上方法外，还可通过对比齿轮箱轴承温度与油池温度来进行故障预分析，提前检修预防故障。通常情况下，油池温度要低于齿轮箱轴承温度，其温度曲线如图 4-37 所示，红色为轴承温度，绿色为齿轮箱油温。

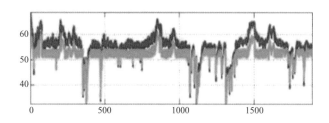

图 4-37 齿轮箱轴承与油池温度关系图

若出现齿轮箱油温高于齿轮箱轴温或齿轮箱油温低于轴温太多的情况，则说明风力发电机组运行存在一定的异常，需要进行排查，如图 4-38 所示。

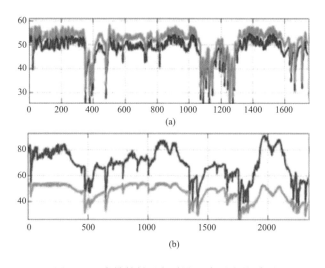

图 4-38 齿轮箱轴承与油池温度异常关系图

（a）齿轮箱油温高于齿轮箱轴温；（b）齿轮箱油温低于轴温

（二）齿轮箱压力类故障处理

齿轮箱润滑油系统各压力值可直接反映相应部件的健康状态，所以压力故障触发时，需及时进行处理，以免造成润滑压力不足，致使齿面、轴承等机械部件发生不可逆的损伤，影响风力发电机组运行。齿轮箱压力类故障可能原因为齿轮箱压力检测值超过了风力发电机组各状态下的压力允许值，压力超限可以是停机状态下，可以是运行状态下，可以是高于高压门限值，也可以是低于低压门限值。

齿轮箱润滑油主要检测齿轮箱入口压力和齿轮箱过滤器入口压力。这两个压力值可以反映整个齿轮箱润滑冷却外部回路的健康状态，以及齿轮箱油泵组件与过滤器健康状态。

齿轮箱压力类故障与齿轮箱温度类故障类似，也可分为误报与真实压力超限两方面考虑。误报主要原因可能是压力传感器故障、线路故障以及压力检测模块故障等，如图 4-39 所示。与温度类检测类似，压力类检测同样为单反馈回路。

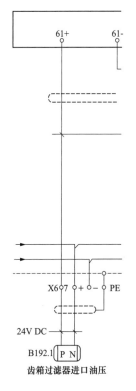

图 4-39 齿轮箱过滤器进口油压检测回路

1. 齿轮箱压力类故障误报可能故障点排查

（1）压力传感器异常。压力传感器可使用机械压力表测量，通过表测值与压力传感器反馈压力进行对比，如果偏差较大，则说明压力传感器检测失真；使用万用表测量压力传感器的输入与输出阻抗是否符合要求；测量其零点输出电压，一般为毫伏级，如超出预期则压力传感器损坏；可以使用嘴向压力监测点吹气，使用万用表测量其电压变化或通过 HMI 界面压力变化进行判断。

（2）检查接线端子及压力检测模块输入线缆是否可靠连接。可通过扰动法晃动压力传感器信号线，观察压力值是否有明显变化，如压力值出现跳变则可能是线路虚接引起，可进行紧固维修。同时，还应注意压力检测回路屏蔽线是否与等电位接线排或地线连接紧密，防止其他电磁干扰影响压力信号传输。

（3）判断压力检测模块状态可通过模块状态 LED 等亮灭情况进行判断，如无法通过状态灯判断也可通过替换法，更换一个新模块进行校验。

2. 齿轮箱压力真实超限故障可能故障点排查

（1）齿轮箱压力无法建立，报出"齿轮箱入口油压压力低"或"齿轮箱过滤器入口油压压力低"故障。可能原因为齿轮箱润滑冷却系统安全阀故障无法有效密封造成齿轮箱油液泄漏；齿轮箱润滑泵电机与齿轮泵联轴器断裂或脱节，导致齿轮箱润滑泵电机空转，无法建立压力，通过齿轮箱轴承与油池温度异常关系（见图 4-40）观察后进行检查；齿轮箱油液抗泡沫剂失效过量，齿轮油产生大量气泡吸入齿轮泵影响齿轮泵正常出力，可通过油位计观察窗或齿轮箱观察口观察齿轮箱润滑油状态；齿轮泵密封失效，大量油液内泄造成压力流失，可通过拆除齿轮泵出口油管观察油管出油情况，但操作时注意启动润滑泵电机低速运行并且点动操作；油泵电机反转，压力显示为负值，可通过倒换相序调整电机转向使其恢复正常。

（2）齿轮箱压力可正常建立（齿轮箱过滤器入口油压正常），但齿轮箱入口油压过低超过报警门限。造成这种现象的原因很可能是齿轮箱外部循环管路出现漏油现象，油液打入循环系统后未能正常返回油箱，有环节外泄。因此，应立即检查各循环管路与管路连接处，以及各类传感器连接部位是否有泄漏情况，以免造成齿轮箱油长时间外泄，污染机舱与塔筒。

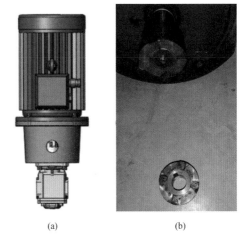

(a)   (b)

图 4-40 齿轮箱润滑泵联轴器检查

（a）齿轮箱润滑泵联轴器观察口；

（b）齿轮箱联轴器花键损坏

（3）齿轮箱过滤器入口油压力或齿轮箱入口油压力过高，造成此类故障的可能因素主要为齿轮箱内部喷淋管堵塞严重、齿轮箱过滤器异常或堵塞严重、齿轮箱安全阀故障无法开启泄压。

（三）反馈超限类故障处理

温度反馈类故障与压力反馈类故障均属于反馈超限类故障，除此之外还有齿轮箱润滑泵保护反馈超限、齿轮箱冷却风扇保护反馈超限、齿轮箱加热器保护反馈超限"等。诸如此类故障可从其本身反馈点器件的好坏、线路，以及负载三方面进行排查。

保护反馈类检测点通常均借助保护断路器常开或常闭点状态变化来检测断路器状态，动力回路将保护断路器辅助触点（常开/常闭触点）串联返回 PLC 组相应的 DI 模块（数字量输入模块）形成保护机制，通过高低电平的变化判断断路器是否跳闸来实现保护过程。

（1）风力发电机组常使用的保护断路器为交流微型断路器，其具有过流、过热等保护，可用于不频繁开断线路。遇到保护断路器跳闸现象故障排查应由简入难逐步排查，首先应考虑断路器本身是否存在问题，应参照生产厂商配备的保护定值表核查保护断路器参数设定是否满足要求，如断路器整定值设置过小，电机启动瞬间电流又较大，容易产生跳闸现象；其次可使用万用表在断电情况下测量断路器上下口及辅助触点开合状态；然后上电使用万用表测量其上下端口电压是否正常。如以上方法检查均没有明显故障且排除线路与负载原因，也可使用替换法更换一个新断路器观察设备状态，用以判断更换下的断路器健康状态。

（2）除了其本身原因造成保护跳闸还有就是线路问题，例如电路线缆破皮或因腐蚀老化漏电而发生对地短路或相间短路等也会引起保护断路器跳闸。针对此方法可采用分段法进行测量，首先将断路器去往执行器端口线拆除，再将电机端接线拆除，并将两端悬空不与任何物体接触。如线路较短且容量较小可使用万用表测量其对地或相间是否存在短接、短路的现象；如线路较长且线路容量较大可使用绝缘测试仪进行测量。另外，若测量线路完好，可测量断路器电源侧端口三相电是否平衡或出现缺相、欠压、波动等异常情况，如果有异常则向上排查。

（3）排除断路器及线路故障后可排查电动机故障。

1）观察电机外壳是否有损伤、变形，用手旋转尾部散热风扇感觉轴承是否存在卡涩导致电机运转不畅，或试着启动电机（如频繁跳闸可采用点动方式）倾听电机运行声音是否异常，判断是否存在扫堂、轴承干磨或转动轴跳动等异常情况，引起电机负荷较高过流跳闸。

2）拆除电动机进线电缆，使用兆欧表或绝缘测试仪测量电动机绕组之间、绕组与机壳之间绝缘是否合格，使用万用表测量三相绕组阻值是否平衡。

3）检查断路器参数设置是否正确。在环境温度较低时齿轮箱启动高速泵运行，此时由于温度低油液黏度较大，油泵电机高速运行负荷较高，可能会引起电机过流跳闸。

（四）滤芯堵塞故障处理

滤芯堵塞检测主要依靠压差发讯器检查过滤器入口与出口压力差进行判断。如图 4-41 所示，当滤芯入口压力减去出口压力差值超过 2bar，压差发讯器会向 PLC 组 DI 模块反馈一个高电平，触发"齿轮箱滤芯堵塞"报警。

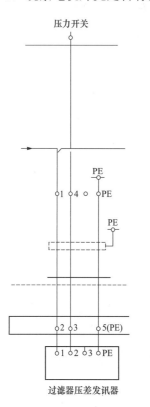

图 4-41　齿轮箱压差发讯器反馈回路

齿轮箱滤芯堵塞故障反馈回路非常简单，主要故障点与齿轮箱压力检测回路相同，排查方法也相同，可参照上文进行排查。此处需要强调，压差检测满足温度条件（以某风力发电机组为例，压差检测温度需满足环境温度 40℃以上）。如环境温度较低，油液较为黏稠，滤芯通过率较差，极易触发压差发讯器信号。为避免无效报警，风力发电机组在主控程序中已将此故障在温度较低时进行自动屏蔽，但如果特殊情况下机组在未达到温度要求时报出此故障无需检查，待温度上升后达到相应条件观察其是否会恢复如仍无法恢复时再上塔进行检查。

（五）齿轮箱油液泄漏处理

齿轮箱油液泄漏不仅造成机舱环境的污染，而且泄漏过多还会造成塔筒污染，清洗塔筒将是一笔不小的费用。油液泄漏后会在机舱沉积，如有线路及管路长时间受污染，也会造成绝缘皮或管路老化产生漏电或漏液的现象。

风力发电机组齿轮箱常出现的漏油原因及处理方法如下：

（1）空气滤清器堵塞。若空气滤清器不通畅，则会造成齿轮箱内外部存在压力差，内部气压过大会使润滑油突破密封圈向外泄漏，解决方法是重新疏通空气滤清器或更换新空气滤清器。

（2）齿轮箱端盖处密封件损坏。端盖处密封件的主要作用就是防止润滑油从端盖处渗漏。如图 4-42 所示，如发现密封损坏需及时打开端盖进行更换，但注意更换时要将风轮锁定。

（3）油压太大。检查润滑系统安全阀（溢流阀/单向阀）是否正常工作，阀芯是否发生卡涩，致使润滑系统压力一直居高不下造成油液泄漏。

（4）齿轮箱液位太高。正常液位不得低于长形液位计的 2/3，不得高于圆油标的 1/2。如果齿轮箱液位过高超出低速端行星架下沿会造成低速端漏油。此处安装的密封圈主要作用为防尘，封油功能较差，除了油位较高还会造成齿轮箱内油温升高加快，油池油压加大，从

图 4-42 齿轮箱端盖密封件

而突破密封圈泄漏，因此应合理控制油池油位，提升润滑效率。

（5）螺纹连接松动，管路连接处或外围设备连接处漏油。通常管路连接处漏油均是因为风力发电机组长时间运行振动造成螺纹连接松动引起泄漏，只要重新紧固则可。外围设备（如压力传感器接口、压差发讯器接口、溢流阀、滤筒等各设备）接口处通常均为螺纹连接，可进行紧固作业，如紧固后漏油现象未有好转，可在螺纹处进行打胶加固，进行油液密封。

（六）齿轮箱内窥镜检查

1. 齿轮箱内窥镜检查方法

（1）对于行星级齿面的观察，需将齿轮箱停于图 4-43（a）所示位置，透过观察

口可见行星齿、行星架，以及齿轮箱内齿圈位于同一观察窗内且刚过啮合区，而图
4-43（b）所示位置则无法进行观察。同时需要注意，内窥镜检查在实际工作中无法观
测到全部齿面，只能进行部分齿面的抽检，且需要更换观察齿时就需要重新盘车，重
新锁定，需要一定的耐心与细心。行星齿面由于其内部与太阳轮啮合，外部与齿轮箱
内齿圈啮合，所以其具有两个工作面，在检查过程中啮合齿正反面均需要检查。而齿轮
箱内齿圈只检查工作面即可，检查时镜头应调好与齿面距离，距离近时会引起镜头曝光，
太远又无法拍摄清楚。拍摄时沿齿面由近到远平推拍摄，如遇油脂较多导致污染镜头则
需要拔出擦拭后重新进入。擦拭时尽量采用棉质松软抹布，以免刮花镜头。发现故障
点需通过内窥镜操作按键进行注释，以免到后期取证发生错乱、照片提取错误等情况。

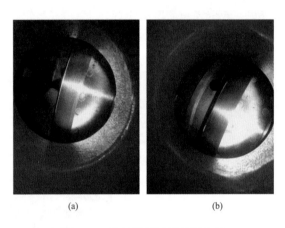

(a)　　　　　　　　　　(b)

图 4-43　齿轮箱行星级观察位置

（a）正确观察位置；（b）错误观察位置

图 4-44　齿轮箱太阳轮观察位置

　　（2）太阳轮齿检查时应将行星轮调整到图
4-44 所示位置，即行星轮由齿轮箱上方刚刚露出
齿面。大部分到行星架时为宜，如此可以借助行
星架结构到引导管提供支撑方便将镜头深入太阳
轮齿位置，检查时可将引导管提前折成需要的形
状，一般为"7"字形，但是弯折过程不要让引导
管弯曲角度过大，以免造成镜头线活动卡涩，难
以调整与抽出。

　　（3）平行级齿面观察可借助齿轮箱观察口进
行观察，查看过程中应避免外物坠入齿轮箱。此
外，对于某些被遮挡的齿面进行检查也可采用内
窥镜，但检查会相对更加容易一些。

齿轮箱内窥镜检查时应注意以下几点：

1）内窥镜使用前应进行详细的检查，如内窥镜电量是否充足，各功能按键是否能够正常使用，镜头连接线是否有损坏，镜头能否正常锁定，补光灯是否光照充足，以及内窥镜镜头成像是否清晰。可将内窥镜伸入蜷曲的拳头内，观察指纹成像情况进行判断。

2）内窥镜检查时需要操作人员对齿轮箱内部结构有足够的认知。当内窥镜深入齿轮箱内部后能够清晰准确地辨识显示屏幕内设备具体结构及位置，以免造成图像标识与实物不对应，分析错位的现象。

3）操作人员需要参加相关专业培训后方可上手操作内窥镜，以免造成内窥镜不必要的损伤。

（1）对于齿轮箱轴承，尤其是行星轮轴承为四列滚子组合轴承，检查时可能需要镜头线多次弯折方可看到最内侧滚子情况，并且极易造成卡死无法拔出的情况，需要专业人士或在专业人士指导下进行操作。

（2）内窥镜设备为精密设备，使用时要倍加小心，切勿生拉硬拽使用蛮力，以避免对窥镜镜头线造成损伤。检查时也应避免镜头与齿面的摩擦，防止镜头刮花，成像不清晰。

（3）内窥镜的使用务必要在安全风速以下进行操作。由于风力发电机组长时间运行磨损或加工工艺问题，啮合间隙较大，如果外界风速较大则可能会引起齿面在啮合区间内往复运行，易造成镜头及镜头线的损坏。

（4）内窥镜使用时可用导航键调整镜头方向，并通过锁定键锁定镜头，如此可将镜头先行伸入狭小缝隙，再通过手动缓慢输送镜头线使其逐步进入。如遇不好进入的情况，可长按锁定键进行镜头复位，重新调整角度尝试进入；如已进入狭小空间，但后续较难进入时，同样将镜头进行复位后，可尝试轻拉轻推的方式反复尝试或也可缓慢旋转镜头线使其更加深入。

（5）拍照时可使用镜头锁定键锁定镜头，同时使用确认键锁定图像，通过显示屏幕观察是否满足分析需要。如果满足则可拍照获取图像；如果不满足则需释放镜头重新调整。

2. 齿面的失效形式

（1）齿面疲劳（点蚀、剥落）。齿面疲劳主要包括齿面点蚀与剥落。造成点蚀的原因：由工作表面的交变应力引起微观疲劳裂纹，润滑油进入裂纹后，啮合过程可能先封闭入口然后挤压，微观疲劳裂纹内的润滑油在高压下使裂纹扩展，造成小块金属从齿面上脱落，留下一个小坑，形成点蚀。如果表面的疲劳裂纹扩展得较深、较远或一系列小坑由于坑间材料失效而连接起来，造成大面积或大块金属脱落，这种现象则称为剥落。剥落与严重点蚀只有程度上的区别而无本质上的不同。齿面点蚀与剥落如图 4-45 所示。

(a)　　　　　　　　　　(b)

图 4-45　齿面点蚀与剥落

（a）齿面点蚀；（b）齿面剥落

（2）齿面塑性变形。软齿面齿轮传递载荷过大（或在大冲击载荷下）时，易产生齿面塑性变形。在齿面间过大的摩擦力作用下，齿面接触应力会超过材料的抗剪屈服极限，齿面材料进入塑性状态，造成齿面金属的塑性流动，使主动轮节圆附近齿面形成凹沟，从动轮节圆附近齿面形成凸棱，从而破坏了正确的齿形，引起剧烈振动，甚至发生断裂。齿面塑性变形如图 4-46 所示。

图 4-46　齿面塑性变形

（3）齿面断齿。齿轮副在啮合过程中，主动轮的作用力和从动轮的反作用力都通过接触点分别作用在对方轮齿上，最危险的情况是接触点某一瞬间位于轮齿的齿顶部，此时轮齿如同一个悬臂梁，受载后齿根处产生的弯曲应力为最大，若因突然过载或冲击过载，很容易在齿根处产生过负荷断裂。即使不存在冲击过载的受力工况，当轮齿重复受载后，由于应力集中现象，也易产生疲劳裂纹，并逐步扩展，致使轮齿在齿根处产生疲劳断裂。轮齿的断裂是齿轮的最严重故障，常因此造成设备停机，如图 4-47 所示。

图 4-47　齿面断齿

（七）齿轮箱开箱维修

风力发电机组的齿轮箱（一级行星两级平行的齿轮箱结构）如果出现平行级低速大轮或行星级太阳轮损坏的情况，受限于目前的维修能力，基本上需要将齿轮箱整体吊下风机，进行返厂维修。这是由于平行级低速大轮的直径大、质量大，按目前一些机舱吊物孔的尺寸或起吊设备的额定负载不足以进行平行级低速大轮的吊运，因此需要使用地面大型吊车将齿轮箱整体从风机机舱中拆除、吊下，运送到齿轮箱维修厂进行维修。但齿轮箱整体下架对主机厂商或风电场业主来说，会产生高昂的设备及吊装费用。随着风电产业的不断求新，现在已有一套相对比较成熟的塔上开箱维修工艺应用到风电场。

因各风力发电机组机舱结构不同，有的采用机舱维护吊车，有的使用额外安装悬臂吊车，有的则是使用机舱搭建桁架进行吊装，形式不一，只要运力及空间满足要求即可。

下面将以在机舱内搭建桁架进行开盖检查为例进行讲解。如图 4-48 所示，在齿轮箱开盖检查前需将齿轮箱箱体内部润滑油抽出，并拆除齿轮箱上的润滑系统、过滤器、冷却风扇、润滑油管，以及齿轮箱上的附件；将龙门架构件、过渡吊和机舱罩顶升装置吊入机舱，并在机舱内部相应的位置安装龙门架；以龙门架和机舱结构为基础，搭建机舱罩顶升装置，并以龙门架为依托，安装过渡吊，在龙门

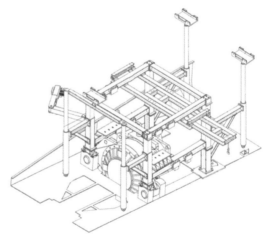

图 4-48　塔上开箱检查工装

架两侧的上、下两根横梁上安装若干数量的滑车，每个滑车下挂一个葫芦；用吊带吊住下箱体上的吊耳，将吊带挂在龙门架两侧下方横梁的葫芦上；拆除齿轮箱齿圈和箱体之间的螺栓，在齿圈和箱体之间安装一定数量的导向螺杆，利用工装螺栓、千斤顶将齿圈和齿轮箱后箱体脱开，分离齿圈和箱体之间的销子；拆除齿轮箱的上、下箱体中分面之间的螺栓，另用吊带吊住上箱体上的吊耳，将吊带挂在龙门架两侧上方横梁的葫芦上，利用葫芦将上箱体吊起，利用滑车的滑动将上箱体往主轴方向移动，送到合适位置，如此便可将齿轮箱上、下箱体进行分离，从而对内部器件进行维修与检查。

检查完成后恢复齿轮箱，将新润滑油加入齿轮箱内，并观察油位是否符合要求，启动润滑泵至少 6h，同时检查齿轮箱各部位是否漏油。在这个时间段内一定要派人留在齿轮箱边上，随时观察齿轮箱是否有漏油现象。如无异常则停止润滑泵，观察过滤

器内滤芯是否需要更换，清理现场，试车检查齿轮箱是否有异常，如无异常启动风力发电机组，观察齿轮箱运行及风力发电机组运行的各项参数，确保齿轮箱正常运行，第二天再次检查齿轮箱和风机运行是否正常，并检查齿轮箱是否有漏油现象；风机运行 7 天时必须再次检查齿轮箱运行是否正常。在整个工作过程中一定要注意人员安全。维修结束后必须保持机舱内的整洁。维修后 7 天和 30 天时一定要加强对齿轮箱的检查，如有问题要及时处理。

（八）齿轮箱下架维修

1. 齿轮箱下架维修要点

由于受机舱空间限制以及某些齿轮箱故障在机舱内无法完成维修，就需要将整个传动链下架运往维修车间进行处理。在组织齿轮箱下架工作时需注意以下 7 点：

（1）风轮吊装时，在吊带安装过程中，一定需要佩戴安全带以及安全挂钩；

（2）在机舱罩上拆除罩后，所有在机舱罩内的操作人员均需要佩戴安全带以及安全挂钩；

（3）起吊主轴-齿轮箱组件时，操作人员一定要站在发电机两侧；

（4）所有吊车操作均需要在风速小于 8m/s 的情况下进行；

（5）逃生装置（一套）放在机舱内，救援装置（一套）放在塔底；

（6）整个项目有一个总协调人，操作过程中地面有一个指挥，机舱上有一个指挥；

（7）吊车和吊索具必须符合吊装作业安全规定。

2. 叶轮拆卸

（1）因为叶轮锁等部件会挡住部分主轴螺栓，所以主轴螺栓无法一次性拆卸完成；

（2）将叶轮置于能够锁定叶轮锁的位置，标记好被挡住的主轴螺栓；

（3）通过盘车改变主轴螺栓位置，将标记好的螺栓置于能够拆卸的位置，用 3MXT 液压力矩扳手将螺母旋松至可以用手拆卸；

（4）将叶轮旋转至原位，锁定叶轮锁；

（5）将叶片手动变桨至吊装位置（顺桨位置反向 180°），安装叶片锁紧座将叶片固定；

（6）拆除变桨滑环将其放置机舱内，并将空心轴内引出的滑环连接线固定好；

（7）按照吊装的要求，挂好叶轮专用吊具和风绳；

（8）主吊车保持足够的起重力，用液压扳手将所有主轴螺栓上的螺母旋松；

（9）卸掉所有螺母，将叶轮缓缓从主轴抽出，放落地面并固定。

3. 机舱附件拆卸

（1）拆除风速风向仪连接线以及相应蛇皮管，并固定在上部机舱罩上。

（2）拆除风冷通风软管，如是水冷系统则需将冷却水通过循环系统排水口放空，用管钳拆掉与上部机舱罩连接的水管并包好，防止脏物进入。

（3）拆除联轴器胀紧套螺栓，拆除联轴器，并放置于可靠位置。

（4）使用套筒和棘轮扳手拆下上部机舱罩与侧面及背部机舱罩的连接螺栓。在上部机舱罩相应吊点安装好吊具并调整好吊钩位置。拆下剩余机舱罩连接螺栓，将机舱罩吊至地面放好。

（5）使用齿轮箱放油阀将齿轮箱内润滑油排空。

（6）拆除齿轮箱润滑系统以及相关线缆，拆除润滑系统时应备足抹布。

4．拆除主轴–齿轮箱

（1）使用液压扳手拆除齿轮箱支撑上部螺栓，使用吊车将齿轮箱支撑压盖吊到机舱踏板上。

（2）固定主轴和齿轮箱（提前调整好吊带长度和吊链长度）缓慢起吊，当主吊受力后停止起吊，在主轴前端和齿轮箱后侧分别固定一根缆风绳，将缆风绳扔到地面，人员均站到发电机两侧，缓慢起吊主轴-齿轮箱组件，将主轴-齿轮箱组件吊到地面主轴-齿轮箱固定架上，如图4-49所示。

（a）　　　　　　　　　　　　（b）

图4-49　齿轮箱下架维修

（a）齿轮箱支撑臂拆卸；（b）齿轮箱下架

（3）齿轮箱下塔后可使用吊环螺钉，固定在主轴法兰和主轴上，通过吊车上下调整和退车将主轴拔出（如拔不出，可考虑左右使用拆主轴工装，左右均匀顶出主轴，拆的过程中需要测量主轴左右尺寸保证主轴不倾斜），如图4-50所示。

（4）如果齿轮箱需长时间检修且无新齿轮箱更换则需将机舱进行还原，防止风吹雨雪侵蚀机舱设备。

（九）齿轮箱高速轴轴承维修

圆柱滚子轴承及四点接触球轴承组合在齿轮箱高速轴轴承的应用中较为常见。在高速和低载的情况下，圆柱滚子轴承容易出现滚子打滑和滚道划伤，而球轴承可能会

图 4-50　主轴拆卸工装

出现划伤和微剥落的损伤。

　　如果高速轴轴承损伤，可在塔上进行更换，即在塔上进行开箱，通过检修吊车将高速轴及其轴承整体抽出，然后利用拉马进行轴承拆卸，如拆卸时难以拔出，可使用加热设备对轴承内圈进行均匀加热，如图 4-51 所示。

　　另外，也可以借助一些特殊工装，如图 4-52 所示，将齿轮箱顶部观察口盖板拆掉，将装置的悬臂吊底座安装到齿轮箱顶部观察窗口处，然后将悬臂吊立柱安装到悬臂吊底座上，把滑轨安装到悬臂吊立柱上，再将手拉葫芦和轨道小车安装到滑轨上，将手拉葫芦的吊钩挂到高速轴专用工装上，用手拉葫芦将高速轴固定，再用加热器给轴承均匀加热，紧接着用液压千斤顶配合顶丝等工装把轴承拔出。

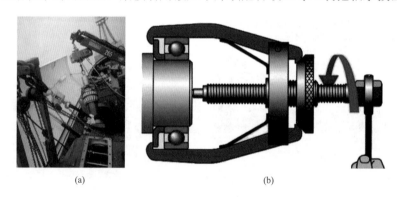

(a)　　　　　　　　　　　　　　(b)

图 4-51　齿轮箱齿轮轴塔上维修

（a）塔上开箱取出齿轮轴；（b）拉马拔出轴承

图 4-52　齿轮箱高速轴轴承更换工装

三、联轴器典型故障处理

（一）联轴器主要故障类型

1. 联轴器中间体打滑故障

风力发电机组厂家根据正常发电工况下的齿轮箱最大输出扭矩值，乘以一个安全系数后即为设定的打滑扭矩。联轴器厂家根据该值调整和校准联轴器打滑扭矩，该值的设定需要满足打滑扭矩范围内风力发电机组正常发电所需扭矩要求，部分联轴器厂商能够保证打滑扭矩值稳定的前提下实现多次打滑，即要求联轴器在其寿命内多次打滑后仍然能够正常使用。每次打滑后，扭矩限制器的摩擦片会有一定的磨损，在达到一定的打滑次数后（一般为1000～2000次），扭矩限制器就需要更换。

从风力发电机组监控系统反应的机组运维数据中可以判定联轴器是否打滑。当齿轮箱输出轴的转速和发电机转子的转速不匹配时（非编码器故障），或者当齿轮箱输出轴的扭矩值和发电机转子的扭矩值不匹配时，可以初步判定联轴器发生了打滑现象。一般情况下，当齿轮箱输出轴转速和发电机转子转速差达到一定值的时候，或者当齿轮箱输出轴的扭矩值和发电机转子的扭矩值差值达到一定值的时候，风力发电机组监控系统会自动报警。

在没有达到风力发电机组监控系统自动报警的界限值情况下，联轴器也有可能发生打滑现象。因而，对于现场维护人员来说，主要是依靠观察联轴器上的打滑标记线（见图4-53）错位情况对打滑情况进行判定。

图 4-53 联轴器标记线

2. 联轴器膜片破碎故障

联轴器的膜片或连杆正常在四面受到拉力且载荷分布相对均匀时，是不会发生断裂而发生破坏失效的情况的。如果载荷分布不均匀的话，在收拉膜片的过程中经常会出现个别膜片、连杆拉断的现象。对于膜片式联轴器而言，由于承载的膜片数量的逐渐减少同时受力又不均匀，原力较低的膜片就会随之被拉断，进而出现了整组膜片都会被拉断的现象。

（二）联轴器故障原因分析及处理措施

1. 中间体打滑原因分析及处理措施

如果风力发电机组监察系统因为齿轮箱输出轴扭矩转速和发电机转子的扭矩转速不匹配而多次报警，或者发现联轴器破损，就可以判定联轴器发生了非正常打滑。对于非正常打滑的原因，可以从以下4方面进行分析：

（1）扭矩限制器质量有问题。扭矩限制器的摩擦片、摩擦法兰或紧固螺栓质量不够稳定，在联轴器使用过程中，紧固螺栓松懈或摩擦片易磨损不够坚固都易造成联轴器的打滑。由于扭矩限制器都是批量生产，如果是扭矩限制器质量问题造成的联轴器打滑，往往表现出批量打滑现象。在出现批量打滑时候，可以考虑对扭矩限制器质量问题进行排查。

（2）发电机异常。如出现短路等现象，造成发电机转子的扭矩值瞬时过大，与齿轮箱输入轴扭矩值不匹配，造成联轴器打滑。在这种情况下，风力发电机组监测系统会自动报警。对于这种情况的打滑原因，可以调取风力发电机组的运行数据进行分析。

（3）变频器及传感器异常。传感器测定的扭矩、转速等数值反馈有误或者变频器故障，会导致控制系统给定的发电机扭矩值和齿轮箱的实际输入扭矩值不匹配从而导致联轴器打滑。对于这种情况，需要专业的技术人员对变频器、传感器及控制软件系统做仔细排查。

（4）扭矩限制器中的摩擦片磨损严重或连接螺栓松动破损。当摩擦片严重磨损不能再继续使用或紧固螺栓松动破损时，联轴器就会出现频繁打滑现象，影响风力发电机组的正常使用。对于这种情况，应该更换联轴器的扭矩限制器或者连接螺栓甚至整个联轴器，并按照联轴器说明书中规定的拧紧力矩检查并拧紧连接螺栓。

结合上述分析，如果是发电机、变频器或者传感器等非联轴器自身的原因，对联轴器可以按照正常打滑情况处理，重新做打滑标记线。如果是联轴器自身的问题，则需要更换联轴器相应的部件甚至整个联轴器。

在更换中间体时，应对角拧松锁紧螺母上的胀紧螺栓，每个胀紧螺栓一次拧松1/4圈。重复该步骤直到所有胀紧螺栓都松开。松开中间体上的锁紧螺母，卸下锁紧螺母，将膜片组安装螺栓向两侧退出后卸下中间管。

2. 膜片破碎原因分析及处理措施

联轴器膜片破碎一般有以下三点原因：联轴器不对中、机组转矩过载或转矩异常波动，以及膜片自身质量问题。

（1）联轴器在初次安装时应按厂家安装要求完成对中校验，确保联轴器补偿在正常范围内。但是由于齿轮箱和发电机都是安装在橡胶弹性支撑上的，橡胶弹性支撑在长期运行过程中，由于受到外界温度、载荷等因素的影响，会发生蠕变或者损坏，从而影响齿轮箱输出轴和发电机输入轴的对中，特别是针对运行时间较长的机组。由于该原因导致的联轴器膜片损坏，需在安装联轴器重新进行对中后，缩短检查时间，1个月左右再次对中，检查齿轮箱和发电机是否有轴向窜动的情况；如果对中过程发现弹性支撑有失效、损坏的现象，需要立即更换。

（2）为避免机组转矩过载或转矩异常波动给膜片造成损伤，应在机组运行时对发电机的转矩进行监控。如发现有转矩过载或转矩异常波动的情况，应检查机组是否出现扭振或控制异常的情况，并及时进行调整。

（3）膜片本身的质量缺陷很容易造成其在运行过程中发生断裂，因此在膜片制造过程中，需对每个膜片进行表面裂纹检查，同时对每个批次的膜片抽样进行化学成分、低温冲击功、抗拉强度、屈服强度和金相检查。

更换膜片时，需将联轴器中间体拆下，拆下齿轮箱侧和发电机侧的所有膜片组的锁紧螺母。卸下锁紧螺母，将膜片组安装螺栓向两侧退出以便卸下中间管，卸下中间体。图 4-54 所示为联轴器防松螺母。

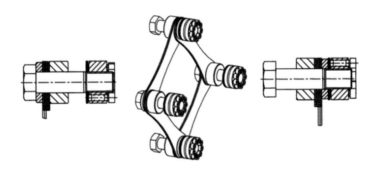

图 4-54　联轴器防松螺母

（三）联轴器打滑故障案例

1. 故障信息

4 月 1 日，某风电场 23 号机组报出"高速轴传感器失效"故障停机，平均风速为15m/s 左右。

2. 现象描述

（1）现场查询后台故障日志，4/1 10:42 正常报出（B60_9.变桨后备电源测试）；4/1 11:50 开始报出（B70_1.齿轮箱 B70 超速）随即报出变频器故障、主轴 B70 超速及发电机 B70 超速一系列故障（见图 4-55），短时间内报出极限阵风（B0_5.极限阵风），最后手动采取了停机操作。

2021/4/1 12:43	2021/4/1 12:44 B70_3.发电机B70超速
2021/4/1 12:43	2021/4/1 12:44 B75_8.变频器故障
2021/4/1 12:43	2021/4/1 12:44 B200__9.齿轮箱软超速紧停
2021/4/1 12:43	2021/4/1 13:07 B200_2.安全链紧停
2021/4/1 12:43	2021/4/1 12:44 B70_1.齿轮箱B70超速
2021/4/1 12:43	2021/4/1 12:44 BS52_22.高速轴转速传感器失效
2021/4/1 11:58	2021/4/1 11:58 B0_5.极限阵风
2021/4/1 11:58	2021/4/1 12:41 B70_2.主轴B70超速
2021/4/1 11:57	2021/4/1 12:41 B70_1.齿轮箱B70超速
2021/4/1 11:50	2021/4/1 11:50 B0_5.极限阵风
2021/4/1 11:50	2021/4/1 11:54 B70_3.发电机B70超速
2021/4/1 11:50	2021/4/1 11:54 B70_2.主轴B70超速
2021/4/1 11:50	2021/4/1 11:54 B75_8.变频器故障
2021/4/1 11:50	2021/4/1 11:54 B70_1.齿轮箱B70超速
2021/4/1 10:42	2021/4/1 10:44 B60_9.变桨后备电源测试

图 4-55　23 号机组故障日志

图 4-56　联轴器标记线错位

（2）登机检查发现联轴器力矩线错位（图 4-56 所示箭头所指位置），且无法判定转动圈数，初步认为联轴器扭矩限制器已失效。

3. 检查过程

（1）外观检查情况。检查联轴器本体紧固件连接螺栓均未发现错位及位移现象、齿轮箱弹性支撑压力属于正常范围；检查发电机与支撑座连接螺栓、发电机支撑座与机架和发电机连接螺栓力矩线、齿轮箱支撑座与机架连接螺栓力矩线、刹车盘与齿轮箱连接螺栓均未无错

位松动情况，如图 4-57 所示。

图 4-57　各连接部位松动检查情况

（2）齿轮箱开盖检查。开盖进行内窥镜检查，复查齿轮箱内部各齿轮面无剥落点蚀（截图如图 4-58 所示），复查齿轮箱弹性支撑左右压力均在温度允许范围内。

（3）现场测试联轴器出现失效。在机组上进行启动至 500r/min 时再次报传感器失效，同时报出超速，联轴器传动出现轰隆声异响，检查联轴器发现联轴器靠近齿轮箱侧本体有开裂及摩擦材料溢出的情况（见图 4-59）。

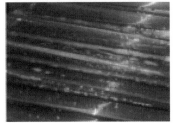
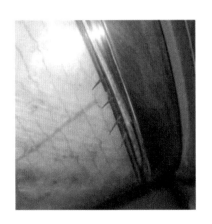

图 4-58　齿轮箱内部各齿轮面情况　　　　　图 4-59　联轴器材料溢出情况

（4）具体数据分析，还原故障过程。查看故障期间联轴器力矩及转速曲线（见图 4-60 和图 4-61），发生故障一瞬间，实际力矩及给定力矩瞬间下降，再同步回弹，后持续下降，直至完全到零。故障期间，齿轮箱高速轴转速和发电机转速出现了背离，表明联轴器本身出现失效。

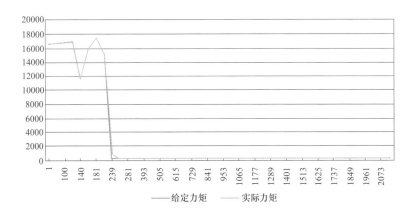

图 4-60　故障时刻力矩记录情况

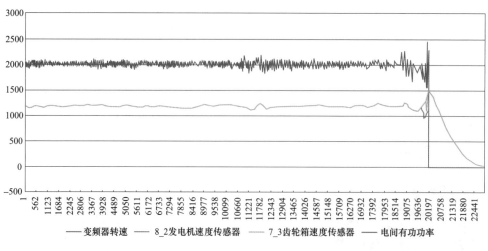

图 4-61　故障时刻转速记录情况

4. 原因分析

风机发电机端与齿轮箱端在转矩［大于（28800±20%）N·m］过载时产生打滑，并起到保护传动件的作用。故障期间，最大转矩为 18049N·m，并未超出额定转矩（28800±20%）N·m，可以排除外力原因。当天风速一直处于大风期，并频繁报出极限阵风，而在故障发生前，机舱有过 0.436g 的振动异常。

通过以上分析，结合联轴器本体结构，本次故障主要为联轴器扭矩限制器失效。

第四节　传动系统典型作业案例

一、主轴典型作业案例

（一）案例1：主轴超声波探伤检测

主轴由于设计、加工制造等原因，且长期处于交变载荷的作用下易发生疲劳断裂，对于主轴内部的缺陷和裂纹通常采用无损检测方法进行检测。主轴的在役无损检测需要考虑主轴的运行和负载状态，以及表面防腐漆和具体的结构影响，通常采用超声检测的方法重点检测主轴与前、后轴承过盈配合的位置。此外，在主轴断裂问题发生后，应对风电场内其他机组进行主轴在役检测，建议检测由专业技术人员实施，防止主轴断裂给安全生产带来巨大的隐患。

1. 检测目的

主轴无损检测主要检测其在使用过程中应力集中区产生的疲劳裂纹。如在检测过程中发现异常反射波形时，应用渗透检测方法进行辅助检测，判断是否有影响使用的缺陷存在。

2．检测要求

（1）在检测之前，检测工件的表面应经外观检查并合格。表面的不规则状态应不得因妨碍探头扫查和移动而降低检测灵敏度，否则应对表面作适当修整。

（2）应根据主轴的材质规格结构及位置条件选取合适的相控阵探头。探头阵元面一般不应超出检测面。

（3）探头移动区应足够宽，以保证声束能覆盖整个检测区域。

（4）用主轴裂纹对比试块调整检测灵敏度。在试块检测面移动探头，找到模拟裂纹最大声程处最高波，调整检测灵敏度。

3．检测方法

（1）轴承连接处的变截面倒角内部缺陷检测。风机主轴轴承安装处为变截面倒角，承受较大的轴向和周向应力，为主轴应力集中区域，在使用过程中易产生疲劳裂纹。用直探头在主轴前端面进行扫查，辅以斜探头在前、后端轴承座进行轴向扫查弥补。用直探头在主轴前端面进行扫查，扫查深度声程覆盖前、后轴承安装区域，每次扫查覆盖前一次扫查 15%的区域。以斜探头在前、后轴承座两侧进行轴向扫查，声程覆盖直探头无法探测的区域，如图 4-62 所示。

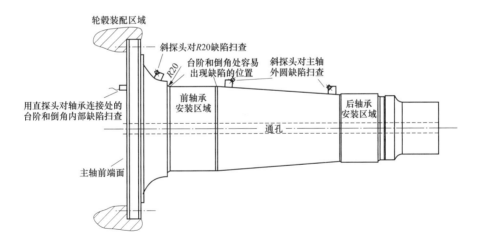

图 4-62　主轴缺陷检测

（2）主轴内部缺陷检测。先采用软膜直探头在主轴前端面进行扫查，方法为由轴心向轴外圆做径向全方位扫查，声程覆盖整个可探测面，每次扫查覆盖前一次扫查 15%的区域，辅以斜探头（折射角为 45°），在主轴表面进行轴向扫查，如图 4-63 所示。

4．检测记录

（1）记录当量直径不小于起始记录当量的缺陷及其在主轴上的波幅和位置。

（2）记录密集区缺陷中最大当量直径的缺陷深度、当量及在主轴上的位置。

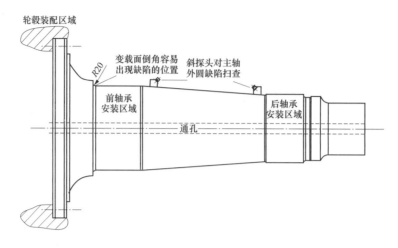

图 4-63　主轴缺陷检测

（3）记录延伸性缺陷深度、长度范围、最大当量值，以及起、终点在主轴上的位置。

（4）记录缺陷波很高而底波有明显下降甚至消失时的缺陷区。

5. 检测结果评定

（1）评定为裂纹的主轴栓应判报废。

（2）主轴丝扣裂纹判定参照纵波斜入射探伤要求，内部缺陷的判定参照相关规定。

（3）区别因主轴结构不同而产生的固有信号或变形波信号。

（4）缺陷的判定依据 DL/T 694《高温紧固螺栓超声波检测导则》附录 D 的要求来验收。

（5）在役风机主轴超声波无损检测，应合理选择检测设备及技术参数，确保不出现缺陷漏检。检测完成后，应提供详实、准确的检测结果及缺陷信息。

（二）案例 2：主轴更换

根据主轴和齿轮箱传动链的连接方式不同，其吊装及更换方式也略有不同。主轴外置采用主轴和齿轮箱拆分吊装；主轴内置采用主轴和齿轮箱总成直接吊装。

1. 主轴更换前准备

（1）根据风机吊装作业指导书及风机各大部件的质量，选择合适的主吊，再根据主吊及各大部件下塔后的摆放位置，平整场地，确保场地平整压实。

（2）主吊组装并合理站位，站位要考虑后续风轮、机舱摆放作业位及工具备品等的放置。

（3）对照物料工具清单清点物料、工具，确保无遗漏、损坏。整理拆线缆、拆滑环、松结构螺栓的工具放到机舱内。

（4）主机设备卸货摆放时，要视场地条件决定摆放位置，尽量减少二次搬运，并且要考虑到吊装与部件组装的并行作业问题，提前摆放好轮毂运输工装及机舱运输工装。

（5）拉伸器或液压扳手要提前检查和试用，确保均能正常工作，以免在后续作业中遇到问题，影响主轴更换进度。

（6）明确掌握当日气象资料，叶轮拆、装过程中最大风速不能超过 8m/s。

（7）作业前确保人员全部到位，安全装置满足要求，安装所需的吊具、物资已准备完毕。

2. 主轴更换的基本作业流程和步骤（见图 4-64）

（1）拆卸前准备工作：机组停机；调整叶轮角度为"Y"形等。

（2）拆卸滑环、滑环线及其他附件：锁定叶轮锁；拆除轮毂内部电源；拆除滑环；进入轮毂内将滑环到轮毂控制柜内的接线、滑环至轮毂内的电源线断开并抽出等；对于变桨距风力发电机组，需要进入轮毂内拆除液压和机械变桨机构。

（3）拆卸发电机-齿轮箱联轴器中间体：拆联轴器护罩；拆卸联轴器中间体。

（4）拆卸齿轮箱传感器、电缆及其他附件：拆除齿轮箱外部供电接线；拆除主轴温度传感器；拆除主轴前端的防护罩盖；拆除风向标、风速仪的控制线；拆卸油泵电动机、齿轮箱散热电动机、接线箱接线，主轴承 PT100 接线，液压站接线盒接线和刹车磨损传感器接线。

（5）拆卸叶轮：主轴螺栓做标记；安装叶尖护套和缆风绳；安装叶轮吊具；拆除叶轮。

（6）拆卸顶部机舱罩：拆卸风向标、风速仪传感器线路、机舱照明线；拆除顶部机舱罩。

（7）拆卸主轴/齿轮箱总成：拆除齿轮箱弹性支撑；拆除主轴承座固定螺栓；缓慢起吊主轴和齿轮箱；做好机舱内的清理工作。

图 4-64 主轴吊装

（8）主轴/齿轮箱分解与更换：将传动链慢慢放低，平稳放置在地面；用液压扳手

135

对角拆除收缩盘螺栓；两个千斤顶将主轴与齿轮箱分离；新主轴与齿轮箱胀紧套对接；新主轴与齿轮箱对接。

（9）主轴和齿轮箱吊装至机舱，并将相应的固定螺栓按照拆卸步骤预紧；安装顶部机舱罩，并将相应的线缆依次连接。

（10）安装叶轮；安装联轴器中间体；安装齿轮箱传感器、电缆及其附件；安装滑环、滑环线及其他附件；发电机对中。

（11）测试、试验、试运行：轮毂上电检查；变桨系统测试；液压系统测试；齿轮箱系统测试；转速测试；试运行。

3. 主轴更换注意事项

（1）作业前必须制定专项作业方案并进行审核下发。

（2）起重机械的租赁、使用、安装、拆卸、检测等应严格按照《起重机械安全监察规定》（质检总局令第92号）等规定进行，并审核相关证照。

（3）机械设备操作应保证专机专人，持证上岗。

（4）吊装现场必须设专人指挥，吊装指挥应向起重机械操作人员交代清楚工作任务，执行规定的指挥手势和信号。

（5）起重吊装作业前应划定施工作业区域，设置醒目的警示标志和专职的监护人员；起重回转半径与高压线路必须保持安全距离。

（6）检查起重机械的安全装置（四限位、两保险）必须齐全、灵敏、可靠。

（7）风速超过规定值严禁进行吊装起重作业；根据安规要求，当风速超过8m/s时，禁止机舱外提升作业。

（8）遇有大雾、雷雨天、照明不足，指挥人员看不清各工作地点，或起重驾驶员看不见指挥人员时，不得进行起重工作。

（9）起吊前必须正确选择吊具，对吊带、钢丝绳、吊环等吊具和吊车各零部件进行检查，严禁使用不合格吊具。

（10）在起吊过程中，不得调整吊具，不得在吊臂工作范围内停留。塔上协助安装指挥及工作人员不得将头和手伸出机舱之外。

（11）叶轮起吊风速不能超过安全起吊数值。

（12）起吊桨叶必须保证有足够起吊设备。应有两根导向绳，导向绳长度和强度应足够。应用专用吊具，并加护板。工作现场必须配备对讲机。保证现场有足够人员拉紧导向绳，保证起吊方向，避免触及其他物体。大部件放到地上时应稳妥地放置，防止倾倒或滚动，必要时应用绳绑住。

（13）现场必须配备急救箱等应急设施。

（14）检查确认项目应有专用记录表，并由工作负责人签字确认后方可试行起吊。

（15）天黑后，没有足够照明设备对吊装现场提供照明时，不得继续吊装。

（16）吊装过程中，吊装人员需要使用电源时，不得随意接电，需要经过检修人员允许后方可使用。

（17）吊装过程前，拉好安全警戒线，挂好安全警示牌，要求非工作人员必须远离吊装场地到安全区域。

（三）案例3：主轴轴承磨损故障分析与处理

2021年11月，某风电场振动报告显示27号风机主轴承振动存在异常。现场登机检查发现27号风机主轴轴承外滚道崩边开裂严重，内滑道凹坑。

1. 现场故障情况

（1）润滑脂发黑，油脂中含有较多保持架粉末。

（2）轴承外圈滑道崩边破裂，滚子表面磨损严重，内滑道圆周方向点蚀凹坑，如图4-65所示。

图4-65 轴承外滑道崩边破裂、滚子磨损情况

2. 运行数据分析

（1）现场导出27号风机主轴承磨损故障前三个月的运行数据，对这些运行数据进行分析，未发现超载、超速或超温情况。

（2）通过CMS数据分析，27号风机主轴轴承A存在可见异常振动冲击，如图4-66所示。

3. 故障原因分析

现场查看记录均有开展定期工作，但从前轴承油脂情况来看，油脂已变质，存在润滑不良情况。在润滑正常状况下，滚子与内外圈滑道或保持架接触，中间有一层润滑油膜，起到保护滚子与滚道的作用，使轴承持续高效地运行，滚子与滑道或保持架不会直接接触，避免了干摩擦造成磨损的发生，使得轴承可在设计寿命周期内有效运行。在润滑不良状况下，滚子与滚道或保持架接触处于边界润滑或无润滑状态，即滚

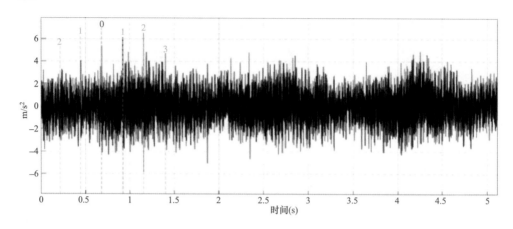

图 4-66　前轴承测点时域波形

子与滑道之间润滑油膜破损或无润滑油膜。一旦出现这种状况，滚子与滑道或保持架处于直接接触状态，这种直接接触在轴承运行时，会加速轴承的疲劳磨损，依据时间的长短与载荷不同，磨损程度不一样。轴承内部磨损后，游隙增大，滚子在滑道内运动时，与内、外圈滑道不正常接触。在较大轴向力作用下，滚子可能运行到滑道边缘，滚子与滑道边缘非正常接触会产生应力集中，甚至压溃边缘，使外圈产生崩边现象。同时磨损后，大量的金属粉末进入润滑脂内，润滑脂杂质含量过高加剧润滑失效，轴承润滑状态急剧恶化，甚至在部分区域处于无润滑的状态，短时间内出现更严重磨损，进而出现凹坑、剥落等。因此，造成此次主轴轴承故障的主要原因是轴承润滑不良。

4．处理措施

（1）更换损坏轴承，密切关注机组运行状态。

（2）密切关注两轴承的温度与振动变化，发现异常及时登机检查处理。

（四）案例 4：主轴断裂故障分析与处理

2015 年 10 月，某风电场发生一起风力发电机组齿轮箱主轴断裂事件（该风机主轴为内嵌式主轴）。

1．事件基本情况

事件发生前，风机有功功率为 1498kW、瞬时风速为 15.86m/s、10min 平均风速为 14.56m/s。事件发生时，风机有功功率突降至 0kW，叶轮转速和发电机转速突降至 0r/min，风机通信中断。现场检查发现，风机轮毂连同三只叶片坠落在地面，三只叶片及轮毂均有不同程度损伤，风机齿轮箱主轴断裂，机舱罩壳损坏，塔筒门扶梯被坠落的叶片砸坏。事件发生现场如图 4-67 所示。

2．故障原因分析

（1）通过对比事件发生前后风速、叶轮、发电机转速、齿轮箱轴承温度等参数，均未发生突变，排除突然大风导致主轴额外负荷。

图 4-67　风机叶轮及叶片坠地

（2）事故发生前，机舱振动传感器、在线振动监测设备未监测到任何异常，根据最后一次采集数据显示风机（0～10Hz）有效值为 0.076m/s^2。按照 VDI3834 标准的要求，主轴承测点 0～10Hz 有效值第一限度为 0.3m/s^2，有效值第二限度为 0.5m/s^2，机组振动值未超限。排除由于风机振动过大导致主轴断裂。监测数据如图 4-68 所示。

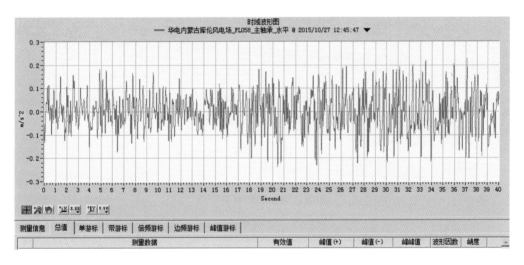

图 4-68　机组主轴承测点采集的时域波形图（0～10Hz）

（3）对该风机主轴断面进行外观检查，发现该主轴内部锈蚀严重，发展方向由内向外，分析该风机主轴在制造过程中存在内部缺陷，该风机已运行多年，齿轮箱主轴内部金属疲劳逐渐积累导致内部缺陷不断扩大，直到本次发生撕裂断开，最终导致叶轮与齿轮箱主轴脱开坠落，如图 4-69 所示。

3. 处理措施

（1）更换损坏轴承，密切关注机组运行状态；

（2）联系检测中心研究制定可行的无损探伤方案，组织对其余风机进行 100%无损探伤。

二、齿轮箱典型作业案例

（一）案例1：齿轮箱高速轴轴承温度超限故障处理

1. 故障信息

某风电场32号机组报出"齿轮箱高速轴轴承温度超限"故障停机。

2. 故障分析

维护人员利用SCADA监控系统查看当前

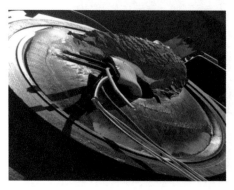

图4-69 风机主轴断裂齿轮箱侧损伤照片

齿轮箱高速轴轴承温度反馈值，显示为"220℃"正温度超限，判断运行过程中轴承达到如此高温才故障停机，不符合齿轮箱轴承高温保护逻辑，判断故障点大概率发生在温度信号采集回路。进一步通过SCADA系统调取了故障时刻的"齿轮箱高速轴轴承温度"变化波形图，通过波形图可以看出，在故障触发时刻，波形图发生跳变，由正常运行温度75℃突然跳变到220℃，证实测量回路出现问题。经查看相关电气原理图，分析可能存在的故障点如下：

（1）温度传感器接线异常或本身故障导致温度超限故障；

（2）温度检测回路线缆断线（虚接）导致温超限故障；

（3）温度检测模块损坏或程序异常导致温度超限故障。

3. 工器具及备件准备

维修工具及备件准备清单如表4-2所示。

表4-2 维修工具及备件准备清单

工具名称	数量	单位	检修用途
万用表	1	个	测量可能故障点线路及电气元件相关电量
温度检测模块	1	个	作为备件，以备更换机组已损坏检测模块
PT100	1	个	作为备件，以备更换机组已损坏PT100
螺丝刀	N	把	电工常用工器具，根据需要选用
剥线钳	1	把	检修线路所需工器具
绝缘胶带	1	卷	检修线路所需工器具

4. 故障排查

参照齿轮箱系统图，利用"排除法"逐项排查所讲可能故障点：

（1）风力发电机组齿轮箱通常均采用PT100作为温度检测的传感器。PT100阻值与温度呈变化率为 0.385 的线性关系。在检查确认温度传感器接线无异常后，断开相关电源拆卸温度传感器，并冷却到与环境温度相同，通过计算得出当前环境温度下温度传感器阻值，再通过万用表测量温度传感器阻值与计算值对比，偏差不大证明温度传感器功能正常，排除第一条可能故障点。

（2）保持相关电源断开的情况下，使用万用表蜂鸣挡以端子排接点或电气元件接点为测量节点，逐段测量其通断性。测量过程中可使用"扰动法"摇晃线缆测试其是否存在虚接，同时也可对地测量通断，防止线缆出现对地短路的情况。测量线缆可分为三段（见图 4-70）：

1）温度传感器（热电阻）接线 1、2 端子到齿轮箱辅助接线盒内的 6、7 端子；

2）齿轮箱辅助接线盒内的 6、7 端子到机舱柜 X2 接线排的 13、14 端子；

3）机舱柜 X2 接线排的 13、14 端子到温度采集模块的 1、4 端子。

（3）逐项测量后线缆均正常，此时只需检查温度采集模块。可先行重启温度模块，观察温度显示是否正常，经测试温度仍未恢复，随即对温度检测模块进行更换，温度恢复正常，机组故障排除。

（二）案例 2：齿轮箱漏油

1. 故障信息

作业人员巡检中，发现 35 号风力发电机组齿轮箱集油盘内储存有大量废油，怀疑齿轮箱相关部件可能存在漏油现象。

2. 故障分析

齿轮箱润滑油泄漏故障常见故障原因有两方面，一是由于作业人员误操作或未按工艺执行相关作业产生的人为泄漏；二是由于设备本身密封问题导致的泄漏。判断人为原因可通过维护记录查询近期此台风力发电机组维护情况，并询问维护人员判断。而设备本身密封问题导致漏油通常泄漏点会有润滑油流出或滴落的痕迹，可通过观察判断。

3. 故障排查

维护人员查看近期此台风力发电机组检修情况，发现近期本台风力发电机组并未进行任何检修

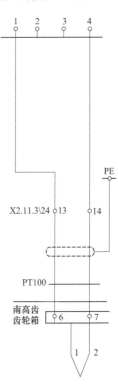

图 4-70 齿轮箱高速轴轴承温控回路

活动，因此排除了因检修过程泄漏。随后，将齿轮箱集油盘附近所有带有油渍的设备及管路擦拭干净，等待一段时间并未发现明显的泄漏点。为进一步判断，维护人员通过机舱柜人机交互界面进入测试页面启动齿轮箱润滑油泵电机，使润滑油强制循环，

此时发现齿轮箱过滤器入口油压传感器接口处有油液流出滴落到集油盘，通过对压力传感器进行紧固，故障排除。

4. 故障总结

案例表明，有些油液泄漏情况在设备静态下是无法有效甄别的，可通过启动油泵，使油路内部压力增大，方便现场运维人员快速定位故障点。

（三）案例 3：齿轮箱分配器入口油压低于下限值故障排查

1. 故障信息

某风电场 16 号风力发电机组报出"齿轮箱入口油压低于下限值"故障。经 SCADA 调取故障信息查看，齿轮箱入口油压力值在 0～0.2bar 之间波动（此处报警参数设置为 0.8bar）。

2. 故障分析

可能触发此故障的原因有：

（1）油泵电机线路相序反接导致油泵电机反转，致使压力油无法正常循环，虽然是故障可能诱因，但由于风力发电机组已正常运行很长时间，说明电机接线正常，可排除。

（2）油泵吸油口管口或吸油管有异物堵塞，导致吸油不畅。因齿轮箱箱体为密封件与外界隔绝，如有异物很可能是齿面或轴承掉落的大块金属物，故此事件在风力发电机组实际运行当中发生概率较小，暂时无法排除，可置于其他故障原因排除后再进行检查。

（3）齿轮箱油温低于 40℃（压差发讯器检测压差最低温度），油液黏度较大，流动性较差，引起油泵吸空现象。但此时正值夏季，且机组之前一直处于运转状态，油温不应该低于 40℃，可通过 SCADA 数据监控系统查看当前齿轮箱油池温度。

（4）润滑系统管路有泄油点，导致油液大量泄漏，短时间内小量滴漏不会引起入口油压低于下限值故障报出，必然是大量泄漏，如风力发电机组装配油位开关，可以通过油位报警是否触发加以佐证。

（5）齿轮箱分配器进油口的压力检测回路异常，包括压力传感器、压力检测信号线路、压力检测相应控制模块。

（6）滤芯使用时间过长或油液清洁度很差，压差发讯器发讯报警，未及时更换新滤芯，导致油泵出口与过滤器之间压力超出系统安全阀设定压力（一般为 1～1.2MPa），油流从安全阀出口泄压回齿轮箱。

（7）齿轮箱安全阀所使用的溢流阀（单向阀）由于运行时间较长，出现压力弹簧弹力不足、杂质进入阀芯部位导致阀芯卡死无法关闭等情况引起压力泄回油箱。

综合以上分析可知，目前造成此故障的大概率故障原因有压力检测回路异常、滤芯长时间未更换引起安全阀开启、安全阀本身异常、齿轮油大量泄漏；小概率故障原因有异物堵塞进油口、油温低于40℃；不可能的故障原因有油泵电机线路反接。因此，在故障处理时可以依照此顺序进行排查，先查大概率故障原因，再查小概率故障原因，排除掉不可能原因，这样做不仅可以缩小故障点范围，同时也可缩短故障处理时间，降低风力发电机组电量损失。

3. 故障处理

依照故障分析结果，首先排查大概率故障原因，其中压力检测回路异常、安全阀本身异常及齿轮箱大量泄漏均须到设备实地测量检查方可确认，而滤芯长时间未更换引起安全阀开启可通过 SCADA 数据进行简单判断。检修人员调取近日风力发电机组齿轮箱相关状态日志查看，发现近几日曾多次报出"齿轮箱滤芯堵塞"故障，但奇怪的是今日故障列表并不显示，于是检修人员打开屏蔽故障列表，发现有人将"齿轮箱滤芯堵塞"故障做屏蔽处理，询问得知，由于近期风况较好，运行人员认为滤芯堵塞应该不会引起什么严重后果，计划先保电量，等这几日风速变低了再进行处理。因此故障点基本可以确认，就是由滤芯堵塞导致安全阀开启引起压力泄漏所致。随即检修人员恢复故障报警，开具工作票进行故障处理。更换滤芯可依照"齿轮箱滤芯更换"具体步骤执行，同时可查阅风力发电机组运行台账，关注故障机组齿轮箱上一次更换滤芯时间，如间隔较短可进行油样提取及化验，以防油液污染严重引起不可挽回的损失。滤芯更换完成后可通过触摸安全阀回油管温度（正常安全阀不开启，回油管温度接近环境温度）或拆卸回油管观察安全阀回油口出油情况判断安全阀是否正常。

4. 故障总结

故障处理一定要做到三思而后行，切忌盲目检查。在处理前收集一切可能与故障相关的信息，再从中提取出有效信息，按故障原因分类，辨明故障处理方向及先后顺序，并依序进行排除检查，可有效提高故障处理效率。

（四）案例4：齿轮箱换油

1. 齿轮箱换油标准

齿轮箱油液更换标准可参照 NB/SH/T 0973《风力发电机组主齿轮箱润滑油换油指标》相应指标进行判断。如果油液出现以下情况或相关特性指标超标则应及时进行齿轮箱油液更换：

（1）观察油液外观、油色、气味，存在乳化物、明显的浑浊、分层、油泥状物质或颗粒物质等；

（2）温度40℃时，油液运动黏度变化率超过±10%；

（3）油液中水分含量超过 600mg/kg；

（4）油液中铁元素含量超过 150mg/kg；

（5）油液中铜元素含量超过 50mg/kg。

2. 齿轮箱换油方法

通常采用换油车进行齿轮油更换，如图 4-71 所示。

图 4-71　齿轮箱换油车换油

换油前期要时刻关注风电场风功率预测，挑选一个风速较小（安全风速以下）的时间段进行作业，具体步骤如下：

（1）收集废油。通过运维吊车将换油车油管吊入机舱并与齿轮箱放油阀进行连接，打开视孔盖和透气帽，通过真空负压泵抽取齿轮箱废油，待废油即将抽空，启动齿轮箱润滑泵系统将润滑系统内废油抽空。

（2）一次冲洗。关闭齿轮箱放油阀，将新油作为冲洗油，使用一个 5μm 过滤器对冲洗油进行过滤，以去除任何来自换油系统或油传输过程中可能存在的碎屑。通过换油车油泵将冲洗油泵送到齿轮箱内，油量要求使齿轮箱内冲洗油油位高于低油位报警阀线。之后开启齿轮箱润滑油泵，使齿轮箱运转 45～60min，发电机转速为空载 400～800r/min。冲洗完成后，将冲洗油排入冲洗油罐内（冲洗油可作为后续风机齿轮箱冲洗油，反复使用）。

（3）二次冲洗。二次冲洗方法与一次冲洗方法相同，此次可适当缩短齿轮箱运转时间，开启齿轮箱润滑油泵，使发电机转速维持在空转 400～800r/min，运行齿轮箱 30min 左右即可。冲洗完成后，将冲洗油排入冲洗油罐内（冲洗油可作为后续风机齿轮箱冲洗油，反复使用）。

（4）更换滤芯。依照本章节"齿轮箱滤芯更换"内容更换滤芯。

注意：更换滤芯时需将滤筒进行彻底清洁。

（5）注入新油。注入新油时，使用一个 5μm 过滤器对冲洗油进行过滤，以去除任何来自换油系统或油传输过程中可能存在的碎屑。将齿轮箱内油液油位加注到标准油位后，让风力发电机组运转 15min，发电机速度为空转 900～1200r/min。运行完观察油位，如油位发生下降可适当注油，使其油位符合齿轮箱厂家标准要求。

3. 齿轮箱换油注意事项

（1）齿轮箱换油过程中如有必要，可启动加热器为齿轮箱油进行加热，使其具有适当的黏度与流动性。

（2）齿轮箱换油时，如新油与在用油牌号不同，需进行互溶性试验，混兑比例按齿轮箱原有牌号的齿轮油与新牌号齿轮油的体积比 5%:95% 进行。对其外观、运动黏度、泡沫增加量，以及抗点蚀、载荷能力、抗磨性等进行验证，如有指标无法通过，可在正式换油流程开始前 7～10d（根据齿轮箱油泥及沉淀物的量大小而定）给齿轮箱在用油添加适量专用清洗剂，保持齿轮箱正常运转直至换油流程，以便在换油过程中冲洗彻底。清洗剂添加时间不要超过 14d。

（3）齿轮箱换油完成且风力发电机组正常运行 24h 后，应在规定位置连续取油样两份备检，并标注风力发电机组编号、取样部位、齿轮油类型、取样日期和"最终加注油样"字样。

（五）案例 5：齿轮箱弹性支撑减震垫（轴瓦）更换

（1）更换原因。

1）当齿轮箱扭力臂减震垫出现裂纹时，建议更换；

2）当齿轮箱扭力臂减震垫磨损严重，粉末较多时，建议更换；

3）当齿轮箱扭力臂减震垫金属部分裸露，以及金属与橡胶部分分离时，建议更换。

减震垫损坏如图 4-72 所示。

（2）更换所需工器具清单。维修工具准备清单如表 4-3 所示。

图 4-72　减震垫损坏

表 4-3　　　　　　　　工　具　准　备　清　单

序号	工具名称	数量	用途
1	拉伸泵组（含油管）	1 套	拆装齿轮箱扭力臂 M36 固定螺栓
2	橡皮锤	1 个	拆装齿轮箱扭力臂减震垫
3	4 磅铜锤	1 个	拆装联轴器固定螺栓
4	M16 吊耳	2 个	拆装齿轮箱弹性支撑上支撑使用
5	1t 吊带	1 个	拆装齿轮箱弹性支撑上支撑使用以及拆装联轴器的使用
6	千斤顶	1 套	拆装齿轮箱弹性支撑下支撑及对中使用
7	55mm 液压中空扳手头	1 个	拆装发电机地脚螺丝对中使用以及对齿轮箱扭力臂固定螺栓进行预紧
8	18 英寸水泵钳	1 个	带紧齿轮箱扭力臂的 M36 固定螺杆
9	撬棍	1 个	拆除需要更换的齿轮箱扭力臂减震垫
10	1000Nm 力矩扳手	1 个	拆装联轴器与齿轮箱、发电机的固定连接螺栓

序号	工具名称	数量	用途
11	400Nm 力矩扳手	1 个	拆装齿轮箱扭力臂减震垫固定圆盘螺栓及发电机对中使用
12	30mm 套筒	1 个	拆装齿轮箱扭力臂减震垫固定圆盘螺栓及发电机对中使用
13	36mm 套筒	1 个	拆装联轴器与齿轮箱、发电机的固定连接螺栓
14	30mm 呆板	1 个	施工完成后齿轮箱与发电机重新对中使用
15	36mm 呆板	1 个	施工完成后齿轮箱与发电机重新对中使用
16	24mm 呆板	1 个	施工完成后齿轮箱与发电机重新对中使用
17	对中仪	1 套	施工完成后齿轮箱与发电机重新对中使用

（3）更换方法。

1）拆卸联轴器。①工作前，使风力发电机组传动链处于制动状态；②拆卸联轴器及高速轴刹车盘的所有保护罩壳；③用力矩扳手松掉联轴器的连接螺栓；④使用机舱内部吊车或吊葫芦吊住联轴器，便于连接螺栓拆下后取下联轴器；⑤轻敲联轴器连接螺栓，拆下全部连接螺栓；⑥抬下联轴器放置在安全位置（不影响工作，且在工作中无法碰到的地方）。

2）更换齿轮箱上部扭力臂减震垫。①使用扳手拆卸减震垫固定圆盘，如图 4-73 所示。②使用液压扳手拆卸齿轮箱扭力臂固定螺栓，并将预先准备的吊耳安装至预留口，如图 4-74 所示。③用吊车通过吊带把安装吊耳的扭力臂抬起，这时扭力臂上部的减震垫就可以抽出来并进行更换。

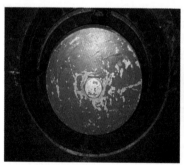

图 4-73　拆卸减震垫固定圆盘

3）更换齿轮箱下部扭力臂减震垫。①使用千斤顶对齿轮箱平行轴施加一定的外力，防止由于突发情况使齿轮箱向更换侧方向旋转，如图 4-75 所示。②释放高速轴刹车，使叶轮向更换的减震垫的反方向旋转。

注意：一定要使高速轴刹车盘缓慢匀速地向同一方向旋转。在旋转一定角度时，齿轮箱下部扭力臂减震垫与扭力臂间会出现缝隙，这时使用撬棍把减震垫抽出来并进行更换，如图 4-76 所示。

图 4-74 安装吊耳

图 4-75 千斤顶位置

（4）更换完毕设备恢复。

使用液压扳手重新紧固扭力臂固定螺栓到供货厂商标准力矩值，安装扭力臂减震垫固定圆盘及联轴器，并依照制造厂标准进行发电机轴对中工作，使其垂直偏差、水平偏差和角偏差均在规定范围内。

三、弹性联轴器维修作业

膜片联轴器由前后法兰盘 1 和 3、两组膜片、两端带法兰盘的管壁筒 2 及连接螺栓 4 和5 等组成，如图 4-77 所示。膜片相当于两个十

图 4-76 减震垫下部更换

字铰链，膜片两端有孔，它们交错与前（后）法兰及连接筒法兰固定连接。膜片在其平面内刚度很大，受到拉伸时能传递扭矩；在垂直方向，膜片很薄，容易产生弯曲变形，所以能补偿前后法兰盘轴线的相对位移；若位于同一直径上的两个点，产生同向相等的变形是轴向位移，产生相等相反的变形是角位移，若相反不相等是复合位移。膜片联轴器有标准系列产品，可根据传递载荷的大小选用。

（一）齿轮箱侧的安装

安装齿轮箱侧组件前，需要检查胀紧套接触锥面、胀紧螺丝上是否已涂抹润滑脂。一般安装新的设备已涂含有二硫化钼的油脂，但对于在拆卸后重新组装的情况需使用含二硫化钼干性润滑剂成分油脂对锥面润滑，在螺栓的螺纹表面使用薄的油润滑。满足条件后安装要求如下（齿轮箱侧组件见图 4-78）：

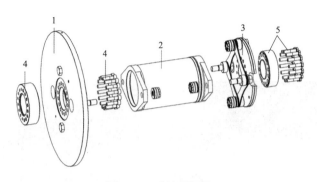

图 4-77　联轴器组成

1—前法兰盘；2—管壁筒；3—后法兰盘；4、5—连接螺栓

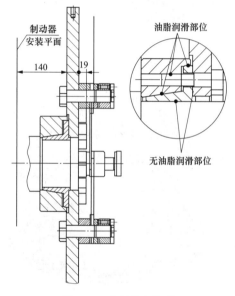

图 4-78　齿轮箱侧组件

（1）清洁胀紧轴套内孔表面和齿轮箱出轴，以及联轴器法兰安装面和胀紧装置。

（2）此时需用风力发电机组机舱内的吊车或搭设临时起吊装置（如手拉吊葫芦）将刹车盘吊起，手工预拧紧胀紧轴套上所有的胀紧螺栓，再把轴套收缩盘推入齿轮箱出轴，调整轴向位置直到制动器安装平面到制动盘内侧的距离达到工艺要求，装配公差小于±1mm。

（3）分几次对角逐渐拧紧胀紧轴套上的螺栓，直到所有的螺栓都达到标准的拧紧力矩。当力矩达到标准后，再次核查制动器安装平面到制动盘内侧的距离达到工艺要求，装配公差小于±1mm。

（二）发电机侧组件的检修安装

安装发动机侧组件前，同样需要检查胀紧套接触锥面、胀紧螺丝上是否已涂抹润滑脂，与齿轮箱侧组件安装要求相同。在满足上述润滑条件后具体安装要求（见图4-79）如下：

（1）清洁胀紧轴套内孔表面和齿轮箱出轴，以及联轴器法兰安装面和胀紧装置。

（2）将收缩盘用吊车垂直吊起安装在发电机轴上，调整收缩盘在发电机轴上的位置，保证收缩盘端面到刹车盘端面之间的距离达到工艺要求，装配公差小于±3mm。

（3）分几次对角逐渐拧紧胀紧轴套上的螺栓，直到所有的螺栓都达到标准的拧紧力矩。当力矩达到标准后，再次核查制动器安装平面到制动盘内侧的距离达到工艺要求。

与之对应的，当对齿轮箱侧、发电机侧组件进行拆卸时，分几次对角拧松胀紧轴套上的胀紧螺栓，每圈次每个螺栓只能拧松半圈，在拆装联轴器时应防止部件坠落，同时严禁在胀紧套收缩盘脱离前将身体放到收缩盘与发电机（齿轮箱）箱体之间，避免造成机械伤害。

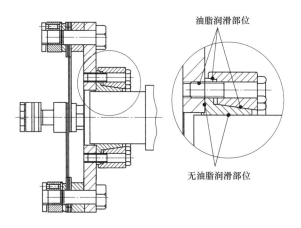

图 4-79　发电机侧组件

（三）联轴器中间体的检修安装

在对联轴器中间体进行安装前，应确保联轴器齿轮箱、发电机两侧组件已安装完毕，且间距满足要求。在安装中间体之前，应留意中间体上标记或是力矩限制器位置，确保安装方向正确。一般力矩限制器应安装在发电机一侧。同时，确保不能调整中间体的力矩限制器上的螺栓，如图 4-80 所示。在满足上述条件后，其安装要求如下：

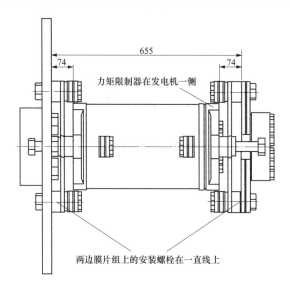

图 4-80　中间体的安装

（1）校准齿轮箱侧组件和发电机侧组件，使两边的膜片组上的安装螺栓对准在一条直线上。

（2）将两边膜片上的安装螺栓推入中间体上的安装孔，装入中间体，手工初步拧紧安装螺栓和胀紧螺母，务必让滑动装置（力矩限制器）在发电机一侧。

（3）分几遍交叉拧紧锁紧螺母上的所有胀紧螺栓，直到所有螺栓的拧紧力矩达到工艺要求，如图 4-81 所示。

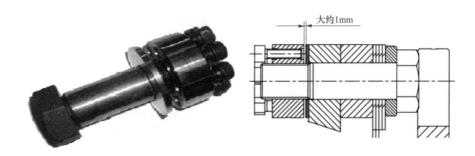

图 4-81　锁紧螺母

安装好以后的联轴器（见图 4-82），如果需要拆卸联轴器中间体时，在对中间体做好防坠措施后，对角拧松与中间体连接锁紧螺母上的胀紧螺栓，每个胀紧螺栓依次拧松 1/4 圈直到所有胀紧螺栓都松开，卸下锁紧螺母，将膜片组安装螺栓向两侧退出以便卸下中间体。

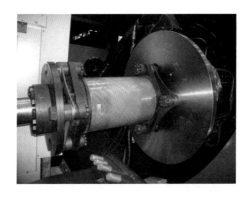

图 4-82　安装完毕的联轴器

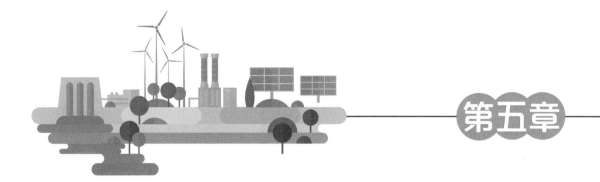

第五章

发电机维护与检修

本章主要介绍发电机的维护与检修，主要内容包括发电机的检查方式、维护方法、检修典型案例。通过本章内容的学习，帮助检修人员了解发电机在工作中维护检修基本要求，熟悉各部分故障表现及故障原因，进而掌握维护与检修方法。

第一节 发电机概述

一、功能与原理

发电机是指将其他形式的能源转换为电能的机械设备。具体到风力发电机组的能量转化过程，则是由风能到机械能和机械能到电能两个能量转换过程组成。但风能具有波动性，而电网要求稳定的并网电压和频率，风力发电机组通过机械和电气控制有效解决这一问题，从而使用不同的发电机类型。常用的发电机类型有鼠笼式异步发电机、双馈异步发电机、永磁同步发电机、电励磁同步发电机等。

（1）鼠笼式异步发电机。其主要应用于定桨距风力发电机组，并网特点如下：

1）鼠笼式异步发电机由定子励磁建立磁场时，需要消耗无功功率。一般大型风力发电机组在控制柜内加装并联电容，减少从电网吸收的无功功率，改善风力发电机出口的功率因数。

2）并网瞬间存在很大的冲击电流，应在接近同步转速时并网，一般都加装专用的软启动限流装置。

（2）双馈异步发电机（见图 5-1）。其主要应用在变桨距恒频风力发电机组中。双馈异步发电机是一种绕线式感应发电机，是变速恒频风力发电机组的核心部件。该发电机主要由发电机本体和冷却系统两大部分组成。发电机本体由定子、转子和轴承系统组成，冷却系统分为水冷、空冷和空水冷三种结构。双馈异步发电机的定子绕组直接与电网相连，转子绕组通过变流器与电网连接，转子绕组电源的频率、电压、幅值和相位按运行要求由变流器自动调节，机组可以在不同的转速下实现恒频发电，满足用电负载和并网的要求。

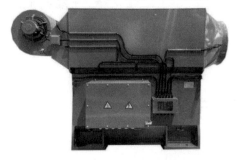

图 5-1　双馈异步发电机

（3）永磁同步发电机（见图 5-2）。其主要应用在直驱风力发电机组中。永磁同步发电机采用永磁体励磁，消除了励磁损耗，提高了效率，实现了发电机无刷化，运行时无需从电网吸收无功功率来建立磁场，可以改善电网的功率因数；采用风力机对发电机直接驱动的方式，取消了齿轮箱，提高了风力发电机组的效率和可靠性，降低了设备的维护量。

图 5-2　永磁同步发电机

永磁直驱同步发电机的缺点：对永磁材料的性能稳定性要求高，对永磁体失磁现象和降低电机质量等问题还缺少有效的应对办法。另外，永磁直驱同步发电机的磁场不可调，需要全功率变流，成本较高。

（4）电励磁同步发电机。其特点是转子由直流励磁绕组构成，采用凸极或隐极结构，通过励磁控制器调节发电机的励磁电流，从而实现变速运行时频率恒定，并可满足电网低电压穿越的要求。

二、部件组成

双馈异步发电机的结构和组成与绕线式感应电动机相同，通常由定子、转子、发电机端盖及轴承等部件构成。

定子由定子铁芯、线包绕组、基座，以及固定这些部分的其他构件组成。定子固定在机座内，机座外壳上有通风孔，便于发电机散热。转子由转子铁芯绕组、护环、中心环、滑环、风扇及转轴等部件组成，把转子铁芯冲片压紧在转子支架上，转子支架紧固在转轴上，如图 5-3 所示。定子铁芯与转子铁芯都由硅钢片叠成。不管定子与转子的槽数各为多少，定子绕组与转子绕组的极数必须相同。转子安装在定子内，由固定在机座两端的端盖支撑，转子轴承安装在端盖上。

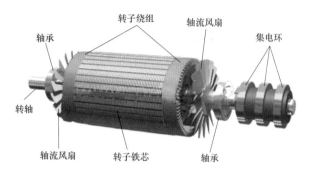

图 5-3 绕线转子

在转子集电环一侧安装着电刷罩，三个电刷固定在电刷罩内，刷握上的弹簧紧压着碳质电刷，保持电刷与集电环紧密接触，在转轴上安装两个轴流风扇用于发电机散热，即发电机整个旋转部分（转子），如图 5-4 所示。发电机定子与转子发出的热量既可以采用空气冷却，也可以采用外部热交换器冷却。空冷是靠转子两端的轴流风扇推动，被风扇压入的空气一部分从转子绕组与定子绕组端流过，对其进行冷却后排出，另一部分空气从转子支架进入穿过转子与定子铁芯排出，对铁芯与绕组进行冷却。热交换器可采用空气冷却或水冷却，外部空气被空气冷却器的离心风机压入，外部空气与电机冷却气体在空气冷却器内是隔离的，仅通过

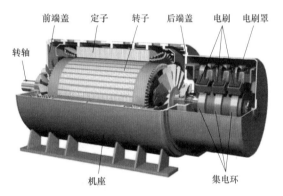

图 5-4 双馈异步发电机结构图

热交换器进行热量交换，吸收热量后的外部空气从空气出口排出，用于电机冷却的气体仅在电机与热交换器间循环流动。

直驱发电机主要采用多极构造，有多极内转子结构与多极外转子结构等，结构简单、效率高。

外转子永磁直驱发电机的发电绕组在内定子上，转子在定子外侧，由多个永久磁铁组成内凸极结构，外转子与风轮轮毂安装成一体，一同旋转。外转子发电机的特点是定子固定在靠轴中间位置不动，转子在定子的外围旋转，也属径向气隙磁通结构。定子在电机内部称为内定子，转子在电机外周称为外转子，如图 5-5 所示。

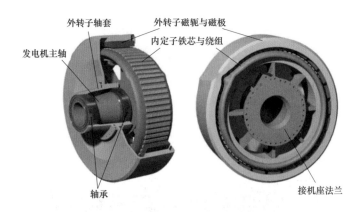

图 5-5 直驱外转子永磁发电机

内定子铁芯外圆周均匀分布着许多槽，用来嵌装绕组；外转子内圆周贴有永磁体磁极，外转子旋转时，绕组切割磁力线感生电势。定子铁芯安装在定子支架上，定子支架一端安装到机舱机座的法兰，另一端是外转子转轴。这种结构的优点之一是磁极固定较容易，不会因为离心力而脱落，外转子磁轭固定在转子轴套上。

直驱内转子永磁发电机（见图 5-6）的结构采用多凸极结构，其气隙中的磁通方向与电机轴垂直（径向磁通）。发电机定子铁芯由导磁良好的硅钢片叠成，铁芯内圆周均匀分布着许多槽。定子绕组嵌放在定子槽内，组成三相绕组，每相绕组由多个线圈组成；转子是多极结构，在转子磁轭外圆周安装有多个永磁体磁极，形成多凸极转子，相邻永磁体外表面极性相反。转子磁轭通过转子支架固定在转子支撑轴上。

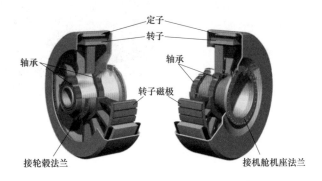

图 5-6 直驱内转子永磁发电机

三、常见故障

因为发电机属于旋转电气设备，所以其发生的故障类型主要有机械故障和电气故障两大类。其中，机械故障主要有轴承故障、鼠笼式转子断条故障、动平衡故障等；电气故障主要有绕组绝缘击穿故障、集电环故障等。此外，发电机冷却系统也可能发生故障。发电机故障通常可通过检测其温度、电流、振动等信号来完成相应的分析。

1. 机械故障

（1）轴承故障。主要表现为发电机轴承损坏，导致发电机振动异常，严重的轴承损坏会导致轴承高温卡死，甚至是定转子扫膛。其故障原因主要有：发电机安装后对中度不合格；发电机润滑不及时或者不合理，造成欠润滑；变流器励磁型发电机部分轴承为非绝缘轴承，当轴承端盖绝缘破损后，发电机转轴碳刷接地不良，压差较大，导致轴承轴电流腐蚀。

（2）转子断条故障。转子断条故障主要表现为鼠笼式发电机定子三相不平衡，无法并网。主要原因是鼠笼转子加工过程焊接工艺不良，笼条在铁芯槽内压接不紧，运行中在离心力作用下窜动。

（3）动平衡故障。动平衡故障主要表现为转子旋转过程中振动大、噪声大。主要原因是转子动平衡衬块损坏或丢失。

2. 电气故障

（1）绕组绝缘击穿故障。绕组绝缘击穿主要表现为绕组对地绝缘为零、相间断路、匝间及层间短路故障。主要原因有：机械故障导致定转子摩擦扫膛，绝缘破坏；发电机长时间工作在过载运行状态下，散热效果劣化造成绕组工作在超过规定绝缘温度的情况下，造成绕组绝缘快速老化，直至损坏；发电机绕组制造工艺存在缺陷，绕组引线、槽内绝缘等部位发生绝缘损坏；若为双馈机组，还应包括发电机风扇扇叶脱落坏绕组，发电机绕组、端部、接头、出线电缆焊接处受潮等原因。

（2）集电环故障（双馈机组）。集电环故障主要表现在集电环短路烧毁，滑道严重磨损，刷架损坏。主要原因有：集电环维护不到位，碳刷不能按时更换，碳粉不能及时清除；集电环安装不当，碳刷未经过预磨，集电环拉弧；集电环或碳刷生产质量较差，使用时间较短便发生严重磨损。

3. 冷却系统故障

冷却系统故障表现在效率下降，造成设备过热停机。风冷系统主要原因是散热板受尘土、油污附着影响，冷却效率降低，或发电机冷却风扇进风口滤棉堵塞，通风量降低，冷却效率下降。水冷系统冷却故障主要为冷却水循环系统密封件老化导致泄漏，冷却水流量不足，或水冷泵膨胀管损坏，导致系统压力不稳。

第二节　发电机检查与维护

一、双馈异步发电机检查与维护

（1）定子绕组绝缘电阻测量：一般每半年至一年检查一次定子绕组绝缘电阻。

（2）轴承的维护、保养及更换：检查轴承自动加脂装置运行正常，油脂量满足要求，油脂牌号正确；清理废脂排出口废油脂；补加油脂时不得用手直接接触油脂，防止污染油脂。

（3）发电机集电环、碳刷维护及碳粉盒清理：检查碳刷支架无腐蚀、点蚀，表面清洁良好；检查集电环无腐蚀、点蚀，集电环环室清洁良好；检查碳刷磨损程度，当任一碳刷磨损达到更换标记线、两碳刷长度相差较大时应将发电机所有碳刷全部更换，确保更换后所有的碳刷表面所刻的编码相同；检查集电环、刷握、连接线、刷架、绝缘是否被碳粉污染，一般每半年进行一次清理，发电机集电环实物图如图5-7所示。

图 5-7　发电机集电环实物图

（4）加热器的开启与关闭：当发电机停机时间较长，环境湿度较大，环境温度较低时，开启加热器。绕组绝缘电阻低于国家标准时，需要开启电机内加热器。一般应每半年至一年检查一次加热器。

（5）定转子接线盒及辅助接线盒检查：检查时需在机组维护状态下进行，且进行铜排验电确认无电后进行；定转子接线盒内无干燥剂和其他异物；定转子接线螺栓、铜排无高温氧化痕迹，螺栓对齐标记线无错位；辅助接线盒端子排及接线无松动、定转子接线无松动；定转子接线盒内清洁、干燥、无凝露，密封良好。定转子接线盒位置示意图，如图5-8所示。

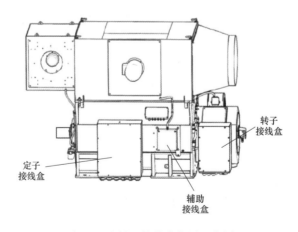

图 5-8　定转子接线盒位置示意图

（6）发电机冷却系统维护。针对空冷系统检查：散热器外观完好，安装牢固，无损坏、锈蚀；风道组件外观完好，无损坏，漆面无开裂、起泡、脱落等；风道组件软连接卡箍无脱落、锈蚀；风道组件吊架、支架外观完好；连接螺栓防腐完好，无锈蚀，无松动，防松标记线清晰；散热风扇电机运行振动、噪声正常，一般每半年使用手动加脂枪给风扇轴承加润滑脂；一般每半年拆下叶轮侧与机舱侧进风滤棉，目视检查滤棉外观及脏污情况，并清理滤棉，一般每1～2年更换一次进风滤棉。根据项目实际情况可缩短清理与更换周期。图5-9所示为发电机空冷系统图。

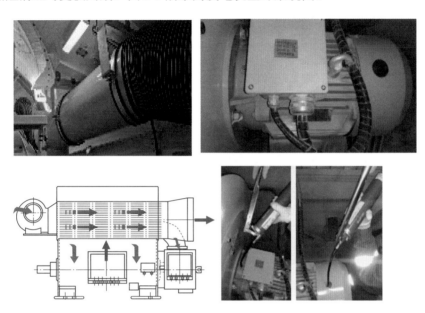

图5-9　空冷系统

针对水冷系统检查：检查冷却器固定螺栓紧固完好；检查冷却剂防冻等级满足要求；通过压力表检查系统压力正常；检查所有管道和软管密封完好、无泄漏；检查软管和螺栓连接是否紧固；使用无纤维抹布和清洗剂清除冷却器的脏物；用扭矩扳手按规定力矩值校验泵单元的固定螺栓；更换漏水处的密封件及管道。图5-10所示为发电机水冷系统图。

图5-10　水冷系统

（7）联轴器检查：联轴器的检查维护项目详见联轴器章节，图5-11所示为联轴器结构示意图。

图 5-11 联轴器结构示意图

二、直驱永磁发电机检查与维护

（1）发电机异常振动或异响检查：发电机运行无异响，内部无异物残留。

（2）发电机绝缘电阻测量：检查发电机绝缘性能满足要求。测量绝缘前，要锁定叶轮，打开发电机开关柜后盖板，使用万用表交流电压挡测量动力电缆对地交流电压为零，方可测量发电机绝缘电阻。

（3）主轴系轴承密封：检查密封圈外观完好，无损坏、鼓包，无明显老化泛白、龟裂，局部异常漏脂；检查密封圈唇口处油脂及附近无碎屑和粉末；检查密封圈唇口处与接触面贴合良好，如密封圈损坏、老化，唇口部分或整体翻唇需更换密封圈。

（4）发电机主轴承油脂检查：确保油脂量充足，轴承加脂维护周期间隔时间不超过 7 个月；通过对油脂进行取样并送检，根据油脂检测报告判断油脂是否需要更换，保障油脂满足主轴承的润滑要求。

（5）集中润滑油泵检查：检查泵体表面及软管无破损、无漏油，泵体及管路固定可靠；油管连接点干净、无油脂，油管无堵塞和漏油现象；检查泵体安全阀处无油脂溢出；检查递进分配器安全阀处无油脂溢出；油管接头处油情况正常、无漏油现象；油脂补充至油罐 MAX 刻度线。图 5-12 所示为集中润滑油泵实物图。

图 5-12 集中润滑油泵实物图

（6）润滑系统功能检查：强制泵运行几分钟，检查无噪声和异常振动；插拔快插连接头后确保插接到位（进行打油测试，防止漏油）；检查润滑反馈传感器信号正常油位传感器信号正常；检查每个润滑点能正常出油，无漏油；若安全阀处有油脂溢出，说明系统内压力过高，需查明原因并处理；若递进分配器安全阀处有油脂溢出，表示系统有堵塞，需查明原因并处理。

（7）滑环维护检查：维护周期为每年或者每一千万转；滑环运行满半年之后需要加厂家提供的特定滑环润滑油，不允许使用其他润滑油代替。

（8）发电机紧固件维护：目视检查螺栓、螺母外观正常，编号和防松标记线完好。使用扭矩扳手按年检力矩检查每个节点螺栓，螺栓应无断裂，螺栓或螺母圆周向无明显转动。使用毛刷蘸取冷喷锌，将检查的螺栓表面刷涂防腐层。使用记号笔在重新刷涂防腐层的螺栓做防松标记；如螺栓或螺母松动超标，需记录该处螺栓编号及松动信息，并使用施工力矩重新紧固该节点全部螺栓；如螺栓断裂，需更换断裂螺栓及左右一定数量的螺栓。

（9）发电机冷却系统检查：拆开散热器盖板，目视检查热交换器外观，并清理表面脏污。若发现损坏部件，及时更换。

（10）发电机滤棉更换：一般每1～2年进行一次滤棉更换。

第三节　发电机典型故障处理

鼠笼型异步发电机和双馈异步发电机常见故障为轴承损坏、绕组绝缘损坏、转子扫膛、定转子引线损坏、集电环故障等。直驱发电机常见故障有绕组温度高、绕组绝缘损坏和轴承损坏等。下面详细介绍部分典型故障及其处理方法。

一、双馈异步发电机转子轴颈磨损

（1）故障现象：发电机运行中振动增大，检修中检查发现转子轴径磨损。

（2）故障原因：发电机转子轴颈磨损一般是由于轴承缺少润滑脂，润滑脂中有杂质或轴承严重电腐蚀等原因，运行中轴承温度快速升高，轴承温度保护未及时动作，轴承滚动体受热膨胀卡死，导致轴颈与轴承内圈轴瓦剧烈摩擦，转子轴颈高温变色，并出现严重磨损。另外，也有维护更换轴承时对轴径造成损伤，运行后由于转子轴振动导致轴承轴向窜动，从而对轴承造成磨损的情况。

（3）处理方法：

1）发电机下架，返厂修复。发电机轴承抱死造成的轴径磨损一般较为严重，且有可能造成定、转子之间的摩擦，故障发生后发电机转子无法正常旋转，需要将发电机整体拆卸下来，返厂全面解体检查，转轴受损部位修复到设计尺寸，重新组装并进行相关试验后恢复机组运行。

2）现场修复。轴径损伤较轻的，也有塔上采用聚合物材料修复的相关工艺。其处理工艺过程包括磨损表面清理、聚合物材料涂抹、采用专用工装加温固化、拆卸工装复核尺寸、装配轴承等步骤。

二、双馈异步发电机转子扫膛

（1）故障现象：某风力发电机组发电机由于轴承润滑不良且未按时进行振动监测发生轴承故障，造成电机转子扫膛，报绕组高温，最终变流器过流保护动作。经检查绕组电气绝缘损坏，经测量绕组的对地绝缘为零，发电机不能正常运行。吊卸发电机返厂拆解并进行维修，返厂期间发现电机定子线圈绝缘和槽楔部分损坏。

（2）故障原因：转子扫膛故障一般是由于转子绕组局部击穿、转子驱动端转轴损坏造成的。

（3）处理方法：

1）全面检查定子绕组和转子绕组，对绝缘受损部分修复或更换部分绕组，清洗烘干定、转子绕组。

2）清洗烘干之后更换定子全部槽楔，对电机做对地耐压试验和匝间试验，合格后电机定子真空压力浸漆两次。

3）对电机转轴进行探伤、修理或更换，更换驱动端及非驱动端轴承，更换转子滑环、刷握和电刷。

4）进行转子动平衡试验。

5）再次对电机定、转子绕组做耐压试验和匝间试验。

6）发电机各项试验合格后，对发电机进行组装。

7）对轴承温度传感器、加热器、热电阻等元件进行测试，更换不合格元件，发电机组装完成后，进行出厂试验。

8）喷外表面漆后返回风电场使用。

三、双馈异步发电机轴承轴电流腐蚀

（1）故障现象：发电机轴端振动超标，解体检查轴承滑道表面形成密集的楼板纹路，表面凹凸不平。

（2）故障原因：由于轴承端盖绝缘破坏，变流器产生的高频共模电压形成的轴电流使轴承短期内形成密集的楼板纹路，造成深道凹凸不平，振动加大，最终导致轴承的失效。

（3）处理办法：更换轴承。

1）将风力发电机组停运，进入"维护"状态。在操作把手上挂"禁止操作"标示牌，锁定叶轮。

2）拆除联轴器。使用扳手拆除弹性联轴器护罩；使用扳手拆卸联轴器与发电机和齿轮箱连接螺栓；拆除联轴器；使用内六角扳手拆除发电机输入端耦合部件。

3）拆除发电机附件。拆除发电机冷却通道前端盖部件下方排油管；拆除发电机注油塞及连接软管；拆除发电机冷却通道与冷却通道挡油环的连接；拆除发电机冷却通道及挡油环部件。

4）拆除发电机轴承附件。拆除注油软管，清理并保护好软管；拆除发电机前轴承 PT100 温度传感器；拆除发电机轴前端平键；使用内六角扳手拆除发电机前轴承外部端盖上一颗六角螺栓，在此位置安装同型号螺杆，再拆除剩余的 3 个六角螺栓；使用发电机前轴承前端盖拆卸工装分离轴承前挡油环，清理并做好保护。

5）拆卸发电机轴承。在端盖剩余的 3 个螺栓孔安装螺杆，使用支撑工具支撑发电机轴，再使用液压千斤顶及圆盘工装拆卸发电机端盖；使用电磁加热器对轴承进行加热，利用液压千斤顶及发电机轴承拆卸工装拉出轴承；清理发电机端盖及轴承内端盖，用绝缘电阻表 1000V 挡测量轴承座与发电机端盖绝缘电阻（大于 1GΩ），保护好端盖。

6）安装前轴承及装配。将轴承内端盖安装到轴承座上，并填充油脂到内端盖；使用电磁加热器加热轴承到 110℃，温度达到后最短时间内将轴承安装到位，并施加外力一段时间，待轴承冷却后，填充油脂到轴承内；用手拉葫芦吊起发电机端盖，将两根螺杆通过端盖与轴承内通道连接，用支撑工具支撑发电机轴，将端盖安装到拆卸前位置（注意注油孔位置）、使用扳手对角旋紧发电机端盖上螺栓；拆除支撑工具，将填充好润滑油的挡油环安装到位，使用内六角扳手紧固前端盖四根螺栓；使用内六角扳手安装平键及法兰。

7）发电机轴对中。在刹车盘处装上盘车装置，松开低速轴和高速轴机械锁；安装发电机前后及左右调整工具；机械调整、安装联轴器；使用时钟法或任意三点法测量数据，进行进一步轴对中；轴对中完成后，紧固发电机地脚螺栓。

四、双馈异步发电机集电环表面磨损

（1）故障现象：碳刷磨损速度加快，检查集电环表面不光滑或有烧蚀痕迹。

（2）故障原因：集电环是电接触面，正常运行时通过与碳刷的滑动接触传递励磁电流，集电环的表面质量反映出碳刷的运行特性。当碳刷质量不良，局部杂质硬度较高，会在集电环表面形成划痕，从而加剧碳刷的磨损速度，缩短碳刷更换周期。严重情况下，碳刷与集电环表面接触不良，导致碳刷分布电流不均衡，碳刷和集电环表面温度异常升高，甚至出现电流烧蚀痕迹。

（3）处理方法：

1）如集电环表面有烧结点，大面积烧伤或烧痕，导致集电环径向跳动超差的，需重新修磨集电环。修磨时要求集电环表面粗糙度达到 Rz10。

2）如集电环表面磨损较轻，局部修磨处理时尽可能不要磨掉光泽层，光泽层可保证在现有的运行状态下接触良好。

3）定期做好集电环和碳刷的维护。用刷子仔细清洁集电环的槽和中间空间；用不带纤维的软布清洁所有部件（如有必要，用丙酮沾湿）；用工业真空吸尘器彻底清洁集电环室，清洁之后检查集电环室绝缘值符合技术要求。

五、双馈异步发电机定转子引线故障

（1）故障现象：发电机定子引线故障时，引发定子电流缺相故障；转子引线故障时，引发转子电流缺相或变流器脉冲丢失故障。

（2）故障原因：发电机定、转子引线故障一般是存在质量隐患，发电机运转过程中受到电磁力和振动的影响，发生连接部位断裂，接触不良烧蚀、碳化等。

（3）处理方法（以转子引线故障处理为例）：

1）拆除固定转子引出线的压线座及其螺栓等附件，并对周围进行防护，清理绕组连接部位碳化的绝缘。

2）使用相应工具掏出转子轴孔内的固化胶，然后抽出三根转子引出线。

3）将剥掉绝缘的绕组连接部位清理干净，如连接部位有烧瘤等损伤，将烧瘤部位补焊并打磨平整。

4）重新在轴孔安装新的转子引出线。

5）调整线头之间的距离，将引出线头固定在绕组连接部位上，然后安装压线座等附件。

6）从转子引出线轴孔出线处对转子绕组进行检查。检查项目包括用绝缘电阻表测试绝缘电阻（见图 5-13），用双臂电桥检测直流电阻。

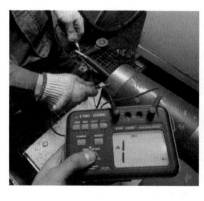

图 5-13　转子绝缘电阻检查示意图

7）按照发电机出厂标准对转子进行绝缘包扎：线头部位先用云母带半叠包 2 次，

然后用玻璃丝带半叠包 1 次。

8）在新包绝缘和转子过桥线上刷绝缘漆，并加热使绝缘漆渗入毛毡内。

9）重新使用配比好的环氧胶灌封轴孔，待环氧胶 24h 固化后再进行发电机恢复。

六、直驱发电机轴承温度高

（1）故障现象：SCADA 或诊断系统报发电机轴承温度高故障信号，经检查曲线或就地测量判断温度元件及检测回路正常。

（2）故障原因：发电机轴承温度高的主要原因是轴承润滑不良。一般有以下几种情况：

1）轴承密封损坏导致大量漏脂，进而使轴承内部润滑量不足而导致摩擦加剧，出现轴承温度异常升高现象。

2）自动润滑系统故障，主要是润滑系统中部件故障损坏（管道、分配器堵塞，润滑泵损坏）导致不能给轴承正常供油脂或是润滑泵中无油脂导致无法正常给轴承提供油脂，造成轴承长时间摩擦加剧，出现轴承温度异常升高的现象。

3）轴承本身损坏（如滑道、滚动体、保持架损坏）也会出现温升高的现象发生。

（3）处理方法：

1）对润滑泵进行定期补充油脂。

2）排查处理润滑系统各个部件故障，确保自动润滑系统正常运行；对润滑泵损坏的情况需进行现场检查并进行修复，如不能修复则更换新的润滑泵。对分配器堵塞情况，需采用高压电动加脂泵采用稀油脂（如克虏伯 14-41、美孚 007 等）对分配器进行加注，同时根据实际情况可配合采用热风枪辅助加热分配器本体，直至分配器正常出油为止。管道堵塞需使用专用疏通工具进行管道疏通，确保畅通。

3）对密封圈损坏出现大量漏脂的发电机，需更换密封圈，如图 5-14 所示。

图 5-14　密封圈更换示意图

4）对于轴承内部滑道、滚动体、保持架损坏的情况，需及时更换轴承。

七、直驱发电机绕组超温

（1）故障现象：SCADA 或诊断系统报发电机绕组温度高故障信号，经检查曲线或就地测量判断温度元件及检测回路正常。

（2）故障原因：引起绕组超温的原因一般有定转子气隙偏差、发电机散热系统问题、散热系统回流风影响等。

1）轴承损坏导致定子出现偏离安装轴心，定、转子之间的间隙（气隙）减小，导致定、转子摩擦造成温升高。

2）散热系统问题主要有散热片灰尘杂物较多，散热效果差，导致绕组温升高。

3）回流风现象主要是发电机散热系统排出的热风被散热系统重新吸入至发电机内，造成温升高的现象。

（3）处理方法：

1）对于定、转子气隙问题，需使用专用量具进行气隙测量，必要时进行返厂维修，更换轴承。

2）对于发电机散热系统问题，需使用高压水枪等工具对散热片进行清洗，确保无灰尘及杂物，保证良好的散热效果。

3）对于回流风影响，需使用玻璃钢、自攻螺钉、玻璃胶对位于散热器与机舱固定架之间的长条形缝隙、散热器四周缝隙进行封堵，确保回流热风无法再次进入散热器中。

八、直驱发电机绝缘电阻低

（1）故障现象：测量发电机绕组绝缘低于 50Ω。

（2）故障原因：

1）潮湿、灰尘、导电微粒或其他污染物导致发电机绕组受潮或出现绝缘损伤。

2）定子引线和接线绝缘层因机械原因出现破损或污染受潮。

3）散热不良、过负荷引起温度过高，导致绝缘老化。

（3）处理方法：

1）对发电机定子绕组、铁芯部件和发电机引出线接线盒等部位进行清洁和干燥。

2）检查线圈支撑及槽楔，检查是否有外物或振动过大。

3）检查发电机是否过负荷，通风是否不良，积灰是否过多造成过热，并进行对应处理。

4）使用 1000V 挡绝缘电阻表对发电机定子绝缘进行测量，要求发电机绕组绝缘不低于 50Ω。测量前应锁定叶轮，用短接线把定子出线对地放电，再进行绝缘测量。

第四节　发电机典型作业案例

一、案例 1：发电机轴承油脂补充及更换

为了保证发电机轴承工作正常，应该定期补充润滑脂。以某型双馈异步发电机为例，分别从手动、自动加脂和润滑脂更换三个方面进行介绍。

1. 补充润滑脂（手动加脂）

第一周运行以后首次补充润滑脂，后续每 3500 运行小时进行第二次，润滑脂牌号以铭牌为准，补充润滑脂量为驱动端 120g，非驱动端 120g。补充润滑脂时不得超过规定的润滑脂量，避免多余的润滑脂污染发电机内部。

补充润滑脂操作程序如下：

（1）发电机低速（约 300r/min）运行，使用注油枪将规定量的润滑脂加入轴承室内，加油速度不能太快，应分 12 次进行加注，每次 10g 左右。

（2）加完油脂后，从发电机润滑收集器（见图 5-15）清除用过的润滑脂，清理过程中注意观察收集盒里的油脂，检查有无异物、杂质等。

（3）加油人员不得用手直接接触油脂，防止污染，水汽、灰尘等一旦进入轴承，对轴承的寿命影响很大。

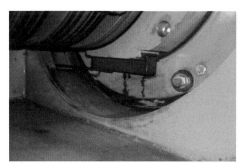

图 5-15　发电机润滑油收集器

2. 自动加脂

发电机带自动注油装置（见图 5-16）的，出厂时已设定好注油量及注油时间。一般自动注油周期为 12h，每次注油量是 0.6mL，如按 3500h 计算则共加油 175mL。

根据油箱内的剩余润滑脂量，及时补充相同牌号的润滑脂。带故障报警的自动注油装置在缺油时，会有相应报警信号提示。补充润滑脂时，注意从润滑脂收集器清除

图 5-16　发电机带自动加油装置

轴承排出的润滑脂，不同型号的自动加油装置使用方法和注意事项不同。

3．更换润滑脂

当长期停机以后、更换轴承时或者使用新牌号润滑脂时必须更换全部的润滑脂。在风机长期停机超过一年时，必须拆除轴承外端盖，目视检查润滑脂状态，检查润滑脂是否是均匀的软性稠度状态且无液化现象，否则，应更换润滑脂；若只有轻微液化，可只补充润滑脂。更换润滑脂的方法有两种。

方法一：

（1）抽出废油脂收集器。

（2）用加油枪将润滑脂从轴承加油嘴处加注，直至排油口完全挤出新油为止。

（3）低速盘车，将轴承室内多余油脂挤出至废油收集器。

方法二：

（1）拆开整个轴承，利用石油溶剂油或者石脑油彻底清洗干净。

（2）待轴承清洗剂挥发完后，给轴承涂抹规定型号或替代型号的新油脂。操作时注意防尘，不能污染轴承和油脂。

（3）回装发电机端盖，低速盘车运行，再通过注油嘴补充部分油脂。

二、案例 2：双馈异步发电机轴承更换

下面以某型双馈异步发电机轴承更换为例进行介绍。

（1）准备工作：办理风机检修工作票，风力发电机组停机，切至维护模式，锁定叶轮和高速轴刹车。

（2）准备工具：扭矩扳手、对中仪、卷尺、角磨机、剥线钳、斜口钳、螺丝刀、棘轮扳手、套筒扳手、开口扳手、活动扳手、内六角扳手、锉刀、铁锤、撬棍、木锤、电磁炉、油盆、吊带、抹布和砂纸若干（具体规格型号根据机型进行选择）。

（3）更换过程：

1）将发电机后端编码器、滑环、注油器油管及端盖附属部件用扳手拆下，然后把发电机主碳刷和接地碳刷一并拆下。

2）把发电机的温度传感器线、发电机排风扇线、加热器线、碳刷报警反馈线、转子接线等全部拆除，拆除的线做好标记，如图 5-17 所示。

3）上述工作完毕后，考虑到整体较重，将转子接线箱及相连的滑环室螺栓拆下，

用吊带牢牢锁住。至少需要 4 个人拖住，然后用顶丝将转子接线箱及相连的滑环室顶出，整个过程中要注意安全，避免伤人。

　　4）完成 3）的工作后，操作人员对在最外边的发电机轴风扇采取角磨机切割处理，如图 5-18 所示。

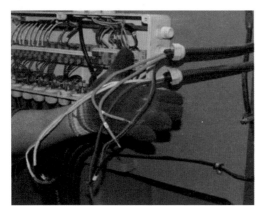

图 5-17　发电机电气线缆拆卸　　　　　　　图 5-18　发电机轴风扇处理

　　5）割掉轴风扇之后，拆除轴承压盖（在上图轴风扇左方）螺栓，如图 5-19 所示。

　　6）将图 5-19 中的电机端盖螺栓用套头扳手全部拆下后，在顶丝孔内插上顶丝，用扳手进行操作，直到电机端盖完全顶开，如图 5-20 所示。

图 5-19　发电机轴承压盖拆卸　　　　　　　图 5-20　发电机端盖拆卸

　　注意：端盖较重，在此过程中切勿使电机端盖掉在轴上，避免损伤发电机轴。

　　7）端盖拆开后，可以看到轴承和轴承外环挡圈。将轴承外环挡圈取出后，因为轴承是加热后胀套连接在轴上面，为避免在机舱动火，采取用角磨机切割的方式将轴承切割为两部分。操作与切割轴风扇相同，切割下来的轴承如图 5-21 所示。此时发电机尾部的状态如图 5-22 所示,中间白色区域为轴承内部的绝缘陶瓷。

图 5-21 发电机轴承切割后状态

图 5-22 发电机轴承拆除后状态

8)把绝缘陶瓷取下后,用内六角扳手将轴承内挡圈螺栓全部拆下,把拆下后的螺栓当作顶丝将内挡圈拆下后,此时发电机尾部状态如图 5-23 所示。

图 5-23 发电机轴承内挡圈拆除后状态

9)发电机轴承拆卸工作全部完成,将拆下后的轴承挡圈上的油污全部擦拭干净。

10)把轴承内挡圈恢复安装,并涂抹要求的油脂。

11)将内挡圈均匀上紧后,安装轴承与内挡圈的弹簧,此时把加热好的轴承(事先把轴承放置在充满油的金属盘内,用电磁炉或电涡流轴承加热器最大功率加热至 110℃ 左右)安装在轴上,如图 5-24 所示。

图 5-24 发电机轴承安装

12)在轴承外端面涂好油脂,安装轴承外挡圈,如图 5-25 所示。

13)安装发电机端盖,将发电机端盖抬到轴上后,对准缝隙。插进工装螺杆,把发电机端盖拉进工作面，如图 5-26 所示。

图 5-25 发电机轴承外挡圈安装

图 5-26 发电机端盖安装

14）安装好发电机尾部接线盒和与其相连的滑环室，如图 5-27 所示。

15）将滑环用吊带绑好。

16）把滑环安装到滑环室内，并安装好编码器，如图 5-28 所示。

图 5-27 发电机接线盒安装及连接

图 5-28 发电机滑环安装

17）将后盖板安装好之后，恢复所有之前拆卸的与发电机相连接的线路和部件。

18）清理之前角磨机等工作产生的碎屑、油渍及垃圾。

19）启动风机检查发电机工作声音正常，并对发电机进行轴对中工作。

20）恢复风机运行。

三、案例 3：直驱发电机整体更换

直驱发电机损坏后（轴承问题、定子绕组问题），需将其下塔返回发电机厂家维修处理。下面以某直驱发电机下塔更换为例详细说明。

（1）切断控制柜内与发电机及其部件连接电源，对拆除的电气接线进行编号。

（2）发电机更换的详细步骤如下：

1）拆卸滑环、滑环支架及拨叉：确保发电机拆卸过程无任何与机舱连接或干涉部件。

2）拆卸液压油管：油管拆卸前应进行泄压，拆卸发电机转子制动器液压管、发电机锁定销的两根油管。油管拆卸时，应使用容器将油管内的液压油收集起来；油管拆卸完，应将油管理顺并进行盘绕，使用干净的塑料袋进行封堵防护。

3）拆卸发电机冷却管：使用一字螺丝刀将发电机冷却管的卡箍松到最大，将发电机冷却管道拆卸，并将卡箍取下，妥善存放于机舱内。

4）发电机运输支架摆放：发电机运输支架摆放建议，如图 5-29 所示。

5）提升发电机吊具：准备规格为 6t 吊带和卸扣各 1 个，提升吊点提升发电机吊具（发电机拆卸吊点），如图 5-30 所示。

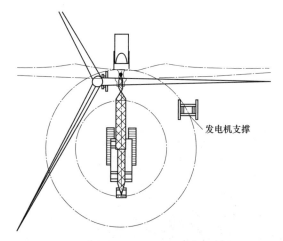

图 5-29 发电机运输支架摆放示意图

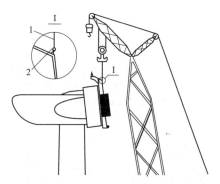

图 5-30 发电机吊具提升示意图

1—吊带；2—吊耳

6）安装发电机拆卸吊具：发电机吊梁定位销与发电机法兰上定位销孔应重合，发电机左右两侧的定轴法兰孔上分别绑一根缆风绳，如图 5-31 所示。

其中，发电机吊具安装所需物资有环眼圆带、弓形卸扣、发电机吊具 1 套、相应规格螺栓若干。

7）发电机拆卸：主吊缓慢提升，当提升力约 85t（准确提升力按实际情况调整）时停止提升并保持提升力，拆卸发电机与机舱之间的连接螺栓。螺栓拆卸时建议全部打松后再按照十字对角方式拆卸，将发电机缓慢降落至离地面约 1m 处停止，挂辅吊翻身吊具，如图 5-32 所示。其中，发电机翻身所需物资有 1 根环型吊带，1 个 U 型卸扣。

8）连接支架螺栓：将发电机放置在运输支架上，使用螺栓连接发电机与运输支架，然后拆卸掉的螺栓要涂红色标示，返回厂家作报废处理。

9）拆卸发电机吊具：拆除发电机吊具，拆卸时应缓慢，防止吊梁磕碰发电机。

10）发电机防护：定子上舱门、定子下表面所有通孔、排水孔等用紧实宽胶带封堵；安装发电机防雨罩，防止雨水进入。

11）发电机下塔后返回至厂家进行修理。

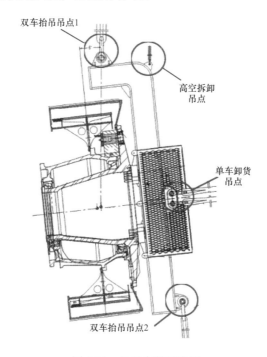

图 5-31 吊具安装示意图

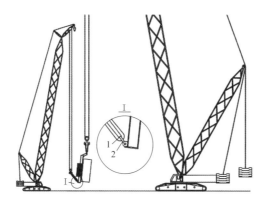

图 5-32 发电机翻身示意图

1—吊带；2—U 型环

第六章

风力发电机组基础和塔架维护与检修

风力发电机组基础、塔架、主机架、机舱罩是风力发电机组的主要承装和支撑部件，起到保护风力发电机组内零部件免受外界风雨、灰尘、紫外线等侵害的作用，它的维护与检修直接关系到风力发电机组的安全。通过本章内容的学习，应熟悉风力发电机组基础、塔架、主机架、机舱罩的基本结构组成，了解检查与维护专业知识，掌握常用典型作业的方法。

第一节　基础和塔架概述

一、基础简介

风力发电机组基础为风力发电机组的主要承载部件，它通过基础环法兰连接风力发电机组的塔架，以支撑机舱、叶片等大型部件的重量，依靠自身重力来承受上部塔架传来的竖向荷载、水平荷载和颠覆力矩，要求其具有足够的抗压、抗扭和抗冲击的性能，并且在极端气候条件下保证风力发电机组的安全。一旦发生事故，将对风力发电机组系统造成毁灭性的破坏和巨大的经济损失。风力发电机组基础在设计、施工过程中存在问题时，将引起地基失效或风力发电机组塔架连同人工基础一起拔起，造成整体倒塌、倾覆等毁灭性的破坏，如图6-1所示。

图6-1　风机基础被拔起

陆上风力发电机组基础均为现浇钢筋混凝土独立基础，主要有重力式扩展基础（见图6-2）、重力式锚栓基础、锚栓式岩石锚杆基础、梁板式基础（见图6-3）、短桩基础（见图6-4）

等。另外，还有复合式基础（见图6-5）、预应力锚栓基础等。

图6-2 重力式扩展基础

图6-3 梁板式基础

图6-4 短桩基础

图6-5 箱式变压器复合式基础

    海上风力发电机组基础主要有重力式基础（见图6-6）、单桩基础（见图6-7）、三脚架式基础（见图6-8）、导管架式基础（见图6-9）、多桩式基础（见图6-10）和飘浮式基础（见图6-11）等。

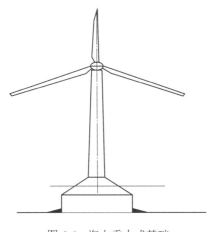

图6-6 海上重力式基础

图6-7 单桩基础

图 6-8　三脚架式基础

图 6-9　导管架式基础

图 6-10　多桩式基础

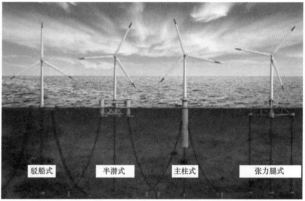

　　　　驳船式　　　　半潜式　　　　主柱式　　　　张力腿式

图 6-11　漂浮式基础

二、塔架简介

　　塔架是支撑机舱、轮毂、叶片的结构部件。风力发电机组塔架结构有别于一般的高耸建筑结构，其坐落在不同地质条件的地基上，所处环境条件非常复杂，不仅受到随机性很强的、非定常风的作用，还有可能面对地震作用。海上风力发电机组塔架还要受到海浪、海流、海冰、台风等特殊动荷载作用，且有风轮运行、调节和静止等不同运行工况，使得结构静力和动力变形很复杂，在这些复杂的动荷载、疲劳荷载以及不同工况作用下将引起连接法兰变形、连接螺栓断裂、防腐失效、焊缝开裂（见图 6-12）等，严重时将发生倒塔事故（见图 6-13）。

　　从结构上分，塔架分筒形钢塔（钢制锥形塔架）、桁架结构塔（见图 6-14）和水泥塔（见图 6-15）。目前，最常用为钢制锥形塔架（见图 6-16），另两种只在风电发展的早期使用过。

图 6-12　塔架焊缝开裂　　　　　　　　　图 6-13　倒塔事故

图 6-14　桁架结构塔　　　　　图 6-15　水泥塔　　　　　图 6-16　钢制锥形塔架

三、主机架简介

主机架是整个机舱和机舱内零部件的主要支撑结构，机舱内还包含机架平台、主桥架、变流器支撑、控制柜支撑等起辅助支撑作用的结构件，如图 6-17 所示。

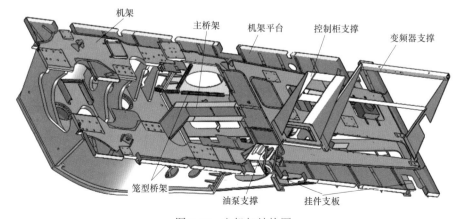

图 6-17　主机架结构图

四、机舱罩简介

机舱罩材料多为玻璃钢，是由聚酯树脂、胶衣、面层、玻璃纤维织物等材料复合而成，保护机舱和风轮内的零部件免受外界风雨、灰尘、紫外线等的侵害。机舱罩主要由左下部机舱罩、右下部机舱罩和上部机舱罩组成，通过螺栓连接组合而成，机舱罩结构如图 6-18 所示。

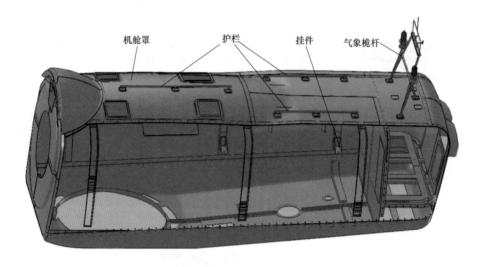

机舱罩　　护栏　　挂件　　气象桅杆

图 6-18　机舱罩结构图

第二节　基础和塔架的检查与维护

塔架和基础日常检查维护内容主要包括风力发电机组塔架、基础和附属设施等检查维护。

一、基础的检查与维护

风力发电机组基础检查维护主要内容包括：

（1）基础外观检查：基础的混凝土有无起砂、开裂、缝隙，平整度符合要求，基础环与基础之间的缝隙防水是否合格，回填土有无异常，周围地面是否低于基础。

（2）定期开展沉降测量，第一年不少于 3 次，第二年不少于 2 次，以后每年至少 1 次。通过沉降量与时间关系曲线判定沉降是否进入稳定阶段，当最后 100 天的沉降速率小于 $0.01 \sim 0.04$mm/d，可认为已进入稳定阶段。

（3）基础水平度测量：上法兰水平度不大于 2mm，绝对值小于 6mm。

二、塔架的检查与维护

塔架的检查与维护主要内容包括：

（1）塔架外观检查：有无明显的变形、锈蚀、裂纹，各段塔架法兰结合面是否接触良好，法兰间隙（用塞尺测量）在 0.2mm 以内。

（2）塔架垂直度检查：单节塔架的垂直度允差一般为 4‰，总高度差值在 4‰且不大于 30mm。

（3）塔架焊缝检查：表面油漆是否完好，有无油漆剥落、开裂、锈蚀等现象；焊缝地热影响区（焊缝两侧各 15mm 左右）的油漆有无拱起、返锈等情况；必要时对塔架焊缝进行无损检测。

（4）出厂时对塔架螺栓进行盐雾腐蚀检查：陆地风电场用紧固件盐雾试验 720h，沿海或海上风电场用紧固件盐雾试验 1000h，基体无红锈，镀层经铬酸盐钝化最小厚度大于或等于 8μm，镀层均匀、无气泡。

（5）塔架螺栓检查：螺栓穿入方向一致，外露 2～3 个螺距；紧固力矩标识有无位移；检查螺栓表面有无浮锈，有锈蚀及时清理，螺栓安装后对防锈漆进行全面补涂；根据主机厂给定的塔架螺栓力矩值，抽取 20%的螺栓，对角十字检测力矩，如果发现一个螺栓松动超过 10°，则 100%检查，对打过的螺栓喷锌处理并且做好防松动标记线。

（6）在日常检查中，发现塔架连接螺栓断裂或失效时应及时进行更换；焊缝开裂等应及时进行返修；塔架油漆脱落、锈蚀等应及时进行修补。

三、主机架检查与维护

风力发电机组主机架检查与维护主要内容包括：

1. 外观检查与维护

使用适量的溶剂或者清洁材料除去残余的油、脂或者含有硅酮的物质。盐、灰尘和其他污染物必须用清洗剂和无纤维清水去除。

2. 防腐检查与维护

目视观察主机架表面的防腐涂层，如发现有破损或锈蚀现象，应采取修复措施，包括砂纸打磨和涂漆。

3. 焊缝检查与维护

目视检查主机架上的焊缝，对检查中发现有焊接缺陷，应根据实际情况对风力发电机组采取无损探伤的方式确定焊缝形状，并核查风力发电机组设计载荷报告，不满足载荷要求时应立即停机，并组织召开专题研讨会确定修复、更换实施方案。

4. 附件检查

（1）目视检查机舱爬梯、爬梯横档的腐蚀情况；外观、功能等，重点检查保护系统钢丝绳的上末端是否损坏；检查所有与塔壁连接的固定块、梯子段与段的接头处的腐蚀情况及连接螺栓力矩。

（2）目视检查电缆夹板是否出现螺丝松动、电缆下滑等现象，若有则应重新调整电缆及电缆夹，使电缆平滑下垂并按照风力发电机组维护手册紧固电缆夹固定螺栓。

5. 螺栓检查

目视检查主机架紧固螺栓是否存在磨损、裂纹、锈蚀等情况。依据厂家提供的维护手册，一般每年定期按照 20% 螺栓进行力矩校核抽样检查，主要检查螺栓力矩值，是否符合设计要求；如存在松动螺栓，需要对该区域所有螺栓进行力矩校核。

6. 焊缝无损探伤

（1）检查主机架内部焊缝质量、塔身腐蚀状况；抽样检查螺栓力矩值，是否符合设计要求。

（2）焊缝超声波探伤检测，BI 级为合格，大于 BI 级的缺陷应及时处理。

四、机舱罩检查与维护

风力发电机组机舱罩检查与维护主要内容包括：

（1）外观检查。目视检查机舱罩是否有破损、裂纹，罩体是否透光；机舱罩表面是否光滑平整、是否有污渍，是否有玻璃纤维外露、毛刺、分层和贫胶等问题。同时检查机舱罩防雷接地线是否有断裂、锈蚀、分叉，检查天窗是否有开裂或裂纹等。

（2）密封性检查。目视检查机舱罩及天窗是否有漏水和渗水等情况，重点检查螺栓连接处是否有渗水痕迹。若无法确定可在机舱顶部以 $0.75L/(min \cdot m^2)$ 的淋水密度，在距离机舱顶面不小于 1000mm 处向机舱罩淋水，连续淋水 30min，观察机舱罩内有无漏水和渗水。

（3）螺栓检查。机舱罩连接螺栓在出厂时已紧固，并做防松标记。维护人员应定期检查螺栓是否有松动、锈蚀等情况。根据螺栓检查结果，对出现松动的螺栓进行紧固，依据厂家提供的维护手册进行紧固，并重新做好防松标记。

（4）定期清理清洁。重点对机舱底部和机舱平台卫生进行清洗，可选用合适的清洗剂，利用抹布、铁刷等对污渍进行清洗。如机舱内有润滑油脂，则及时清理并用垃圾袋装好带走，保障机舱卫生清洁。

五、附属设施检查与维护

附属设施日常检查与维护主要内容包括：

（1）基础、底部塔架、底部控制柜：有无异响、异味等异常现象，若有应分析原因并及时处理。

（2）塔筒门：入口门开、关是否正常，滤网是否清洁；门衬垫密封是否良好，有无锈蚀，门框周边焊缝有无异常等。

（3）爬梯和平台、盖板：塔内爬梯是否牢固，有无锈蚀、脱焊、油漆剥落等异常现象，助（免）爬器或电梯防坠性能是否可靠；平台、盖板有无损坏、松动、锈蚀、开裂，铰链有无腐蚀、损坏，机舱平台接油装置是否处于可靠状态，有无油污溢出现象。

（4）塔架内部照明：设备是否齐全，亮度是否满足工作要求；断电时应急灯是否供电至少 30min。

（5）塔架内部封堵情况：防火堵料、防火包是否密实，不透光亮；塔架、机舱、控制柜孔洞是否封堵，是否有防雨、雪、沙尘、小动物措施；电缆管管口是否封堵严密。

（6）定期检查标识、标牌是否统一、齐全、规范。

（7）定期检查塔架与接地网引雷通道是否连接可靠，塔架基础环上部与底段塔架下法兰间的三个接地连接耳环，通过导线与接地扁铁是否可靠相连。

（8）每年开展接地电阻导通测试，工频接地电阻是否不大于 4Ω。

第三节　基础和塔架典型故障处理

基础和塔架常见故障有机舱罩主梁开裂、机舱罩损伤等。本节详细介绍两种典型故障的处理方法。

一、机舱罩主梁开裂处理

处理方法：

（1）打磨粘接面，不易打磨区域借助电磨头等辅助工具打磨，打磨后表面粉尘清理干净，保证粘接面干燥清洁。

（2）红色粘接面间隔 150mm 左右钻 $\phi10$ 工艺孔，增加粘接强度。注意打孔只打在内部连接框上，本体不打孔。

（3）缝隙内填充 M1-60 结构胶，主剂:固化剂=10:1，混合均匀。

（4）粘接后使用千斤顶、木方支撑顶回原位，挤出多余的结构胶，结构胶厚度 3～5mm，结构胶边角收胶，工艺孔挤出结构胶刮平。

（5）24h 后，待结构胶完全固化后，拆除支撑工装。

（6）表面打磨粗糙，粘接面两侧打磨宽度不小于 300mm，打磨后表面粉尘清理干净，保证粘接面干燥清洁。

（7）手糊加强；铺层 300 短切毡×1+400 方格布×15+300 短切毡×1，糊制时，从内至外织物面积不断增大，与本体粘接宽度由 50mm 逐层阶梯过渡至 250mm，待树脂完全固化后，使用角磨机将内表面打磨平整。

（8）表面刷涂 RAL7035 内表胶衣，待固化后恢复风力发电机运行。

二、机舱罩损伤处理

处理方法：

（1）对受损机舱罩部分进行画线定位，定位标准为呈正规形状（如长方形矩形等）确认好尺寸。

（2）做衬板，在机舱损伤处相对应的另一外侧手糊三层双轴布，布层尺寸须大于损伤孔尺寸四周各 150mm，将双轴布用快速固化剂浸润好后放在塑料布上，沿机舱外侧放下，放置位置保证损伤位置的上部分与侧部分尺寸相符，要求紧贴机舱罩。如在相对应未损伤区域达不到贴机舱要求可选择在损伤孔处侧边做衬板。

（3）衬板固化后取出进行打磨毛边，放置到损伤孔位置进行调整，达到最终保证四周尺寸超出损伤区域各 50mm。并画线定位，将多余的切除。

（4）在衬板画线内手糊 6 层双轴布，糊布前保证好衬板角度，加热固化；恢复衬板外侧腻子油漆。

（5）粘接衬板，将机舱外侧沿损伤区域四周打磨去除油漆，露出玻璃钢结构，并涂抹结构胶，厚度不超 5mm，在衬板两侧和上下侧各用 5mm 的钻头打孔穿好细铁丝，方便调整尺寸，将衬板粘接到损伤区域。并将衬板上细铁丝拉紧从而确保衬板与机舱紧贴，加热固化。

（6）固化后取下细铁丝，在衬板与机舱连接处手糊 4 层双轴布，布宽为 100、200、300、400mm，以连接处中心线为基准。恢复外侧连接处油漆，恢复内侧腻子。

第四节　基础和塔架的典型作业案例

一、案例 1：基础不均匀沉降检查与处理

基础的沉降主要是由地基土体的压缩变形导致。在荷载大于其抗剪强度后，土体产生剪切破坏，导致基础沉降。如果同一基础的某个部位发生急剧下降，导致基础开裂、顶面相对高差超出允许偏差范围，即为不均匀沉降。

（一）不均匀沉降危害

风力发电机组对基础不均匀沉降有较强敏感性，因为基础不均匀沉降将使风力发电机组产生较大的水平偏差，倾斜超标，在机舱及叶片等重载作用下，产生较大的偏心弯矩，从而使原本在水平方向就不能保持平整度的风力发电机组更加倾斜，给风力发电机组运行带来了较大的安全隐患。

（二）不均匀沉降测量

1. 测点设置

目前普遍的对风力发电机组沉降观测的方法是：布设基准点和风力发电机组基础观测点，将基准点和观测点联测。按照 JGJ 6《建筑变形测量规范》第 5.2.1 条规定，每台风力发电机组埋设基准点不少于 3 个，每台风力发电机组基础均匀布设 4 个观测点。基准点的标石埋在基岩层或原状土层中，在基岩壁上也可埋设墙上水准标志。相邻两台风力发电机组由于距离和空间因素也不存在共用基准点，需要布设的基准点就是风力发电机组数量的 3 倍。

2. 观测依据

水准仪和水准标尺的测量依照 JGJ 6《建筑变形测量规范》4.4.3、GB/T 12897《国家一、二等级水准测量规范》和 GB 50026《工程测量规范》相关要求操作。

3. 观察方法

采用精密水准仪及铜水准尺进行，在缺乏上述仪器时，也可采用精密和刻度符合要求的工程水准仪和水准尺进行。观察时应使用固定的人员和测量工具，每次观察均需采用环形闭合方法或往返闭合方法当场进行检查。同一观察点的两次观测差不得大于 1mm，水准测量应采用闭合法进行，检查当年沉降观测记录与往年数据对比，不超过标准值。

4. 观测时间和密度

（1）基础浇筑完成当天开始第一次观测。

（2）基础浇筑完成后一周每天观测一次。

（3）基础浇筑完成一周后每 1～3 个月观测一次。

（4）机组安装当天开始新一轮观测。

（5）机组安装后一周每天观测一次。

（6）机组安装后第一年不少于 3 次。

（7）机组安装后第二年观测 2 次。

（8）机组安装第二年以后每年观测 1 次。

（9）当发现观测结果异常时，应加密观测次数。

应记录每台风机 4 个观测点的沉降量，主要根据主机设计标准、支座沉降量与时间关系曲线。

（三）确保精度提高效率的方法

1. 观测点的保护

观测点不仅受到风沙雨水的影响，还可能受到人为破坏，观测点的完好与否直接决定观测结果的准确性。因此观测点采用不易腐蚀的不锈钢材质，还应有简单的保护措施，防止人为破坏。

2. 水准仪的架设

风电场位于风力资源丰富地区，大部分时间风速较大，应降低水准仪架设高度，避免标尺分划线的成像跳动。当太阳辐射强度大且地表温度高时，为减弱热效应可以提升水准仪的架设高度。

3. 水准尺的架设

观测点表面容易附着细小土砂粒，立尺前应擦拭观测点表面与尺底，保证观测点与尺底干净接触。

（四）检测记录

（1）记录当量直径不小于起始记录当量的缺陷及其在主轴上的波幅和位置。

（2）记录密集区缺陷中最大当量直径的缺陷深度、当量及在主轴上的位置。

（3）记录延伸性缺陷深度、长度范围、最大当量值，以及起、终点在主轴上的位置。

（4）记录缺陷波很强而底波有明显下降甚至消失时的缺陷区。

（五）不均匀沉降处理

1. 堆载纠偏法

风力发电机组基础承台两侧受力不均，从而对原先不均匀沉降进行纠正。施工时应注意加强观测，保证每周两次的观测密度。当不均匀沉降消除后，应立刻挖除堆土，以避免造成新的不均匀沉降情况发生。堆载纠偏法对风力发电机组基础的干扰相对较小，且易于实施、经济合理，但需要较长时间。

2. 注浆法

采用钻机钻至持力层，使用压力泵通过钻孔将水泥浆注入持力层桩尖位置，使桩尖饱和土与水泥固化成水泥土，从而大幅度提高该预应力桩的承载能力。但淤泥流动性强，使浆液无法送至持力层桩尖，从而降低水泥土效果。

二、案例 2：基础环水平度检查

（一）水平度超差的危害

因为塔架基础环连接法兰水平度的微小偏差和倾斜，都会造成塔架顶部中心与垂直轴线之间的严重错位，从而使塔架垂直方向的载荷发生偏移，影响塔架垂直方向的稳定性能。一般要求水平度控制在 2mm 以内，绝对值在 6mm 内。

（二）引起水平度超差的原因

引起基础环水平度超差的原因有很多，如基础不均匀沉降，基础环制造、运输、存放过程中的问题，施工中水平度控制不当均可能造成水平度的偏差超标。

（三）水平度测量

将水平仪放置在基础环附近 5～10m 处（见图 6-19）。在基础环上法兰的圆周每次要均匀地采集 12 个以上点位进行测量。测量时应保证测量仪器与基础环上法兰水平面是垂直的，并应减少扰动。

三、案例 3：垂直度检查

（一）垂直度定义

风力发电机组塔架的截面为圆形，

图 6-19　基础水平度测量

上、下塔架的圆心形成一个轴心线，轴心线相对于基础环水平面的理想状态是垂直，但绝对垂直是不可能的，偏差总是存在的。轴心线相对于基础环水平面的偏差程度，就是塔架垂直度。

（二）塔架垂直度标准要求

单节塔架的垂直度允差一般为 4‰，总高度差值在 4‰，且不大于 30mm。

（三）测量方法

（1）经纬仪法。在塔架高度 1.5 倍远的地方，瞄准塔架顶部，利用经纬仪投测下来，做一标记，量出其与底部的水平距离，用正倒镜投点法观测两个测回，取平均值即可。

（2）激光铅垂仪投测法。利用激光铅垂仪进行塔架轴线自下向上的投测，是一种精度较高、速度快的方法。其基本原理是利用该仪器发射的铅直激光束的投射光斑，在基准点上向上逐层投点，从而确定各层的轴线点位。这种方法的优点是方便、快捷，但需在塔架平台上预留孔洞。

四、案例 4：钢筋腐蚀检测

（一）钢筋腐蚀的危害

（1）钢筋锈蚀，导致截面积减少，从而使钢筋的力学性能下降。

（2）钢筋腐蚀导致钢筋与混凝土之间的结合强度下降，从而不能把钢筋所受的拉伸强度有效传递给混凝土。

（3）钢筋锈蚀生成腐蚀产物，其体积是基体体积的 2～4 倍，腐蚀产物在混凝土和钢筋之间积聚，对混凝土的挤压力逐渐增大，在这种挤压力的作用下混凝土保护层的拉应力逐渐加大，直到开裂、起鼓、剥落。混凝土保护层破坏后，使钢筋与混凝土界面结合强度迅速下降，甚至完全丧失，不但影响建筑物的正常使用，甚至使建筑物遭到完全破坏。

（二）钢筋腐蚀原因

钢筋锈蚀的原因有两个方面：

（1）钢筋保护层的碳化。其碳化的原因是混凝土不密实，抗渗性能不足。硬化的混凝土因为水泥水化，生成氢氧化钙，所以显碱性，pH＞12，此时钢筋表面生成一层稳定、致密、钝化的保护膜，使钢筋不生锈。当不密实的混凝土置于空气中或含二氧化碳环境中时，由于二氧化碳的侵入，混凝土中的氢氧化钙与二氧化碳反应，生成碳酸钙等物质，其碱性逐渐降低，甚至消失，称其为混凝土的碳化。当混凝土的 pH＜12 时，钢筋的钝化保护膜就不稳定，容易遭到破坏，钢筋便会出现锈蚀。

（2）氯离子的含量。据有关试验证明，即便是 pH 值较高的溶液（如 pH＞13），只要有 4～6mg/L 的氯离子含量，就足可以破坏钢筋的钝化保护膜，使钢筋失去钝化，在水和氧气的作用下导致钢筋锈蚀。

（三）钢筋腐蚀检测方法

（1）破损检测。破损检测是物理检测方法的一种，一般是在钢筋锈蚀比较严重的情况下进行，如混凝土由于钢筋锈张力而导致了明显的空鼓、开裂甚至脱落等现象。为了进一步确定钢筋锈蚀的情况，就需要对结构进行破损检测。该方法是利用外力将结构物中已部分破坏的混凝土凿开，直至露出钢筋表面，通过肉眼来观察钢筋的锈蚀情况。必要时还可通过截取部分锈蚀最严重的钢筋，通过截面积损失率或重量损失率来计算钢筋的锈蚀率。破损检测是目前工程中应用较普遍的一种检测结构物中钢筋锈蚀的手段，也是修复钢筋锈蚀结构的一种方法。但该法也存在一定的局限性，就是会对结构物造成较大的损伤，且因为是"点"的检测，所以检测范围和数量及其代表性均受到限制。

（2）无损检测。为了不使结构物产生过大的损伤，人们在工程实践中逐渐研究开发出无损检测。该法通常又分为物理检测和电化学检测两大类。

（四）钢筋腐蚀预防措施

为了防止钢筋锈蚀,必须防止混凝土的碳化或减慢碳化速度和防止氯离子的侵入。而混凝土碳化又是由混凝土抗渗性能不足引起的，所以为防止碳化，必须提高混凝土的抗渗性。其方法有：

（1）降低水灰比。尽量降低水灰比，减少用水量，增加密实度，提高混凝土的抗渗性。

（2）掺入阻锈剂。使钢筋表面的氧化膜趋于稳定，弥补表面的缺陷，使整个钢筋被一层氧化膜所包裹，致密性好，能防止氯离子穿透，从而达到防锈的目的。

（3）选择合适的材料。水泥标号一般不低于 425 号。

（4）加强养护。时间不得少于 14 天，以保证水泥正常水化，增加密实度，提高抗渗性。

五、案例 5：焊缝无损检测

从基础环至机舱，焊接的主要形式是埋弧自动焊。在出厂前塔架厂已经安排了相应的质量检验工作，以确保焊缝质量。但在运行过程中，由于受循环交变应力的影响，塔架焊缝仍有可能沿着塔架圆周方向产生裂纹甚至开裂。裂纹产生的部位可位于塔架焊缝中部的原始缺陷、表面的厚度变化处、结构的突变区等应力集中部位。这些微小的开裂形成了裂纹源，在受到循环交变应力的作用时，裂纹源的扩展可导致塔架的有效承受厚度变小，承载能力迅速下降，造成塔架撕裂、折断、倾覆等灾难性后果。

（一）检测方法

运行过程中，焊缝裂纹的检测主要采取无损检测。无损检测是指在不损害或不影响被检测对象使用性能，不伤害被检测对象内部组织的前提下，对被检物内部及表面的结构、性质、状态，以及缺陷的类型、性质、数量、形状、位置、尺寸、分布及其变化进行检查和测试的方法。无损检测主要有射线检验（RT）、超声波检测（UT）、磁粉检测（MT）和液体渗透检测（PT）四种。塔架的检测通常以超声波和磁粉检测为主。

（二）检测部位

（1）塔架焊缝的检测部位一般选择运行中可能产生裂纹的位置，如基础环与底段塔架的环焊缝、顶段塔架的筒体之间的环焊缝、其他在运行中可能产生较大交变应力部位的焊缝。

（2）所有可检测部位的塔架 T 型接头及其附近的焊缝。

（3）对制造厂质量有怀疑的塔架焊缝应制订详细的检测计划，按台、按批分别进行不低于 10% 的抽检。

（三）检测标准

塔架焊缝无损检测合格级别按 NB/T 47013《承压设备无损检测》和 GB/T 11345《焊缝无损检测　超声检测　技术、检测等级和评定》的要求进行，同时参照塔架厂制造时的标准。一般情况下，在执行射线检测时二级合格，超声波检测时一级合格。

六、案例6：盐雾腐蚀试验

（一）盐雾腐蚀现象

盐雾腐蚀是一种常见且最具破坏性的大气腐蚀，多发生于沿海地区潮湿环境中，主要破坏经达克罗处理的塔架和机舱螺栓性能，在螺栓表面生锈，并造成螺纹损坏，最终降低螺栓的强度，失去紧固的作用，如图6-20所示。

图6-20　塔架螺栓生锈

（二）盐雾腐蚀机理

所谓盐雾是含氯化物的大气，它的主要腐蚀成分是氯化钠。盐雾对金属材料如螺栓表面的腐蚀是由于氯离子穿透螺栓表面的防护层，与内部金属发生电化学反应引起的。同时，氯离子含有一定的水合能，易吸附在金属表面的孔隙、裂缝中，并取代氧化层中的氧，把不溶性的氧化物变成可溶性的氯化物，使钝化态表面变成活泼表面。

（三）盐雾腐蚀试验

为了保证螺栓在盐雾环境的使用性能，在出厂之前螺栓表面必须经特殊处理。目前，常用的表面处理方式为达克罗工艺。检验这种表面处理效果的试验即为盐雾试验。

试验方法：在试验室人工模拟盐雾环境，盐雾含量为天然环境的几倍或几十倍，把螺栓成品置于盐雾试验箱。陆地风电场用紧固件盐雾试验720h，沿海或海上风电场用紧固件盐雾试验1000h，基体无红锈，镀层经铬酸盐钝化最小厚度大于或等于8μm，镀层均匀、无气泡即为合格。

七、案例7：塔架连接螺栓更换

（一）工艺要求

拆除断裂或失效的风力发电机组塔架螺栓，更换新的塔架螺栓，施加合格的施工力矩，保证塔架安全运行。

（二）工作准备

1. 施工工具准备

（1）选择经过标定的拧紧工具，拧紧工具的计量必须交由计量部门定期进行。

（2）施工所用的冲击电动扳手、液压扭矩扳手必须经过标定，其扭矩误差不得大于±5%，合格后方准许使用。

（3）液压扭矩扳手使用时，不得将反力块顶在塔架壁上；液压扭矩扳手一般用于螺栓的终拧。

2. 施工扭矩确定

施工扭矩原则上由主机厂的安装或检修作业指导书提供，作业人员按工艺要求操作即可。

3. 润滑剂选择

通常情况下，润滑剂采用 MoS_2，操作人员按规定领取润滑剂和涂抹工具。如需更换润滑剂，必须重新进行扭矩系数的测定。

4. 螺栓副确认

（1）确认螺栓规格、强度等级、数量、同批次连接副。

（2）连接副和法兰面的清洁、检查。

（3）检查连接副有无达克罗缺损、缺齿及浅纹等缺陷；检查法兰椭圆度、平面度、法兰面内倾度是否符合相关图纸、规范要求。

（三）更换步骤

1. 润滑剂的涂抹

用毛刷将 MoS_2 润滑剂均匀地涂在螺栓螺纹部位。

2. 连接副的安装

（1）安装时，螺栓穿入方向为从下向上插入法兰孔，注意垫片与螺栓的接触面位置正确，垫圈有内倒角的一侧应朝向螺栓头、螺母支撑面。将螺母装在螺栓上，用手带紧。

（2）安装时，严禁强行穿入螺栓。全部螺栓安装后，再次检查螺栓标记、垫圈，螺母安装方向确认无误。

（3）施拧前，应按实际需要量领取连接副，安装剩余的连接副必须装箱妥善保管，不得乱扔、乱放。在安装过程中，不得碰伤螺纹沾染脏物。

（4）螺栓初拧，按对称原则将螺栓分成若干工作单元，用电动扳手初拧螺栓，初拧扭矩不得大于最终扭矩的 50%。

（5）螺栓终拧，按对称原则将螺栓分成若干工作单元，用液压扭矩扳手按最终值的 100%扭矩值拧紧螺母，要求最少 2 人同时操作。拧紧顺序对称、同方向，操作者要同时完成螺母的拧紧。施加扭矩必须连续、平稳，螺栓、垫圈不得与螺母一起转动。如果垫圈发生转动，应更换连接副，按操作程序重新初拧、终拧。操作完成后仔细检查每个连接副，每个连接副在终拧后，立刻逐一用记号笔在螺纹连同螺母、垫片画线终拧标记。初拧和终拧必须在同一天完成。

（6）施工记录，每台塔架在施工进行过程和施工结束后要做好记录。

（四）检查标准

（1）对连接螺栓数的 10%，但不少于 2 个进行扭矩检查。检查时先在螺杆端面和螺母上画一直线，然后将螺母拧松约 60°，再用扭矩扳手重新拧紧，使两线重合，测得此时的扭矩应在 90%～110%施工力矩范围内。

（2）扭矩检查应在螺栓终拧 4h 以后，24h 之内完成。

（五）注意事项

（1）连接副必须按螺栓生产商提供的批号配套使用，并不得改变其出厂状态。

（2）施工时，润滑剂选用、涂抹必须严格执行施工工艺。

（3）单颗螺栓断裂需更换时，邻近螺栓也应同时更换。

八、案例 8：塔筒焊缝返修

（一）工艺要求

（1）返修质量符合 GB/T 19072《风力发电机组　塔架》的相关要求。

（2）对焊缝内部存在的超标缺陷，可采用碳弧气刨剔除，然后焊接修补。

（3）不得采用在塔架焊缝表面贴焊钢板的方法。

（二）人员、材料和设备准备。

（1）焊工经考核合格，持证上岗。

（2）进入现场的焊材应符合相应标准和技术文件规定要求，并具有焊材质量证明书。

（3）主要设备及工具。逆变焊机或硅整流焊机，预热和热处理设备、高温烘箱、恒温箱、除湿机、温度和湿度测量仪、碳弧气刨等设备完好，性能可靠。计量仪表正常，并经检定合格且有效。便携式焊条保温筒、角向磨光机、钢丝刷、凿子、榔头等焊缝清理与修磨工具配备齐全。

（4）焊接环境。

1）施焊环境温度应能保证焊件焊接时所需的足够温度和焊工操作技能不受影响。

2）风速：手工电弧焊小于 8m/s，气体保护焊小于 2m/s。

3）焊接电弧在 1m 范围内的相对湿度小于 90%。

4）在下雨、下雪、刮风期间，必须采取挡风、防雨、防雪、防寒和预加热等有效措施。

（三）现场施工工艺要点

（1）根据检测报告确定焊缝缺陷的性质、尺寸，与内表面的深度。此项工作应由检测人员在现场完成。

（2）在确保人员和设备安全的情况下，对塔架焊缝缺陷进行处理（根据需要可进行碳弧气刨或角向磨光机打磨）。

（3）碳弧气刨打磨后应除去焊缝表面的熔渣、氧化层，并用磁粉探伤确认缺陷已打磨干净。

（4）焊前预热应符合焊接工艺卡的规定。根据塔架壁厚、天气温度等情况，确定是否需要焊前预热及保温措施，并用点温枪测试预热的温度和宽度，确保预热效果。预热方法原则上宜采用电加热，条件不具备时，方可采用火焰加热法。预热宽度以焊缝中心为基准，每侧不应少于焊件厚度的 3 倍，且不小于 50mm。

（5）根据补焊工艺卡的要求，选择焊条、焊接参数、施焊顺序及焊接层次，打底层焊缝焊接后应经自检合格，方可焊接次层；厚壁大径管的焊接应采用多层多道焊；除工艺或检验要求需分次焊接外，每条焊缝宜一次连续焊完。当因故中断焊接时，应采取防止裂纹产生的措施（如后热、缓冷、保温等）。再焊时，应仔细检查确认无裂纹后，方可按原工艺要求继续施焊。

（四）检验标准

（1）焊缝的检验按原设计文件的要求执行。

（2）焊缝外观检验。焊缝表面成型良好，焊缝边缘应圆滑过渡到母材，焊缝表面不允许有裂纹、气孔、未熔合等缺陷。焊缝外形尺寸和表面缺陷应符合原设计文件的要求。

（3）焊缝的无损检验。焊缝的无损检验按原设计文件的要求执行。

（五）安全注意事项

（1）开具动火工作票。

（2）2m 以上高度搭设了工作平台并经验收合格。

（3）现场电缆、仪表等部位已可靠覆盖。

（4）配备了足够数量的灭火器材；安全监护人员已到位。

（5）电焊机开机前要做好设备的安全检查，电焊机工件连线应采用卡夹可靠地固定在焊件上，焊钳连线上接头和破损处应采取可靠的绝缘措施。

（6）焊工必须正确使用劳动保护用品。

（7）工作场地及附近区域不得有易燃易爆物品。

（8）氧气瓶和乙炔瓶放置在防晒棚且距焊接场所 5m 以外，上述两瓶放置距离应在 8m 以上。

（9）使用角向磨光机等修磨焊缝时，应佩戴防护镜。

（六）操作注意事项

（1）严禁在被焊工件表面引弧、试电流或随意焊接临时支撑物。

（2）施焊过程中，应保证起弧和收弧处的质量，收弧时应将弧坑填满。

（3）多层多道焊的接头应错开，并逐层进行自检合格，方可焊接次层。

（七）不宜采用的方法

塔架焊缝缺陷处理切忌采用简单粗暴的打补丁处理法（见图6-21和图6-22）。纵缝与环缝的交叉处（俗称丁字焊缝）非常容易发生焊接缺陷，焊接过程需特别注意。如果此时在焊缝表面再焊上一块钢板，则钢板与焊缝形成角焊缝，角焊缝四周受力更为复杂，再叠加原有的焊接缺陷，极易使焊缝在运行中因应力过大而裂开，对机组运行造成极大的安全隐患。

 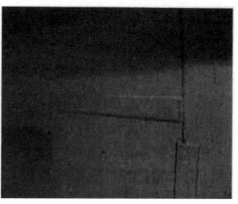

图6-21 不规范处理——塔架环缝打补丁法　　图6-22 危险处理——丁字缝打补丁法

九、案例9：塔架油漆修补

（一）工艺要求

修复塔架防腐层，使之满足塔架防腐总体寿命20年以上，20年内腐蚀深度不超过0.5mm的要求。

（二）防腐分类及失效原因

根据风力发电机组暴露的腐蚀环境，对塔架的防腐等级主要分为以下几类。

（1）C3主要包括城市和工业大气环境，中等程度SO_2污染，低盐度的海岸地区。

（2）C4主要包括工业地区和中等盐度的海岸地区。

（3）C5-I包括具有高湿度和苛刻大气环境的工业地区。

（4）C5-M包括海岸和离岸地区。

塔架在运输或安装过程中油漆不可避免会受到刮伤和碰伤；运行期间受大气腐蚀环境的影响，也会产生锈蚀、油漆起皮、剥落等现象；焊缝返修部位附近因高温产生油漆返黄、起翘等，均会导致防腐失效，如图6-23和图6-24所示。

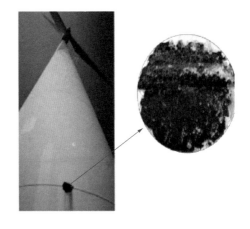

<table>
<tr><td>图 6-23　油漆刮伤</td><td>图 6-24　焊缝锈蚀</td></tr>
</table>

（三）工作准备

（1）用记号笔标出需修补油漆的位置。

（2）使用磨光机、钢丝刷等工具打磨清除铁锈、焊接飞溅等影响油漆质量的杂物，直至露出金属光泽。使用合适的清洁剂去除因探伤而在塔架上遗留的耦合剂、煤油等沾染物。

（3）经打磨修理的部位一定要做斜坡处理达到 45°倒角，并应保证深入到完整油漆层的最小距离要达到 50mm。

（4）确认修补的位置处于清洁、无油、干燥的状态。

（四）修补步骤

（1）预涂：用圆刷子对边、角、焊缝进行刷涂，以及使用无气喷涂对难以接近的部位进行预涂。

（2）喷漆：采用无气喷涂，当修补面积在 $1m^2$ 以下时可采用刷涂。喷漆的厚度参考 GB/T 33423《沿海及海上风电机组防腐技术规范》的相关要求。

（3）油漆干燥时间控制：每道油漆的干燥时间要根据油漆厂商规定的最长涂覆间隔来控制，要在一定的时间内喷涂下道油漆。

（4）其他位置的修补：塔架电气柜支架及其平台采用热浸锌+油漆防腐，其他塔架内附件（直爬梯、爬梯支撑、防雷导线接地耳板、接地板、电缆桥架或电缆夹板、电缆桥架支撑和吊装护栏等）采用热喷锌或热浸锌处理。塔架上、中、下法兰对接接触面喷砂后，不喷涂油漆涂层，而使用火焰喷锌处理。

（5）修补环境要求（以下环境下不允许进行表面油漆作业）：

1）部件的表面温度低于环境空气的露点以上 3℃。

2）当温度低于 5℃或高于 40℃时。

3）相对湿度为80%以上。

4）雨、雪天气，表面有水、有冰，或者大雾时。

（五）检查标准

采用无气喷涂，不允许涂漆过量，外观应无流挂、漏刷、针孔、气泡，薄厚应均匀、颜色一致、平整光亮，并符合规定的色调。视觉效果良好，不许出现"补丁"的样式。

（六）注意事项

（1）所有送达现场的油漆材料必须置于未开启的出厂包装容器中，并且标识清楚，包装齐全，注有厂商名称、油漆牌号、颜色、产品批号、封装日期。

（2）所有的油漆材料储存仓库通风良好，并符合有关安全及防火的要求。油漆材料不可置于阳光直射下，并要防止出现低温霜冻和雨水污染，应根据油漆厂商的规定，储存在温度稳定的场所。油漆仓库必须远离热源、明火、焊接作业场所，以及易产生火星的工具。

（3）不同厂家、不同品种的油漆不得混合使用。

十、案例 10：机舱罩左侧板外表凹陷处理

（1）从机舱罩内部对凹陷处使用木方配合千斤顶从内部支撑，将壳体尽量恢复到原始状态。

（2）打磨去除内部破损玻璃钢及芯材，保留外侧玻璃钢层，打磨区域沿破损处向外 200mm（若查看内部芯材有破损）。

（3）填补芯材：侧板为 25mm 厚 PET 泡沫（100kg/m³）。首先根据破损区域裁切好 PET 泡沫，机舱罩壳体糊制区域刷上手糊树脂，放置 PET 泡沫。

（4）手糊补强：铺层为 $300g/m^2$ 短切毡+$400g/m^2$ 方格布×8+$300g/m^2$ 短切毡，糊制时，从内至外织物面积不断增大，与本体粘接宽度由 100mm 逐层阶梯过渡至 150mm，待树脂完全固化后，使用角磨机将外表面打磨平整。

（5）表面刷涂 RAL7035 内表胶衣，待固化后恢复风力发电机组运行。

第七章

主控系统维护与检修

主控系统和安全链是风力发电机组的重要组成部分，也是风力发电机组的大脑，保障风力发电机组安全、稳定运行的主要系统。本章主要介绍风力发电机组主控系统和安全链的维护、测试、检修。通过本章内容的学习，应了解主控系统和安全链的维护与测试要求，熟悉故障现象及原因分析，掌握检修方法。

第一节　主控系统概述

一、定义与功能

主控系统是指采集风力发电机组信息和其工作环境信息，保护和调节风力发电机组，使其保持在工作要求范围内的系统。主控系统是机组可靠运行的核心，它负责整机状态的切换、信息采集、数据存储、逻辑判断、故障保护、整机的综合控制、执行算法功能等。它对外的 3 个主要接口系统就是监控系统、变桨控制系统以及变频系统（变流器），它与监控系统接口完成风力发电机组实时数据及统计数据的交换，与变桨控制系统接口完成对叶片的控制，实现最大风能捕获以及恒速运行，与变频系统（变流器）接口实现对有功功率和无功功率的自动调节。

安全链系统独立于主控系统的控制，同时也是机组的最后一道保护。它独立于主控系统并高于主控系统，在主控系统失效或失去对机组的控制时保证机组的安全。安全链采用失效－安全原则进行设计，安全链的任意元件失效均不应影响机组的正常保护功能。安全链回路采用不同于其他回路颜色的电缆和端子，防止误接，禁止其他用途电源并接。安全链是一个单信号触发即动作的控制链，当风力发电机组触发安全链中的任何一个信号时，安全链立即动作，使风力发电机组紧急停机，并使主控系统处于闭锁状态。

1. 启动与停机控制

当主控制系统监测到在一段时间（如 2min）内风速仪测得的风速平均值达到风力

发电机组切入风速，且系统自检无故障时，控制系统发出启动指令，机组从等风状态进入启动运行。此时，变桨和变流器等系统会根据主控制器发出的指令做出相应的动作。

当操作人员从现场或监控中心给出停机信号、风能量小于风力发电机组运行需要的能量或系统出现故障需要停机时，主控制系统会根据相应的条件控制变桨、变频和刹车等系统，最终达到停止风力发电机的目的。

2. 并/脱网控制

当风力发电机转速达到并网转速时，主控制器向变流器发出达到并网转速的信号，并与变流器协调控制实现软并网操作。并网完成后根据当前的风速状况，优化桨叶状态，最大利用风能并向电网输入高质量的电能。

正常运行时，主控制器监测风力发电机组出口处的上网电能质量及风力发电机组状态，当检测到需要切除风力发电机组的故障或指令、风速低于切除风速时，主控制器发出脱网指令，风力发电机组主控系统进入脱网操作控制程序。

3. 偏航和解缆控制

偏航是为了最大限度地利用风能和保证风力发电机组系统的安全。偏航分为手动和自动两种。当需要手动偏航时，只需用手旋动偏航开关即可进行手动偏航，手动偏航的实现应该是纯硬件回路而与控制系统没有任何关系；当风向发生变化时，主控制系统会根据实际的风向和当前风力发电机组所处的方向进行相应的偏航对风。

线缆缠绕解缆分为等风解缆和停机解缆。①如果风力发电机组在等风的过程中主控制系统检测到电缆缠绕角度大于设定的参数值，此时需要进行等风解缆，主控制系统会根据电缆缠绕的角度和方向控制偏航电机进行解缆操作。②当风力发电机在正常地发电过程中主控制系统检测到电缆缠绕角度大于设定的参数值，此时主控制系统会停止风力发电机，然后根据实际电缆缠绕的角度和方向控制偏航电机进行解缆操作。当停机解缆完成后，风力发电机组会正常启动。

4. 变桨控制

变桨控制是风力发电机组主控制系统的重要组成部分。在风力发电机组的启动过程中，当风速满足启动条件时，主控制系统会控制变桨系统以一定的速率开桨，此时发电机转速一直上升，当发电机转速上升到接近并网转速时，主控制系统会控制变桨系统将发电机转速稳定在并网转速范围内，此时主控制系统和变流器系统之间进行协调并控制变流器投入力矩完成风力发电机的并网操作，并网操作完成后，主控制系统控制变桨系统将转速稳定在并网转速范围内和控制变流器投入力矩，当投入的力矩达到额定值的90%时，主控制系统控制变桨系统继续往0°开桨，当桨叶角度到达0°或程序规定的最小值或发电机转速超过额定值时，此时将主控制系统中的变桨和变流器自动控制程序投入，即完成了风力发电机的启动过程。

在正常的发电过程中，主控制系统会根据当时的发电机转速和变流器所投入的力矩来控制变桨系统进行桨叶调整，以达到风能的最佳利用。当出现因为系统故障或人为原因需要停机时，主控制系统会控制变桨系统以 4°/s 的速度将桨叶收到 70° 的位置，然后再以 1°/s 的速度将桨叶收到 92° 的位置，此时完成停机操作。

5. 变流器控制

当风力发电机组的转速到达并网转速时并且主控制系统检测到变流器系统准备就绪时，主控制系统会发出指令要求变流器进行并网操作，变流器接收到此信号后执行并网操作并发给主控制系统完成并网操作的指令。

完成并网后，主控制系统会控制变流器系统提升力矩。当力矩提升到额定值的 90% 并且满足桨叶角度到达 0° 或桨叶角度到达程序规定的最小值或发电机转速超过额定值时，将主控制系统对变流器系统的自动控制程序投入，进入自动控制后，主控制系统会根据当前实际的发电机转速来控制变流器的力矩投入值，最终达到最佳的风能利用。

6. 中央监控通信

并网型风力发电机，除了在机舱、塔基进行就地显示和操作外，还具备风力发电机组之间组网到风场监控中心的通信能力，以实现监控中心对风力发电机组的监视和控制。风力发电机组主控制系统配合中央监控系统使其具有如下功能：

（1）对单台风力发电机组和整个风场的风力发电机组进行启动和停止的功能；

（2）具有修改风力发电机组控制参数的功能；

（3）具有对一些实时数据进行显示的功能；

（4）具有对单台风力发电机组和整个风场数据进行处理和存储的功能；

（5）具有在发生紧急情况下发出声光报警的功能；

（6）具有历史数据自动备份的功能；

（7）具有按周、月和年生成报表的功能；

（8）具有通过互联网接入远程监测系统的功能；

（9）具有当监控中心出现故障时不影响风力发电机组运行的功能；

（10）具有能接受上级电网调度指令的功能。

7. 故障报警

（1）风力发电机组通过故障和报警功能，及时反映风力发电机组在运行过程中发生的问题。

风力发电机组的故障包括超速、振动、扭缆、偏航、刹车片磨损、温度过高、温度过低，以及电网、传感器、变流器、变桨系统、液压站故障等。

（2）为保证风力发电机组的正常工作，对非常重要的部件采用两套独立的传感器。对于非常严重的故障不仅需要主控制系统动作，还有一套独立的安全链系统动作，安全链不依赖于主控制系统，并具有最高的优先作用权限。主控制系统得到安全链触发信号应执行紧急保护动作，保证安全制动，并使发电机脱网。

8. 安全链

安全链是由风力发电机组若干关键保护节点串联组成的独立于控制系统的硬件保护回路。其主要关节点信号包括急停按钮、偏航扭缆极限开关、振动开关、发电机超速、叶轮超速、PLC（programmable logic controller）看门狗、变桨安全链信号、变流器安全链信号等。

以 MY2.0MW 风力发电机组为例，风力发电机组安全链包含的节点有塔基急停按钮信号、机舱急停按钮信号、塔基看门狗信号、机舱看门狗信号、PCH 振动大急停信号、扭缆开关保护信号、超速监视器超速信号、PLC 系统故障等。安全链任一节点断开后，风力发电机组做出以下动作：

（1）控制系统向变桨系统发出紧急顺桨指令；

（2）变桨系统紧急顺桨至 91°限位，机组紧急停机；

（3）机舱 PLC 模块 DO 输出 24V DC 电源断开，切断输出指令；

（4）当机组转速达到转速监视器设定转速以下时，转子制动器抱闸。

二、系统原理

主控柜内的控制器（一般为 PLC 主站）是风力发电机组的大脑。PLC 控制器主要实现风力发电机组的过程控制、安全保护、故障检测、参数设定、数据记录、数据显示以及人工操作，配备有多种通信接口，能够实现就地通信和远程通信。

1. 可编程序控制器

可编程序控制器，专为在工业环境下应用而设计。它采用可编程序的存储器，用来在其内部存储执行逻辑运算、顺序控制、定时、计数和算术运算等操作的指令，并通过数字式和模拟式的输入、输出，控制各种类型的机械或生产过程。可编程控制器及其有关外围设备，都应按易于与工业系统联成一个整体，易于扩充其功能的原则设计。与主控系统配合，通过对叶片节距角的控制，实现最大风能捕获以及恒速运行，提高了风力发电机组的运行灵活性。目前来看，变桨控制系统的叶片驱动有液压和电气两种方式，电气驱动方式中又有采用交流电机和直流电机两种不同方案。究竟采用何种方式主要取决于制造厂家多年来形成的技术路线及传统；变频系统和主控制系统接口与发电机、电网连接，直接承担着保证供电品质、提高功率因数，满足电网兼容性标准等重要作用。

2. 控制器类型

（1）德国倍福 Beckhoff 生产的系列 PLC 控制系统，以嵌入式 PC 控制器为核心，模块主要分为 CPU、输入、输出、电源、通信模块等。使用机组主要有明阳 1.5MW 风力发电机组、金风 1.5MW 风力发电机组等。

通信方式：主控制器通过现场总线 EtherCAT 与各个子站进行交互通信，各个功能模块通过 E-Bus 总线进行通信，主控制器通过 PC104 总线接口进行内部通信。通过 CANbus 接口，实现振动监控和变流器的连接。通过 Profibus/CANbus 接口，实现变桨系统的连接。通过 EtherNet 接口，将风力发电机组接入以太网，组成集散控制系统。

（2）丹控 deif 生产的 AWC500 系列 PLC 控制系统，内置实时 Linux 操作系统和 CODESYS 编码控制 PLC 实时运行。使用机组有明阳 2.0MW 风力发电机组等。

通信方式：机舱柜通过光缆和塔基柜的主控制器相连接。通过 CANopen 接口，实现变流器的连接。通过 CANopen 接口，实现振动监控的连接。通过 CANopen 接口，实现变桨系统的连接。通过 EtherNet 接口，将风力发电机组接入以太网，组成集散控制系统。

（3）巴赫曼 bachmannPLC 控制系统，基于 Vxworks 嵌入式的实时操作系统，支持多任务，具有强大的内存管理、界面编程等功能。使用机组为华锐 1.5MW 风力发电机组等。

通信方式：机舱柜通过光缆和塔基柜的主控制器相连接。通过 CANopen 接口，实现变流器的连接。通过 CANopen 接口，实现变桨系统的连接。通过 EtherNet 接口，将风力发电机组接入以太网，组成集散控制系统。

三、控制模式

下面以某双馈 1.5MW 风力发电机组主控系统为例，进行详细讲解。

1. 初始化（状态代码 0）

叶片角度设定值为 89°，变化范围为 85°～96°；运行程序。

2. 待机（状态代码 2）

风力发电机组经过初始化完成，延时 20s 后；或停机步骤完成后，风轮转速小于 2r/min 且最小叶片角度大于 83°时进入待机模式。叶片角度顺桨至 89°，自动偏航系统激活；允许进行偏航解缆，允许进行故障复位。

3. 启动（状态代码 3）

启动允许条件满足，自启动程序发出启动指令或按下塔底柜启动按钮后，风力发电机组由待机模式转换到启动模式。进入启动模式时，控制程序对下列参数进行设定：

如果检测到有风暴，则桨距角设定值为89°，否则桨距角设定值为50°；变桨控制器激活；变桨速度限值为-2deg/s，顺桨速度限值为5deg/s；自动偏航系统激活。

4. 运行（状态代码4）

当风轮转速大于1.5r/min延时45s且风与机舱的位置偏差小于45°延时20s后，风力发电机组由启动模式转换到运行模式。进入运行模式时，控制程序对参数进行设定：桨距角设定值为0°；变桨控制器激活；逆桨速度限值为-2deg/s，顺桨速度限值为5deg/s；自动偏航系统激活。

5. 发电（状态代码5）

当风轮转速大于9.7r/min，风力发电机组由运行模式转换到发电模式。进入发电模式时，控制程序对参数进行设定：桨距角设定值为0°；转矩控制器激活；变桨控制器激活；逆桨速度限值为-2deg/s，顺桨速度限值为5deg/s；转速限定值为17.4r/min变流器启动；自动偏航系统激活。

6. 停机（状态代码1）

风力发电机组处于启动、运行或发电模式，当系统发出停机信号（stop control global stop signal），或在维护模式下将维护开关关闭，风力发电机组转换到停机模式。进入停机模式时，控制程序对参数进行设定：桨距角设定值为89°；逆桨速度限值为0deg/s；转速限定值为0r/min；自动偏航系统激活（紧急停机时禁止自动偏航）。

顺桨速度限值根据触发停机的故障级别不同，分为三种情况限制：

（1）当系统存在一级故障时，风力发电机组正常停机，速度为4°/s。

（2）当系统存在二级故障时，风力发电机组快速停机，速度为5.5°/s。

（3）当系统存在三级故障（即安全链故障）时，风力发电机组紧急停机，速度为7°/s。

风力发电机组进入停机模式后，35s内转速未降到10r/min以下或90s内转速未降到4r/min以下，系统将触发"停机程序出现故障"信号；紧急停机时，转速小于5r/min后转子刹车机构激活。

7. 维护（状态代码9）

当控制面板上的维护开关打开时，风力发电机组转换到维护模式；进入维护模式时，控制程序对参数进行设定：转矩控制器与变桨控制器禁用；桨距角设定值在45°~96°之间；变桨速度3deg/s；变流器停止运行；允许手动偏航；允许手动变桨。

8. 停机条件

进入停机模式触发条件：全局故障；柜门停机或紧急停机按键、维护模式；偏航位置值大于690°；发电模式下转速低于10r/min维持15min，或低于6r/min维持5min，或低于4r/min；运行模式下维持15min。

第二节　主控系统检查与维护

一、控制柜断电维护

断电维护在柜内清灰、设备重启、故障处理等需断电时进行；柜内清灰一般为一年一次。

1. 断电顺序

塔基柜和机舱柜内电源主要是由 690V AC、400V AC、230V AC 及 24V DC 组成。断电时操作顺序应该遵循电压等级由低到高的顺序进行。

2. 柜内清理

柜内清理时主要针对的是灰尘、杂物，重点清洁散热风扇叶片和加热器表面的污垢，以及空气滤网上积累的灰尘（必要时更换滤网）。

3. 柜体与电缆检查

（1）检查柜体防锈漆，如发现柜体有生锈情况，则用砂布打磨然后及时补漆；

（2）检查光纤接线是否紧固，并检查光纤接口指示灯是否为绿灯闪烁；

（3）检查柜内电缆是否破损、过热、松动，若存在问题及时处理、更换；

（4）检查接地线是否紧固；

（5）检查柜体密封性，开、关无卡滞，柜顶无异物，观察柜体四周是否有明显裂迹，柜体门损坏或柜体有裂迹需及时处理。

4. 柜内元器件检查

（1）检查柜体内电气元器件连接螺栓、线耳和连接铜排之间的螺栓是否紧固；

（2）柜内各元器件（继电器，接触器等）安装是否紧固、可靠；

（3）SPD 防雷检查：SPD 视窗为绿色或者视窗内可以看到红色标识，但标识远离窗口为正常 SPD 视窗完全翻红或内部红色标识紧贴视窗且有 DEFECT 字样为失效。

二、控制柜上电维护

1. 上电顺序

上电顺序：箱式变压器与电网的连接、塔基控制柜电源、机舱控制柜电源。具体操作流程按电压等级由高至低逐级进行。

2. 散热风扇和加热器检查

上电后，调节塔基柜温度控制器、机舱柜温度控制器，调节温度控制器，检查加热器、散热风扇是否正常工作。

三、PLC 及控制模块断电检查

1. 模块的拆装

正确拆装 PLC 模块能有效地保证 PLC 模块在拆装过程中不被损坏，拆装前必须先断开 PLC 电源。

2. 安装时注意事项

（1）检查 PLC 安装是否牢固，若有松动，需紧固安装螺栓；

（2）检查 PLC 上的 SD 卡是否松动，确保 SD 卡和卡槽吻合；

（3）检查接线端子、电缆连接是否有松动，若松动需紧固；

（4）检查外部接线是否破损，若破损应及时更换。

四、PLC 监视信号回路维护

PLC 监视信号是监视整个安全链及 PLC 自身是否正常的信号，包括每一个节点是否正常，整条安全链回路是否正常，变桨通信信号是否正常，所有反馈信号均到 PLC 的 DI（数字量输入）点。

（1）对 PLC 监视信号回路所有线路进行紧固，检查有无打火、烧焦、变色痕迹。

（2）清理 PLC 本体的灰尘、绑扎松动的线缆。

（3）检查 PLC 本体固定是否牢固，必要时进行紧固。

五、接线盒检查

（1）风力发电机组接线盒内部有相关器件的接线端子，如果这些接线盒有松动，就会影响相关器件之间电器连接的导电性。如果密封性不好，有水气进入，就会有腐蚀生锈，严重的还会引起短路现象。

（2）打开风力发电机组的外置接线盒，目测外壳油漆和橡胶防水层是否有脱落。

（3）用相应工具检查接线盒内的接线端子是否有松动。

（4）目测外置接线盒有无破损。

（5）目测接线盒内部有无烧痕。

六、传感器检查

1. 振动传感器

双馈机组振动传感器主要是监测发电机的晃动情况，检查振动传感器是否工作正常，起到监测保护作用。

检查振动传感器，接线是否牢靠，手动拨动，在控制面板观察是否安全链被触发。

2. 加速度传感器

加速度传感器主要是监测风力发电机组机舱的晃动情况，检查加速度传感器是否工作正常，是否起到监测保护作用。

检查传感器外壳和接线是否完好，敲打一下传感器，在控制面板检查数值是否有变化。

3. 温度传感器

温度传感器，主要是监测设备、机舱内、环境温度等。风力发电机组温度传感器主要是 PT100，利用的是热敏电阻，检查时，可以通过检查电阻值进行判断。

通过控制面板监测相关温度值是否正常（机舱温度、环境温度）。

PT100 传感器是可变电阻器，随着温度的增加，电阻器的阻值增加。PT100 传感器是利用铂电阻的阻值随温度变化而变化，并呈一定函数关系的特性来进行测温的，如表 7-1 所示。

表 7-1　　　　　　　　　　PT100 传感器随温度变化的函数关系

温度（℃）	电阻（Ω）	温度（℃）	电阻（Ω）
−20	92.2	70	127.1
−10	96.1	80	130.9
0	100	90	134.7
10	103.9	100	138.5
20	107.8	110	142.3
30	111.7	120	146.1
40	115.5	130	149.8
50	119.4	140	153.6
60	123.2	150	157.3

注　表中温度升高 1℃，电阻值增加 0.38Ω。

4. 转速传感器

接近式开关转速传感器分为电感式与电容式。其工作原理是金属物体与传感器间的距离变化，改变了其电感或电容值。转速传感器安装在风力发电机组的低速轴和高速轴附近，感受金属物体的距离，发出相应的脉冲数。

一般测频的方法有两种：一种通过计量单位时间内的脉冲个数获得频率；另一种测量相邻脉冲的时间间隔，通过求倒数获得频率。对于频率较高的信号采用前一种方法可以获得较高精度，对于频率较低的信号采用后一种方法可以节省系统资源，获得较高精度。模块类型与测量风速的相同。由 PLC 把频率信号转换成对应的转速。频率与转速的对应关系为线性。

5. 风传感器

风力发电机组通过风速仪和风向标采集风速、风向。风速对于风力发电机组非常关键，一方面风速用于评估风力发电机组发电性能的优劣，另一方面在正常运行或者最大风速超过额定风速期间，主控系统不断检查风速是否在风力发电机组的有效运行范围之内。风速仪的数据会直接影响设备的功率曲线。主控系统通过风向标去调整机组的对风角度，对风角度的误差会严重影响机组的产能及功率曲线。

风传感器为少数置于机组外部的传感器，无机舱罩、轮毂的保护，需要长期面对风沙雨雪的侵袭，因此，一般要求风传感器本体的防水防尘等级 IP65 以上，对于潮湿环境，建议防水防尘等级达到 IP66。同时，需要保证风传感器处于机舱顶部避雷针保护范围内，防止风传感器遭遇直击雷雷击。对于现场检修来说，需要注意定期检修时，检查避雷针正常，无折断变形等损伤。同时，检查风传感器外壳（固定螺栓）与机舱内等电位连接点之间的电阻值不大于 2Ω。

风传感器分为两大类：机械式和超声波式。机械式风传感器分为风向标和风速仪两部分，均有静止部件和旋转部件，如图 7-1 所示。超声波式风传感器只有一部分，是静止测量仓，如图 7-2 所示。

图 7-1　风向标和风速仪

（1）机械式风传感器，常见故障为轴承卡滞和加热失效。需要检修人员检查轴承是否存在卡滞情况，一般主控程序会通过风速数据、风向数据、叶轮转速，判断机械式风传感器轴承是否存在卡滞情况，人工检查为辅助性检查。主控系统并不能主动检查风传感器加热功能是否正常，且此问题发生后，往往不影响风传感器采集风速、风向数据，因此，当风传感器加热功能出现异常时，往往直到低温雨雪天气时，才会通

过风传感器结冰，间接被发现。所以，检修
人员可以在秋季重点检查风传感器的抗冰冻
功能。不同型号风传感器加热功能的验证方
法有区别，需要以厂家要求为准。以贝良机
械式风传感器 III（G）型号为例，检修人员
可以通过重启风传感器（断开再闭合供电回
路微断），强制风传感器自检加热 60s，在此
期间用手触摸传感器本体；或者通过钳流表
测量 5 号供电导线是否有电流，电流值应为
5A，说明传感器加热功能正常。

图 7-2 超声波式风传感器

（2）超声波式风传感器，常见故障为干
扰和加热失效。超声波风传感器通过的测量舱内超声波的传播时间，计算得到风速、
风向值。如果测量舱内积聚雨水、雪花、昆虫等异物，有可能使得传感器出现干扰
情况，使得传感器无法正常采集风速、风向数据。在检修时，一般需要检修人员检
查测量舱内是否有异物，以减少长期异物附着导致超声波传感器受到干扰。超声波
风传感器加热失效同样会导致冬季风传感器失去抗冰冻能力，造成风传感器结冰。
可以在秋季主动检查风传感器的抗冰冻功能。超声波风传感器的强制加热触发条
件，需要与主机厂家确认。以金风力发电机组为例，任何环境温度下，都要求超声
波风传感器本体保持加热状态，可直接用手触摸传感器本体，来判断传感器加热功
能是否正常。

七、备用电源维护

为保证系统电源断开时风力发电机组的安全，风力发电机组主控系统、变流器系
统、变桨系统均配备备用电源。根据 GB/T 25386.1《风力发电机组变速恒频控制系
统 第 1 部分：技术条件》的相关要求，不间断电源（UPS）至少需要维持 10min 电
源支撑。

风力发电机组的主控系统备用电源一般采用蓄电池，检查方法为：在机组 12h 内
未出现过断电情况下，将风力发电机组置于维护状态，断开开关电源/UPS 输入供电，
观察 UPS 电压输出维持时间，如果 UPS 电压输出维持时间超过 10min，蓄电池续航能
力为正常；如果 UPS 输出维持时间不足 10min，认为蓄电池续航能力不足，需要更换。
此外，若机组长时间未上电，每半年要主动对蓄电池进行充、放电一次。除了主动检
查蓄电池状态外，UPS 也会对蓄电池进行定期监测，若发现蓄电池状态异常，会反馈
信号给主控。

八、安全链检查

安全链的日常巡视检查通常结合风力发电机组的日常巡检开展，主要检查塔基柜、机舱柜、变频器、变桨轴控箱等电气控制回路及元器件。检查的主要内容包括：

（1）设备的双重名称、编号、标示牌、电缆标签等齐全、准确。

（2）柜内清洁、干净，无积灰，无杂物，通风孔滤网干净、整洁，电缆电线等穿过柜体的穿线孔密封、封堵良好。

（3）回路的元器件外观整洁，外壳无破裂；继电器等元器件触头无熔焊、粘连、变形、严重氧化锈蚀等现象，闭合分断动作灵活。

（4）接线端子安装牢固，无缺损；各端子接线牢固、无虚接等现象，屏蔽线与 PE 的连接情况良好。

（5）需设定参数的元器件参数设定准确无误。

（6）工作电源电压正常；各状态指示清晰、准确。

（7）除湿、加热、通风、空调等辅助装置工作正常。

（8）柜内无烧焦、烧糊等异味，线路线缆表面无变色。

（9）急停按钮防误触碰防护罩完好；按钮无松动，动作无卡涩。

（10）扭缆开关外观良好，安装牢固；参数设定正确，测量数据显示正常。各状态指示清晰、准确；扭缆保护和自动解缆工作正常。

（11）各部位振动检测传感器安装牢固，机组振动曲线显示正常。

（12）转速传感器和码盘固定可靠，无油污破损和间隙过大情况；超速继电器定值设置的拨码开关标记完好，设定值正确；机组转速显示正常。

（13）变桨系统的电缆连接器的连接牢固、可靠，电源进线、零线及接地线连接牢固、可靠；CANbus 通信线外观无破损，接线正确、牢固、可靠。轮毂电源进线相间、单相及相对地电压正常；变桨系统 24V 工作电压正常。桨叶零位指针对准零位，各限位开关安装牢固、可靠。

九、安全链测试

每 6 个月进行一次安全链测试。进行安全链测试的人员必须熟悉机组操作，且熟练掌握安全链的结构及原理，熟知进行安全链测试存在的风险及预控措施。当 10min 平均风速大于 8m/s 时严禁进行安全链测试。

测试时，依次触发每个安全链节点元件，观察主控系统触发对应故障准确无误，桨叶能快速、准确回到紧急顺桨位置。主要节点包括塔基急停按钮、机舱急停按钮、发电机超速、振动、叶轮超速、偏航扭缆极限开关等，要求测试的节点齐全，并详实记录测试情况。

不同的机型进行安全链测试时略有差异。下面以MY2.0机组为例说明安全链测试方法。测试前，在塔基柜手动停机，并换成维护状态，确保此时机组无故障，风力发电机组处于正常停机状态，桨叶角度为89°。

1. 塔基急停测试

旁通桨叶到89°，按下塔基柜面板急停按钮，观察安全链是否断开。安全链断开现象：主控应报塔基柜急停按钮触发、安全链没有OK信号（安全链断开）、机组故障停机等相应故障代码；塔基柜面板上故障指示灯和安全链指示灯闪烁；高速轴转子制动器刹车动作，转速为0；3个桨叶均处于紧急顺桨位置91°处。

复位操作：测试完成后拔出塔基急停按钮，确保登录权限为最高权限，复位安全链，旁通桨叶到89°位置。

2. 机舱急停测试

旁通桨叶到89°，手动按下机舱柜面板急停按钮触发急停，观察安全链是否断开。安全链断开时：主控应报塔机舱急停按钮触发、安全链断开的故障代码；偏航系统故障停止；塔基柜面板上故障指示灯和安全链指示灯闪烁；高速轴转子制动器刹车动作，转速为0；3个桨叶均处于紧急顺桨位置91°处。

复位操作：测试完成后拔出机舱急停按钮，确保以最高权限登录，复位安全链，旁通桨叶到89°位置。

3. 振动超限测试

手动触发振动开关。主控应报振动开关触发、安全链断开故障代码；机组紧急停机，偏航系统故障停止；塔基柜面板上故障指示灯和安全链指示灯闪烁；高速轴转子制动器刹车动作，转速为0；3个桨叶均处于紧急顺桨位置91°处。

复位操作：恢复振动开关，确保以最高权限登录，复位安全链，旁通桨叶到89°位置。

4. 超速测试

设置超速继电器SP1参数为2.29（当SP1参数设为K1时，则超速触发值为K1×齿轮箱增速比），空转使发电机转速超过300r/min，观察安全链是否断开。安全链断开时：主控应报超速继电器开关触发、安全链断开等故障代码；机组紧急故障停机，塔基柜面板上故障指示灯常亮，安全链指示灯闪烁；转子制动器刹车动作，叶轮转速为0；3个桨叶都在紧急顺桨位置91°处。

复位操作：测试完成后，恢复超速保护继电器SP1参数为原设定值，确保以最高权限登录，复位安全链，旁通桨叶到89°位置。

5. 偏航扭缆超限测试

手动偏航使偏航位置到0°，触发扭缆开关，观察安全链是否断开。安全链断开时：主控应报相应扭缆限位开关被触发、安全链断开相应故障代码；机组紧急停机，偏航系统故障停止；塔基柜面板故障指示灯常亮，安全链指示灯闪烁；转子制动器刹车动作，叶轮转速为0；3个桨叶都在紧急顺桨位置91°处。

复位操作：测试完成后复原偏航扭缆超限开关，确保以最高权限登录，复位安全链，旁通桨叶到89°处。

6. 塔基与机舱通信中断测试

旁通桨叶到89°位置，拔掉连接塔基与机舱通信的光纤，观察安全链是否断开。安全链断开时：主控应报PLC系统的EtherCAT总线受到干扰、变桨的CANbus通信故障对应故障代码（当界面上不显示通信类的相应故障代码时，观察界面上风速、风向、转速、桨叶角度等数值是否不变来判断）；机组紧急停机，塔基柜面板故障指示常亮；3个桨叶显示–10°。

复位操作：测试完成后恢复塔基与机舱光纤，确保以最高权限登录，复位安全链，旁通桨叶至89°。

十、手动紧急停机回路维护

（1）检查手动紧急停机按钮外观应完好无破损，查看主控状态码没有报警。

（2）检查手动紧急停机按钮防护罩应完好，不会导致误碰急停按钮的情况。

（3）手动按下紧急停机按钮能够触发安全链急停故障停机，顺时针旋开后按下复位按钮，安全链能够恢复正常；此项测试时机组应可靠停机，每次测试一个紧急停机按钮，逐个进行测试，测试顺序按塔基急停按钮、机舱便携盒急停按钮、机舱控制柜急停按钮进行。

（4）对各个紧急停机按钮本体接线进行紧固，对机舱到塔基急停按钮连接线进行检查，无磨损、破损情况。

（5）急停按钮线路检查时应注意线路不要短路和接地，与柜内其他部件保持安全距离。

十一、扭缆限位开关回路定期维护

扭缆限位开关主要是保护机组电缆，防止过度偏航导致电缆扭断。扭缆开关通常配合偏航计数器使用，偏航计数器主要是测量偏航角度，顺时针偏航记为正角度，逆时针偏航记为负角度，机组根据偏航角度自动解缆，当自动解缆出现异常情况，触发扭缆限位开关，紧急停机。

（1）定期检查偏航零位：手动偏航使机舱至塔基电缆保持垂直状态，查看 PLC 软件显示偏航角度是否为 0°，否则需要手动清零。

（2）定期对扭缆开关和偏航计数器表面油污进行清理。

（3）对扭缆开关本体和偏航计数器本体进行紧固，对内部线路进行紧固，查看是否有打火、烧焦痕迹，如有需要重新接线处理。

（4）对扭缆开关内部齿轮进行紧固，注意用力适当，过紧容易导致齿轮卡涩。

（5）对主控扭缆开关回路接线端子进行紧固。

（6）顺时针手动偏航，在偏航角度达到右极限时应能触发自动解缆。

（7）逆时针手动偏航，在偏航角度达到左极限时应能触发自动解缆。

十二、振动开关回路定期维护

（1）对摆锤进行紧固，摆锤应始终保持垂直状态；

（2）对振动开关回路线路进行紧固；

（3）清理振动开关和摆锤上的油污及杂物。

十三、超速回路定期维护

硬件超速保护是机组非常重要的保护功能，双馈机组通常包含低速轴超速和高速轴超速，直驱机组通常包括叶轮超速和发电机超速。主要涉及的部件有转速传感器、转速监测模块、继电器。

（1）转速传感器：紧固转速传感器接头及线路，清理转速传感器表面油污，检查转速传感器表面有无破损，破损进行更换。

（2）转速监测模块：紧固模块接线，检查模块参数设置是否符合要求，测试模块功能是否正常（参数见安全链测试内容）。

（3）继电器：紧固继电器全部接线，测试继电器功能是否正常。

另外，紧固主控端子排接线端子，查看有无烧焦、打火痕迹，如有需进行维修处理。

十四、复位回路定期维护

复位回路包含机舱复位按钮和塔基复位按钮，主要功能是安全链各节点恢复正常后，手动复位安全链继电器。

（1）检查复位按钮外观，进行功能测试是否正常。

（2）对复位回路所有线路进行紧固，检查有无打火、烧焦、变色痕迹。

（3）检查安全链继电器动作是否正常，紧固继电器上部接线。

（4）检查塔基到机舱线缆是否磨损，紧固防磨装置。

第三节　主控系统典型故障处理

一、备用电源故障

备用电源异常，包括主控 UPS 异常和变流 UPS 电源异常。其中，变流 UPS 故障较多。相对而言，主控 UPS 及蓄电池，由于前端有开关电源隔离电网，比较稳定。变流 UPS 故障一般通过警告、故障体现，多数为蓄电池失效。除此之外，UPS 本体异常、电网谐波、电网波动，均有可能导致 UPS 故障，此类故障多为批量性故障，往往需要主机厂家、UPS 厂家进行对应硬件、软件升级解决。对于现场检修来说，需要准确且快速识别 UPS 蓄电池是否正常。

以金风兆瓦机组为例，一般情况下，蓄电池异常时，主控会报出"蓄电池异常"警告，配合第二节蓄电池续航能力测试方法，可以比较快速地锁定蓄电池问题。但是 UPS 检测蓄电池续航是周期性的，在 UPS 检测到蓄电池异常之前，若出现电网掉电情况，且蓄电池续航能力不足，有可能出现无法启机情况。此种情况，检修人员易误以为是 UPS 本体失效问题，而造成故障处理时间增加，增加消耗 UPS 本体的问题。此时需要检修人员通过新蓄电池替换失效蓄电池的方式，进行排查。因此，建议风电场至少配置一套新蓄电池，用于快速处理此类问题。

二、风传感器故障

风传感器故障现象判断：以金风兆瓦机组为例，某次超声波风传感器故障时刻的风向数据如图 7-3 所示，风速数据如图 7-4 所示。

图 7-3 中风向变量为 30s 平均风向角。30s 平均风向数据存在短时间的异常剧烈变化情况明显异常，再重点观察风速数据。图 7-4 中风速变量为实时风速值，故障时刻前后，出现了多次数据跳变为负值的情况。

风传感器反馈信号为 4～20mA，对应风速为 0～50m/s，对应风向为 0～360°，正常情况下无负值。当异物积聚在测量舱内时，超声波风传感器会出现干扰情况，此时风传感器会反馈小于 4mA 的故障电流，对应风速为负值。因此，图 7-4 中风速数据多次出现负值，说明超声波风传感器测量仓受到干扰，检修人员可着重检查传感器测量仓是否有异物。

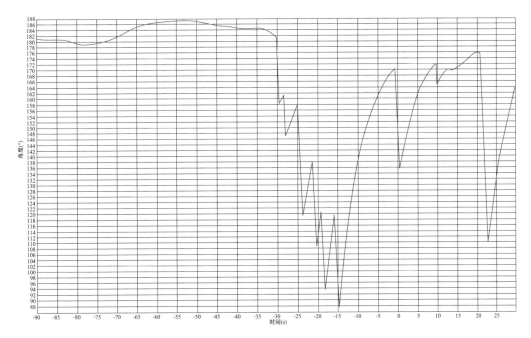

图 7-3　故障时段风向数据

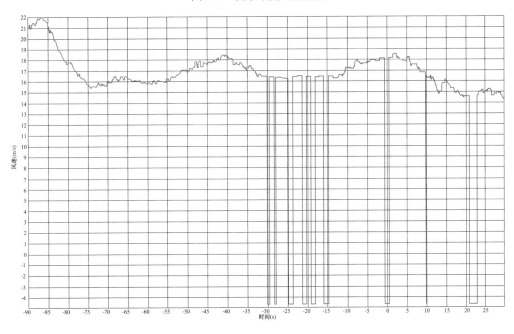

图 7-4　故障时段风速数据

三、通信故障

1. 单台风力发电机组通信中断

可能是风力发电机组上、下的交换机故障或是主控故障引起，处理方法如下：可以把电脑连入通信环网内（核心交换机，或者该环的环网交换机），用 ping 命令检查此台风力发电机组对应的塔基管理型交换机是否能够 ping 通，如果不能的话，就到风力发电机组处检查该交换机；如果能 ping 通的话，就继续 ping 一下风力发电机组的主控 IP，以便确定故障范围（风力发电机组上下或者风场环网内）。例如：F10 号风力发电机组的主控 IP 地址为 192.168.101.10，塔基交换机 IP 地址为 192.168.1.10。如果远程 ping 192.168.1.10 "塔基交换机" 不能连接，应检查该交换机；如果远程 ping "塔基交换机" 能连接，而 ping192.168.101.10 "主控" 不能到达，则可能主控故障或是风力发电机组上下通信光缆或机舱交换机有问题。

注意：如机舱内有用于通信的非管理型交换机，该设备由于没有管理功能是不能 ping 通的，只有直接对设备进行检查。

2. 可编程序控制器（PLC）上电故障排查

（1）供电电压。供电电压直接影响 PLC 的可靠性和使用寿命。400V 供电电源必须在额定电压的 90%～110%（即 360～440V）。PLC 上电后，需检查 24V 电源模块电压是否在额定电压的 85%～120%（即 23.5～24.5V）。电源指示灯不亮需对供电系统进行检查：

1）检查 24V 供电线路电压是否正常（24V 电源是否在 23.5～24.5V 之间），如供电线路电压异常，检查供电开关是否合闸，电源接线是否松动；

2）如供电线路电压正常，而模块的电源指示灯不亮，检查电源接线或接线端子是否松动，若正常，请更换供电模块。

（2）运行故障检查。电源指示灯正常，状态指示灯正常，如果运行指示灯不亮或一直闪烁，需更新程序；更新程序后仍不正常，更换 PLC。

（3）通信故障可能的原因。以某兆瓦机组 profibus-DP 总线为例，说明现场通信类问题的处理，通信类故障可能发生的原因见表 7-2。

表 7-2　　　　　　　　　　　　通信类故障可能发生的原因

序号	故障原因	说　　明
1	DP 回路接线错误	主要指 DP 线存在断点，DP 线有虚接，DP 线红绿线接反，DP 线进出线接反，DP 头 on 和 off 拨错
2	子站物理地址错误	指的是 PLC 通信模块的物理地址和软件中设置的地方不一样
3	主控程序组态配置或下载存在问题	指软件中组态的倍福模块的配置和实物对应错误
4	DP 主站模块损坏	更换处理
5	DP 子站模块损坏	更换处理
6	普通模块损坏	除 DP 主站和 DP 子站之外的其他 PLC 模块损坏，也有可能报出通信类故障

序号	故障原因	说　明
7	DP 头损坏	指 DP 头的插针损坏，DP 线虚接，DP 头内部的终端电阻损坏，终端电阻不为 220Ω
8	DP 线的整体屏蔽未接好，干扰造成	DP 线屏蔽线没有接好或 DP 线距离交流电源线（尤其是 690V）很近时，也会产生 DP 通信故障
9	滑环未维修	滑环长时间没有维护，机组容易报变桨子站总故障。对于滑环，各滑环厂家不同型号的维护要求都不同，需要严格按照滑环的维护手册规定的维护周期用专用的维护材料进行维护
10	柜内线路虚接或器件损坏造成的内部干扰	例如，变桨柜内 400V 进线动力线的零线虚接，400V 的端子排生锈。变桨充电器内部有线虚接脱落
11	光电转换模块及光纤损坏	光电转换模块失效，光纤损坏，光纤没有插紧，光纤进、出口插反等

3. 组态通信状态查询

如果是调试机组故障，需要着重检查 DP 回路接线错误、子站物理地址错误、主控程序组态配置或下载存在问题。若是运行中机组出现问题，需要优先缩小排查范围，可以通过组态查看每一个子站的通信状态，大致确定故障范围，并进一步排查失效器件或者通信工艺。

四、风场网络风暴

1. 故障描述

2018 年，某风场出现风力发电机组通信故障，导致风力发电机组大面积停机事件。

2. 故障经过

出现通信故障，将风力发电机组 PLC 断电重新启动，可以短时间消除故障。风力发电机组重新启动后可以正常并网发电，未出现明显的异常。在风力发电机组出现通信故障之前，有两个技改厂家进行了风力发电机组的技改工作。

厂家一：发电量提升厂家对所有风力发电机组进行了主控程序优化。

厂家二：振动传感器安装厂家对风力发电机组进行设备安装活动，事发时施工作业仍然在继续进行当中。

3. 原因分析

（1）该风电场是一个运行多年且风力发电机组数量规模很大的风电场，多年来一直没有出现过类似的故障，而且此次故障属于大面积风力发电机组故障，故障类型上分析并非风力发电机组偶然发生。

（2）从故障处理过程来看，PLC 进行断电重启可以有效处理该类故障。种种迹象表明该故障是由 PLC 引发的，但是 PLC 故障没有明显的外观表象，无法通过人体感官判断。为了尽快找到故障原因，上述两个技改厂家全力配合进行故障排除。

4. 故障处理

（1）将风场其中一条线路的 10 台风力发电机组的通信独立出来，由专人进行安全运行监视，该线路当中的 10 台风力发电机组运行一段时间之后依然会出现通信中断现象。

（2）发电量提升技改的厂家重新核对风力发电机组主控程序中关于通信的控制逻辑，也没有发现明显的问题。同时再次修改风力发电机组通信逻辑，经过运行观察依然会出现通信中断问题。

（3）使用网络通信数据抓包软件对风场后台服务器、现场运行的风力发电机组进行数据抓包，并分析数据包。经过分析发现，在风场通信环网当中大量出现广播数据包，这些大量的数据包造成风场网络堵塞，进而使正常的风力发电机组数据包不能有效通信，产生网络拥堵。至此网络拥堵的原因已经找到，但是这些莫名的数据包从何而来是接下来要处理的问题。

（4）经过分析数据包的 IP 地址，发现这些 IP 地址来源于风力发电机组的一种新设备，与新装的振动传感器 IP 地址一样。这些数据包来源就是近期正在进行的风力发电机组振动传感器安装厂家。该振动传感器风力发电机组侧的设备在逐步安装并且通电，但是后台服务器没有事先安装。这样导致风力发电机组侧的设备不间断地发送广播数据包，却没有数据接收的服务器，收不到反馈的设备一直不断地发送，数据量也不断地增加，造成风场网络拥堵，风力发电机组出现通信中断故障。

（5）迅速组织现场工作人员对已经安装并通电的振动传感器设备进行断电。暂停振动传感器厂家的技改活动。风电场机组恢复正常运行。

5. 安全防护措施

（1）梳理风电场网络连接设备，剔除无用主机。

（2）振动传感器技改厂家需要合理优化其数据传输逻辑和技改方案，避免再次出现网络拥堵现象。

（3）在服务器、SCADA、监视器的操作系统中安装主机加固软件，防止木马、病毒程序在系统中运行。

五、PLC 故障

1. CPU 异常

CPU 异常报警时，应检查 CPU 单元连接于内部总线上的所有器件。具体方法是依次更换可能产生故障的单元，找出故障单元，并进行相应处理。

2. 存储器异常

存储器异常报警时，如果是程序存储器的问题，通过重新编程后还会再现故障。这种情况可能是噪声的干扰引起程序的变化，否则应更换存储器。

3. 输入/输出单元异常、扩展单元异常

发生这类报警时，应首先检查输入/输出单元和扩展单元连接器的插入状态、电缆连接状态，确定故障发生的某单元之后，再更换单元。

4. 不执行程序

一般情况下，可依照输入—程序执行—输出的步骤进行检查。

（1）输入检查是利用输入 LED 指示灯识别，或用写入器构成的输入监视器检查。当输入 LED 不亮时，可初步确定是外部输入系统故障，再配合万用表检查。如果输出电压不正常，就可确定是输出单元故障。当 LED 亮而内部监视器无显示时，则可认为是输入单元、CPU 单元或扩展单元的故障。

（2）程序执行检查是通过写入器上的监视器检查。当梯形图的接点状态与结果不一致时，则是程序错误（例如内部继电器双重使用等），或是运算部分出现故障。

（3）输出检查可用输出 LED 指示灯识别。当运算结果正确而输出 LED 指示错误时，则可认为是 CPU 单元、I/O 接口单元的故障。当输出 LED 是亮的而无输出，则可判断是输出单元故障，或是外部负载系统出现了故障。

另外，由于 PLC 机型不同，I/O 与 LED 连接方式的不一样（有的接于 I/O 单元接口上，有的接于 I/O 单元上）。所以，根据 LED 判断的故障范围也有差别。

5. 部分程序不执行

检查方法与前项相同，但是，如果计数器、步进控制器等的输入时间过短，则会出现无响应故障，这时应该校验输入时间是否足够大，校验可按输入时间<输入单元的最大响应时间+运算扫描时间乘以 2 的关系进行。

6. 电源短时掉电，程序内容消失，除了检查电池外还要进行的检查

（1）通过反复通断 PLC 本身电源来检查。为使微处理器正确启动，PLC 中设有初始复位点电路和电源断开时的保存程序电路。这种电路发生故障时，就不能保存程序。因此，可用电源的通、断进行检查。

（2）如果在更换电池后仍然出现电池异常报警，就可判定是存储器或是外部回路的漏电流异常增大所致。

（3）电源的通断总是与机器系统同步发生，这时可检查机器系统产生的噪声影响。电源的断开通常是与机器系统运行同时发生的故障，绝大部分是电机或绕组所产生的强噪声所致。

7. PROM 不能运转时进行的检查

先检查 PROM 插入是否良好，然后确定是否需要更换芯片。

8. 电源重新投入或复位后，动作停止

这种故障可认为是噪声干扰或 PLC 内部接触不良所致。噪声原因一般都是电路板

中小电容容量减少或元件性能不良所致，对接触不良原因可通过轻轻敲 PLC 机体进行检查。同时，还要检查电缆和连接器的插入状态。

六、安全链故障

目前，风力发电机组安全链系统常见以 PLC 模块为主，每一个安全链节点的闭合和断开都有反馈信号传输到数字量输入模块中，可以将安全链故障节点单独报出。同时在模块中，由信号指示灯来显示各个节点的状态，维护人员也可通过各个节点状态分析故障原因。但市面上很多老旧机组的安全链故障无法准确报出故障，可能只报出一个"安全链故障"，给检修人员的故障排查带来了不小的难度，对此，可以采用短路法或分段测量法判断出准确的安全链故障节点。

1. 短路法

短路法是指将可能怀疑故障点的回路通过短路方式屏蔽，来判断故障部位的方法。具体为根据安全链的串联控制逻辑，将可能的安全链故障节点反馈信号回路做短路，观察安全链回路是否恢复正常。如恢复正常，说明此处安全链节点存在故障，对应处理即可。

2. 分段测量法

截取安全链串联回路中的一点测量反馈信号，按下复位按钮后安全链回路会恢复 24V 供电，在有安全链故障的情况下 3s 后供电消失，安全链断开。在此期间可以分段测量安全链各个节点，找出 24V 断路点。采用分段法逐步判断出准确的故障节点，这样可以大大节省故障处理时间，减少工作量，也可以根据机组记录的故障时刻运行参数。例如，桨叶角度、振动波形、转速曲线等是否有异常，分析故障节点和故障原因。

下面列举几类常见的安全链故障的分析处理方法。

（一）偏航传感器故障

偏航传感器用于采集和记录偏航位移，位移一般以偏航 0° 为基准，有方向性。偏航传感器的位移记录是控制程序发出解缆指令的依据。偏航传感器一般有两种类型：一类是机械式传感器，传感器有一套齿轮减速系统，当位移到达设定值时，传感器即接通触点启动解缆程序进行解缆；另一类是电子式传感器，控制程序检测两个在偏航齿圈旁的接近开关发出的脉冲信号，识别并累积机舱在每个方向上转过的净齿数，当到达设定值时，控制程序即启动解缆程序进行解缆。机械式偏航传感器的故障主要体现为连接螺栓松动、异物侵入、电路板损坏和连接电缆损坏等；电子式偏航传感器的故障主要体现为传感器损坏、固定螺母松动、接近开关损坏和连接电缆损坏等。

（二）振动开关触发故障

风力发电机组振动超限故障是一个非常常见的故障，因涉及电气、传动、控制、结构、环境因素等多种原因，使得该类故障分析和处理有一定难度。为防止机组振动引发严重后果，风力发电机组一般配备加速度传感器测量机舱振动情况，有些机组厂家还会增加摆锤作为后备保护串入安全链中，通过调节摆锤的重心高度，达到相应的加速度限值要求。机舱加速度传感器主要用于检测机舱和塔架的低频振动情况，频率范围为0.1~10Hz，可以同时测量垂直2个方向的加速度，加速度的测量范围为-0.5~+0.5g。通过对风力发电机组振动超限故障的统计分析，故障原因主要为检测回路故障。

无论哪种加速度传感器，都会不同程度地受到其测量本体可靠性、传输线路可靠性、接收信号模块故障及干扰问题的影响从而引发故障。因测量本体、接收信号模块以及线路虚接问题，经细致检查或替换备件的方法可以找到故障点。另外，在新投运风电场可能出现设计算法过于敏感，特殊天气导致机组误报振动加速度故障。

信号干扰问题也是故障误触发的主要原因之一，风力发电机组使用的振动模块，更加注重低频测量精度，模块本身就具备滤波及抗混频功能。为防止机组误报，主控程序中还会再次对有效值进行滤波，所以一般情况下不会发生信号干扰引发故障。如果排除真实振动引发故障及测量本体和线路问题，可针对干扰问题，对信号通道屏蔽层进行接地，同时必须保证接地点可靠，远离强电场或增加屏蔽层，找到干扰源。

（1）对于实际振动引发的故障，在日常检修中并不多见。即使发电机及齿轮箱轴承、主轴轴承发生异常，一般不会引发机舱振动超限故障。实际振动的故障特点如下：

1）发生在相对高风速段或启停过程；

2）能够感受到机组运行声音异常及高能振动；

3）从加速度数据看幅值存在渐变过程，不存在跳变。

（2）导致实际振动的原因有：

1）塔筒基础或刚性结构未达到设计要求，导致固有频率下降，与叶轮转频过于接近引发共振；

2）机械传动链某一异常振动频率与系统固有频率重合；

3）控制系统设计缺陷，导致机组在启停过程中没有很好地避开大部件固有频率；

4）控制系统异常；

5）叶轮转矩波动导致共振；

6）特殊地形所造成的湍流风向引起的振动。

（三）叶轮过速故障

轮毂内转速发生波动或者超速，可能原因是转速信号异常、信号线缆磨损或超速模块损坏导致。叶轮转速检测主要由安装在电滑环上的编码器进行信号采集后，传输给超速模块。超速模块主要作用就是监控主轴及齿轮箱低速轴和叶片的超速。该模块为同时监测轴系的三个转速测点，以三取二逻辑方式，对轴系超速状态进行判断。三取二超速保护动作有独立的信号输出，可直接驱动设备动作。具有两通道配合可完成轴旋转方向和旋转速度的测量。使用有一定齿距要求的齿盘产生两个有相位偏移的信号，A 通道监测信号间的相位偏移得到旋转方向，B 通道监测信号周期时间得到旋转速度。当该模块软件失效后或信号感知出现问题，会导致在超速时风力发电机组主控不能判断故障及时停机，而引发飞车。

（四）叶轮和发电机转速不一致故障

转速不一致故障通常是指风轮转速和发电机转速之间的差异超过报警设定值，风轮通过增速齿轮箱将扭矩传递给发电机，所以风轮转速与发电机转速比应约等于齿轮箱转速比。其主要是因滑环编码器连接器安装松动或者滑环本身编码器故障导致，应重点检查滑环编码器的安装运行情况。

（五）发电机过速故障

发电机转速测量和风轮转速检测模式基本一致。一般都设计 2 套各自独立的检测系统。其中一种是使用 1 个 Gspeed 模块及 2 个 Gpulse 模块构成的转速测量系统，Gpulse 测量发电机电压信号频率，输出 24V 的脉冲序列，Gspeed 将脉冲转换为对应转速的电压模拟量输出（0～10V），送至风力发电机组主控制系统，并由主控制系统软件计算电机转速。Gspeed 模块还负责连接机舱位置传感器，得到判断偏航位置的信号送至主控制系统。另外，Gspeed 模块输出的转速，在主控程序中与 Overspeed 模块对比得到的 2 个转速值，达到电机转速相互检查的目的。使用 2 个相互独立的接近开关传感器，并对同一个（尺数为 60 齿的）齿盘进行数齿从而进行转速检测，接近开关输出是占空比 50%、峰—峰值 24V DC 的频率信号，这个频率信号再送入 1 个 Overspeed 模块，并由该模块判断电机转速是否超过设定保护值。若电机转速超过设定保护值，模块将输出干结点信号。该干结点信号在主控制系统中嵌入在系统安全链内，从而导致系统安全链动作，达到电机过速保护的目的。Overspeed 模块输出 2 路电机当前对应转速的电压模拟量，送至主控制系统，由主控制系统转换为转速，并对比 Gspeed 模块输出的电机转速。当对比差值达到设定值即报"转速对比错误"，从而达到电机转速相互检查的目的。

（六）安全链复位回路故障

安全链复位回路故障主要表现为：在机组无硬件安全链故障情况下，执行复位操作时，系统未发出复位信号或复位信号无反馈，造成故障无法复位。根据故障统计及处理情况总结，引起故障的主要原因：①安全链复位回路异常；②人工或机械安全链模块损坏；③PLC 复位安全链动作信号模块异常的情况出现较少，不作讨论。

（七）手动紧急停机回路故障处理

1. 急停按钮故障

（1）故障现象：

1）按下紧急停机按钮，机组没有触发紧急停机状态码，用万用表直流挡测量急停按钮线路输入和输出，常闭触点没有断开或常开触点没有闭合。

2）未触发紧急停机按钮，但主控触发紧急停机状态码，用万用表直流挡测量急停按钮线路输入和输出，常闭触点断开或常开触点闭合。

（2）处理方法：更换急停按钮，更换前对接线方式进行记录，断开控制系统 24V 电源，用万用表直流挡测量安全链本体端子电压，电压为 0V 时方可进行更换，更换后的急停按钮应固定牢固，接线按原接线方式进行，接线紧固，更换完后进行功能测试正常。

2. 线缆故障

（1）故障现象：

1）按下紧急停机按钮，机组安全链断开，但未触发紧急停机状态码，用万用表测量急停按钮常闭触点和常开触点断开和闭合均正常，在 PLC 处测量没有收到反馈信号，判断线路断线。

2）未按下急停按钮，机组报安全链断开，测量急停按钮常开和常闭触点均正常，在 PLC 处测量没有收到反馈信号，判断线路断线。

（2）处理方法：更换断线线缆，更换线缆之前应按图纸找到对应位置，做好标记，断开控制系统 24V 电源，用万用表直流挡测量安全链本体端子电压，电压为 0V 时方可进行拆线，新线缆应与原线缆颜色相同，线缆两端做好标识，布线美观，更换完后进行功能测试应正常。

3. PLC 数字量输入模块故障

（1）故障现象：线路和急停按钮反馈均正常，PLC 处测量信号正常，但控制系统触发安全链故障，判断 PLC 数字量输入模块故障。

（2）处理方法：更换模块，更换之前断开控制电源，记录原接线顺序，更换新模块后，恢复原接线。

（八）扭缆限位开关回路故障处理

1. 码盘故障

（1）故障现象：码盘断齿、码盘不转。

（2）处理方法：更换码盘，码盘可单独更换，使用螺丝刀或套筒将其拆下，不同机组所用工具不同，更换前注意断开偏航电机供电电源，防止机组偏航夹伤手指。

2. 扭缆开关本体故障

（1）故障现象：

1）手动触发偏航扭缆开关，机组没有触发紧急停机状态码，用万用表直流挡测量扭缆开关线路输入和输出，常闭触点没有断开或常开触点没有闭合。

2）未触发偏航扭缆开关，但主控触发紧急停机状态码，用万用表直流挡测量扭缆开关线路输入和输出，常闭触点断开或常开触点闭合。

（2）处理方法：更换扭缆开关本体，更换之前断开偏航电机电源和 PLC 供电电源，对扭缆开关上部接线进行标记，更换完毕后按原接线方式进行接线并进行测试。首先手动偏航使机舱至塔基电缆保持垂直状态，在 PLC 控制器上对偏航角度手动清零。其次调节偏航扭缆开关的凸轮，左右成对称状态，顺时针手动偏航，在偏航角度达到右极限时应能触发安全链动作，偏航自动停止。再逆时针偏航，在偏航角度达到左极限时应能触发安全链动作，偏航自动停止。最后手动偏航至 0°。

3. 线缆故障

（1）故障现象：

1）手动触发偏航扭缆开关，机组安全链断开，但未触发紧急停机状态码，用万用表测量急停按钮常闭触点和常开触点，断开和闭合均正常，在 PLC 处测量没有收到反馈信号，判断线路断线。

2）未触发偏航扭缆开关，机组报安全链断开，测量急停按钮常开和常闭触点均正常，在 PLC 处测量没有收到反馈信号，判断线路断线。

（2）处理方法：更换线缆之前应按图纸找到对应位置，做好标记，断开控制系统 24V 电源，用万用表直流挡测量扭缆开关本体端子电压，电压为 0V 时方可进行拆线，新线缆应与原线缆颜色相同，线缆两端做好标识，布线美观，线缆更换完后进行功能测试应正常。

4. 偏航计数器故障

（1）故障现象：机组偏航时偏航扭缆角度无变化，偏航计数器无输出。

（2）处理方法：不同机型采用的偏航计数器不同，有的采用脉冲传感器型式，有的采用编码器型式。对于脉冲传感器首先检查传感器指示灯是否闪烁，如不闪烁应测量供电电源是否正常，电源正常的情况下采取清理表面油污，调节端面与被测面间隙，查看能否恢复，以上均无效果，需要更换偏航计数器；对于编码器型式，应测量供电电源是否正常，编码器联轴器是否脱落，以上均正常应更换编码器，注意更换完之后应进行 0°校准。

5. PLC 数字量输入模块故障

（1）故障现象：PLC 输入信号正常，但机组仍然报安全链断开、偏航扭缆开关触发等故障，判断 PLC 模块故障。

（2）处理方法：更换模块，更换之前断开控制电源，记录原接线顺序，更换新模块后，恢复原接线，并进行测试。

（九）振动开关回路检修

1. 振动开关故障

（1）故障现象：

1）手动触发振动开关，机组没有触发紧急停机状态码，用万用表直流挡测量振动开关线路输入和输出，常闭触点没有断开或常开触点没有闭合。

2）未触发振动开关，但主控触发紧急停机状态码，用万用表直流挡测量振动开关线路输入和输出，常闭触点断开或常开触点闭合。

（2）处理方法：更换振动开关，对线路进行标记，更换前断开 PLC 控制电源，用万用表直流挡测量振动开关上的接线端子无电压后方可拆线更换，更换后按原接线方式进行接线，更换完后进行功能测试应正常。

2. 线缆故障

（1）故障现象：

1）手动触发振动开关，机组安全链断开，但未触发紧急停机状态码，用万用表测量振动开关常闭触点和常开触点断开和闭合均正常，在 PLC 处测量没有收到反馈信号，判断线路断线。

2）未触发振动开关，机组报安全链断开，测量振动开关常开和常闭触点均正常，在 PLC 处测量没有收到反馈信号，判断线路断线。

（2）处理方法：更换线缆，更换线缆之前应按图纸找到对应位置，做好标记，断开控制系统 24V 电源，用万用表直流挡测量扭缆开关本体端子电压，电压为 0V 时方可进行拆线，新线缆应与原线缆颜色相同，线缆两端做好标识，布线美观，线缆更换，更换完后进行功能测试应正常。

3. PLC 数字量输入模块故障

（1）故障现象：PLC 输入信号正常，但机组仍然报安全链断开、振动开关触发等故障，判断 PLC 模块故障。

（2）处理方法：更换模块，更换之前断开控制电源，记录原接线顺序，更换新模块后，恢复原接线，并进行测试。

（十）超速回路故障处理

硬件超速保护是机组非常重要的保护功能，双馈机组通常包含低速轴超速和高速轴超速，直驱机组通常包括叶轮超速和发电机超速。主要涉及的部件有转速传感器、转速监测模块、继电器。

1. 转速传感器故障处理

（1）故障现场：转速传感器无脉冲输出或一直有不间断输出。

（2）处理方法：更换转速传感器，更换前锁定轮毂锁定销，防止叶轮转动，断开 PLC 控制电源。更换后调节传感器端面与码盘端面的距离，控制在 2～3mm 之间，调节完成后固定牢固。

2. 转速监测模块故障

（1）故障现象：转速传感器输出正常，转速监测模块无法监测转速，供电后无法启动、内部常闭触点一直处于断开状态、内部常开触点一直处于闭合状态。

（2）处理方法：需更换转速监测模块，更换前断开 PLC 控制电源、标记线号、记录控制参数，更换同型号监测模块，更换后应进行测试。

3. 继电器故障

（1）故障现象：继电器线圈得电不吸合或者吸合后触点不动作。

（2）处理方法：换继电器，更换前断开 PLC 控制电源、标记线号，更换同型号继电器，更换后应进行测试。

4. 线缆故障

（1）故障现象：

1）转速传感器输出正常，但转速监测模块未接收到信号。判断转速传感器到转速监测模块电缆断线。

2）转速监测模块正常，但在 PLC 模块处测量，未检测到信号，判断转速监测模块到 PLC 之间断线。

（2）处理方法：更换线缆，更换线缆之前应按图纸找到对应位置，做好标记，断开控制系统 24V 电源，用万用表直流挡测量扭缆开关本体端子电压，电压为 0V 时方可进行拆线，新线缆应与原线缆颜色相同，线缆两端做好标识，布线美观，线缆更换，更换完后进行功能测试应正常。

5. PLC 数字量输入模块故障

（1）故障现象：PLC 输入信号正常，但机组仍然报安全链断开、超速触发等故障，判断 PLC 模块故障。

（2）处理方法：更换模块，更换之前断开控制电源，记录原接线顺序，更换新模块后，恢复原接线，并进行测试。

（十一）PLC 监视信号回路故障处理

PLC 监视信号是监视整个安全链及 PLC 自身是否正常的信号，包括每一个节点是否正常，整条安全链回路是否正常，变桨 EFC 信号是否正常，所有反馈信号均到 PLC 的 DI（数字量输入）点。

1. PLC 模块故障

（1）故障现象：PLC 输入信号正常，但机组仍然报安全链断开故障，判断 PLC 模块故障。

（2）处理方法：更换 PLC 模块，涉及整体更换的需要记录 IP 地址、电缆扭缆角度、发电量、机组控制参数，更换完之后按原参数进行修改，需要重新刷程序的准备原程序。更换之前应断开控制电源，更换完后进行测试。

2. 继电器故障

（1）故障现象：继电器线圈得电不吸合或者吸合后触点不动作。

（2）处理方法：换继电器，更换前断开 PLC 控制电源、标记线号，更换同型号继电器，更换后应进行测试。

3. 线缆故障

（1）故障现象：回路断线，PLC 无法接收到信号。

（2）处理方法：检查安全链继电器至主控 PLC 之间的线缆，更换线缆之前应按图纸找到对应位置，做好标记，断开控制系统 24V 电源，用万用表直流挡测量扭缆开关本体端子电压，电压为 0V 时方可进行拆线，新线缆应与原线缆颜色相同，线缆两端做好标识，布线美观，线缆更换，更换完后进行功能测试应正常。

（十二）复位回路故障处理

复位回路包含机舱复位按钮和塔基复位按钮，主要功能是安全链各节点恢复正常后，手动复位安全链继电器。

1. 复按钮故障

（1）故障现象：安全链各节点正常，24V 信号已到复位按钮，按下复位按钮，复位按钮常开触点未接通。

（2）处理方法：更换复位按钮，更换之前按下急停按钮，更换完恢复急停按钮，手动复位测试是否正常。

2. 安全链继电器故障

（1）故障现象：复位按钮正常，24V 信号已到安全链继电器线圈，但继电器未动作或继电器动作后，常开触点未接通。

（2）处理方法：更换安全链继电器，更换前断开 PLC 控制电源、标记线号，更换同型号继电器，更换后应进行测试。

3. 线缆故障

（1）故障现象：安全链各节点正常，24V 信号已到复位按钮，按下复位按钮，复位按钮常开触点正常闭合，但安全链继电器未接收到信号。

（2）处理方法：检查复位按钮至安全链继电器之间的线缆，更换线缆之前应按图纸找到对应位置，做好标记，断开控制系统 24V 电源，用万用表直流挡测量扭缆开关本体端子电压，电压为 0V 时方可进行拆线，新线缆应与原线缆颜色相同，线缆两端做好标识，布线美观，线缆更换，更换完后进行功能测试应正常。

第四节　主控系统典型作业案例

一、案例 1：备用电源更换

各种备用电源更换的方式各不相同，需要根据主机厂家要求执行。需要注意，更换过程中，禁止触碰蓄电池接线柱，禁止蓄电池正负极之间短路。

以菲尼克斯 QUINT POWER DC-UPS 20A 电源为例，介绍主控蓄电池测量与更换步骤及注意事项：

（1）UPS 及蓄电池所在的控制柜的电源断路器断开，确保柜内无外接供电。

（2）将 UPS 面板旋钮调节到"Service"维修模式，如图 7-5 所示。调整万用表至直流电压挡位，检测电池电压，接线是否正确，分别用红表笔和黑表笔接触 UPS 上 Battery+、Battery–极，此时万用表显示的数值就是电池电压。正常电压范围为 22.5～28.5V。

（3）将电池的保险丝取出，如图 7-6 所示。拆除电池与 UPS 间的连接线。

（4）拆除蓄电池的固定螺栓，并将蓄电池取出，将全新的蓄电池按照旧电池的方式安装并安装固定，避免蓄电池磕碰。

注意：①蓄电池连接线须按照正确接线方式恢复。②更换时应避免接触蓄电池极柱。③若蓄电池使用时间超过 1 年，即使只有一个蓄电池发生异常，仍需将两个 12V 蓄电池同时更换。

（5）将新蓄电池与 UPS 之间的电源线接好，注意避免电池正负极接反。

（6）将蓄电池保险丝插入原位置。

（7）闭合柜内电源开关，给 UPS 通电，将 UPS 面板旋钮从"Service"模式调节到指定电池容量。

（8）蓄电池更换完成。

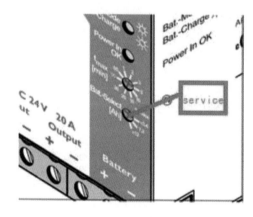

图 7-5　UPS 面板

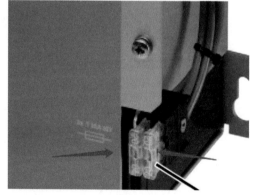

图 7-6　电池保险丝

二、案例 2：风传感器更换

各种风传感器更换的方式各不相同，需要根据主机厂家要求执行。需要注意，风传感器位于机舱外，易收到感应雷电流影响，易出现雨水聚集问题。一般主机的安装工艺均会考虑等电位连接和疏水问题，所以在安装过程中，需要检修人员严格按照厂家要求操作，不能擅自使用未经验证的替代方案安装。

下面以贝良抗冰冻机械式风速仪、风向标为例，介绍抗冰冻机械式风速仪、风向标拆卸步骤及安装步骤。

1. 贝良抗冰冻机械式风速仪、风向标拆卸操作步骤

（1）断开风传感器供电开关。

（2）拧松安装碗上的 3 颗 M8 螺丝，将风传感器和护座从支架上取下。

（3）拧松风速仪电缆线航空插头锁紧螺母，取下航空插头。

（4）拧松锁紧安装碗上的螺母，取下安装碗、防松垫和平垫，如图 7-7 所示。

（5）拆卸电缆（若更换的传感器仍是抗冰冻贝良机械式传感器，可以不拆卸电缆）。

2. 贝良抗冰冻机械式风速仪、风向标安装操作步骤

（1）断开风传感器供电开关。

（2）拧下抗冰冻风速仪（或抗冰冻风向标）上的底座螺母、防松齿垫。

（3）把抗冰冻风速仪（或抗冰冻风向标）穿过平垫并穿过安装碗。

（4）把防松垫和底座螺母拧到安装碗内部，锁紧底座螺母。

（5）用万用表测量安装碗与抗冰冻传感器的航空插座，必须要导通，如图 7-8 所示。

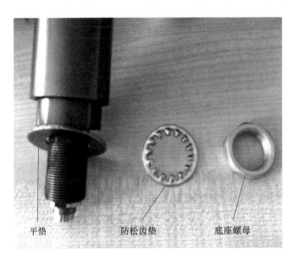

图 7-7 贝良风速仪安装碗　　　　图 7-8 贝良风速仪

（6）把抗冰冻风速仪电缆（或抗冰冻风向标电缆）穿过测风支架的管道，引入风力发电机组机舱内部，并把电缆上的航空插头和传感器上的航空插座连接并锁紧。

（7）贝良抗冰冻机械式风速仪、风向标，需要结合图纸接线。

（8）把安装碗套在测风支架上的钢管上，拧紧安装碗上的 3 颗螺丝。安装风向标时，需要保证风向标 S 应正对机头（桨叶方向），N 应正对机尾，如图 7-9 所示。

（9）恢复风传感器供电开关。

223

图7-9 贝良风向标

（10）对风速仪、风向标调试，将风向标旋向90°、180°、270°，同时观察风力发电机组后台"风向"显示值是否分别为90°、180°、270°。旋转风速仪，观察"实际风速"显示值是否变化。

三、案例3：倍福控制系统软件配置

1. PLC初始设置

（1）PLC上电，使用网线直连笔记本电脑，自动获取IP，使用远程登录CE，连接成功后，修改笔记本电脑IP地址为同一网段。

（2）启用CX1020的FTP服务，启用后需重启。

1）使用FTP软件（使用FTP服务，创建用户名密码）在相应目录创建正确文件夹，并拷贝相应程序和文件到文件夹内；

2）创建目录"/Hard disk/weaprog"，拷贝weaprog文件夹内所有文件至该目录，共19个文件；

3）创建目录"/Hard disk/init"，拷贝初始化文件init.txt至该目录；

4）创建目录"/Hard disk/ftp/error"。

2. 加载配置文件

（1）打开PC机，确认PC已与嵌入式PC通过网络互连或直连，打开TwinCAT软件的system manager，点击Choose Target，如图7-10所示。

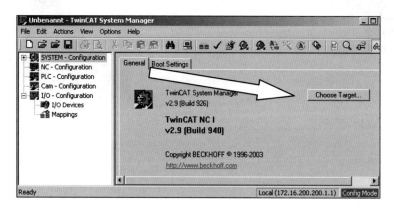

图7-10 选择PLC的型号

（2）点击Search，再点击Broadcast Search，选中要连接的嵌入式PC，点击Add Route，如图7-11所示。输入用户名和密码，点击ok确定，注意system manager右下

角出现字符，如图 7-12 所示。

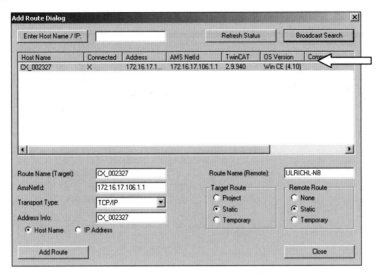

图 7-11 广播搜索目标地址

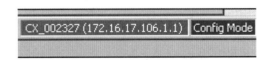

图 7-12 PLC 当前模式

（3）打开系统配置文件，配置文件为*.tsm。

（4）重新在 version 选项卡中 choose target，选中刚才添加的 PLC，点击 OK 确定，如图 7-13 所示。

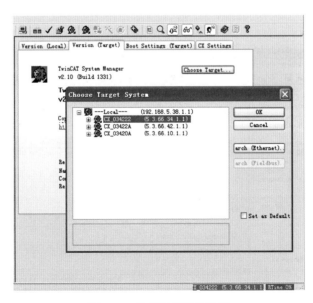

图 7-13 选择目标设备系统

（5）依次点击 generate mappings，check configuration，activate configuration，reset twincat to run mode，如图 7-14 所示。

图 7-14　打开系统文件

（6）得到 KL6904 序列号。进入 TwinSAFE Verifier 1.1，点击 download，输入 Administrator、序列号，以及密码（TwinSAFE），再点击 start，再输入一次密码。

3. 加载程序文件

（1）打开 TwinCAT PLC control，打开软件源文件，点击 project 下拉菜单中的 rebuild all，点击 online 下拉菜单中的 login，如图 7-15 所示，完成软件下装。

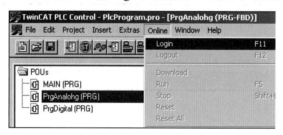

图 7-15　加载系统程序

（2）创建引导启动项目（最后完成测试后再做）。

（3）点击 online 下拉菜单中的 create boot project 打开 system manager，完成配置，如图 7-16 所示。

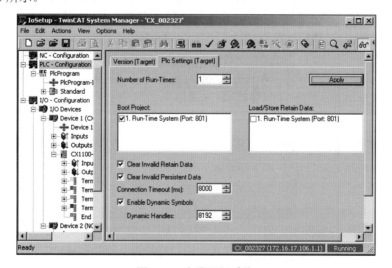

图 7-16　在线运行系统

（4）到此，嵌入式 PC 可以启动后自动运行程序。

四、案例 4：电能检测模块（PAC3200，见图 7-17）的设置

电能检测模块 PAC3200 是一种用于面板安装的高性能电力仪表，可用来计量、显示配电系统的 50 个测量变量，集遥测、遥信、遥控于一体，大尺寸 LCD 图形中文显示屏。PAC3200 通过 RS485 通信接口与 PLC 建立通信，通信协议为 MODBUS RTU。PLC CX1020 通过 NO31 模块扩展有 RS485 串口，通过串口与电能模块进行通信。PAC3200 与 PLC 通信的连接线缆为 2 线制 RS485 串口线。PAC3200 采用 24V DC 供电。

图 7-17　电能检测模块（PAC3200）

PAC3200 需要进行如下的设置：

1. 通信设置

设置路径为 F4→设置→RS485 模块。

地址值：5 或 6（COM1 连接地址为 5 的电能模块，COM2 连接地址为 6 的电能模块）。

波特率：9600。

设置：8E1（8 个数据位，1 个停止位，偶校验）。

协议：MODBUS RTU。

响应时间：0ms。

2. 语言的设置

设置路径为 F4→设置→语言 / 区域→语言。

3. CT 设置

设置路径为 F4→设置→基本参数→电流输入。

一次侧电流：2000A；二次侧电流：1A。

电流互感器极性反向：选择为 NO。

4. PT 设置

设置路径为 F4→设置→基本参数→电压输入。

接线方式：3P4W（3 相 4 线制不平衡负载），使用电压互感器：设置为 YES。

一次侧电压：690V；二次侧电压：414V。

五、案例 5：偏航传感器故障

（1）故障现象：某风电场报机组右扭缆故障，机组安全链断开，紧急停机模式，

扭缆角度为+455°。

（2）故障分析处理：根据机组扭缆程序参数设定，左右扭缆角度为900°时，触发扭缆限位开关后报扭缆故障。由于现故障角度为455°，可以判断为偏航传感器系统某部位存在异常导致误触发扭缆故障，实际电缆未发生异常扭缆。

经详细检查发现接近开关、连接电缆和固定螺母等部位无异常，对系统置零后并对故障复位，机组在偏航过程中，在未达到扭缆报警设定值会频繁触发扭缆故障，怀疑为传感器损坏，更换后故障消除。

六、案例6：振动开关触发故障

（1）故障现象：某风场数据库故障日志查询显示，截至2022年2月该机组报"机舱加速度超限故障"频次达到665次，根据振动数据图可知，在故障0时刻，机舱加速度有效值滤波后为0.146g，达到故障触发值，观察故障特点，故障时均处于额定风速（12m/s）区，故障时刻感受晃动明显。

（2）故障分析处理：通过观察振动数据和实地勘察，明确该机组为实际振动，排除检查回路问题导致误报的可能。对机组机械部分进行检查，包括桨距平衡度、基础水平度、塔筒螺栓连接、轮毂螺栓连接情况、主轴承情况、叶轮锁定销、偏航刹车盘、偏航轴承、偏航余压等，均未发现异常情况。录制机组空转及运行中叶片扫风声音，未发现异常。厂家工程师通过傅里叶变换算法，观察机舱加速度振动频谱，振动最大频率为0.45Hz，该频率为塔筒（前后、左右）一阶模态固有频率（来自机组厂家主要部件固有频率仿真结果），由此可以判断某一振源与塔筒发生了共振。

此时需要确定震源，通过故障文件查看，在故障触发前有一段明显的震荡过程，同时加速度幅值不断扩大，最后达到限值触发故障。经过计算该振动频率0.45Hz左右，与捕捉到的最大频率相同，基本可以确定导致塔筒共振原因是叶轮转矩波动引发。

通过以上分析，确定导致塔筒共振原因是叶轮转矩波动，而叶轮转矩波动是由桨距角变化造成的。

疑问在于为什么该机组桨距变化不同于其他机组（其他机组没有因桨距角变化引发振动）。

最终排查发现，在机组fore-aft方向塔架加阻闭环控制中的加速度模块X（前后）、Y（左右）信号线接反，导致了发电机转速—叶片桨距角控制环路中引入的其实是塔架左右振动的加速度，实际控制就变成了非闭环控制。控制桨距角变化的量没有得到真实反馈，将持续变化，直到桨距角变化频率与塔筒一阶固有频率发生共振导致机组故障停机。

七、案例 7：振动开关触发故障

（1）故障现象：舟山某山地风电场，机组海拔落差大，地形复杂。安装的双馈风力发电机组自投产以来 2 号机组经常发生振动超限故障，尤其在大风阶段，频率更高，严重影响机组运行。

（2）故障分析处理：通过对该风力发电机组振动超限故障原因分析，发现风向变化过快、风速湍流度（湍流强度简称湍流度或湍强）的问题。

1）风向变化过快。风力发电机组采取主动对风系统来捕捉风能，通过机组上安装的风向标进行测风，风力发电机组位置与测风位置超过一定角度，控制系统启动对风。由于风电场内部机组位置原因，测风风向变化快，风力发电机组偏航系统无法及时进行对风，使风力发电机组受到侧面风吹动可能导致振动超限。

2）风速湍流度大。风力发电机组通过变桨系统来调节叶片的扫风面积，最大程度捕捉风能，一般机组在设计时，通常会考虑风速湍流度，确保叶片调节速率满足要求。如果风速变化太大，超出设计标准时，就会存在变桨系统无法及时调整桨叶角度，引起机组振动，造成机组停机。图 7-18 所示为该机组振动超限故障图，故障时刻风速变化剧烈湍流度较大，此刻湍流度为 0.467（对应风速为 15m/s），已超过 IEC-61400-1 的设计标准。

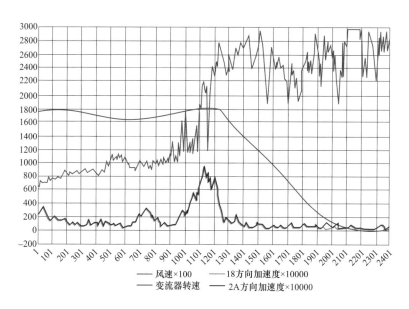

图 7-18　风力发电机组振动曲线图

根据 IEC-61400-1 中的相关规定，A 类风力发电机组对湍流度的要求是 15m/s 的湍流度不高于 0.16。

为解决该机组振动超限问题，通过对该机组运行数据分析，根据机组振动发生的原因，采取的防振动措施主要有增加风向变化过速保护和风速变化预估策略。

1. 风向变化过速保护

该机组风向变化过快，从 10°变化到 42°，振动负荷随之增大。通过场站其他机组运行数据对比和对机组技术资料的研究，可以确定该风场风力发电机组的安全运行边界。据此将机组主控系统偏航控制策略进行优化，配合软起动策略。当检测到风向变化即将超过安全边界时，风力发电机组提前动作，执行偏航操作，躲避风险变化造成的冲击，有效降低风力发电机组不平衡载荷，减少由此导致的振动故障停机次数。

2. 风速变化预估

为避免风力发电机组因湍流影响风速变化过快，风力发电机组变桨系统调节速率低造成机组振动超限，现场对特定时段内的风速进行预估，针对风速湍流度较大工况和变化剧烈的风况，通过风速预估器预测连续风速在某一时刻突然变大时，为保持转速平稳桨角也随之变大，之后运行到某时刻风速突然降低，桨角也随之变小。若风速连续频繁出现此类型波动，将引起桨角剧烈变化，引起振动超限，当采用风速预估器预测到此类风速时，控制系统根据预测结果，就可以提前进行变桨操作，适当调整桨叶角度使其平稳变化降低振动超限风险。

八、案例 8：超速触发故障

（1）故障现象：某风电场 6 号机组报叶轮过速故障，机组安全链断开，紧急停机模式。

（2）故障分析及处理：故障发生时机组平均风速为 3.8m/s，在启动过程中频报叶轮转速故障，可复位。检查变桨系统各项参数无异常，查看后台风轮转速曲线后发现存在无规律跳变情况，跳变值超过 100r/min，分析故障原因为超速继电器损坏或编码器损坏。检查编码器及连接线缆未发现异常，手动测试结果正常，更换超速继电器后故障消除。

九、案例 9：转速不一致故障

（1）故障现象：某风场 22 号机组报转速不一致故障，机组安全链断开，紧急停机模式。此故障可复位，无规律频报。

（2）故障分析及处理：根据发电机和风轮速度曲线对比可以发现，在故障发生时风轮速度存在跳变为 0 的情况，存在时间约 4s，检查发现滑环编码器连接器安装松动导致传感器未随风轮转动，造成转速差超过报警设定值，对连接器螺栓进行紧固后故障消除。

第八章

变桨系统维护与检修

变桨系统是指风力发电机组安装在轮毂上的叶片借助控制技术和动力系统改变桨距角的大小从而改变叶片气动特性，使桨叶在整机的受力状况大为改善。变桨距机构就是在额定风速附近及以上，依据风速的变化随时调节桨距角，控制吸收的机械能，保证获取最大的能量同时减少风力对风力发电机组的冲击。通过本章内容的学习，应熟悉风力发电机组变桨系统的结构与组成，主要部件的检查及维护，掌握和分析变桨系统常见故障处理。

第一节 变桨系统概述

一、变桨系统功能

变桨系统是风力发电机组控制系统的核心组成部分，对于风力发电机组安全、稳定、高效运行起着十分重要的作用。它是风力发电机组桨叶调节装置，借助控制技术和动力系统，通过叶片和轮毂之间的传动机构调节叶片的桨距角来改变叶片翼型的升力，从而改变叶片的气动特性，实现风力发电机组功率及启停机控制的装置。变桨系统有四个主要任务，具体如下：

（1）使风力发电机组具有更好的启动性能和制动性能。机组启动和停机过程中，通过合理变桨调整桨距角，避开共振转速，使动、静载荷冲击最小化。风力发电机组在低风速启动时，叶片桨距角可以转动到合适的角度，改变风轮的启动力矩，从而使风力发电机组更容易启动。当风力发电机组需要脱离电网时，变桨系统先转动叶片桨距角使之减小功率，在发电机与电网断开之前，功率减小到 0，没有转矩作用到机组，避免了脱网时突甩负载的过程。

（2）额定风速以下，根据控制系统的指令实时、快速地调节叶片角度，使风力发电机组获得最大风能捕获。当风速超过额定风速后，机组进入保持额定功率状态。

通过变桨距机构动作，增大桨距角，减小风能利用系数，从而减少风轮捕获的风能，使发电机的输出功率维持在额定值。

（3）当安全链被打开时，变桨机构作为空气动力制动装置把叶片转回到停机位置。

（4）变桨距技术使桨叶和整机的受力状况大为改善，通过衰减风轮交互作用引起的振动使风力发电机组上的机械载荷极小化。

二、变桨系统原理

根据变桨系统执行机构的不同，可以分为电动变桨系统和液压变桨系统。电动变桨采用电动机作为驱动，而液压变桨采用液压缸作为驱动。

（一）液压变桨基本原理

主控系统（PLC system）控制单元通过对风力发电机组启停控制、风速等输入信号的计算，下发桨叶控制指令到液压变桨系统。液压变桨系统由置于机舱内的电动液压泵作为动力源，在需要进行变桨操作时，由液压泵将液压油作为传递介质泵入液压管路。管路内各类阀门通过开闭控制变桨油路中液压油的流速、流量和流向，直接反应为液压缸中油量的变化快慢、变化多少和变化方向，进而反映为液压缸活塞运动的快慢、行程和方向。活塞连杆的前后运动通过曲柄连杆机构转换为叶片的旋转运动，达到变桨的目的。

液压变桨系统按其控制方式可分为统一变桨和独立变桨两种方式。对于小功率的风力发电机组一般采用统一变桨控制，也就是说利用一个液压执行机构控制整个机组的所有桨叶变桨，但对于大功率风力发电机组常采用独立变桨距机构，可以有效解决桨叶和塔架等部件的载荷不均匀的问题，具有结构紧凑、易于控制、可靠性高等优势。

液压变桨系统主要由液压站、控制阀、蓄能器、执行机构等组成。执行机构主要由推动杆、支撑杆、导套、防转装置、同步盘、短转轴、连杆、长转轴、偏心盘、桨叶法兰等部件组成。

（二）电动变桨基本原理

变桨控制系统把来自主控系统的桨距角命令值发送到各变桨伺服驱动系统，并通过滑环连接通信总线把桨距角实际值和运行状况反馈到主控系统，从而实现位置控制、速度控制、转矩控制。

正常变桨时，变桨控制系统通过总线接收主控系统的变桨指令，同时发给驱动系统来驱动电动机转动，电动机通过减速器减速后带动变桨轴承内圈转动，从而实现了叶片的转动来改变桨距角。驱动系统通过改变变频器输出电压的相序，就能够改变伺服电动机的转向，通过电动机的正、反转使桨叶向 90° 或 0° 方向连续变桨。变桨减速器与变桨齿圈的动力传递有齿轮副直接传递和齿形带传递两种。

紧急收桨时，变桨控制系统通过总线接收主控制系统的紧急收桨指令，同时将指令发给驱动系统，驱动系统的变流频器输出较高频率使电动机高速转动，通过减速器的输出小齿带动变桨轴承内圈快速旋转，从而达到快速收桨的目的。一般紧急收桨的速度达到 10°～12°/s。

在实际应用中，由于叶片具有较大的惯性，为了防止变桨速度过快，一般在伺服电机驱动系统中的直流母线上加装制动电阻，来消耗电动机转速超过同步速度后产生的多余能量，从而达到制动的目的。在电机轴的末端还有一组电磁制动器，其作用是为到达目标位置的叶片提供刹车。

（三）液压、电动变桨距优缺点比较

液压变桨系统与电动变桨系统相比，液压传动单元体积小、质量轻、扭矩大并且无需变速器结构，在失电时将蓄压器作为备用动力源对桨叶进行全顺桨作业而无需设计备用电源。但是，由于桨叶是在不断旋转的，必须通过一个旋转接头将机舱内液压站的液压油管路引入旋转中的轮毂，液压油的压力在 20MPa 左右，因此制造工艺要求较高，难度较大，管路也容易产生泄漏现象。液压系统由于受液压油黏温特性的影响，对环境温度的要求比较高，对于在不同纬度使用的风力发电机组，液压油需增加加热或冷却装置。

电动变桨系统相对液压变桨系统有制造工艺简单、控制策略多样化、控制精度高、节约机舱空间、桨距调节反应速度快、故障排查更容易等优点。

在适用范围方面，除国外 VESTAS 和 GAMESA 等少数主机制造商使用液压变桨系统外，其他制造商几乎均采用电动变桨系统，因此本章节也侧重对电动变桨系统进行讲解。

（四）变桨系统主要组成结构

电动变桨系统通常包括 3 个轴控箱、3 个电容（蓄电池）箱、3 个交（直）流电机、滑环、编码器、连接电缆和其他配件等。

1. 轴控箱

变桨系统有 3 个轴控箱，如图 8-1 所示。每个轴控箱对应 1 个桨叶，轴控箱通过变桨变频器控制变桨电机以驱动风力发电机组桨叶转动。变桨变频器具备数字量、模拟量输入/输出接口，具备 2 个绝对值编码器接口。可以通过手操盒接到轴箱进行手动变桨。

轴控箱同时包含在正常运行及紧急停机时所需的其他主要部件，如断路器、接触器、各型监控器（电网电压、电容电压）、滤波器、继电器、过压保护装置、电源模块、24V 电源和接插头等。

图 8-1　轴控箱

2. 电容箱（蓄电池箱）

每个变桨柜内都有一组超级电容（蓄电池），如图 8-2 所示。其作用是由充电器充电进行能量存储，当来自滑环的电网电压掉电时，超级电容（蓄电池）作为备用电源保证叶片能够紧急顺桨，确保机组安全。

图 8-2　电容箱

图 8-3　变桨电机

3. 变桨电机

变桨系统通过变桨电机驱动变桨减速器带动桨叶旋转，实现变桨距的目的，如图 8-3 所示。变桨电机具有独立散热风扇，能够自动调节电机温度；具有电热调节器，在电机停止运行期间根据需要进行加热，并能在-10℃（常温型）下启动运行，也起到电机线圈过热保护作用。

4. 限位开关

限位开关用于控制轮毂运行的行程及限位保护，如图 8-4 所示。当桨叶运行到相应角度时就会触碰限位开关，此后桨叶将会产生相应的动作。为保障机组安全，变桨系统包含两级限位开关，即 91°限位开关（一级限位开关）和 95°限位开关（二级限位开关）。

（1）91°限位触发时，电机制动，旁通限位开关后电机可以往 0°或 95°方向动作；

（2）95°限位触发时，电机制动，旁通限位开关后电机只可以往 0°方向动作。

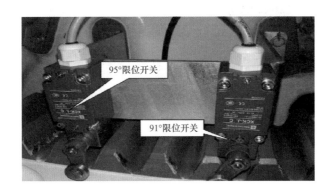

图 8-4　限位开关

5. 滑环

安装于轮毂内或机舱内齿轮箱末端，如图 8-5 所示。为变桨驱动提供电源和通信信号，滑环内部内置有编码器，可采集轮毂转速信号。

图 8-5　变桨滑环

6. 编码器

编码器包括安装在变桨电机尾部的电机编码器和安装在变桨轴承处的叶片编码器，如图 8-6、图 8-7 所示。电机编码器直接测量变桨电机转速，叶片编码器是用来测量风力发电机组叶片的转速，变桨转速信息将通过编码器反馈回系统中。

图 8-6　电机编码器

图 8-7　叶片编码器

第二节　变桨系统检查与维护

变桨系统检查项目可分为变桨电机检查、变桨减速器检查、变桨系统连接螺栓检查、变桨滑环检查、变桨润滑系统检查等。进入轮毂对变桨系统进行任何维护和检修时，必须首先使风力发电机停转，高速轴制动，并用主轴锁定装置锁牢风轮后方可进入轮毂。

一、变桨电机检查与维护

变桨电机的检查与维护主要内容包括：

（1）检查变桨电机表面的防腐层是否有脱落现象，如有脱落需记录并处理。

（2）检查变桨电机电缆的外观是否完好，固定是否牢固。

（3）电机接线盒螺钉紧固，接线盒密封良好。

（4）手动对每个叶片进行变桨，检查运行是否存在异响。

（5）检查变桨电机与旋转编码器连接螺栓是否牢固。

变桨电机检查周期一般为 3 个月，对电机进行手动变桨测试周期一般为 6 个月。在维护过程中对电机进行表面清洁时，需保持抹布干燥，防止水滴进入电机内部，造成电机绕组损坏。电机工作时若发现有异常声音或剧烈振动，则应仔细检查，必要时拆卸变桨电机进行检查，确定电机故障原因后根据损坏情况进行维修或更换。

二、变桨减速器检查与维护

1. 变桨减速器检查和维护的主要内容

（1）检查减速器外观有无脱漆、腐蚀、漏油等情况发生。

（2）检查变桨减速器润滑油油位，保证油位处于油窗 1/2～2/3 处。

（3）减速器输出轴轴承加注润滑脂。

（4）检查变桨减速器齿轮表面无裂纹、撞伤、腐蚀，并清理齿面异物。

（5）检查变桨减速器运转正常，有无异响、振动。

在减速器轴承加注润滑脂时，先拆下减速器两端的黄油嘴，使用黄油枪从一侧加注润滑脂，另一侧润滑脂溢出后则停止加注。一般要求每年抽检 20%取样一次对变桨减速器润滑油油品进行化验，若不满足使用要求则及时更换，每五年更换一次新油。

2. 在对变桨减速器润滑油油位进行检查及加油时的具体操作

（1）停机进入轮毂前，先断开轮毂通信和 400V 电源，然后盘车使三个叶片呈"Y"形（需要检查油位减速器对应的叶片朝下），拧开油位堵头（或通过观察镜）查看朝下的叶片对应的变桨减速器润滑油位，如果油位小于箱体内部容积的 1/2，则需加油。

（2）用抹布将加油嘴及附近区域的灰尘杂物清理干净。

（3）松开该变桨减速器注油孔螺塞，按减速器铭牌或厂家要求选择合适的润滑油型号，用加油壶进行加注（见图 8-8），直到加满到注油口油窗可见部分的一半以上（不带油窗的加到油位孔可见位置即可）为止。

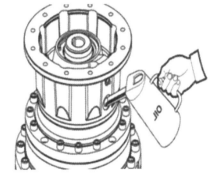

图 8-8　变桨减速器油脂加注

（4）安装注油堵头和油位堵头，并用干净无纤维抹布清理干净溢出的润滑油，然后检查剩下的两个减速器。

3. 在对变桨减速器润滑油进行更换时的具体操作

（1）检查（松开放油口堵头）时发现减速器润滑油变深黑色、黏度降低或严重变质的情况，需进行油样检测，确定油品失效变质应更换润滑油，新的润滑油型号以减速器铭牌或厂家的要求为准。

（2）进轮毂前准备工作参考以上油位检查时工作方法，放油前油温应低于 50℃。松开减速器注油螺塞和放油堵头，放油时如果操作空间不利于接油容器的放置，须做一个中间连接，采用一个直通接头，将软管连接在放油口,确保放油的需要（见图 8-9）。

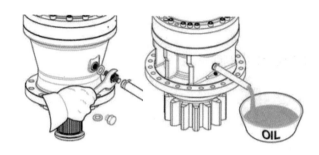

图 8-9 变桨减速器油更换

（3）减速器放油口可能会被油泥等沉淀物堵住，这时需要使用螺丝刀等工具通开才能放油，放油完成后，用新润滑油冲洗减速器内部，再将冲洗后的油排干净，安装好放油堵头。

（4）用以上变桨减速器润滑油油位进行检查及加油时操作流程，重新给减速器注油，并拧紧注油堵头，完成后启动减速器运行几分钟，然后停机检查油位变化，如油位下降，需要再次添加润滑油。

（5）换油工作完成后清理加油口和放油口的油污，更换的废油应统一回收，集中放置，按危废管理流程处置，避免对环境造成污染。

三、变桨控制柜内电气接线检查

变桨控制柜内电气接线检查主要内容包括：

（1）检查轴柜内 400V AC 进线连接可靠；驱动器与充电器安装螺栓紧固可靠、无松动；各功能模块及线圈安装可靠、无松动；连接端子无松动并适当紧固。

（2）检查并规范变桨柜内各器件走线，做到接线整齐无飞线、无晃动，线槽盖板无缺失。

（3）清理变桨驱动器风扇，确保内外无灰尘附着，风扇转动顺畅无杂音。

（4）检查加热器工作正常。

（5）检查防雷模块信息窗指示正常。

（6）检查柜内电缆无破损、表皮老化、拉弧现象。

（7）检查并清理变桨柜内灰尘及异物。

轴控柜检查维护周期一般为 3 个月，在轴控柜检查时必须关闭变桨 400V AC 电源、UPS 电源、蓄电池（超级电容）的供电，防止检查时触电。

四、变桨后备电源检查与维护

变桨后备电源的检查与维护主要内容包括：

（1）检查充电器、超级电容模组（蓄电池）固定是否牢固。

（2）检查充电器、超级电容模组（蓄电池）表面是否整洁。

（3）检查充电容模组（蓄电池）的电压是否正常。

（4）检查超级电容（蓄电池）模组间短接线的紧固。

（5）对超级电容（蓄电池）进行"收桨性能"测试。

变桨后备电源的检查维护周期一般为 6 个月。因超级电容（蓄电池）为带电设备，在检查过程中要当心触电风险。超级电容（蓄电池）作为变桨后备电源，对机组安全起着至关重要的作用，在巡检过程中发现有异常时要及时进行修复或更换。

变桨后备电源性能测试主要操作步骤如下：

（1）断开变桨柜 400V AC 电源供电，进入变桨强制模式。

（2）手动向 0°方向变桨，变桨到 0°，然后向 90°方向变桨，变桨至 45°左右。

（3）将变桨模式更改自动模式，观察叶片是否能顺桨到 90°左右，并通过监控软件记录超级电容（蓄电池）电压。

（4）如果自动变桨后，不能顺桨至 90°左右，表明超级电容（蓄电池）电量不足，应给电容（蓄电池）充电，让叶片顺桨至 90°，然后更换电容（蓄电池）。

五、桨叶编码器检查

桨叶编码器的检查主要内容包括：

（1）检查桨叶编码器支架安装螺栓紧固可靠，防松标记线清晰、无移位。

（2）检查编码器插头固定可靠、无松动。

（3）使用内六角检查编码器与小齿轮的固定螺栓，紧固、无松动。

桨叶编码器的检查维护周期一般为 12 个月。

六、限位开关及附件检查

限位开关及其附件的检查主要内容包括：

（1）检查限位开关安装螺栓未松动。

（2）检查限位开关支架固定螺栓未松动。

（3）检查限位开关触头动作正常、无卡涩。

（4）检查撞块的安装螺栓未松动，撞块未变形。

（5）检查接近开关和支架安装螺栓未松动。

限位开关循环定检周期一般为 6 个月。检查限位开关与撞块在触发位置能否触发，若不能，用内六角扳手拧开撞块安装螺钉，调整位置后重新拧紧，然后手动顺桨进行检验。

第三节 变桨系统典型故障处理

一、接近开关故障

（1）故障现象。叶片在正常运行时，风力发电机组接近开关信号突然丢失超过规定时限，导致机组报出接近开关触发或异常故障停机。

（2）原因分析。通常每支叶片安装有两个接近开关，作为冗余位置信号控制量。接近开关在机组运行过程中，开关频率高，且随着叶轮的旋转发生机械损坏的可能性也比较高。当接近开关发生故障后导致机组收桨停机。能够导致机组报出该故障的节点有以下 5 种可能：

1）接近开关信号检测模块故障。

2）哈丁头锁母及信号线松动。

3）接近开关本身故障。

4）挡块材质及镀锌层厚度不达标。

5）轴承内外圈因大风天气存在相对位移。

（3）处理方法。首先检查接近开关本身是否存在问题，可以先对元器件进行分段测量，判断器件本身是否存在故障，如测试确认是接近开关本身故障，则进行备件替换后测试故障是否消除。如故障未消除，则继续排查挡块表面镀锌层是否均匀、厚度是否达标，可通过塞尺测量接近开关与挡块之间的距离，排除因轴承内外圈相对位移或挡块变形导致的接近开关与挡块之间距离过大，超出量程进而丢失信号报出故障。如确认存在问题，则对挡块位置或轴承位置进行调整，满足接近开关与挡块之间的距离要求。如无问题则继续排查哈丁头、信号线是否存在松动或绝缘损坏的情况，如存在问题则进行紧固或绝缘包扎处理。最后排查接近开关信号检测模块，通过其指示灯闪烁信息，或倒换模块判断其是否存在问题。

二、限位开关故障

（1）故障现象。当 PLC 持续 80ms 没有收到限位开关正常的高电平信号时，风力发电机组报此故障。

（2）原因分析。某个桨叶限位开关触发，有时候是误触发，复位即可。如无法复位，进入轮毂检查，可能有杂物卡住限位开关，造成限位开关提前触发，或者限位开关接线本身损坏失效，导致限位开关触发。

（3）处理方法。

1）检查限位开关接线是否松动或存在断线的情况。

2）限位开关本体是否损坏，如损坏则对限位开关进行更换。

3）检查限位开关供电回路电源供电是否正常，如存在异常则对供电回路进行检查。

三、变桨通信故障

（1）故障现象。

1）在规定时间段内，风力发电机组持续产生轮毂通信超时信号，机组报"变桨控制器超时"故障停机。

2）电网接触器吸合至少700ms后，电网电压高于360V时未收到变桨控制器响应信号，机组报"变桨控制器"故障停机。

（2）原因分析。以上故障的发生均由于风力发电机组主控系统与变桨系统通信中断导致。变桨控制系统主要通过通信线路、滑环、通信模块等与风力发电机组主控系统进行通信。当发生通信故障时，主要故障点为滑环损坏或接触不良、航空插头损坏、通信模块故障、通信线破损或屏蔽层损坏等。

（3）处理方法。用万用表测量PLC进线端电压正常，出线端电压为24V，排除PLC本身故障。在PLC无故障情况下将机舱柜侧轮毂通信线拔出，测量机舱柜侧轮毂通信线是否导通，如存在断线则排查断点并进行修复或启用轮毂通信备用线。若故障依然存在，则继续对滑环进行检查。对于安装在齿轮箱高速端末端的滑环，注重检查滑环内有无齿轮箱漏油的情况，齿轮油附着在滑环与插针之间形成油膜，起绝缘作用，导致变桨通信信号时断时续，一般清洗滑环后故障可消除。排除齿轮油问题导致的滑环故障后，继续对滑环插针、环轴、电刷丝等进行检查，确认有无跳丝、沉积物、插针损坏等情况造成的通信中断，必要时开展滑环清洗维护。

四、变桨角度故障

（1）故障现象。在风力发电机组运行过程中（不包括停机模式和维护模式），当变桨系统轴1的编码器角度与主控制器设定桨距角度的偏差大于3°时，机组故障停机。

（2）原因分析。由变桨电机上的旋转编码器（A编码器）通过电机转速测得桨叶角度与角度计数器（B编码器）测得的桨叶角度作对比，两者相差过大将会触发故障。

（3）处理方法。

1）角度计数器（B编码器）是机械凸轮结构，与叶片的变桨齿轮啮合，精度不高且会不断磨损，在有大晃动时有可能产生较大偏差，因此先进行复位操作，排除故障

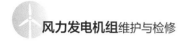

的偶然因素。

2）当主控页面反复报此故障，进入轮毂检查 A、B 编码器。首先检查编码器接线与插头是否松动，若插头松动，拧紧后可以手动变桨观察编码器数值的变化是否一致，若有数值不变或无规律变化，检查连接线是否有断线的情况。编码器连接线机械强度相对低，在轮毂旋转时，有可能与插针分离，或者线芯在半断半合的状态，这时虽然可复位，但转速一高，松动达到一定程度信号就无法传递，因此可用手摇动连接线和插头，若发现在晃动过程中显示器数值在跳变，可拔下插头用万用表测通断，有不通的和时通时断的，要进行处理，可重做插针或接线，如不能处理可更换连接线。排除这两点仍然报故障，编码器本体可能损坏，更换即可。

五、变桨电机高温故障

（1）故障现象。任何一支变桨电机温度超过 150℃延续 3s。

（2）原因分析。电机温度过高大多由于线圈发热引起，有可能是电机内部短路或外载负荷太大所致，电机线圈过流引起温度升高。

（3）处理方法。

1）检查变桨齿轮箱是否存在卡塞、变桨齿轮间是否夹有异物，如有则采取变桨齿轮箱卡塞问题修复、更换变桨齿轮箱及齿轮间异物清理等措施。

2）检查电机温度传感器（PT100）工作是否正常，如存在问题则需对温度传感器进行更换。

3）检查变桨电机的电气刹车是否打开，可检查电气刹车回路有无断线、接触器有无卡塞等。

4）检查电机内部是否绝缘老化或被破坏导致短路，如内部损坏则需对电机进行修复或者更换。

六、变桨后备电源故障

（1）故障现象。

1）机组运行过程中实时对后备电源进行电压监测，当任何一个轴箱变桨系统电容（蓄电池）电压低于限值时，报出后备电源电压低故障停机。

2）机组启动过程中，进行后备电源收桨功能测试时，报后备电源电压低故障停机。

（2）原因分析。导致后备电源电压低的故障原因可能为后备电源故障、后备电源电压检测回路故障、充电器故障、电网电压高导致无法充电等。

（3）处理方法。对主控系统报出的故障进行详细检查，确认是否 3 组后备电源均报电压故障或仅单组后备电源报出电压故障。

1）3 组后备电源均报电压故障。首先检查后备电源充电器，测量有无 230V AC 输入，如有则说明输入电源没问题；随后测量充电器有无 230V DC 输出和 24V DC 输出，有输入无输出则判断为充电器故障，可对后备电源充电器进行更换。若由于电网电压短时间过高引起，则电压恢复后进行复位操作即可。

2）单组后备电源报电压故障。按下轮毂主控柜的充电试验按钮，对 3 组后备电源进行轮流试充电。此时测量吸合接触器的出线端有无 230V DC 电源，再顺着充电回路依次检查各电气元件的好坏，检查时留意有无接触不良等情况，确定充电回路无异常后，然后打开后备电源柜，分别测量单组后备电源两端电压，若有不正常的电压，则逐个测量单个后备电源，直到确定故障电源位置，按要求对后备电源进行更换。一般充电时间为 12h（具体充电时间根据更换的数量和温度等外部因素决定）。若不连续充电直接运行，则新蓄电池没有彻底激活，寿命大打折扣，很快也会再次损坏，还有可能导致其他蓄电池损坏。

七、停机模式下变桨系统值小故障

（1）故障现象。在停机模式下，3 个叶片中的任何一个位置小于参数设定角度持续 20s 以上。

（2）故障原因。

1）叶片实际已回到 90°附近位置，叶片位置测量装置异常。

2）因电机损坏或变桨机构故障导致叶片顺桨过程中卡涩。

（3）处理方法。当风力发电机组报出该故障后，就地检查叶片是否回桨至 90°，如叶片已经回桨至 90°，主要开展以下检查工作：

1）对叶片位置传感器进行检查，检查叶片位置传感器测量的叶片角度与实际角度的偏差值，对叶片位置传感器进行调节。

2）对电气回路进行检查，检查位置传感器 24V DC 电压供电是否正常，检查轮毂电气控制柜内模拟量输入模块，对运行异常电源模块或模拟量模块进行更换。

如叶片已经回桨至 90°，则进行如下检查：

（1）检查变桨电机是否损坏，如损坏则对变桨电机进行维修或更换。

（2）检查变桨减速器是否损坏、是否存在卡齿情况，如损坏则对变桨减速器进行更换。

（3）检查变桨齿圈是否存在断齿情况，导致变桨过程中卡涩，如确认损坏则需对变桨齿圈进行修复。

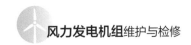

第四节 变桨系统典型作业案例

一、案例1：变桨电机更换

1. 更换前工具及耗材准备（见表8-1）

表 8-1 更换前工具及耗材准备

序号	名称	型号	数量	单位
1	棘轮扳手	19mm	1	把
2	力矩扳手	340N·m	1	把
3	套筒（风动）	19mm	1	个
4	吊葫芦	1t	1	个
5	吊带	1t×1m	1	根
6	吊带	1t×4m	1	根
7	吊耳	1t	2	个
8	钢丝绳	0.5m	1	根
9	内六角扳手	14mm / 12mm	1	把
10	橡胶锤		1	把
11	一字起		1	把
12	扎带	530mm	1	包
13	扎带	300mm	1	包
14	抹布		2	米
15	镀铬自喷锌		1	瓶
16	乐泰/克塞新	243/1243	1	瓶
17	记号笔		1	支

2. 变桨电机更换的基本作业流程和步骤（见图8-10～图8-14）

（1）机组停机，处于维护模式，锁叶轮。

（2）在更换变桨电机时，必须先确认变桨柜（电容柜）的电源已经断开，滑环电源也处于断开状态，拆除变桨柜（电容柜）上变桨电机电源线哈丁头，并将其取出后妥善放置，防止被硬物砸伤。

（3）用变桨锁将变桨盘锁定，叶片指针指到 0°位置，拆下变桨锁，用变桨锁上的 2 个 M16×70-8.8 螺栓和 2 个 ϕ16 垫圈将变桨锁安装到变桨盘上，螺栓的紧固力矩值为 120N•m。

（4）拆除变桨电机后部的旋转编码器。

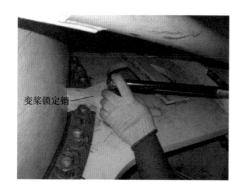

图 8-10　变桨锁定

图 8-11　变桨电机旋转编码器拆除

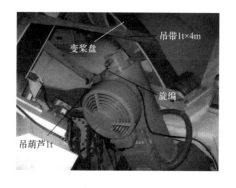

图 8-12　1t×4m 吊带悬挂

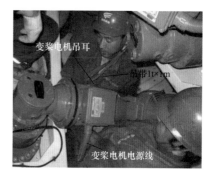

图 8-13　1t×1m 吊带悬挂

（5）变桨电机拆卸。将吊带一端与变桨驱动支架或变桨盘连接，另一端与变桨电机吊耳连接并确定吊具连接可靠。

用 18mm 棘轮扳手分别拆下变桨电机-变桨减速器连接的 6 颗 M12×40-8.8 螺栓。螺栓拆卸完毕后，变桨电机两侧分别站一人，晃动电机，电机后侧站一人，向外拔电机，使得电机和减速器缓慢分离。

注意：在拆电机时，晃动幅度不要过大，以免损坏变桨电机的传动轴；如果电机的电源线是从变桨柜（电容柜）侧拆下，电机侧未拆除，需注意电源线的防护；若电机的电源线是从电机侧拆除，则需将电源线妥善放置，防止对电源线造成损伤。

图 8-14　变桨电机拆卸

（6）变桨电机安装。选用新的变桨电机进行更换安装。

（7）清理叶轮，恢复机组。

二、案例2：变桨减速器更换

1. 变桨减速器更换工具及耗材清单（表 8-2）。

表 8-2　　　　　　　　　　　　变桨减速器更换工具及耗材清单

序号	名称	型号	数量	单位
1	棘轮扳手	19mm	1	把
2	力矩扳手	340N·m	1	把
3	套筒（风动）	19mm	1	个
4	吊葫芦	1t	1	个
5	吊带	1t×1m	1	根
6	吊带	3t×4m	1	根
7	吊耳	1t	2	个
8	钢丝绳	0.5m	1	根
9	内六角扳手	14mm 12mm	1	把
10	橡胶锤		1	把
11	一字起		1	把
12	扎带	530mm	1	包
13	扎带	300mm	1	包
14	抹布		2	米
15	镀铬自喷锌		1	瓶
16	乐泰/克塞新	243/1243	1	瓶
17	记号笔		1	支

2. 变桨减速器更换的基本作业流程和步骤

（1）机组停机打维护，锁叶轮。

（2）拆除变桨电机。

（3）拆除冗余旋转编码器固定板（见图 8-15）。用 12mm 套筒或是开口扳手拆除冗余旋转编码器固定板上的 4 个螺栓，取下冗余旋转编码器固定板，妥善放置防止损伤冗余旋转编码器及冗余旋转编码器小齿轮。

1）拆除齿形带。调整变桨驱动齿形轮使齿形带松弛，见图 8-16 和图 8-17。

图 8-15　SSB 旋转编码器固定板的拆卸

图 8-16　旋松定位压条上的螺栓

图 8-17　调节减速器调节滑板

2）拆卸一侧齿形带压板，见图 8-18。

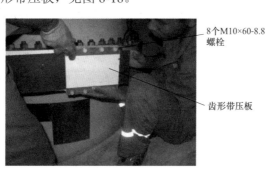

图 8-18　齿形带压板拆卸

3）拆除张紧轮。SSB 旋转编码器驱动齿轮拆卸，见图 8-19。

图 8-19　SSB 旋转编码器驱动齿轮拆卸

4）拆除张紧轮-减速器连接螺栓，见图 8-20。

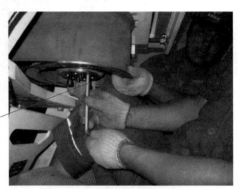

图 8-20　张紧轮—减速器连接螺栓拆除

5）拆除张紧轮，见图 8-21。

图 8-21　张紧轮拆除

6）变桨减速器的拆除。变桨减速器—调节滑板连接螺栓拆除，见图 8-22。

7）变桨减速器安装。选用新的变桨减速器进行更换安装，见图 8-23 和图 8-24。

8）清理叶轮，恢复机组。

图 8-22 变桨减速器连接螺栓的拆除

图 8-23 变桨减速器拆卸吊具安装

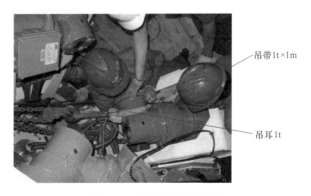

图 8-24 变桨减速器拆卸

三、案例 3: 滑环更换

1. 更换前工具及耗材准备（见表 8-3）

表 8-3　　　　　　　　　更换前工具及耗材准备

序号	名称	规格型号	单位	数量	备注
1	万用表		个	1	

续表

序号	名称	规格型号	单位	数量	备注
2	头灯		个	1	
3	两用扳手	17mm	把	1	
4	两用扳手	19mm	把	1	
5	斜口钳		把	1	
6	扎带	500mm	包	1	
7	棘轮扳手		套	1	
8	螺纹胶		管	1	

2．滑环更换步骤

进入轮毂前，作业前必须按叶轮锁定规范锁定叶轮。断掉机舱内相关电源后操作。要求至少有两人同时进行工作。滑环安装如图 8-25 所示，主要更换步骤如下：

（1）拆卸滑环前先断掉机舱柜内相关电源，禁止带电作业。

（2）先拆掉滑环上机舱侧两个哈丁头，再拆掉滑环上轮毂侧两个哈丁头。

（3）用棘轮扳手将滑环支架的两颗固定螺栓拧松，使滑环驱动针可以脱离滑环支架卡口的限制，用棘轮扳手卸掉固定滑环的螺栓，取下滑环。

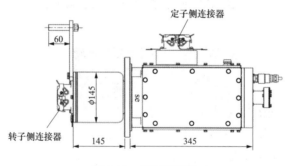

图 8-25　滑环安装图

（4）检测新滑环是否可以任意旋转。安装前，旋转滑环 10 次，注意是否有卡滞或异响，以检查新滑环的机械状态。

（5）使用万用表，检验滑环两端对应端口是否全部导通，以检查新滑环的电气状态。

（6）固定新滑环前，注意安装法兰的平面区域必须垂直向上或竖直 60°内斜向上。

（7）注意滑环转子的方向，要让滑环驱动针在滑环支架卡口内部。

（8）确认滑环方向正确后，将滑环从轮毂穿入定轴止定圈到机舱侧，用螺栓及垫圈将滑环安装法兰固定在发电机前轴承端部，按照要求紧固力矩，螺栓螺纹表面涂抹螺纹胶。

（9）紧固滑环支架固定螺栓，使用螺栓及垫圈，按照要求紧固力矩值，螺栓螺纹表面涂抹螺纹胶。

（10）安装并锁紧滑环上轮毂侧两个哈丁头，安装并锁紧滑环上机舱侧两个哈丁头。

四、案例4：滑环清洗

1. 清洗前工具及耗材准备（见表8-4）

表 8-4　　　　　　　　　　　清洗前工具及耗材准备

序号	名称	规格型号	单位	数量	备注
1	套筒		套	1	
2	清洁布		块	1	
3	毛笔		支	1	
4	小一字		把	1	
5	小十字		把	1	
6	清洗剂		瓶	1/5～1/3	
7	润滑剂		瓶	1	

2. 滑环清洗步骤

通信滑环属于精密设备，由于长期的运行，易造成接触部件的损坏和污染，必须定期进行检查和清洁。考虑到滑环的材质不同，且作业空间较小，在清洁时必须选取合适的工具。一般采用吹风力发电机组比较细的毛刷、毛刷对通信滑环进行清理，必要情况下还需进行清洗。清理和清洗的基本流程如下：

（1）在机舱清洗，必须打开机舱天窗，严禁烟火。

（2）在滑环下边铺垫一层干净的布片。

（3）断开通信滑环的外部接线，取下通信滑环，小心打开滑环防护盖（见图8-26），应注意防止密封垫损坏。

图 8-26　打开滑环防护盖

（4）使用喷壶在滑环表面先喷一道清洗剂，将大部分灰尘或油污冲洗干净。

图 8-27　滑环滑道清洗

（5）使用毛笔画上清洗剂，顺滑道逐一进行清洗，如图 8-27 所示。

注意：在边清洗边转动滑环清洗过程中，尽量不要触动触点，清洗完后要检查触点是否在正常位置。

（6）清洗后，待滑环自然风干（至少等待 10min）。

（7）使用专用润滑剂对准干净的新毛笔喷上润滑剂（不要喷多，仅湿润即可）。

（8）使用喷有润滑剂的毛笔，在每个滑道上轻点。

（9）转动滑环数圈，检查滑环滑道表面是否形成薄薄的一层润滑膜。如果出现润滑过多的现象，需要使用干净、无绒毛的布将多余的润滑剂擦除。

（10）再次检查所有触点是否在正常位置上，如图 8-28 所示。如果有触点出现变形，仔细将其恢复原位，并检查接触力是否良好。

注意：不准强力振动，一旦造成大的变形，将导致接触问题，必须更换新的滑环。

（11）将清洗好的滑环安装好并恢复接线。

注意：接插件安装后必须将锁扣锁好，否则会因振动而导致接触不良、烧毁接插件，导致大的故障。

（12）清理现场，清除并带走所有杂物。

图 8-28　检查滑环触点是否在正常位置

五、案例 5：叶片调零

1. 调零前工具及耗材准备（见表 8-5）

表 8-5　　　　　　　　　　　调零前工具及耗材准备

序号	名称	规格型号	单位	数量	备注
1	套筒		套	1	
2	清洁布		块	1	

序号	名称	规格型号	单位	数量	备注
3	毛笔		支	1	
4	小一字		把	1	
5	小十字		把	1	
6	清洗剂		瓶	1/5～1/3	
7	润滑剂		瓶	1	

2. 叶片调零步骤

（1）将手动/自动选择开关旋至"Manu"，并将变桨柜内红色按钮按下，当红色按钮上的红色指示灯变为常亮状态时，变桨系统进入了手动/强制手动模式，手动变桨开关置"F"位置，桨叶向0°方向变桨。

（2）叶片机械0刻度与轮毂0刻度在一条线上，如图8-29所示。

（3）旋转编码器角度清零：按下清零按钮，2s后黄色指示灯亮；松开清零按钮，观察指示灯状态和桨叶角度，清零成功后黄色指示灯在0刻度位置时变为常亮，确认完成叶片位置清零。

（4）进入web网页监控界面观察桨叶角度，确认编码器已经清零。

每次只能操作一支叶片变桨，另外两支叶片角度保持在顺桨安全位置。变桨过程时刻关注桨叶的当前位置及旋转方向，禁止超出安全范围之内。在清零过程需注意观察叶片位置，出现异常应立刻关闭变桨柜电源开关。

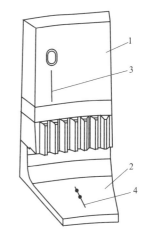

图8-29　叶片调零例图

1—轮毂；2—叶片；3—轮毂零刻度线；

4—叶片零刻度线

六、案例6：旋转编码器更换

1. 更换前工具及耗材准备（见表8-6）

表8-6　　　　　　　　　　更换前工具及耗材准备

序号	名称	规格型号	单位	数量	备注
1	内六角		套	1	
2	一字起		把	1	
3	小十字		把	1	

序号	名称	规格型号	单位	数量	备注
4	活口扳手	250mm	把	1	
5	偏口钳		把	1	
6	斜口钳		把	1	
7	棘轮扳手		套	1	

2. 旋转编码器更换步骤

（1）关闭变桨柜电源，电源按钮处于"OFF"状态，将变桨柜侧盖内的模式按钮转向手动"Manu"位置。

（2）拆卸变桨电机风罩，使用内六角拆卸变桨电机风扇，拆卸旋转编码器的信号线插头、多余的扎带及旋转编码器固定盘，拆卸花键拆卸旋转编码器在固定盘上的固定螺栓，取出旋转编码器。

（3）安装旋转编码器，安装顺序与拆卸相反，对控制电缆进行绑扎固定。

（4）旋转编码器测试，强制手动变桨分别向 0°和 90°方向点动变桨，确认变桨方向与实际动作方向保持一致。变桨角度到叶片机械零度，将变桨旋钮向"fw"方向旋转，使叶片根部的 0 刻度线与轮毂内侧的 0 刻度线（黑线）对齐。

（5）旋转编码器清零，通过就地监控软件查看旋转编码器的角度是否为 0°，如不是 0°，重复清零的步骤。

（6）确认为 0°后，将变桨旋钮向"B"方向旋转，直到控制面板显示的变桨角度在 60°附近。将变桨柜侧盖内的模式按钮转向"Auto"位置，叶片会快速自动顺桨。

七、案例 7：变桨油缸更换（液压变桨系统）

（1）取下待更换的变桨油缸的保护装置及阀导保护装置，然后将装置送至机舱。

（2）取下比例阀及电子阀的连接线：对其进行拆除工作时，需记录线号，防止恢复工作时误接线，取下其接线后，拿扎带绑扎防止工作现场凌乱。

（3）取下三个金属油管及油管阀块，然后将装置送至机舱：取下阀块时，注意不要丢失金属油管接件的密封接头。记住阀块及金属油管的位置以便之后在相同的位置安装；在电磁阀下面放容器便于收集电磁阀与油管接头上操作时渗漏的油。

（4）取下阀岛：安装吊带时，尽可能地安装在导流罩支架环顶端靠中心的位置，以便于悬挂手拉葫芦，将阀岛取下后送至机舱。

（5）油缸与 FOUK（ping）连接点拆卸：拆除时不要让工具损伤平面及螺纹。在连杆将要出来时，要特别小心，不要使其坠落，同时要手动使连杆后退，然后将退出的连接杆螺纹用棉布进行包扎，从而起到保护螺纹的作用防止连接杆滑出。

（6）半月板的拆卸：工作前先清理轮毂内拆卸油缸与 FOUK 连接点时漏的油迹。松开所有半月板固定螺栓及半月板连接板螺栓，拆除时要特别注意，螺栓快要退出时，防止其掉落。取半月板时，需将连杆从轮毂内向外推同时用手拉葫芦向外拉以便取出半月板。

（7）从轮毂内取出变桨油缸：半月板取下后，将变桨油缸靠在轮毂上，安装变桨油缸拔出的工装（注意检查工装安装是否牢固），安装手拉葫芦（安装吊带时，尽可能地安装在导流罩支架环顶端靠中心的位置以便于悬挂手拉葫芦），进一步检查吊带及手拉葫芦是否固定牢固，将机舱内的吊车推至轮毂入口前方，将另一条手拉葫芦安装吊车横梁中心的位置，手拉葫芦安装完毕后。将导流罩支架环的手拉葫芦挂钩钩在拔出工装吊装点后开始操作手拉葫芦，直至将变桨油缸从轮毂上缸槽取出为止。将安装在吊车横梁处的手拉葫芦挂在前端工装中心位置，并同时操作手拉葫芦链条，注意操作内外葫芦保持协调性（内松外紧）。

（8）当变桨油缸到达轮毂最高处时，停止操作，调整变桨油缸受力点，让其全部重量落在导流罩支架上的手拉葫芦上，并缓慢降下将变桨油缸放置机舱上。然后取下导流罩支架环手拉葫芦挂钩。使用机舱吊车将旧变桨油缸移动到吊装空处；移动到齿轮箱时，需根据现场实际情况调整变桨油缸高度，使其能在机舱内移动而不碰撞到其他设备。

（9）按（1）～（7）相反的顺序对变桨油缸进行安装。

（10）油缸安装完成后进行 TC 调节及叶片位置传感器校准。

注意：以上方法适用于液压变桨系统。

八、案例 8：变桨减速器润滑油更换

定期检查变桨减速器润滑油油位是否正常，如果油位偏低，检查变桨减速器是否漏油，并补充润滑油。同时定期抽检减速器油进行取样化验，油品不合格要更换。

下面以某一型号变桨减速器换油为例进行说明：

（1）进入轮毂。关闭变桨柜电源，电源按钮处于"OFF"状态，变桨柜侧盖内的模式按钮转向手动"Manu"位置，再将变桨柜电源按钮打到"ON"状态，如图 8-30 所示。

（2）变桨减速器放油。风力发电机组叶轮锁定呈 Y 字型的状态，1、2 号变桨减速器在叶轮内的上部，而 3 号减速器在叶轮的下部。此时，可以对 1、2 号减速器进行放油操作；手动、来回数次对 1 号变桨轴承进行变桨操作，使减速器内润滑油充分搅动；用布将油窗 2 下方擦干净，将透明胶带剪约 5cm 长，粘在油窗 2 下方，并使胶带下方翘起，以便接油；油窗 2 螺塞拧松动后，将螺塞周围脱落的油漆及杂质清理干净，方可用手将螺塞拧下。减速器靠近安装法兰部位一般还有放油螺塞，拧下该螺塞

可加快放油速度。将放出的润滑油用油桶装好，以便回收。图 8-31 所示为变桨减速器结构示意图。

图 8-30　变桨柜电源开关

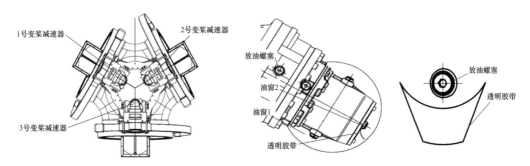

图 8-31　变桨减速器结构示意图

（3）变桨减速器冲洗。将 1 号变桨减速器油窗 2 螺塞紧固，通过放油螺塞配合使用漏斗将新油加入到 1 号变桨减速器内，加入油量适量（约 5L），然后紧固放油螺塞；手动、来回数次对 1 号变桨轴承进行变桨操作，使减速器内润滑油充分搅动；参照（2）中放油的操作方法将 1 号变桨减速器内的冲洗油排干净并收回。

注意：加入新油前，需确保漏斗干净无杂质。冲洗油可重复使用，现场也可根据冲洗油的污染程度，随时更换油品。

（4）变桨减速器注油。将 1 号变桨减速器油窗 2 螺塞紧固，通过放油螺塞配合使用漏斗将新油加入到 1 号变桨减速器内，加入油量可参照减速器铭牌的规定，然后紧固放油螺塞。检查减速器无漏油情况后，将减速器外部的油品擦拭干净。

（5）2、3 号变桨减速器换油。参照（2）～（4）的方法将 2 号变桨减速器内的油品更换，然后清理叶轮内所有的工具及油品，松开叶轮后再次锁定叶轮，将 3 号变桨减速器锁定到斜上部，参照（2）～（4）的方法将 3 号变桨减速器内的油品更换。

（6）检查减速器无漏油情况后，将 2、3 号减速器外部的油品擦拭干净，清理叶轮内的所有工具及油品后将叶轮松开。

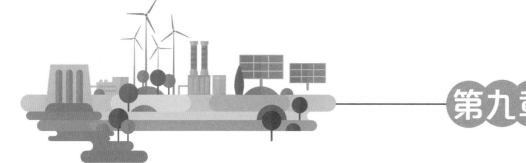

第九章

变流系统维护与检修

风力发电机组变流系统主要作用为叶轮转速变化的情况下，控制风力发电机组输出端电压与电网电压保持幅值和频率一致，达到变速恒频的目的，并且配合主控完成对风力发电机组功率的控制保证并网电能满足电能质量要求。其在风力发电系统中起着至关重要的作用。本章主要介绍风力发电机组变流系统的基本原理、维护与检修。通过本章内容的学习，应熟悉风力发电机组变流系统的结构组成，了解变流器部件的检查与维护，掌握变流器常见故障处理方法和典型作业流程。

第一节 变 流 系 统 概 述

根据风力发电机组类型的不同，变流器分为双馈式变流器和全功率式变流器两种。双馈发电机在结构上与绕线式异步电机相似，即定子、转子均为三相对称绕组，转子绕组电流由滑环接入，发电机的定子直接接入电网。电网通过双馈式变流器向发电机的转子供电，提供交流励磁。通过双馈式变流器的功率仅为发电机的转差功率，该功率变流器是四象限交-直-交变流器，可以将转差功率回馈到转子或者电网。双馈发电机的变流器由于只通过了转差功率，所以其容量仅为发电机额定容量的1/3，相对于全功率式变流器大大降低了并网变流器的造价，网侧和直流侧的滤波电感、支撑电容容量均相对缩小，也可以方便实现无功功率控制。双馈风力发电机组系统简图如图9-1所示。

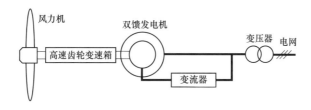

图 9-1 双馈风力发电机组系统简图

与双馈机组相比，直驱型同步机组发电机输出电压和频率随风轮转速变化，无法直接并入电网，必须通过全功率变流器的电能变换，才可以将同步发电机发出的电能转换成合适电网的洁净能源。

全功率变流器在直驱型风力发电机组中的主要作用：从整机控制角度上定义，可以调节发电机电磁扭矩；从能量转换角度定义，可以将发电机发出的电能转化成与电网频率、相位、幅值相对应的交流电，满足并网条件。直驱式风力发电机组系统简图如图 9-2 所示。

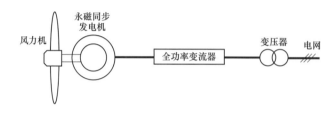

图 9-2　直驱式风力发电机组系统简图

变流器从结构上主要分为网侧变流器、机侧变流器和直流部分。由于各厂家结构设计和材料选型的不同，其结构布局也有很大不同。这里仅以全功率风电变流器的一种典型结构为例，来说明变流器内部能量流动关系：由发电机到机侧滤波单元，在经发电机整流单元将交流电压整流为直流电压后，送至直流母线支撑电容；再通过网侧逆变单元，将直流电压逆变为与电网同频率、同相位、同幅值的交流电压；最后，经过网侧主开关（网侧断路器）送至风机箱式变压器，风机箱式变压器升压至 35kV 高压接入电网。全功率风电变流器典型结构和拓扑结构如图 9-3 和图 9-4 所示。

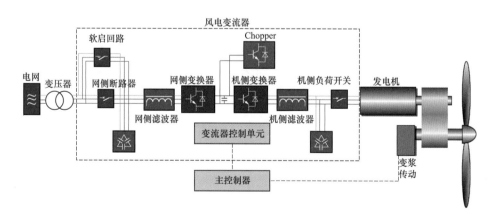

图 9-3　全功率风电变流器典型结构图

由图 9-3 可知，全功率变流器主要由软启单元、机侧滤波器、机侧变流器、网侧变流器、LC 网侧滤波器、Chopper 组件等功能模块构成。

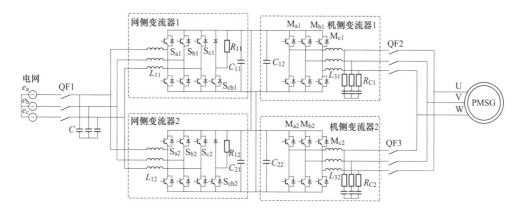

图 9-4　全功率变流器的拓扑结构图

1. 软启单元

并网断路器闭合瞬间,过高的电压变化率在直流母线电容上形成较大的冲击电流。因此,变流器添加了软启电路,在断路器闭合前通过软启电路为直流母线上的支撑电容充电,保护支撑电容不受电网电压冲击。

2. 机侧滤波器

风力发电机一般置于机舱上,变流器置于塔筒底部,发电机转子通过长线缆接到变流器机侧输入端,为了抑制转子侧电缆在长线传输过程中电压反射产生的过电压尖峰,机侧变流器输入端一般会配备 RLC 滤波器,从而可有效降低机侧变流器输出电压的 $\mathrm{d}u/\mathrm{d}t$ 值。

3. 机侧变流器

机侧变流器一般由三相功率模块组成,通过控制定子转矩电流实现发电机转矩控制,将发电机定子输出的三相交流电整流成直流电。

4. 网侧变流器

网侧变流器一般也是由三个功率模块组成,将机侧变流器整流的直流电逆变成恒压恒频的三相交流电送入电网,同时控制母线直流电压的稳定,实现全功率风力发电机组的可靠并网运行。

5. LC 网侧滤波器

用于抑制网侧变流器逆变产生的开关频率及其他频次的谐波分量,以减少变流器对电网谐波污染,满足并网电能质量的要求。

6. Chopper 组件

Chopper 组件一般安装在变流器的直流侧,当变流器或电网出现异常导致直流侧电压抬升时,可通过 Chopper 组件快速放电,保证直流侧电压稳定在一定范围内,避免变流器器件受到冲击失效。Chopper 组件使变流器具备故障穿越(FRT)功能,当电网电压发生一定条件的瞬变时,变流器可以按照相关国家标准要求正常运行。

7. 冷却系统

由图 12-4 可知,变流系统中最为核心的部件就是 IGBT 模块,但随着变流器单体功率的不断增加,IGBT 模块单元也会成倍数增加。可是变流器 IGBT 模块单元是比较"怕热"的,因为过高的温升会导致 IGBT 的性能和可靠性降低,甚至导致其失效,所以散热器的设计就显得尤为重要。目前,变流系统的散热方式主要分为风冷散热和水冷散热,二者各有优缺点,即风冷散热维护方便、水冷散热效率高。对于小功率的变流器,风冷尚且可以满足功率单元散热的需求,但到了大功率,水冷散热已经成为行业的优先选择。

因此,这里就以水冷散热为例,对变流器散热系统的工作原理进行简单介绍。

变流器冷却系统又分为内部冷却系统和外部冷却系统。内部冷却系统包括内部水冷器件的配管系统和水风换热系统。内部连接各水冷器件的管路网络在设计上称之为配管系统,配管系统包含主进水管、主回水管、分水管和各条软管总成。配管系统主要作用是为变流器冷却介质提供流动通道,如图 9-5 所示。

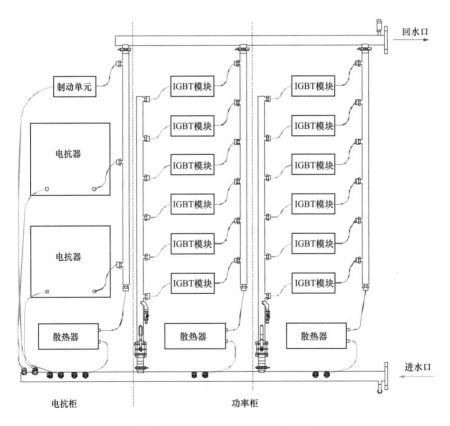

图 9-5　变流内部配管系统示意图

外部冷却系统为一套密闭式水冷系统，包含水冷主机、散热器和连接管路等。水冷主机中的水泵驱动恒定压力和流速的冷却介质源源不断地流经变流器功率器件水冷板和柜内水风换热器，带出热量后通过外部散热器与大气进行热交换，将热量散发到空气中，从而维持变流器的温升在设计限值以内，如图9-6所示。

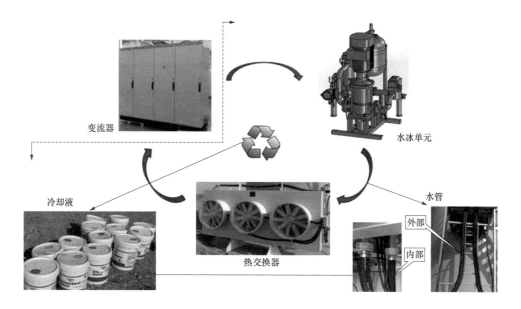

图9-6 变流器外部冷却系统示意图

第二节 变流系统检查与维护

一、变流系统检查项目

（一）上电前检查项目

变流器安装或停电维护完成后，在上电前需仔细逐项检查以下内容：

（1）确认变流器工作场所的环境条件处于正常范围。

（2）变流器柜内、柜顶是否遗留异物。

（3）确认变流器固定牢靠且电缆标记清晰、正确。

（4）确保地线、电网和定子动力电缆连接正确且按力矩要求打紧。

（5）确认布线合理，交叉走线有隔离措施。

（6）所用的动力电缆、信号线等均符合电气安规要求。

（7）信号线和功率线正确使用与之匹配的端子。

（8）确保变流器内的外部控制接线正确、可靠。

（9）在变流器内部没有凝露情况出现，若已经发现了则用加热工具除去。

（10）检查紧急停机电路是否正常。

（11）确认变流器各柜门处于关闭状态。

（12）变流器周围已设置好隔离区和警示标牌，防止其他人误操作或靠近。

（二）常规检查项目

1. 柜体外观检查

（1）观察变流器外观，机柜是否有损坏或变形。

（2）检查变流器柜体内是否有异味，柜体结构件是否有锈迹。

（3）检查零部件表面是否存在异常。

（4）检查电抗器铜排转接处是否有打火熔损痕迹。

2. 柜体密封性检查

（1）在对变流器内部结构电路进行检查维护前，需要检查柜门的开合情况及柜体的密封性。

（2）使用对应的柜门钥匙打开门锁，开合各扇柜门。如果发现钥匙使用不顺畅，或合页转动不灵活，可以使用石墨或无水润滑油进行润滑。

（3）检查柜门内侧四周的封条，以及部分变流器进、出线口的防护是否完整，无老化现象。如果其出现老化或破损情况，请及时更换。

3. 控制按钮检查

一般变流器主机并网柜前门上安装有紧急停机按钮，检查其完整性以及工作状态，如果损坏或故障，请及时更换。

4. 屏蔽罩与警告标签检查

检查变流器内屏蔽防护罩及各类警告提示标签，如有破损或脱落需及时更换。

5. 变流器的运行状态检查

检查变流器运行声音是否有异常，变流器运行过程中应无异响；检查变流器外壳及外接线缆发热情况是否正常，一旦出现导线有接触不良或温度过高时，需立即停机进行检查处理，不可带病作业；检查变流器运行时水冷系统是否正常；检查水冷交换机系统及变流器上位机界面，变流器的进出水口温差、变流器水冷流量是否在正常范围内。

二、变流系统维护项目

（一）整体维护

一般每 12 个月对变流器系统开展一次整体维护，具体项目如下：

（1）检查主回路端子与接地端子间电阻是否正常。

（2）检查各部位是否有烧损、过热痕迹。

（3）检查整机内外部是否有灰尘、异物，若有应进行除灰除尘和异物清理。

（4）检查主电缆或控制电缆绝缘皮是否破裂、老化，若有应进行更换。

（5）用规定力矩重新对机网侧的主回路接线进行力矩校验。

（6）检查各端子及控制板电缆是否有松动，并进行紧固。

（7）检查变流系统各金属部分，是否有腐蚀现象并及时处理或更换。

（二）冷却系统维护

冷却系统作为变流系统的重要组成部分，要对其进行不定期巡视，并根据设备运行实际情况进行维护，主要维护项目有：

（1）主循环泵检查与维护，主要检查机械部分有无液体泄漏，如有则对连接螺栓进行紧固或更换密封圈，消除泄漏。

（2）压力值检查，主要检查压力表静态压力读数是否与厂家说明书一致。

（3）检查补水排水球阀，主管道过滤器是否堵塞，如堵塞需对过滤器进行清洗和更换。

（4）检查膨胀罐补气泵是否破损漏气，膨胀罐的排气阀是否破损或堵塞。

（5）对于水冷系统的风扇、散热器、冷却介质、过滤器建议进行定期维护，周期一般为 12 个月。

（三）控制部分维护

控制部分的检查与维护周期一般为 12 个月，主要维护项目有：

（1）检查控制回路接线情况，对主要端子进行紧固。

（2）检查控制继电器是否有松动，继电器是否存在过热、烧毁的现象，如有要及时进行更换。

（3）对 IGBT 功率模块控制板进行检查，如检查控制板指示灯的状态等。

（4）要检查启停机和急停回路是否正常。

（四）主要器件维护

变流器系统除控制和冷却系统外，还会存在其他一些主要器件的检查与维护，主要维护项目有：

（1）依照防雷器产品说明检查防雷器状态指示是否正常。

（2）检查熔断器状态指示是否正常。

（3）检查滤波电容是否有漏液、膨胀现象，必要时要对电容量进行测量。

（4）依照 UPS 和主断路器用户手册，对 UPS 系统和主断路器进行检查与维护。

第三节 变流系统典型故障处理

机网侧变流器主要故障及处理方法，不同厂家间会存在差异，在实际对变流器故障进行处理时，要严格按照变流器厂家所提供的故障处理手册排查处理。本节介绍一些典型的常见电气类故障和器件失效类故障案例。

一、电气类故障

（一）电流类故障

过流故障中最为常见的是 IGBT 过流。

（1）故障现象：变流器运行过程中频繁报出"IGBT 硬件过流"故障，但是检查相关 IGBT 模块并无明显的硬件受损，同时快熔也没有熔断。

（2）故障原因：以"1U1 硬件过流故障"为例，首先要查看对应厂家所提供的故障解释手册，手册中对故障机理说明如图 9-7 所示，即在所采集到的 IGBT 模块电流峰值超过 2600A 时则会报出该故障。

故障代码	主控代码	故障名称	事件名称
	1112	1U1_硬件过流故障	CVT_1U1_HW_OVER_CURRENT_FAULT
	故障值	停机方式	复位方式
	暂无	急停	本地复位/远程复位/自复位
故障触发条件			
模块采集的 IGBT 电流峰值超过 2600A			

图 9-7 IU1 硬件过流故障解释手册说明

（3）故障处理。当报出网侧 IGBT 硬件过流故障后，应首先查看变流器故障数据中的网侧三相电流波形，某次故障电流波形分别如图 9-8 和图 9-9 所示。检查三相电流幅值是否均衡，如果存在某相电流异常升高的情况，则可按照直接的故障指示做后续处理，即更换对应序号的 IGBT 模块或者考虑是否控制器原因。从波形图上可以看出，三相电流幅值均衡并无明显的异常现象，则应重点考虑是否故障指示序号的同相并联模块存在问题，在更换了故障相位所并联的模块后，该故障消除。

因此，在处理变流器的此类故障时，可考虑更换同相并联的其他模块，但要重点关注网侧相关模块及序号的对应性，避免更换错误相位模块的情况发生。同时，利用整体调换不同回路通信线的方式，进一步判断问题点位于控制器一侧还是 IGBT 及通信线一侧。

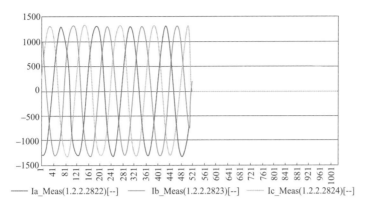

图 9-8　故障电流曲线 1

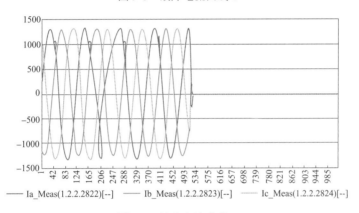

图 9-9　故障电流曲线 2

（二）电压类故障

（1）故障现象：风力发电机组在运行过程中，由于外界电网或风力发电机组本身故障等，会引起机组报出电压类故障，如低电压穿越超时、高电压穿越超时等。

（2）故障原因：当系统电压出现较大波动时，变流器会报出这类故障。还有一种比较特殊的情形，就是在实际运行中，采用跟网型控制的新能源场站，并网点电压会随着系统功率传输的变化而发生波动。当系统较弱时，外界一个很小的扰动就可能导致并网点电压波动剧烈，发电机组频繁地进入低高穿（低电压、高电压穿越），影响机组的运行安全。

正常运行中，风力发电机组端电压值主要与电网电压、系统参数、场站无功装置、变压器变比，以及机组负荷有关，如图 9-10 所示。

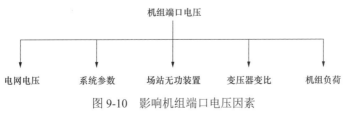

图 9-10　影响机组端口电压因素

（3）故障处理：发生低电压穿越超时、高电压穿越超时故障，需要检查电压曲线，检查是否是电网、升压站或集电线故障导致的电压异常波动，并对应进行处理。

如遇风力发电机组频繁报出低电压或高电压故障，也可以通过调节箱式变压器的变比，调节并网点电压（调节场站无功补偿装置）来处理。

二、器件类故障

（一）功率模块失效故障

（1）故障现象：当功率模块失效后，机组可能报出的故障有功率模块驱动故障、开关电源保护类故障、软硬件直流过压类故障、软硬件过流类故障、零序电流保护类故障、IGBT 温度高错误类故障。

当功率模块故障时，机组首先会故障停机，去现场检查有时也会闻到焦糊味。

（2）故障原因：造成功率模块失效的原因，除模块本身质量问题外，其原因主要有变流器冷却风机损坏、交流熔断器型号配置错误、运行环境湿度过大三个方面。

1）变流器冷却风机损坏。由变流器冷却风机损坏造成的模块失效，其直接原因为 IGBT 柜离心风机停转导致柜体环境温度异常升高，最终导致功率模块滤波电容的爆裂，如图 9-11 所示。

图 9-11　模块电容爆裂图

2）交流熔断器型号配置错误。由于在功率模块所使用的交流熔断器型号错误时，可能会在主回路过流时熔断，造成功率模块集体失效。因此，要严格按照厂家所提供的熔断器型号进行更换。

3）运行环境湿度过大。该问题主要在南方风电项目中出现，如广西某项目因变流器吊装前在现场长期存放，环境湿度较大造成了 IGBT 芯片腐蚀，并最终导致功率模块的失效。因此，地处南方区域的风电场，特别是在梅雨季节，要在变流器到场后做好设备的防雨遮挡措施。吊装、调试期间发现变流器柜内存在凝露现象，要在第一时间进行彻底的除湿处理。某项目模块频繁失效的变流器内部交流铜排表面的霉渍痕迹如图9-12所示，失效模块中IGBT内部芯片腐蚀现象如图9-13所示。

（3）故障处理：当查明功率模块失效原因后，依照厂家提供的更换手册进行更换。

（二）主断路器类故障

（1）故障现象：当断路器无法正常闭合或断开时，变流器系统会报出××断路器闭合故障、××断路器断开故障等信号。

图9-12　变流器内部交流铜排表面的霉渍痕迹图

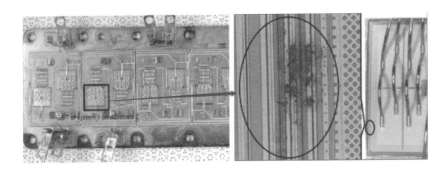

图9-13　IGBT内部芯片腐蚀现象

（2）故障原因：断路器闭合故障可以分为无法合闸和异常跳闸两种。无法合闸故障可能原因有储能弹簧未储能、欠压线圈未得电、合闸线圈未得电、本体没有摇到位、分闸位置锁未开、故障断开等；断路器异常跳闸故障的主要可能原因有电压波动或失电、外部指令跳闸、脱扣单元正常保护跳闸、脱扣单元故障跳闸等。

断路器断开故障可以分为无法分闸和异常合闸两种。断路器无法分闸故障的主要可能原因有欠压线圈电源异常、操作机构问题、欠压线圈问题等；断路器异常合闸故障的主要可能原因有辅助触点异常、操作机构问题、合闸线圈问题、合闸线圈电源异常等。

（3）故障处理：基于对故障机理的分析，针对断路器闭合类和断开类故障问题的具体排查和解决流程可参照图9-14～图9-17执行排查措施。

风力发电机组维护与检修

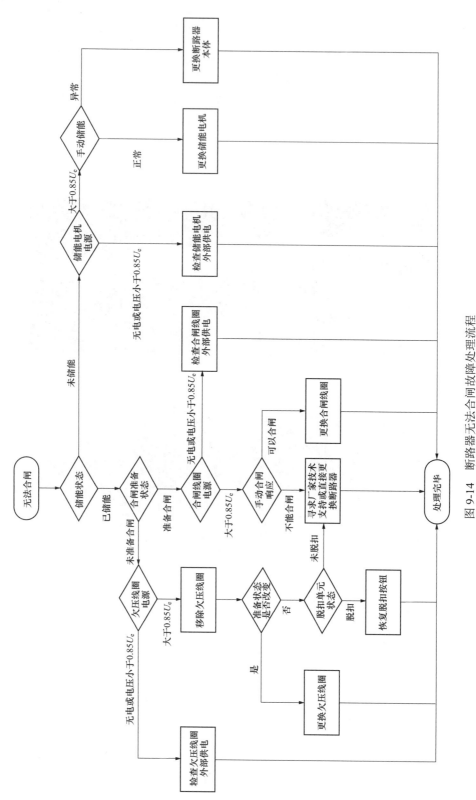

图 9-14 断路器无法合闸故障处理流程

268

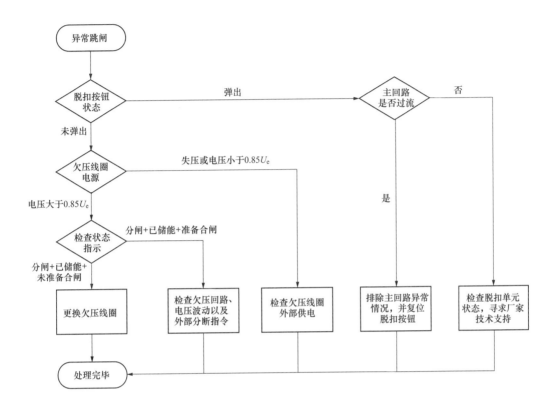

图 9-15 断路器异常跳闸故障处理流程

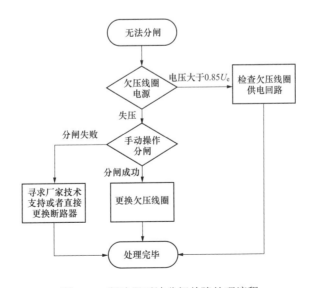

图 9-16 断路器无法分闸故障处理流程

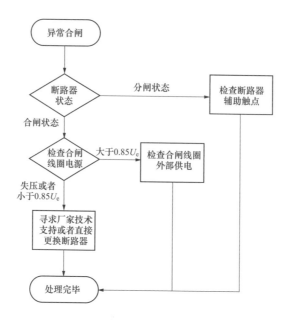

图 9-17　断路器异常合闸故障处理流程

第四节　变流系统典型作业案例

一、案例 1：变流器功率模块故障排查与更换

1. 功率模块组成器件位置介绍

功率模块是风电变流器的关键部件，主要由功率器件（IGBT）、水冷板、IGBT 驱动板、母线电容、放电电阻、Hall 传感器（电流采样）、叠层母排、接口板、连接线缆、水管和结构框架等组成，如图 9-18 所示。

图 9-18　功率模块各器件位置图

2. 功率模块故障定位

功率模块本身所引起的变流器系统故障，一般情况下最终都表现为驱动故障。引起驱动故障的原因主要有过流故障、过温故障、驱动故障，每种原因下应排查的内容如图 9-19 所示。

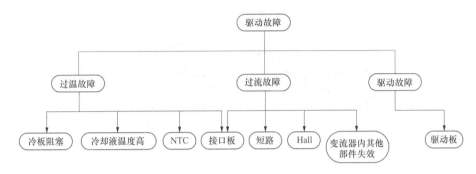

图 9-19　功率模块故障树

变流器报出 IGBT 驱动故障后，应及时到现场进行检查，查看外观有无异常，按以下步骤进行故障定位：

（1）检查功率模块内部 IGBT、电容或其他部件有无明显炸裂放电等现象，若有则需更换整个功率模块。

（2）对 IGBT 进行管压降测量，上下管均需测量，二极管压降正常值为 0.3V 左右（见图 9-20），否则 IGBT 管失效。

（3）依功率模块厂家对指示灯的说明，查看接口板电源指示灯，一般亮绿灯为

图 9-20　IGBT 管压降测量

正常、红灯为故障，如图 9-21 所示。此时要排除供电引起的故障，如果绿灯亮说明供电没有问题，若故障灯亮则可认为模块本身故障。

（4）故障指示灯亮时，可将故障模块的通信线与正常功率模块通信线对调，查看故障是否跟随。若故障跟随，则可能是模块发生故障；若故障不跟随，则可能是通信线及控制回路故障。

（5）确定模块故障后，需拆卸并更换模块，故障模块返回维修。

3. 功率模块的更换

当依照以上检查发现功率模块失效确需进行更换时，功率模块更换具体步骤如下：

（1）打开功率柜门，即可见功率模块面板。

（2）拆除功率柜上防护面板、中防护面板，最后再拆下功率模块面板。

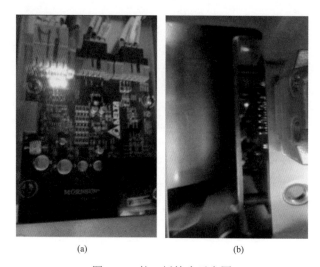

(a)   (b)

图 9-21   接口板检查示意图

（a）接口板故障；（b）接口板正常

（3）进行排水操作。

（4）断开驱动电缆连接件［见图 9-22（a）］，NTC 引线连接件［见图 9-22（b）］。

（5）拆除模组风道盖板［见图 12-22（c）］，依次拆下模块上下交流铜排连接固定螺钉［见图 9-22（d）、（e）］，模块与其后方的电容池母排固定螺钉［见图 9-22（f）］，模块上下固定螺钉［见图 9-22（g）、（h）］。

（6）松开模块进出水管固定卡箍，拔出水管。

（7）将模块缓缓抽出、搬下，请注意防止跌落。

（8）更换好功率模块后，再按照以上逆顺序安装即可，软管卡箍和各处螺钉必须固定牢靠。

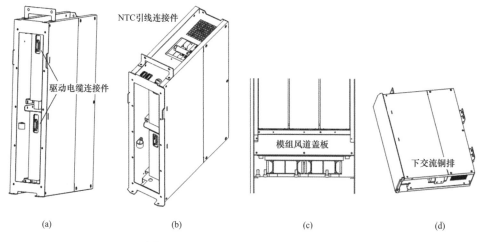

(a)   (b)   (c)   (d)

图 9-22   功率模块更换示意图（一）

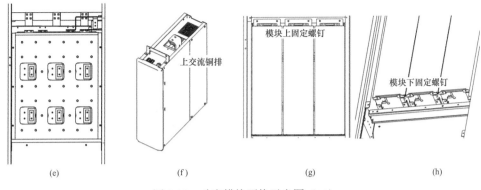

图 9-22　功率模块更换示意图（二）

（a）断开驱动电缆连接件；（b）NTC 引线连接件；（c）拆除模组风道盖板；（d）、（e）依次拆下模块上下
交流铜排连接固定螺钉；（f）模块与其后方的电容池母排固定螺钉；（g）、（h）模块上下固定螺钉

二、案例 2：变流器 IGBT 更换处理方法

（1）更换变流器 IGBT，首先将变流器损坏的 IGBT 拆卸，检查母排是否有灼伤严重凸起和毛刺，若有打磨平整，然后将水冷板表面用酒精清理干净，待表面干燥后，再安装新的 IGBT。

（2）测量待安装的 IGBT 管压降是否正常，首先将万用表挡调至二极管挡位，将万用表红色表针连接 IGBT 的直流正极（+），万用表黑色表针连接 IGBT 的交流极，则管压降显示 0.372V，将表笔反转则显示无穷大；将万用表黑色表针连接 IGBT 的直流负极（−），万用表红色表针连接 IGBT 的交流极，则管压降显示 0.369V，将表笔反转则显示无穷大，该 IGBT 为正常（也可参考可控硅的检测方法）。

（3）在 IGBT 背面均匀涂抹导热硅脂，并将其安装于清洗干净的水冷板上，按照规定力矩紧固，然后连接 IGBT 与检测板的驱动线，变流器上电，进行变流器空载测试，测试合格后，变流器恢复正常运行。

图 9-23 所示为南车 SPM750 变流器 IGBT 模块更换作业过程。

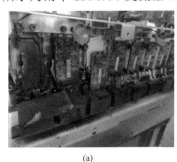 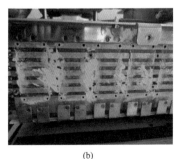

(a)　　　　　　　　　　　　　(b)

图 9-23　变流器 IGBT 更换工作示意图（一）

（a）损坏的 IGBT；（b）未清理的水冷板

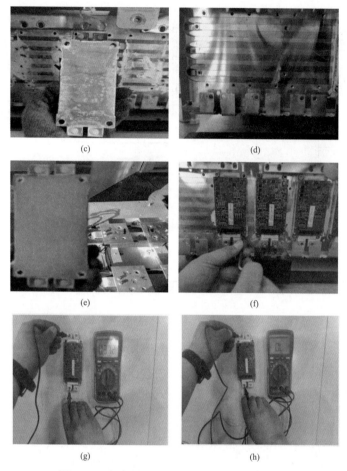

图 9-23　变流器 IGBT 更换工作示意图（二）

（c）IGBT 背面；（d）清洗干净的水冷板；（e）IGBT 背面的导热硅脂；

（f）安装新的 IGBT；（g）IGBT 测量（正向）；（h）IGBT 测量（反向）

三、案例 3：变流器温度高处理

（1）确认变流器 IGBT 温度是否真实高温。若高温虚报，更换对应的检测板；若真实高温，需进一步拆解处理。

（2）将变流器 IGBT 进行拆解后，将 IGBT 背面的导热硅脂及水冷板的导热硅脂用酒精清理干净，待表面干燥后，重新涂抹 IGBT 背面导热硅脂安装于水冷板上并紧固力矩，然后连接 IGBT 与检测板驱动线，变流器上电，进行变流器空载测试，测试合格后，变流器进行正常运行。

（3）将变流器 IGBT 内部存在的积灰清洗干净，并对水冷系统添加专用的去垢剂，进行水循环清洗，洗去内部污垢，重新连接水冷系统管路进行运行测试。若水冷板水垢较多建议更换变流器水冷板。

（4）若连接 IGBT 的母排存在毛刺或灼伤痕迹，导致局部发热量增大，导致变流器 IGBT 温度高，应将灼伤及毛刺部位打磨平整。

图 9-24 所示为超导变流器 PM3000W IGBT 过温处理过程。

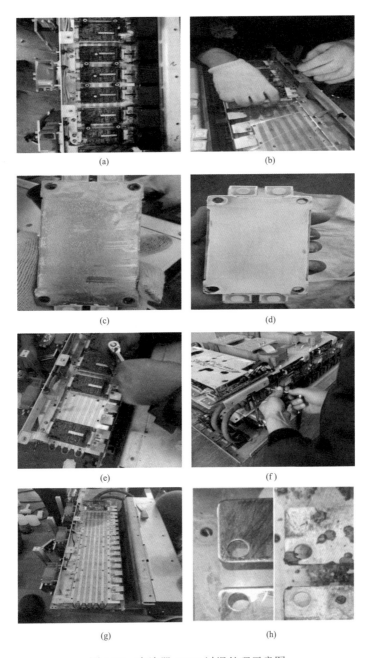

图 9-24　变流器 IGBT 过温处理示意图

（a）待治理的变流器；（b）清理干净的水冷板；（c）IGBT 背面硬化的导热硅脂；（d）重新涂抹的导热硅脂；

（e）安装新的 IGBT；（f）安装清洗干净的驱动板；（g）更换水冷板；（h）清除 IGBT 母排

四、案例 4：变流器主要测试项目

不同厂家变流器的测试方式和工具也各有不同，但对变流器测试项目基本包含预充电测试、锁相环测试、网侧调制测试。下面简要介绍变流器主要测试项目。

1. 锁相环测试

锁相环是保证机组稳定并网的基本条件之一，其功能类似于传统火电机组中的预同期装置。一般判断锁相环是否稳定运行，主要依据锁相角顶点与 A 相电压波形顶点是否重合，若两者重合，则可判断锁相环运行稳定，测试波形如图 9-25 所示。

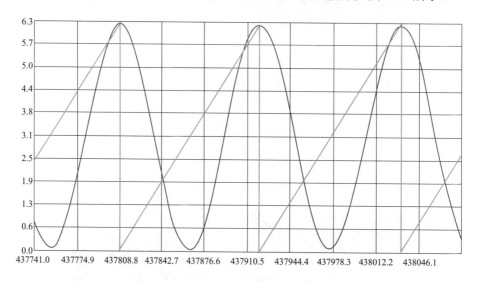

图 9-25　锁相环测试波形图

2. 预充电测试

根据机组安全运行要求，变流器在脱网时直流母线电容处于完全放电状态，电容上的电压为零，此时如果闭合网侧断路器，电网电压就会通过 IGBT 的反并联二极管直接加到直流母线电容上，电容上的电压突变，将会产生很大的冲击电流，该冲击电流就会对断路器、电容甚至是 IGBT 模块造成损坏。因此，变流器在首次启动前，一定要进行预充电测试，来检验预充电回路是否工作正常。以直流母线额定电压为 1000V 为例，预充电测试一般将直流母线电压充到 70% 左右时再合上网侧断路器，测试波形如图 9-26 所示。

3. 变流器网侧调制测试

变流器完成预充电，网侧断路器吸合、滤波电容投入后，就需对变流器调制逻辑进行测试，为保证机组安全，一般设定时间会由短到长逐步增加，比如调制时可将调制时间设定为 0.001、0.01、0.02、0.05、0.1、0.5、1、3、10s 等，逐步增加调制时间。

通过观察直流母线电压是否稳定，变流器输出功率、电压、电流波形是否平滑收敛等，来判断调制是否正常。图 9-27 所示为直驱风力发电机组网侧短时调试波形曲线，可以发现直流母线稳定，功率也无冲击。

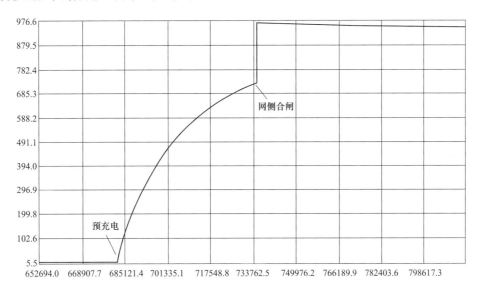

图 9-26 预充电测试波形图

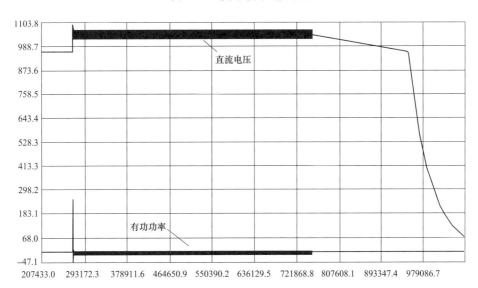

图 9-27 网侧变流器空载调制波形图

偏航系统维护与检修

偏航系统是风力发电机组特有的控制系统，控制风力发电机组快速平稳地对准风向，以便风轮获得最大的风能。风力发电机组偏航系统的维护与检修至关重要，直接关系到风力发电机组的运行安全和发电效率。通过本章内容的学习，应熟悉风力发电机组偏航系统的结构与组成，了解偏航系统主要部件的检查与维护，掌握偏航系统常见故障处理方法和典型作业流程。

第一节　偏航系统概述

一、功能及构成

风力发电机组偏航系统主要功能是对风、解缆、支撑。对风是指保持机舱相对于风向的朝向；解缆是指当偏航角度超过设定最大角度时偏航系统开始反向偏航，使偏航位置电缆恢复顺缆状态；支撑是指偏航系统安装在机舱与塔架之间具有连接固定和承受机舱重量，保持其平稳的作用。

偏航系统一般由偏航轴承、偏航驱动装置、偏航制动器、偏航计数装置、扭缆保护装置，以及偏航液压回路等组成。偏航轴承主要作用是减少机械磨损和支撑。偏航驱动装置作用主要是提供偏航动力，目前国内偏航驱动装置主要分两大类，一类是电机驱动，另一类是液压马达驱动。以液压马达驱动偏航的风力发电机组很少，所以下面将主要以电机驱动型偏航系统为例进行讲解。偏航制动器作用是偏航刹车，当需要停止偏航动作时，偏航制动器启动。偏航计数器作用主要是记录偏航角度。扭缆保护装置作用是防止偏航动作过程中电缆被扭折。偏航液压回路主要是调节偏航刹车卡钳内的液体压力。

二、部件种类与应用

随着风电行业不断发展，不同风力发电机组的偏航系统轴承、偏航计数装置以及偏航制动器各有不同。

1. 偏航系统轴承

偏航系统轴承形式分为两种，一种是滚动轴承，另一种是滑动轴承。滚动轴承形式有单排四点接触球式回转支承（回转支承又称转盘轴承，也称旋转支承、回旋支承），如图 10-1（a）所示，三排滚柱式回转支承等如图 10-1（b）所示。

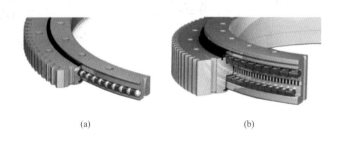

(a)　　　　　　　　　　　(b)

图 10-1　偏航轴承单排四点与三排滚柱式回转支承

（a）偏航轴承单排四点式回转支承；（b）偏航轴承三排滚柱式回转支承

滑动轴承主要采用特殊的 PETP 摩擦材料作为润滑剂，在风力发电机组机架与刹车盘、卡钳与刹车盘结合面位置进行安装，起到滑动的效果（作用类似偏航轴承）。现阶段应用此结构的风力发电机组有很多，如华锐、远景、歌美飒等。风力发电机组滑动轴承形式如图 10-2 所示。

2. 偏航计数装置

偏航计数装置可分为三种。

（1）偏航扭缆开关外置绝对值编码器，通过偏航扭缆开关内部转动轴来带动绝对值编码器，依靠外置编码器进行偏航角度数值记录，如上海电气风力发电机组采用的就是此类偏航计数装置。

（2）偏航扭缆开关内置增量式编码器，也是通过内部编码器进行偏航角度数值记录，如远景和华锐风力发电机组采用的就是此类偏航计算装置。

图 10-2　风力发电机组滑动轴承形式

1—主机架；2—PETP 材料；3—偏航大齿圈；

4—滑动轴承；5—塔筒

（3）偏航扭缆开关与接近开关组合形式的偏航计数装置，计数时依靠两个位置不一样的接近开关检测偏航齿圈齿顶与齿根位置交替变化从而引起反馈信号的变化，并通过计数模块记录变化频次进行角度计数，例如运达风力发电机组采用的就是此类偏航计数装置。

偏航计数装置的三种类型如图 10-3 所示。

(a) (b) (c)

图 10-3　偏航计数装置类型

（a）偏航扭缆开关外置绝对值编码器；（b）偏航扭缆开关内置增量式编码器；

（c）偏航扭缆开关与接近开关组合形式

3. 偏航制动器

风力发电机组中偏航制动器大体可以分为主动式偏航制动器和被动式偏航制动器两种。

（1）主动式偏航制动器，在工作时需要液压站提供液压压力，偏航制动夹钳中的液压缸活塞动作来带动内部摩擦片与偏航刹车盘贴合产生摩擦力让风力发电机组偏航制动。主动式偏航制动器实物如图 10-4 所示。

图 10-4　主动式偏航制动器

（2）被动式偏航制动器，也称偏航摩擦组合体，它通过调节本体的螺栓来给摩擦片提供与偏航刹车盘摩擦的阻力，再配合偏航电机抱闸来起到偏航制动的效果。被动式偏航制动器实物如图 10-5 所示。

由于现阶段风力发电机组中偏航结构形式各不相同，这就决定了在对风力发电机组偏航系统进行检修和维护时需要根据不同结构的偏航形式制订出符合现场实际情况的定期维护记录表，才能保证风力发电机组偏航系统长期稳定运行。

280

图 10-5　风力发电机组被动式偏航制动器

第二节　偏航系统检查与维护

偏航系统外观检查与维护项目主要包含偏航电机检查与维护、偏航减速器检查与维护、偏航轴承检查与维护、偏航制动器检查与维护、偏航电缆位置检查与维护等。

一、偏航电机检查与维护

（1）检查确认偏航电机外观无变形、破裂、掉漆情况。

（2）检查确认偏航电机紧固螺栓标识无偏移。当发现偏航电机紧固螺栓力矩标识线偏移，要按照厂家指定力矩重新进行紧固并画好力矩标识线。

（3）检查确认偏航电机接线盒无破损、变形、掉漆，以及内部接线无损坏情况。

（4）检查确认偏航电机手动制动杆无缺失。

二、偏航减速器检查与维护

（1）检查确认偏航减速器外观无变形、破裂、掉漆情况。

（2）检查确认偏航减速器油位正常，无漏油。图10-6 所示为偏航齿轮箱，箭头所指位置为油位检查位置。

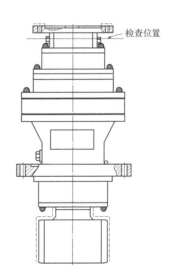

图 10-6　偏航齿轮箱油位检查位置

三、偏航轴承检查与维护

（1）检查确认偏航轴承紧固螺栓力矩标记线（见图 10-7）无偏移。

（2）检查确认防腐涂层无破坏，若偏航轴承齿圈涂层损坏，则立即修补。

（3）检查确认偏航轴承齿圈表面无锈蚀、无断裂、无缺润滑脂现象。

（4）检查确认偏航轴承密封圈无损坏、变形、断裂现象，如有应及时进行更换。

（5）检查确认偏航轴承有无废油脂排出情况。若偏航轴承无废油脂排出，需要检查偏航轴承是否缺少油脂，例如可以启动偏航系统后，倾听是否有异响来判断轴承是否缺少油脂；若偏航轴承有废油脂排出则需要及时进行清理，并检查废油脂是否存在问题，例如油脂颜色、内部有无异物等情况。必要时可以对废油脂进行收集送到油品检验单位进行检验。

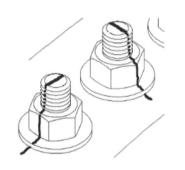

图 10-7　偏航轴承紧固螺栓力矩标记线

四、偏航齿圈和传动齿检查与维护

1. 加润滑脂操作

在偏航齿圈和传动齿涂抹润滑脂时，要先将风力发电机组切换就地维护模式。在涂抹润滑脂时，需要佩戴好化学品防护手套以及准备好铲刀或者刷子，用铲刀或者刷子将润滑脂均匀涂抹在偏航齿圈齿面即可。在涂抹前要观察齿面是否有断裂、磨损、生锈、点蚀等情况，若发现有异物时还需要先将异物进行清理，再涂抹润滑脂。

操作时需要两人配合操作，一人对齿圈涂抹润滑脂，另一人控制偏航系统动作。可以选择在偏航停止时先对裸露在外的齿面进行润滑操作，再进行偏航操作，对剩余部分齿面进行润滑操作。进行润滑操作时切记人员要与传动齿保持安全距离，避免发生机械伤害。

2. 间隙测量操作

在进行偏航齿圈和传动齿啮合间隙测量时需要停止偏航系统，利用塞尺测量偏航齿圈和传动齿啮合间隙，间隙范围在 1～1.4mm 之间（不同厂家其间隙范围略有不同，具体需要按照厂家给出的参数为准）。风力发电机组偏航齿圈和传动齿啮合间隙如图 10-8 所示。

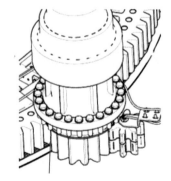

图 10-8　风力发电机组偏航齿圈和传动齿啮合间隙

但使用塞尺测量偏航齿圈和传动齿啮合间隙时，由于其位置空间狭小不好测量，现场可在传动齿上安装铅丝，再启动偏航系统，让安装有铅丝的传动齿经过偏航齿圈后取下铅丝，测量铅丝的厚度即可得到偏航齿圈和传动齿啮合间隙大小。用压铅法检查齿轮啮合间隙时，铅丝直径不宜超过间隙的 3 倍，铅丝的长度不应小于 5 个齿距，沿齿宽方向应均匀放置至少 2 根铅丝。

五、偏航制动器检查与维护

（1）检查确认偏航制动器紧固螺栓力矩标识线无偏移。若发现偏航制动器紧固螺栓力矩标识线偏移，需要对其上的螺栓进行力矩检查，并按照规定力矩重新进行紧固。

（2）检查确认偏航制动器表面无油污、无异物。若发现制动器表面有油污或异物，例如偏航摩擦片摩擦时掉落的粉末，需要用刷子或抹布清理干净。

（3）检查确认偏航制动器无漏油情况。在确认偏航制动器有无漏油的情况时，需要手动进行偏航（手动重复偏航、停止的过程）对偏航制动器进行观察，若发现有漏油的情况要及时进行处理或维修。

六、偏航电缆检查与维护

（1）检查确认偏航电缆无破皮、磨损、断裂情况。若发现偏航电缆位置有严重破皮、磨损、断裂情况，要及时拍照记录，并进行更换。

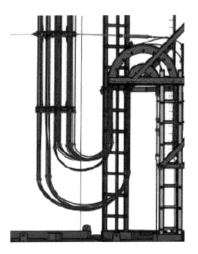

（2）检查确认偏航电缆隔环、保护套无破裂、磨损情况。若检查时发现电缆隔环和保护套出现破裂、磨损情况需要查明磨损具体原因并进行更换。

（3）检查确认偏航零度位置。检查偏航电缆零度位置时电缆应顺直无扭曲，如图 10-9 所示。在检查确认偏航零度位置时，需要先偏航将电缆处于顺缆位置，再去观察偏航系统角度是否为零度，若不是零度需要对偏航系统参数重新进行修改。

图 10-9　偏航电缆零度位置示意图

七、偏航系统线路检查与维护

（1）检查确认偏航供电线路微型断路器功能正常。在进行操作时，首先断开偏航电机供电回路电源，用万用表验明线路无电后再进行测试操作，根据风力发电机组主控电气原理图逐一对偏航电机供电线路、电气元件进行电压或电阻测试，来验证其功能的好坏。某风力发电机组偏航电机供电回路电气原理，如图 10-10 所示。在检查微型断路器时可带电对其进行电压测量：分别在微型断路器 24-Q1 的上端和下端进行三相电压测量，测量结果与图纸上偏航系统供电电压进行对比，上、下限值不超过 ±10% 即可。在进行接触器和热继电器以及端子排测试时可断电测量电阻，根据阻值确定设备好坏，例如图中 24-KM1 接触器，在测量电阻时首先需要断开 24-Q1，用万用表验明 24-Q1

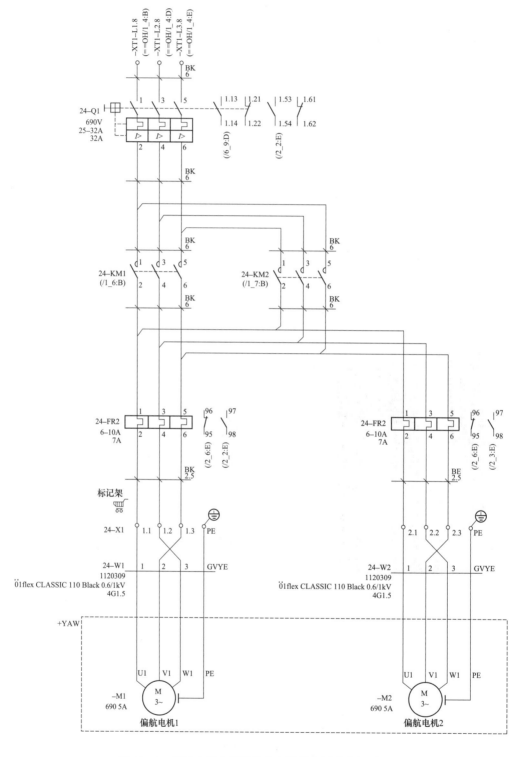

图 10-10　某风力发电机组偏航电机供电回路电气原理图

接触器上接口 2、4、6 无电压后，拆下接触器其上端与下端线，用辅助工具压下主触点使之闭合，再用万用表测量其上下主触点阻值，结果一般小于 1Ω 为正常，反之则说明接触器主触点异常需要进行更换（接触器失效原因很多，例如线圈短路、内部弹簧反弹力不足、触点熔焊等，这里只是针对接触器线路主触点失效辨别分析提供一种方法）。

（2）检查确认偏航抱闸线路功能正常。检查偏航电机抱闸线圈时可以启动偏航电机，听抱闸动作声音，如果抱闸线圈出现问题，在启动偏航电机时电机抱闸无法动作就不会有"咔哒"声；另一种方法是根据偏航电机抱闸线圈电气原理图，对抱闸线圈进行阻值测量，看阻值是否正常，某风力发电机组偏航电机抱闸线路电气原理，如图 10-11 所示。根据图纸，测量偏航电机抱闸线圈电阻时，要先断开 24-F1 空气开关，将端子排 24-X2 端子 1.1 与 1.2 号口下端接线拔出，用万用表进行阻值测量即可，不同偏航电机其抱闸线圈阻值也不同，一般偏航电机抱闸线圈阻值在几十欧到几百欧之间。

进行偏航抱闸线路检查时，可对偏航电机进行电磁抱闸测试：启动偏航电机，在偏航电机处应能听到"咔嗒"的声音，则表示电磁抱闸动作，需确认偏航电机电磁抱闸是否正常。在进行偏航电机抱闸间隙测量时要先断开偏航系统供电，打开电机后罩，移除防尘圈，一周内均匀取 3 个点，用塞尺测量间隙并记录，间隙在 0.3～0.5mm 范围内为合格（不同机型其间隙范围不同，具体需要按照厂家给出的参数为准），如图 10-12 所示。检查完需测试偏航电机抱闸功能是否正常，无烧焦气味和尖锐摩擦声。

检查过程中，当发现制动器附近有明显磨损时，需拆卸摩擦片，使用游标卡尺测量摩擦片厚度。一般当摩擦片厚度小于等于 11.5mm（初始状态为 14.5mm）时，任何一边的摩擦材料厚度小于 0.5mm，制动器间隙已经重调 4～5 次，或衔铁盘和法兰盘存在高温深亮色灼伤痕迹时需要更换摩擦片。不同类型的偏航电机其内部的摩擦片厚度都是不一样的，需要以风力发电机组厂家给出的参数为准。

（3）检查确认偏航电机加热器线路功能正常。检查偏航电机加热电阻可用电阻值与电流值来判定其功能是否正常，某风力发电机组偏航电机加热电阻电气原理如图 10-13 所示。在检查偏航电机加热电阻阻值时要先断开 24-F2 断路器，验明无电压后，将 24-X2 端子 5.1 与 5.2 端口的下端接线拆下，用万用表进行阻值测量，电阻约为 1322Ω（针对图 10-13 中 230V AC/40W 的电阻），表示加热电阻阻值正常，利用这种方法将剩余的加热器电阻进行阻值测量即可。使用电流检测判断偏航加热电阻时，需要启动偏航加热电阻，用钳形电流表进行测量，电流为 0.17A 左右表示正常，利用这种方法将剩余的加热器电阻进行电流测量即可。

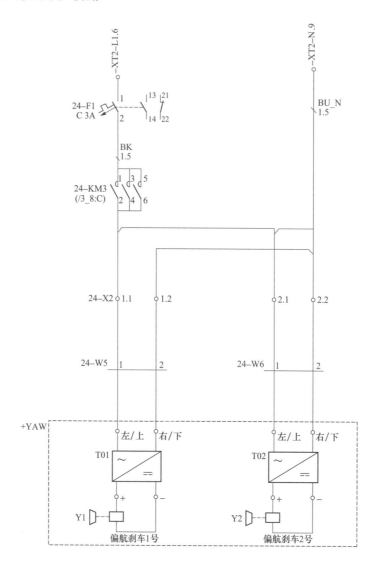

图 10-11 某风力发电机组偏航电机抱闸线路电气原理图

图 10-12 风力发电机组偏航电机抱闸间隙测量

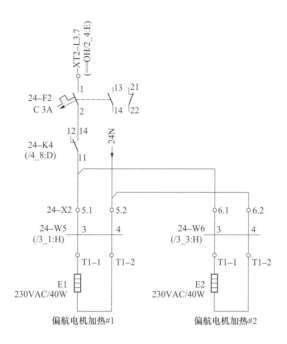

图 10-13　某风力发电机组偏航电机加热电阻电气原理图

（4）检查确认偏航接近开关线路功能正常。偏航系统中记录偏航角度有两种方式，一种是用接近开关采集偏航角度，另一种是用编码器采集偏航角度。这里先介绍利用接近开关计数的偏航系统该如何进行检查。某风力发电机组偏航接近开关电气原理，如图 10-14 所示。在检查偏航接近开关时，利用金属物体在接近开关感应头部上下晃动，观察接近开关或 PLC351DI 模块 41 号口指示灯会交替闪烁，此状态说明接近开关功能正常，反之则需要对接近开关、线路、PLC 模块进行检查。

（5）检查确认偏航扭缆开关线路功能正常。某风力发电机组偏航扭缆开关电气原理如图 10-15 所示，根据原理图手动触发 S1、S2、S3、S4 限位开关，

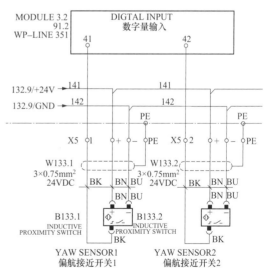

图 10-14　某风力发电机组偏航接近开关电气原理图

观察 PLC 模块 DI008 对应 I4、I5、I6、I7 口信号灯变化或风力发电机组控制屏显示风力发电机组偏航限位被触发时，说明偏航扭缆开关限位功能正常。

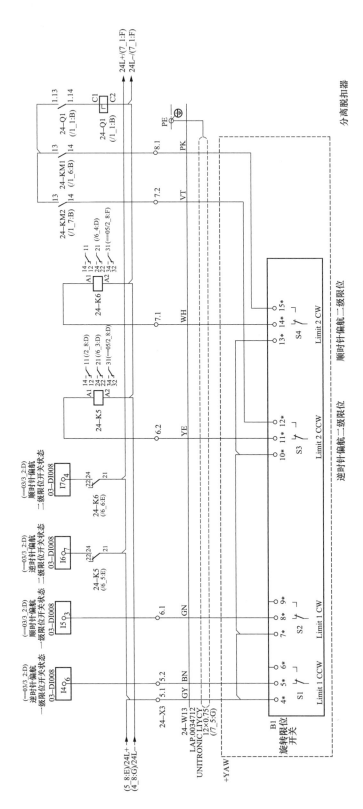

图 10-15 某风力发电机组偏航扭缆开关电气原理图

八、偏航电机微型断路器保护定值检查

（1）检查确认偏航电机微型断路器整定值标识线无偏移。

（2）检查确认偏航电机微型断路器整定值数值正确。在检查偏航电机微型断路器保护定值时，需要参照对应的整定值表来确定整定值是否正确。如图 10-10 所示，偏航电机微型断路器 24-Q1 保护定值为 32A，以此对照实物检查微型断路器定值是否为 32A 即可。某风力发电机组微型断路器定值标识如图 10-16 所示。

九、偏航扭缆开关限位角度定值检查

偏航扭缆开关限位角度定值参数的检查与维护主要包括检查确认偏航扭缆开关限位角度定值是否

图 10-16 某风力发电机组微型
断路器定值标识图

正确。某风力发电机组主控监控画面如图 10-17 所示，在检查偏航扭缆开关参数时首先要知道偏航扭缆的极限角度值，接着启动偏航系统，观察触发逆时针限位开关 S1 时的机舱绝对位置值是否与参数设定一样，若不一样需要重新调节偏航扭缆开关内部凸轮来改变机舱绝对位置值。同理 S2、S3、S4 位置用此方法验证即可。

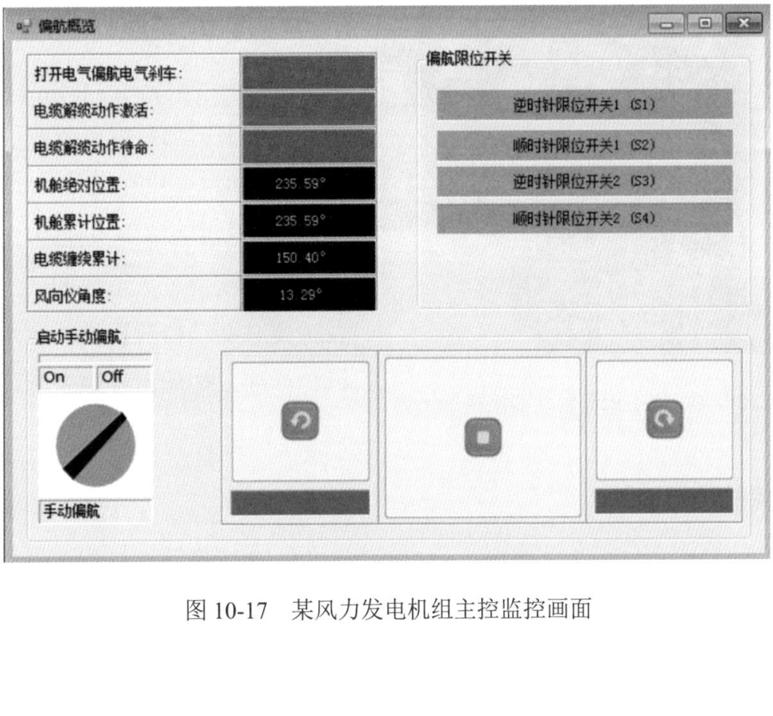

图 10-17 某风力发电机组主控监控画面

第三节　偏航系统典型故障处理

偏航系统主要故障有机舱振动过大且偏航位置滑移、偏航电机供电异常、偏航电机热继电器动作，以及机舱与风向偏离过大等。

一、偏航振动过大且异响

1. 故障现象

风力发电机组偏航系统出现振动过大且异响，例如能够明显听到"啃啃"声，声音非常刺耳，甚至有时风力发电机组还会报出振动故障。

2. 故障原因及处理方法

（1）产生"啃啃"声第一种原因是偏航制动器中摩擦片材料磨损物与偏航制动器泄漏的液压油，以及偏航轴承泄漏的润滑油脂相互混合后经过偏航制动器挤压，在偏航制动器摩擦片上形成了"釉"层，当偏航系统动作时就会有"啃啃"声。由于摩擦材料上有异物导致偏航系统刹车时就会产生过振动现象，如果机舱中的振动传感器检测到振动值达到阈值后就会报出机舱过振动故障。针对这种情况，在处理时先观察偏航制动器上是否有磨损物堆积，如图 10-18 所示。当发现有大量磨损物时，需要将偏航制动器上、下闸体内的摩擦片表面进行清理即可。

图 10-18　风力发电机组偏航制动器磨损残留物

（2）产生"啃啃"声的第二种原因是偏航驱动齿和偏航轴承齿圈啮合间隙太小。处理时需要对其啮合的间隙进行测量，间隙范围为 1～1.4mm，如不符合要求需要调整偏航电机位置。

（3）偏航振动过大且异响的第三种原因是主动式偏航制动器背压（也叫偏航残压）压力过大造成的。需要用压力表对偏航制动器背压进行测量，看是否符合标准，如超出标准要求，需要进行调整。

二、偏航位置滑移

1. 故障现象

当风力发电机组偏航期望位置与实际偏航位置之间的差值超过系统设定的阈值

时，就会报出偏航位置滑移故障。

2. 故障原因及处理方法

（1）机舱质量大，运行停下的惯性就大。当风力发电机组对风后需要停止时，由于偏航制动器压力不足无法制动就会产生滑移现象，这时需要检查偏航制动器压力是否与风力发电机组液压系统设定的压力值一致，若不一致需要调整偏航制动器压力，直到偏航制动器动作压力满足要求为止（具体压力值以根据厂家指导手册为准）。

（2）被动式的偏航制动器力矩值偏小，由于被动式偏航制动器以一定摩擦力与偏航刹车盘相互作用，当制动器上调节摩擦力的螺栓力矩值不满足要求时，也会导致此故障的发生，这时就需要用力矩扳手检验被动式偏航制动器上调节螺栓力矩是否达到要求值。

（3）偏航电机内部的电磁抱闸摩擦片磨损严重，这也是导致偏航滑移的故障原因之一。这时需要逐一检查偏航电机摩擦材料厚度是否满足要求，若偏航电机摩擦材料磨损严重需要及时进行更换，并调节好抱闸间隙。

（4）风轮气动不平衡，需要定期调整叶片零度位置。

（5）偏航刹车盘油脂较多，摩擦系数下降，导致刹车位置发生偏移，需要对油脂进行清理，并检查是否存在漏油点。

三、偏航系统电机供电故障

1. 故障现象

风力发电机组报出偏航电机保护空开跳开故障或发现 PLC 中检测偏航电机保护空开的值由"1"变成"0"。

2. 故障原因及处理方法

导致偏航系统电机供电故障状态的原因有保护空开断开、接触器无法吸合、热继电器动作、端子排损坏、电机损坏或者回路中存在断点，以及供电电压异常等。检查时先检查偏航电机回路上的器件是否存在问题。

如保护空开跳开证明偏航电路中可能有过载情况发生，就需要检查过载原因。例如 4 个偏航电机只有 3 个动作 1 个不动作就会引起过载，这个时候就需要启动偏航电机查看 4 个电机是否能够正常运行。第二种情况可能是偏航电机保护空开的整定值设定有误，需要重新对其进行调整。第三种情况就是偏航齿圈上有异物导致偏航电机发生卡滞现象，也会引起过载现象发生（此类情况在风力发电机组上发生情况很少）。如果偏航电机保护空开没有断开，但报出此故障，那就说明 PLC 检测回路有问题，只需要检查偏航电机保护空开反馈的节点线路即可（用万用表测量反馈线路是否有 24V DC）。

偏航电机供电故障可以用万用表测量电压进行检查，用万用表在偏航电机驱动电路中进行分段测量。例如，测量偏航电机保护空开、接触器、端子排等电压是否正常，若不正常应查明原因，并根据电气元件工作原理判断元件是否正常，逐步进行故障排查。排除故障时先从小的电气元件检测，最后再去检查电机等部件。一般情况下，电机故障的概率要比空开、接触器等元件的概率要小很多。

四、偏航系统热继电器保护动作

1. 故障现象

风力发电机组中的偏航热继电器主要是对运行中的偏航电机进行保护。一般每个偏航电机都会在主控柜内配置一个热继电器，并将热继电器的辅助触点接入 PLC，若热继电器保护触发，辅助触点将会动作，PLC 监控点通道中的变量将由"1"变成"0"，触发偏航系统热继电器保护动作故障信号。

2. 处理方法

偏航系统热继电器动作图如图 10-19 所示，当热继电器动作时红色触点会弹出，动作原因可能为：

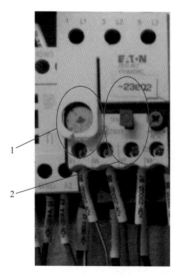

（1）热继电器整定值设置偏小。

（2）偏航驱动过载，如偏航电机制动器无法有效打开、偏航齿轮箱内部卡涩。

（3）偏航电机绕组短路或接地。处理时首先测量偏航电机三相绕组阻值是否平衡，测量电机绕组对地绝缘是否良好，再检查偏航电机热继电器整定值是否正确。若是偏航驱动过载引起的，可以通过启动偏航系统，聆听抱闸动作声音，判断偏航抱闸是否存在问题。若上述检查均无问题，则检查更换偏航电机热继电器。

图 10-19 偏航系统热继电器动作图
1—整定值调节旋钮；2—热继电器动作按钮

偏航系统热继电器如果没有动作，说明其反馈触点接在 PLC 中的反馈回路存在问题，用万用表测量其监控的 24V DC 是否正常，若电压异常逐一测量监控电路中各个节点电压，找到电压异常的节点即为故障节点。若 24V DC 供电正常则可能是 PLC 模块损坏，需更换 PLC 模块，上电进行观察。

五、机舱与风向偏离过大

1. 故障现象

当机舱与风向夹角大于风力发电机组设定的阈值时，就会报出该故障。不同风力发电机组设定的阈值存在差异。例如某风力发电机组设定的阈值为 45°，则说明当机舱与风向夹角大于 45°时就会报出该故障。

2．处理方法

因为故障触发逻辑是根据风向和机舱位置夹角来判定的，所以在处理时需要检查风向标和偏航位置传感器是否正常。

（1）在检查风向标时，需要检查风向标传输电缆是否存在问题，例如是否有破皮、断裂等情况，也可以手动转动风向标观察系统风向数据是否正常。若线路和风向标均无问题，更换 PLC 模块并上电检查。

（2）在检查偏航位置传感器时，需要检查其线路是否正常，例如是否有破皮、断裂等情况，也可以用手动启动偏航系统观察系统偏航位置，若在转动过程中看到数据异常说明偏航位置传感器可能存在问题，可尝试更换进行验证，当机舱传感器和线路都无问题时，可尝试更换 PLC 模块进行上电验证。

第四节 偏航系统典型作业案例

一、案例 1：偏航电机更换

1．更换前工具准备

偏航电机更换前应准备好相应的工器具，包括万用表、手电筒、螺丝刀、扳手、尖嘴钳、吊带、撬棍、绝缘胶带等。

2．偏航电机更换的基本作业流程和步骤

（1）断开偏航电机供电回路微型断路器，用万用表测量断路器下端口和电机无电压。

（2）对损坏的电机接线进行拆除，并利用绝缘胶带绑扎，如图 10-20 所示。

图 10-20 偏航电机接线拆卸图

（3）拆下偏航电机固定螺栓，转动电机，使用两颗螺栓作为顶丝，将偏航电机与偏航齿轮箱分离，拔出偏航电机，如图 10-21 所示。

图 10-21　偏航电机固定螺栓拆卸图

（4）将新的电机利用吊带捆绑好，将撬棍穿入吊带中上抬电机。

（5）控制电机对轴部分进行校准（转动电机冷却风扇叶即可），如图 10-22 所示。

图 10-22　偏航轴校准安装图

（6）对新偏航电机进行固定并重新接线，完成后进行上电测试，检查运行无异常后收拾好作业工具，启机恢复。

二、案例 2：偏航电磁刹车抱闸更换

（1）更换前工具准备。偏航电磁刹车抱闸更换前应准备好相应的工器具，包括螺丝刀、开口扳手、开口扳手、电磁抱闸等。

（2）偏航电磁刹车抱闸更换的基本作业流程和步骤。

1）用扳手拧开固定螺母，打开并取下偏航电机顶罩。

2）拆下偏航电机顶罩后，查看偏航电机抱闸结构。偏航电机电磁抱闸结构组成示意图，如图 10-23 所示，拆下图 10-23 所示中制动弹簧最上端的螺栓，拔开插头就可以取下制动线圈。

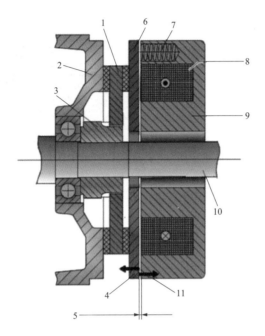

图 10-23　偏航电机电磁抱闸结构组成示意图

1—制动盘；2—制动端盖；3—轴套；4—弹簧力方向；5—工作间隙；6—压力盘；

7—制动弹簧；8—制动线圈；9—制动线圈座；10—电机轴；11—电磁力方向

（3）依次拆下制动弹簧上的螺栓，取下制动弹簧。

（4）拆掉固定微动开关的螺栓，取下微动开关，如图 10-24 所示。

图 10-24　偏航电机微动开关

（5）取下微动开关，依次取下制动线圈、制动盘、摩擦片，并露出电机后端盖（制动器表面）和带外花键的电机轴，如图 10-25 所示。

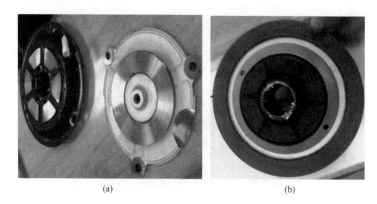

（a）　　　　　　　　　　　（b）

图 10-25　偏航电机制动线圈、制动盘、摩擦片实物图

（a）制动线圈（左）与制动盘（右）；（b）摩擦片

（6）安装新的偏航电机摩擦片和电磁抱闸线圈，安装过程与拆卸过程相反。

（7）安装完成后进行启动测试，检查偏航电机抱闸释放是否存在问题。

三、案例 3：偏航减速器更换

（1）更换前工具准备。偏航减速器更换需准备相应工器具，包括万用表、手电筒、螺丝刀、扳手、尖嘴钳、吊带、撬棍、绝缘胶带、套筒、废油收集桶、漏斗、抹布、卡簧钳、三脚架等。

（2）偏航减速器更换的基本作业流程和步骤。偏航减速器拆卸方案有两种，一是整体进行拆卸，二是将偏航减速器分解拆卸。具体选用哪种方案取决于风力发电机组吊车的起重量，如减速器重量在吊车的承重范围内，可选择整体拆卸，否则应选择分解拆卸方案。下面介绍偏航减速器逐级拆卸的具体操作步骤。

1）断开偏航电机供电电源，验明确无电压后，按照偏航电机更换方法将偏航电机拆下。

2）将偏航减速器内齿轮油放到提前准备好的容器内。将偏航减速器逐级拆卸，拆卸过程应保持

图 10-26　偏航减速器一级结构拆卸图

清洁。偏航减速器一级结构拆卸后，如图 10-26 所示。

3）将偏航减速器内部四级行星结构全部拆卸拔出后，在其正上方建立三脚架，将固定偏航减速器的螺栓拆下后，将吊环固定在偏航电机输出轴上，再将手拉葫芦的链条固定在吊环上，将偏航减速器最后的输出轴抽出，如图 10-27 所示。

4）将新的偏航减速器四级逐级拆下，先安装减速器输出端，再进行逐级安装，最后再安装电机，给偏航减速器内部加注润滑油后，启动观察无问题后结束作业。

图 10-27　偏航减速器输出轴拆卸图

四、案例 4：偏航制动器更换

（1）更换前工具准备。偏航制动器更换需准备好相应工器具，包括手电筒、套筒扳手、液压泵、液压扳手、油管、电动冲击扳手、抹布、垃圾袋、工业插排。

（2）偏航制动器更换的基本作业流程和步骤。

1）断开风力发电机组液压泵供电电源，将液压站压力全部释放。

2）将刹车钳所有油管拆下，含回油管和油管接头。

3）对卡钳固定螺栓进行拆卸，剩余中间一颗螺栓做固定，如图 10-28 所示。

图 10-28　偏航螺栓拆卸图

4）两人扶住下闸体，一人将最后一颗螺栓进行拆卸，偏航制动器拆卸完成。

5）将上闸体固定孔内内六角螺栓拆卸后方可取下上闸体（两个内六角螺栓拆除

后，上闸体将脱离机架），如图 10-29 所示。

图 10-29　偏航制动器上闸体内六角螺栓拆卸图

6）安装新的偏航制动器，安装顺序与拆卸顺序相反，先安装上闸体再安装下闸体，最后恢复偏航制动器油管，并进行打压测试，观察卡钳无漏油情况，启机恢复。

五、案例 5：偏航摩擦片更换

（1）更换前工具准备。偏航摩擦片更换需准备好相应工器具，包括手电筒、套筒扳手、液压泵、液压扳手、油管、电动冲击扳手、抹布、垃圾袋、工业插排等。

（2）偏航摩擦片更换的基本作业流程和步骤。摩擦片的尺寸根据制动器类型不同可能会不同，要根据制动器的型号（antec 制动器、sime 制动器、西伯瑞制动器等）更换摩擦片。根据制动器类型的不同，有不同的制动器更换程序：第一种标准型，必须将制动器的半卡钳从装配体上卸下，然后直接拆下摩擦片；第二种有端头止挡的制动器的更换程序。第二种制动器更换程序如下：

1）关闭液压站电源，对液压系统泄压。

2）松开摩擦片回缩螺钉，注意不要丢失回缩弹簧，只针对有摩擦片回缩系统。卸下一个半卡钳的端头止挡，拆下旧的摩擦片，并更换新的摩擦片，如图 10-30 所示。

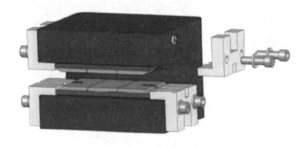

图 10-30　偏航制动器挡头止挡拆卸图

3）将剩下的半卡钳端头止挡拆下，拆下旧的摩擦片，并更换新的摩擦片。

4）装上新摩擦片后，上紧摩擦片安装螺钉直到螺钉末端接触到回缩螺钉的衬套。

5）两个半卡钳的端头止挡安装到位，并按照要求上紧螺钉。

6）安装完成后进行运行测试。

六、案例 6：偏航扭缆开关更换

（1）更换前工具准备。偏航扭缆开关更换需准备好相应工器具，包括万用表、手电筒、螺丝刀等。

（2）偏航扭缆开关更换的基本作业流程和步骤。

1）手动控制偏航系统，旋转到电缆机械零位（电缆自然下垂状态位置）。

2）断开偏航供电电源（查看图纸将供电电源的端子口下端接线拆除即可）。

3）拆下原风力发电机组上的偏航扭缆开关（见图 10-31），并松开所有接线端子，将线缆从电缆夹处拔出。

4）安装新的偏航扭缆开关，接好偏航扭缆开关电源线。

5）对偏航扭缆开关内部凸轮进行校准（不同厂家内部凸轮结构、数量均不同，具体调节方法和凸轮角度位置需要根据具体机型和厂家指导手册进行调节），以某风力发电机组为例：顺时针旋转小齿轮，当 S1 凸轮触发微动开关时，查看显示电缆缠绕角度为 $-960°\sim-1080°$ 之间，合格；当 S3

图 10-31　偏航扭缆开关拆卸图

凸轮触发微动开关时，以电缆缠绕角度为 $-1060°\sim-1116°$ 之间合格。逆时针旋转小齿轮，当 S2 凸轮触发微动开关时，查看显示电缆缠绕角度为 $960°\sim1080°$ 之间，合格；当 S4 凸轮触发微动开关时，以电缆缠绕角度为 $1060°\sim1116°$ 之间合格。为防止电缆折断均要求提前 $30°\sim50°$ 触发，如果出现凸轮提前或延后触发的情况，可以卸下编码器，对凸轮位置进行微调（调节后，旋紧锁紧螺钉和编码器紧固螺钉）。

6）调节完成后使用沉头螺钉将安装底板安装于机舱底座之上即可，注意在安装的过程中不要转动偏航扭缆传感器齿轮。

7）启动偏航系统进行测试，检查偏航系统一二级限位无问题后，启机恢复。

七、案例 7：偏航刹车盘维修

（1）维修前工具准备。偏航刹车盘维修前需准备好相应工器具，包括小型组合铣床、焊机、变频器、角磨机、开口扳手、活口扳手、液压站、套筒扳手、螺丝刀、镶块等。

（2）偏航刹车盘维修的基本作业流程和步骤。

1）首先对偏航刹车盘磨损表面进行铣削加工，去除表面粗糙部分，表面加工深度为 3～7.5mm，保证加工后偏航刹车盘厚度为 22.5～23mm。

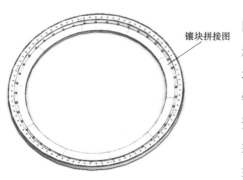

2）为保证偏航刹车盘与偏航制动器上下间隙在 2～3mm 范围内，本次工作需要在偏航制动盘上表面焊接厚度为 8mm 的镶块，镶块材质应与偏航刹车盘为同一材质，以保证镶块与偏航刹车盘焊接性能良好，焊接后无变形。通过焊接镶块，既可以弥补偏航刹车盘与刹车片之间的间隙，又可提高偏航刹车盘的抗扭强度。

图 10-32　偏航镶块拼接图

3）镶块均匀分为 10 块，每块厚度为 8mm，10 块合在一起，正好与偏航制动盘上表面吻合，每块镶块上有 4 个焊接工艺孔，如图 10-32 所示。先用 4 颗 M8 高强度螺栓固定在制动盘上，然后外部焊接，可保证镶块中间与偏航制动盘紧密结合，如图 10-33 所示。镶块四周通过焊接方式与偏航制动盘结合，焊条采用专用球墨铸铁焊条，保证焊接强度，如图 10-34 所示。

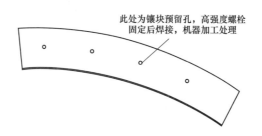

图 10-33　偏航镶块固定焊接示意图

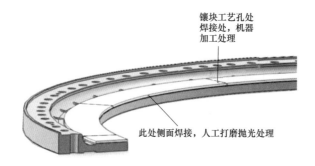

图 10-34　偏航镶块焊接示意图

4）镶块焊接完成后，为消除由于焊接引起的微量变形，需放置 12h 以上，使其完全冷却后再进行加工处理。采用一点定位双面加工方式，对偏航刹车盘上下表面进行打磨，去除表面焊渣和其他不平，保证上下表面的平行度、光滑度。在加工处理过程中用卡尺测量刹车盘保证厚度尺寸。其中，为保证下表面与偏航制动器的间隙，下表面加工 0.5mm 左右，而此时上表面只需轻微加工 0.1mm 左右。

5）对刹车盘外端一圈进行打磨，去除焊渣和毛刺，保证各焊接处光滑平整，最后进行抛光处理。

6）更换新偏航制动器，偏航测试，确认无振动、噪声等现象。

八、案例 8：偏航减速器注油和取油

（1）取样前工具准备。偏航减速器齿轮箱油取样前需准备好相应工器具，包括扳手、针筒、外接油管、集油瓶、记号笔、抹布、废油收集桶、垃圾袋等。

（2）油品取样作业流程和步骤。

1）油位在 MAX 线和 MIN 线之间是标准油位，如图 10-35 所示。若齿轮箱油位低，需要补加齿轮油。

2）如油位偏低，需重新加注润滑油，并检查是否有泄漏点。用毛巾清理干净加油口及其周围的灰尘油污；旋下加油塞并将其倒置于一块干净的毛巾上；将油顺着加油口倒入减速器内（由于加油口较小，实际加油时可使用干净的大号针筒作为加油工具），边加油边通过油位计观察油位；当油位接近正常油位时，停止加油（可事先在正常油位处用记号笔做好标记）；将加油塞擦干净并旋到加油口上，拧紧；运行减速机 5min，观察加油口处是否有渗漏现象，如有及时处理；停转减速器再次观察油位，如油位达到正常值，加油工作结束，如未能达到要求，重复加油步骤，直到油位满足要求。

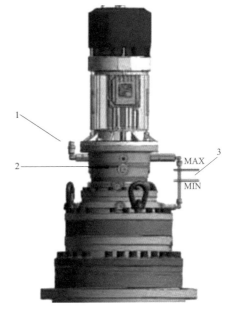

图 10-35　风力发电机组偏航减速齿轮箱油位图
1—加油口；2—润滑脂油嘴；3—油位观察口

3）在减速器的输入、输出轴两侧有黄油嘴需要添加润滑脂，用以润滑轴承及油封；减速器输入端与输出端应每隔一定时间添加油脂，油脂牌号见减速机铭牌；加脂时拆下另一个油嘴，旧脂尽量排出（以具体机型维护手册为准）。

4）取油样时，需要提前准备好油样瓶，在偏航电机运行一段时间后，保证偏航

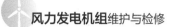

减速器内部油液搅拌均匀，这样提取出的油液更具有代表性。如图 10-36 所示，接着将油堵头旋下倒置于干净的毛巾上，安装一个外接油管，油管的另一头插入准备好的容器内，先排出一定的润滑油，接着再用集油瓶收集油管中的润滑油，收集完成后将排油堵丝擦净，重新安装到排油口上即可，若取样后发现减速器油液偏低则需要补充润滑油。

5）如化验发现油液异常，需要对偏航减速器内润滑油进行更换。用毛巾清理干净排油口及其周围的灰尘和油污；将一个空的容器置于排油口附近，以备回收废油；旋下排油堵丝并将其倒置于干净的毛巾上，安装一个外接油管，油管的另一头插入准备好的容器内，将废油排入容器内，如图 10-36 所示。同时打开加油口，以便顺利将油排出，加入适量新油进行冲洗，使停留在输出端的残渣顺利排出。如气温较低，需加入事先预热过的新油进行冲洗，将排油堵丝擦净，重新安装到排油口上并旋紧，按照上述提到的方法加注润滑油。

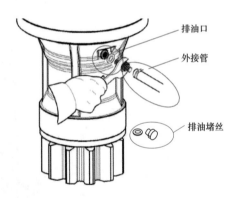

图 10-36 风力发电机组偏航电机齿轮箱排油示意图

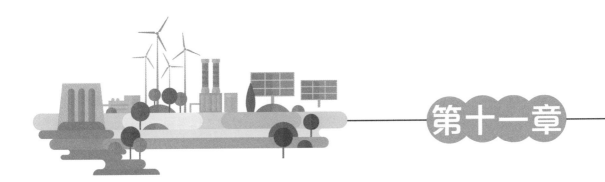

第十一章

液压系统维护与检修

由于液压系统具有传动平稳、功率密度大、容易实现无级调速、易于更换元器件和运行可靠等优点，在大型风力发电机组中被广泛应用。液压系统是风力发电机组的核心部分，为风力发电机组提供可靠的安全保障，它的维护与检修至关重要。通过本章内容的学习，应熟悉风力发电机组液压系统的功能与组成，了解液压系统检修与维护主要内容，掌握液压系统常见故障处理方法和典型作业操作过程。

第一节　液　压　系　统　概　述

一、液压系统功能

风力发电机组液压系统是一种依靠液压油传递能量的传动系统，常用于风力发电机组的传动链刹车和偏航刹车，部分风力发电机组还将其应用于变桨驱动和偏航驱动。

二、液压系统组成

液压系统由液压介质、动力元件、执行元件、控制元件和辅助元件五大部分组成。

（1）液压介质：液压系统中传递动力与信号的工作介质，在风力发电机组液压系统中为液压油。

（2）动力元件：手动泵、电动泵等为液压油赋能（将机械能转化为液压油压力能）的元件。

（3）执行元件：液压缸、液压卡钳、液压马达等是将液压油压力能转化为机械能的元件。

（4）控制元件：对液压油的方向、流量和压力进行直接控制的元件，如单向阀、减压阀、电磁换向阀和比例阀等，不包括压力开关和压力传感器等间接控制元件。

（5）辅助元件：液压系统其他组成元件，包括蓄能器、油管、滤芯等。辅助元件不直接参与能量的控制，但是直接影响液压系统稳定性和工作寿命。

第二节　液压系统检查与维护

液压系统检查与维护可分为日常检查和定期维护检查。各风力发电机组液压系统的功能配置不同，检查项目与要求也存在差异，一般包括液压油检查、压力测试、功能测试和附件检查等部分。其中液压油检查包括液压油位检查、液压系统渗漏检查等；压力测试包括蓄能器压力检查、偏航残压测量、支路压力测量等；附件检查包括反馈信号检查、滤芯更换、辅助设备运行状态检查等。

一、液压油油位和油质检查

液压油作为液压系统的工作介质，油位和油质的检查是日常检查和定期维护检查的重要项目。

1. 油位检查条件

工作状态：油位检查时，不同机组对执行元件工作状态有不同要求。例如歌美飒G8X机组要求，将液压系统加压到工作压力再进行油位检查。检查时，在"液压系统测试"菜单中按下选项"自动"，此时液压缸处于伸出（顺桨）状态，偏航卡钳处于刹车状态，高速轴卡钳处于释放状态。

另外，也可采用上下油位同时确认方法，首先操作液压系统使所有执行元件处于执行状态（液压油进入执行元件），此时油箱内的液压油大多进入执行元件，观察液压油油位不低于最低刻度线；然后操作液压系统使所有执行元件处于释放状态，此时系统内的液压油大多回到油箱，观察液压油油位不高于最高刻度线。

2. 油位检查标准

查看油位计刻度线：当液压系统油箱上安装有油位计时，可以通过油位计上的刻度线判断油位状态。单刻度线型油位计一般要求油位在刻度线上即可，双刻度线型油位计一般要求油位在上、下两刻度线之间。

部分风力发电机组所使用的液压系统，是通过查看油面相对于油位计的位置进行判断，例如维斯塔斯V80型风力发电机组的油位检查标准为"液压油位在总油位（油位计）的五分之四以上"，又如东汽1.5MW机组油位检查标准为"液压油位在总油位（油位计）的三分之二以上"。

部分风力发电机组所使用的液压系统采用油尺进行油位检测，油尺上刻有刻度线，如图11-1所示。检查油位时，应先将油尺擦拭干净，以保证测量读数的准确性，如东汽

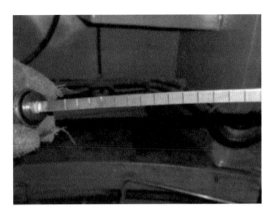

图 11-1　液压系统油尺

1.5MW 风力发电机组选用的液压系统，油尺上刻有 L、M、H 三条刻度线，油位检查标准为"油位超过 M 刻度线即可"。

检查油位时应仔细观察，排除光线对读数的影响。当无法通过油位计确认油位时，可以通过注油口辅助确认油位状态。选取 5 台风力发电机组的油位（见图 11-2），其中油位均在规定油位以上，但是由于光线对读数的影响，很容易出现误判。

图 11-2　风力发电机组液压油位

3. 油质检查标准

一般在油位计处检查油质状态，当有疑问或未设计油位计时可通过注油口进行辅助检查或检查气味。正常液压油应为清澈透明状态，当发现液压油浑浊、发黑、乳化或有异味时，说明液压油已经变质，需要及时更换液压油。除此以外，部分风力发电机组所使用的液压系统可能设有磁铁，还应检查油箱底部是否存在铁屑，必要时应对油箱进行清洁或更换液压油。除外观检查外，还应定期对液压油取样化验。

二、液压系统渗漏检查

液压系统的渗漏点一般位于管路和液压元件连接处，如蓄能器与阀岛连接处、电磁阀和液压阀与阀岛连接处、液压油管连接处、滤芯壳体螺纹处等。

液压系统早期轻微渗漏只会浸润附近区域或形成较薄的油层，长时间渗漏会造成渗漏部位吸附大量灰尘形成油泥，在外观看来就是一片脏污。

判断液压系统是否渗漏可以通过以下方式：

（1）油位状态：通过横向对比不同风力发电机组的油位，油位低的液压系统很可能存在渗漏点；通过纵向对比不同时间段的油位，与上次或某一个时间节点的油位差距较大则很可能存在渗漏点。

（2）污染检查：液压系统上干净无脏污或存在干燥灰尘的位置无渗漏，存在油泥的部位很可能存在渗漏点。

（3）油迹检查：对重点部位仔细观察，检查是否有渗漏痕迹，或观察是否存在未成形油滴。液压系统大量渗漏时会形成大量积油，对于刚产生的或轻微的渗漏点，可以通过观察地面或积油盘油渍判断确定。

三、蓄能器压力检查

1. 压力检查

蓄能器结构如图 11-3 所示，上方标注框内是充气阀，用于测压与补充氮气，下方标注框内是限位阀，在液压管路内的压力小于蓄能器内氮气压力时将两侧隔离。

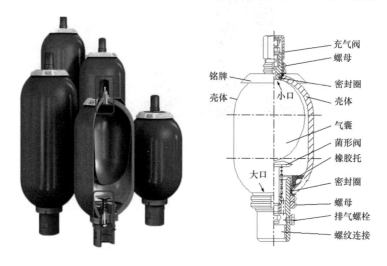

图 11-3　蓄能器结构

测量蓄能器压力一般采用两种方式：一种是将油路泄压至零，排除油压影响，直接测量蓄能器氮气压力；另一种是逐渐调高油路压力，当液压油与蓄能器连通瞬间，此时油压基本等于蓄能器原始氮气压力。为保证测量准确性和便于操作，建议使用第一种方式测量蓄能器压力，操作方法如下：

（1）准备操作。通过泄压手阀等对液压系统或相应支路进行泄压（泄压点需核对液压系统图与阀岛上的序号）。

（2）打开防护盖。打开蓄能器保护罩和保护盖，即蓄能器结构充气阀外的保护盖（见图 11-3 中蓄能器上方标注框内的黑色元件）。

（3）连接测量压力仪表。

（4）读数并记录，恢复设备设施。

注意：如使用带有充氮功能的压力表，需将各个开关全部关闭，待安装完毕后单独打开连通压力表的气道。

2. 充氮气

当发现蓄能器氮气压力低时，需要采用氮气瓶和充氮工具对蓄能器进行充氮。充氮气前应确认蓄能器压力和氮气瓶压力，确保氮气瓶压力与氮气量足够充装。操作方法如下：

（1）准备操作。液压系统泄压。

（2）打开防护盖。打开蓄能器保护罩和保护盖。

（3）设备连接。将充氮工具各开关全部关闭后，将充氮工具连接至蓄能器。

（4）氮气瓶连接。将氮气瓶通过软管连接至充氮工具充氮口。

（5）查看压力。旋动打开氮气表开关，查看蓄能器压力。

（6）充氮操作。打开氮气瓶开关和充氮工具排气口排出管路内空气，关闭排气口进行充氮并观察压力表压力（对照"蓄能器压力与温度对照表"）。

（7）充氮结束。达到标准压力后关闭氮气瓶开关，关闭充氮工具侧开关。

（8）拆卸设备。调整充氮装置排掉多余氮气，取下充氮工具。

（9）恢复。恢复蓄能器保护罩和保护盖，充氮结束。

四、滤芯更换

液压系统的滤芯有空滤和油滤两种，如图 11-4 所示。滤芯有正常更换周期和异常更换标准，更换过程中应防止油污染，并做好个人防护。

(a)　　　　　　　　　　　　　　　(b)

图 11-4　液压系统滤芯

（a）液压系统空滤；（b）液压系统油滤

1. 液压系统滤芯更换周期

液压系统滤芯更换周期一般为一年，更换液压油时也需要更换滤芯。

2. 液压系统滤芯异常更换标准

油滤更换条件根据配置不同而不同，例如：设有外部指示器的滤芯，当指示器颜色由绿色变为红色时应立即更换；设有压差发讯器的滤芯，当压力报警后应及时更换。无异常更换标准的滤芯应定期更换、换油时更换或因堵塞发生压力或流量故障后更换。

3. 液压系统空滤更换

液压系统空滤更换操作方法如下：

（1）查看状态。查看液压系统液压油温度，温度较高时应进行静置降温。

（2）准备。穿戴好防护用品，打开空滤壳体，查看壳体状态（如有损坏需要更换）和内部是否有油污。

（3）拆卸。取出并妥善安置滤芯，清理壳体内部。

（4）更换。放置新的滤芯，并恢复壳体。

4. 液压系统油滤更换

液压系统油滤更换操作方法如下：

（1）风力发电机组停机。如需在传动链上或附近工作应锁定叶轮锁。

（2）准备操作。防止风力发电机组液压系统启动（必要时可以在安全情况下使用断电方式），使用泄压阀进行泄压（泄压阀泄压可能存在残压，推荐使用软管找到对应测压点释放残压）。部分风力发电机组液压系统滤芯的安装方法类似于齿轮箱滤芯，由单独滤筒承装，例如歌美飒机组还需要准备好油桶，以便对滤筒排油。

（3）拆卸。确认泄压完成后，将抹布放在滤芯下方防止液压油滴落，拆开滤芯罩壳或拆下滤筒。

（4）附件检查。取出滤芯妥善放置，清理滤筒或滤芯安放位置，检查滤筒、密封圈和螺纹等位置是否损坏。

（5）更换新滤芯。密封圈安装前应使用液压油进行润滑，恢复滤筒或罩壳。如有要求，还应对滤芯位置进行排气处理。

（6）恢复。恢复液压系统并进行滤芯渗漏试验。

五、偏航残压测量

偏航系统残压是保证偏航稳定的重要因素之一，偏航残压测量是液压系统检修维护的重要事项之一。

1. 测量状态

偏航系统存在静止、偏航和解缆三种状态。静止状态下偏航压力为偏航刹车压力；

正常偏航状态下偏航压力为偏航残压；解缆状态下偏航支路完全泄压基本可以默认为零压。而测量偏航残压就需要在偏航支路处于偏航状态下，为保证安全，可以通过操作电磁阀的方式使偏航支路处于偏航状态，将液压系统测压点（见图 11-5）中所有偏航支路电磁阀状态改变，然后恢复偏航支路进油电磁阀状态就可得到偏航状态。

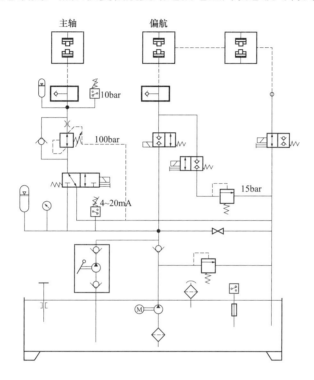

图 11-5　液压系统测压点

2．测量步骤

（1）风力发电机组停机，确认风速风向状态，并偏航脱离主风向。

（2）查看液压系统图，找出偏航残压测压点和偏航支路泄压方式。

（3）检查测压点和压力表，并连接测量，确认偏航系统处于刹车压力。

（4）手动操作液压阀或控制屏操作液压系统，使偏航支路由刹车状态转变为偏航状态。

（5）通过压力表查看此时压力（偏航残压），与要求压力值对比并记录。

（6）如果偏航残压错误，则调整溢流阀并重复（3）～（5）。

六、支路压力测量

液压系统的压力测量需要借助压力表和液压系统测压点进行测量，测量过程对压力开关、减压阀与溢流阀的设定值进行校验，对压力传感器反馈信号进行校验。

某风力发电机组液压系统测压点如图 11-5 所示，通过主轴刹车支路的测压点就可以校验 10MPa（100bar）减压阀的功能。测试方法如下：

（1）停止风力发电机组，切至维护模式，如果操作过程中接近传动链，则应锁定叶轮锁。

（2）查看液压系统图，找出主轴刹车支路测压点和泄压方式（此处一般可通过控制面板操作）。

（3）将主轴刹车卡钳泄压，检查测压点和压力表，并连接测量，确认处于泄压状态。

（4）对主轴刹车支路加压，通过压力表查看此时压力，与要求压力值对比并记录。

（5）如果此时压力值错误，则调整减压阀并重复（3）和（4）。

其他液压系统测压元件，如图 11-6 所示。其中，25、27、110 三个元件（由左及右分别对应标注框 4、2、6）分别需要测量主系统、偏航支路和主轴刹车支路压力，测量点分别为 21.2、21.3 和 106（由左及右分别对应标注框 3、1、5）。

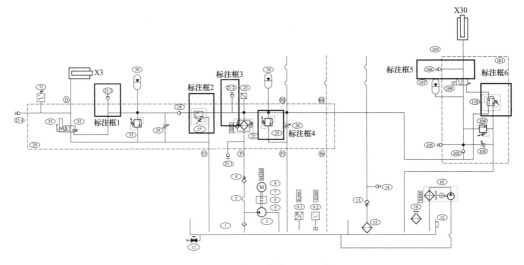

图 11-6　液压系统测压元件

七、反馈信号检查

液压系统中有反馈信号的元件包括压力开关、压力传感器、温度传感器和液位传感器等，检查方式如下所述。

1. 压力开关

压力开关检测与上一节支路压力测量相同，液压系统测压元件压力开关 31（见图 11-6）的检查方式如下：

（1）停止风力发电机组，切至维护模式，如果操作过程接近传动链应锁定叶轮锁。

（2）查看液压系统图，找出主轴刹车支路测压点（此处为测压点 21.4）和泄压方式（此处为控制面板操作）。

（3）逐步打开针阀 29，此时系统泄压，并通过手动杆操作电磁阀 35 处于左位。

（4）查看压力表显示为零，控制面板 31 无反馈信号。

（5）逐渐关闭 29，此时会看到压力表示数逐渐增大，至 1MPa（10bar 左右）时控制面板 31 有反馈信号，则正常，并恢复液压系统。

（6）如不正常进行调节，并重复以上步骤。

2. 压力传感器

压力传感器检测与压力开关测量类似，找到测压点，调整支路压力对比反馈压力与测量压力。

3. 温度传感器

使用红外测温枪测量测温点处的温度，并与反馈数据对比，必要时可以人工调整温度传感器位置或直接改变测量位置温度，查看反馈温度变化状态，确认温度传感器好坏。

4. 液位传感器

一般不采用调整液位方式测量，通过检测反馈回路，测量其是否存在短接和断路等情况。

八、辅助设备运行状态检查

其他辅助设备包括执行元件位置传感器、位移传感器、加热器和散热器等，检查方式如下所述。

1. 位置传感器

检查方式类似温度传感器，控制执行元件进行动作，检查位置传感器在指定位置的触发情况。通过操作执行元件至工作位置或极限位置，查看控制屏反馈信号。

2. 位移传感器

操作同位置传感器，控制执行元件进行动作，检查传感器在指定位置的触发情况或测量其电压值，与要求值对比。

3. 加热器、散热器

通过更改测温点温度或手动启动方式启动加热器/散热器，查看启动情况和加热/散热效果。

（1）加热器：查看加热效果，可在启动加热器后，查看液压油的温度变化与时间关系确认。

（2）散热器：查看散热效果，可在启动散热器后，查看液压油的温度变化与时间关系和测试散热片通风量。

九、液压系统测试

液压系统测试是指在液压系统检查无异常后，进行运行测试，查看各功能项执行情况和运行状态，具体内容如下所述。

（一）运行测试

通过手动刹车测试、主控制器运行（控制面板或控制按钮）和紧急模式三种方式测试液压系统响应是否正常。

1. 手动刹车测试

手动刹车测试是通过手动泵和泄压阀操作高/低速刹车的测试。操作步骤如下：

（1）设备确认。首先确认本台机组选用的是主动式液压卡钳［见图 11-7（a）］还是被动式液压卡钳［见图 11-7（b）］。主动式液压卡钳是在液压油进入液压卡钳内部后，由液压油将活塞推出带动刹车片实现刹车效果；被动式液压卡钳则是在无压力情况下由弹簧推动刹车片进行刹车，在液压油进入卡钳后推动弹簧压缩收回刹车片进行高速刹车释放。

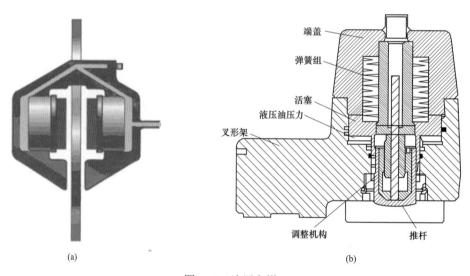

图 11-7　液压卡钳

（a）主动式液压卡钳；（b）被动式液压卡钳

（2）操作位置确认。找到手动泵建压位置（见图11-8）和手动泵建压杆（见图11-9）。如机组不设有手动泵，则不需要此步骤。

（3）操作方式确认。找到泄压阀位置，准备好操作工具。风力发电机组液压系统泄压阀有多种形式，包括带手动操作模式的电磁换向阀、带操作杆的泄压阀和按压式泄压阀等，操作前应准备好对应工具。华锐 1.5MW 机组选用的一款液压系统的泄压阀见图 11-10（a），远景 1.5MW 机组选用的一款液压系统的泄压阀见图 11-10（b）。若正常为泄压状态，使用工具按下（华锐 1.5MW 机组）或旋拧（远景 1.5MW 机组）后为关闭状态。

图 11-8　手动泵建压位置

图 11-9　手动泵建压杆

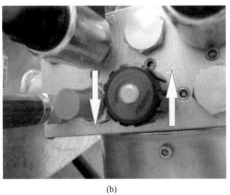

（a）　　　　　　　　　　　　（b）

图 11-10　液压系统泄压阀

（a）泄压阀（华锐 1.5MW 机组）；（b）泄压阀（远景 1.5MW 机组）

（4）手动刹车测试（假设此时刹车卡钳处于释放状态）。

1）主动式刹车卡钳：手动触发泄压阀（按下按钮或旋转旋钮），此时泄压油路关闭，可使用手动泵对液压系统进行建压，查看刹车卡钳是否能够由释放状态转为刹车状态；随后停止建压，恢复泄压阀，查看刹车卡钳是否能够由刹车状态转为释放状态。

2）被动式刹车卡钳：手动触发泄压阀（按下按钮或旋转旋钮），此时泄压油路打开，查看刹车卡钳是否能够由释放状态转为刹车状态；随后恢复泄压阀，使用手动泵对液压系统进行建压，查看刹车卡钳是否能够由刹车状态转为释放状态。

（5）状态检测。如以上测试结果正确则测试结束，如刹车与释放状态转换错误、刹车与释放速度缓慢、刹车与释放不彻底等情况，则应在排除故障后重新进行手动刹车测试。

2. 主控制器运行测试

主控制器运行是指通过操作控制面板或旋钮/按钮（见图 11-11）给主控制器信号，进行液压系统的执行元件运行控制。操作前先将风力发电机组设置为维护模式，保证人员能够操作，然后查找控制旋钮和控制屏操作页面，旋钮可以在控制柜、齿轮箱和主轴处查找（见图 11-11）。控制面板上的液压系统控制选项可以在主页、运行页面、液压系统、刹车、偏航和变桨等页面进行查找。

图 11-11　液压刹车控制旋钮

当液压系统存在其他辅助系统时，还需要运行辅助系统，例如加热与散热系统，可以通过临时调节参数或更改测量位置的真实温度值的方式启动辅助系统，加热、散热系统能够正常运行即可。

3. 紧急模式测试

液压系统在风力发电机组处于部分紧急状态时会动作，例如带有液压变桨功能的机组在急停模式下会紧急顺桨，带有液压高、低速刹车的机组在急停模式下会在转速下降至一定程度时进行高低速刹车。

（二）运行状态确认

除以上三种测试情况外，正常运行过程中还需要对液压系统的运行状态进行确认，包括压力状态、噪声振动和运行频率等。具体内容如下：

（1）压力状态：在主控制器运行和正常运行情况下，通过液压系统上自带的压力表和反馈到控制面板的压力信号确认各个位置压力是否正常。

（2）噪声振动：正常情况下，液压系统启停运行不会产生噪声和振动，液压系统运行过程中听到的声音为电动机运行声音和规则的液压泵运行声音，介于 50～80dB 之间；而振动则是微微脉动和波颤振动。如听到非规则声音、其他元件发出声音，或者发现液压系统发生抖动，可以初步判定可能发生了异常噪声与振动。

液压系统噪声与振动可能出现在液压泵、联轴器、液压缸、液压阀等几乎所有位置。噪声振动原因包括空气进入液压系统、液压系统内外泄，设备或元件磨损严重，液压元件失效（溢流阀、蓄能器、滤芯等），液压元件与工作条件不匹配（溢流阀）等。

（3）运行频率：通过分析液压系统的液压泵启停时间和频率辅助确认液压系统的蓄能器、内外泄和运行压力范围设定是否正常。

第三节　液压系统典型故障处理

液压系统故障分析，如图 11-12 所示。按照故障引发的核心原因可分为液压油压力、液压油流量、液压油方向、线缆引发的虚假故障和其他故障（如温度、刹车磨损等）；按照产生故障后液压系统的外界表现可分为噪声振动、温度变化、漏油和执行元件运行速度变化。通过学习液压系统图和风力发电机组故障清单，可知液压系统的反馈信号与报出的故障有液压油压力、液压油温度与油位、执行元件位置与位移、液压系统运行时间和执行元件运行速度等。

一、温度故障

液压系统温度类故障有温度高和温度低故障两种。具体分析如下：

（一）温度高故障

液压系统温度高包括两种情况：一种是当温度高于温度开关设定值时，温度开关断开，如某风力发电机组选用的液压系统设定最高生存温度为 70℃，当到达此温度时开关断开；另一种是由温度传感器进行温度检测，由模块判断温度是否超限，如某风力发电机组油温高于 60℃持续 20s 以上就会报出"液压系统警报温度"警报，直至温度低于 55℃后警报消失。

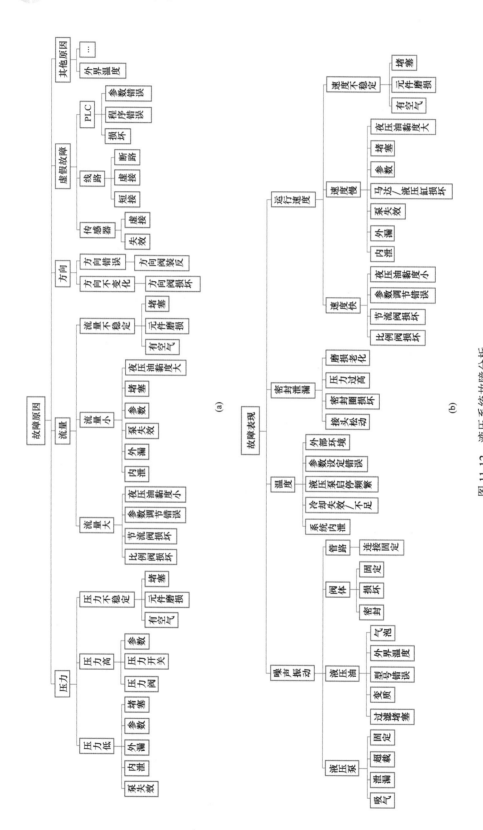

图 11-12 液压系统故障分析

(a) 故障原因；(b) 故障表现

1. 故障原因

（1）虚假类故障。温度类虚假故障是指液压系本身未发生高/低温故障，但风力发电机组报出温度异常类故障。故障原因存在两种：参数错误和线缆问题。

1）参数问题：当软件设定的故障温度或温度开关设定的温度值与实际要求不符时，可能会误报故障。

2）线缆问题：线缆问题常见有短路、断路、虚接和信号干扰等情况。

（2）测温元件损坏。当测温元件损坏时也会报出温度故障，如温度传感器损坏导致电阻值异常（增大或减小），反馈信号就会显示温度异常（高温或低温），部分风力发电机组会设定在温度传感器断开时，面板显示–260℃或 400℃，并报出温度超限而不是温度高或低。

（3）冷却系统故障。部分液压系统存在冷却系统，当冷却系统故障无法工作或在外界环境温度过高且冷却系统功率不足时，可能会导致散热不良，报出温度高故障。

（4）液压系统产热增加。当液压系统存在内泄（如液压泵内泄）、外泄、油位低或频繁启停等情况时，会导致液压系统温度升高。

2. 故障查找步骤

（1）温度测试。温度测试一般通过测温枪进行，使用红外测温枪对温度测量点进行温度测试，与面板内的反馈温度或温度参数值对比，如果温度反馈信号错误（控制面板显示的反馈温度与测温枪测量温度不符），则可能是虚假故障，进行线缆校对；如果温度反馈信号正确（控制面板显示的反馈温度与测温枪测量温度一致），则进行运行测试，查看是系统工作异常产生高温还是正常现象。

（2）线缆校对：当发现可能是虚假故障时，可以使用万用表类工具进行验证。

1）温度传感器：在温度传感器回路的模块接入点处拆下进、出线，使用万用表测量电阻，通过公式"$R=100+0.385T$"计算出温度与反馈温度进行对比，当发现阻值非常大或非常小时（正常工作温度为–20～0℃，电阻为 92.3～127Ω），则可能是温度传感器损坏，如电阻值 200Ω 或无穷大。

2）温度开关：如有拨码，可采用更改温度值方式测试温度开关工作状态，如能够根据温度正确反馈状态，则温度开关和线缆均正常；如温度开关无法调整（无拨码或调整装置）或调整存在精度问题（如拨码无刻度，调整误差较大），则可以使用调整温度方式（通过运行液压系统，或其他方式对温度开关测温点进行加热，通过传感器或测温枪进行实时温度监测）进行测试。

如果发现或怀疑线路存在问题，则需要逐个节点进行测量，一步步查找和排除问题。部分线路可能存在虚接情况，除测量过程可能出现阻值变化外，推荐在各个端子连接处手动拨、按检查。液压系统油温传感器原理如图 11-13 所示，端子排 X5 的端子连接处可能端子压接不实或端子与端子排压舌连接松动，X1.2 接头未插接到位或螺纹等固定松动。

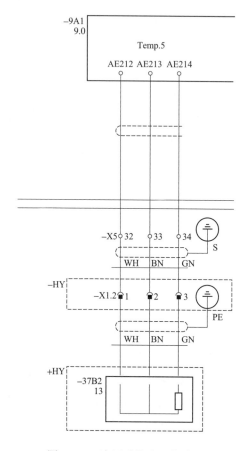

图 11-13　液压系统油温传感器

（3）运行测试。运行测试主要包括冷却系统测试和液压系统运行测试两种。

1）冷却系统测试：在液压系统反馈高温时观察冷却系统工作状态，并手动改变反馈温度查看启停状态。

2）液压系统运行测试：通过操作液压系统执行元件等方式，使液压系统正常运行，查看液压系统的启停频率、建压时间和倾听液压系统运行声音，确认液压系统是否运行正常。如果存在启停频率高或建压时间长，并通过声音排除内泄因素后，还可能是蓄能器压力低和液压系统外泄，可以逐一检查。

（二）温度低故障

温度低故障与温度高故障的故障原因和故障检查方式基本相同，区别在于加热系统故障可能是加热器失效且环境温度低时会报出温度低故障，如冬天长时间停机或大幅度降温时，并且部分风力发电机组液压系统没有加热器。

二、流量故障

因为液压系统一般不安装流量监控元件，所以流量故障都是以执行元件运行状态形式展现，如执行元件速度慢、速度快，还可能报出在规定时间内未达到指定位置故障，如歌美飒 2MW 风力发电机组报出"2 个叶片之间的差别很大"。

（一）故障原因

（1）虚假类故障。位置传感器反馈错误，导致监测数据为执行元件未动作。

（2）渗漏类故障。内泄：液压缸等执行元件有杆腔与无杆腔连通，高压液压油流失；液压泵或液压阀内泄，导致进入液压缸的工作液压油减少。外泄：油管、连接处、液压缸等漏油，泄压阀（溢流阀、电磁阀等）错误导致液压油回油箱，导致进入液压缸的工作液压油减少。

（3）液压阀类故障。比例阀控制错误（电气部分放大电路调整错误，阀芯卡涩，弹簧弹性损失等）或液压阀（节流阀、电磁换向阀等）因为液压油污染半堵塞。

（4）执行元件故障。液压缸等执行元件安装有问题或损坏，导致腔体与活塞卡涩。

（二）故障查找

1. 渗漏查找

外泄会导致油位低，内泄可能产生高温，可参考上文进行检查。

内泄：可以先查看单独一条支路故障信号，如报出"液压泵反馈时间超限"（在发电模式下，液压泵马达使能后，偏航制动阀在偏航制动阀初始设定最大打开时间内未打开）；或多条支路故障信号，如同时报出"变桨制动故障"（变桨制动动作后，变桨制动自检 No3 进行测试，15s 后变桨位置<43°），由此可以判断出是单独支路出现渗漏，还是主回路出现渗漏。初步判定完成后，选择手动或使用控制屏进行系统建压，后锁定所测支路防止泄压，观察保压状况。

2. 运行测试

流量类故障的运行测试可以通过运行中查看执行元件运行速度判断是否为故障误报，如"变桨制动故障"可以通过观察是否能在 15s 后完成顺桨判断。

当确认故障原因为流量不足时，可以通过拆卸液压阀，通过目测或送电改变液压阀状态后，采用目测等方式检查液压阀是否运行正常。电磁阀在改变状态时会有较明显的振动，拆出阀芯测试时还可以听到阀芯较清脆的撞击声，从底侧可以看到阀芯运动时导致的油液挤出现象。如果无法判定，可以同时启动、停止两个阀芯，通过振动、声音和时间进行综合判断。

3. 替换法测试

针对比例阀等运行测试难度较大的元件，可通过替换法排查液压阀是否良好。

注意：当怀疑是可调式节流阀类的液压元件调节问题时，可采用替换法测试，不建议非专业人士进行调节检查；如发现液压油脏污，因为液压油可能造成新换备件堵塞影响测试效果，所以建议进行清洗换油后再测试。

三、压力故障

压力故障与温度故障类似，大都以压力低和压力高形式展现（也有反馈执行元件状态的故障，例如高速卡钳处的压力继电器/压力开关就可能因为无反馈报出刹车超时或刹车未动作等故障），也都是由测压元件进行测量反馈，所以故障原因和查找方式在一定范围内可以套用。

（一）压力低故障

1. 故障原因

（1）虚假类故障。基本同"温度高故障"，不同点在于压力故障反馈元件为压力传感器和压力开关。

（2）渗漏类故障。当液压系统存在渗漏时，也可能会产生压力低故障（仅存在于液压支路，主油路则是建压时间长和频繁建压），如某机组会报出"液压转子刹车系统压力低故障"。

（3）液压系统运行异常。当液压阀或液压泵运行异常时，可能导致液压系统压力不能及时补充，而报出压力低故障，如液压泵在得到运行信号后不能及时或正常启动、泄压阀处于泄压状态或进油口电磁阀不能正常打开。

液压泵异常：油位低、液压泵吸气或液压泵内泄；液压泵在得到运行信号后不能及时或正常启动无法正常建压，如某机组会报出"液压油泵电机响应时间故障"就是因为"液压油泵电机动作超过设定的故障时间值（50s）"。

液压阀异常：泄压阀处于泄压状态，进油口电磁阀不能正常打开，液压阀存在内泄，减压阀和溢流阀参数设置错误或损坏。

2. 故障查找

（1）运行测试：包括电磁阀、液压泵、减压阀和溢流阀等多相测试内容。

（2）电磁阀：运行后查看测量位置压力是否变化，如不变化可能液压阀未动作；通过电磁阀测试和替换法进一步确认。

（3）液压泵：运行后查看测量位置压力是否变化，如没有变化可能液压泵未动作；液压泵声音异常可判定液压泵状态，包括液压泵和电动机两部分。

（4）减压阀与溢流阀：配合压力表进行调节确认。

例：某风电场东汽 FD77 风力发电机组报出"455 刹车反馈 2"故障。

1）根据图 11-5 所示及上文分析，刹车是否触发由高速刹车卡钳处 10bar 液压传感器进行反馈数字量信号，故可能存在故障原因如下：①虚假类故障。10bar 液压传感器供电于反馈线路断路。②渗漏类故障。液压系统存在泄漏，尤其是卡钳及其支路单向阀和减压阀。③液压系统运行异常。液压系统无法正常建压，系统压力低。

2）检查步骤：查看外观是否存在漏油现象用于排除泄漏类故障；查看控制面板是否存在压力低和实际反馈压力，用于排除液压系统运行异常；查校线缆排除虚假故障，通过手动和面板建压确认 10bar 液压传感器状态与程序状态。

3）结果与处理：在进行检查过程中发现，10bar 液压传感器反馈信号突然断开，经检查为 X1 端子排处 106 口线缆虚接，在风速与风力发电机组运行振动情况下会出现信号断开情况。重新制作端子并安装后故障处理完成。

（二）压力高故障

1. 故障原因

（1）参数类故障。参数种类参见第一节内容。

1）压力开关：控制主油路压力的压力开关参数错误，可能导致到达系统要求压力时，液压泵依然在建压，导致压力高。

2）减压阀：液压系统中部分液压支路压力由减压阀控制，参数调节错误可能导致部分液压支路压力高。

3）溢流阀：偏航残压控制是由溢流阀完成的，溢流阀参数设置错误可能导致偏航振动与噪声异常增大。

4）蓄能器：调压能力失效，导致压力波动大。

（2）液压系统运行异常。如程序错误导致液压系统达到规定压力值后，液压泵建压未停止。

2. 故障查找

检查方式基本同"压力低故障"，区别在于需要自动运行液压系统查看运行时间和液压系统压力变化。

例：某风电场东汽 FD82B 风力发电机组普遍报出"1223 液压系统油压高"故障。

（1）根据图 11-5 所示及上文分析，故障触发直接原因为 4～20mA 压力传感器反馈压力高于 17MPa（170bar），而正常压力范围为 11～16MPa，分析存在故障原因如下：①虚假类故障。4～20mA 压力传感器反馈错误或压力波动大。②参数类故障。程序设定值错误。③液压系统运行异常。建压时间设置过长。

（2）检查步骤：手动测量系统压力与反馈压力对比，排除压力传感器及线缆问题，运行测试检查建压时间与压力变化确认参数与建压时间问题。

（3）结果与处理：在进行第二步检查过程中发现，建压后压力波动大，很快报出故障。使用压力表测量蓄能器压力后发现压力普遍为 5～6MPa，远低于正常的 11MPa，进行补压后故障消除。

四、其他故障

其他故障包括液压油加热器保护故障，刹车泵断路器、刹车片磨损，自动刹车调节、安全链没有检测到制动器关闭等，涉及电动机和执行元件两部分。

（一）供电监测故障

1. 故障原因

（1）虚假类故障。供电监测的虚假类故障包括两类：一是供电空开未跳开，反馈线路接地、断开；二是空开跳开，但是电动机本身并未出现过流、过热等情况，如保护开关由于更换等导致新的保护开关参数调整错误或电网电压波动等。

（2）真实故障。电动机、空开等真实发生接地、短路等问题。

2. 故障查找

（1）供电空开未跳开。检查反馈线路，并测试电动机运行状态。

（2）供电空开跳开。检查空开参数设置（查看近期是否更换过电动机或空开），测量相间与对地绝缘电阻；若测试结果正常则进行运行测试，查看故障是否触发。

（二）执行元件监测故障

1. 故障原因

（1）虚假类故障。执行元件和监测元件同样存在线路和元件问题，如新更换的传感器长度与制动器不匹配就会报出故障。

（2）真实故障。执行元件的真实故障多为机械故障，一般涉及维修与更换，如制动器的刹车片达到磨损量和刹车间隙错误。

2. 故障查找

（1）查看。查看监测的物理量状态，如刹车片磨损和刹车间隙测量。

（2）操作。拆卸重新安装传感器运行测试。

第四节　液压系统典型作业案例

一、案例1：取油样

一般每年应对液压系统的液压油进行取样化验。取油样过程中存在取油点选择、取油容器、送检时间和取油操作等重要知识点。

1. 取油点选择

取油点位置的选择将直接影响油样的代表性，要求对正常参与运行的原始液压油进行化验，而非沉淀油（油箱底部的液压油有铁屑、杂质、水分等沉积）和非过滤油（通过滤芯过滤的液压油）。一般从未通过滤芯的油管、测压点或专用取油点取油样，如图 11-14 所示。图 11-14 中标注框 1（左侧标注框）位置测压点。采用此方式取得油样属于正常参与液压系统循环的油液，而且液压油管内的油液通过液压泵和油管的混合作用，液压油内颗粒等污染物混合均匀。

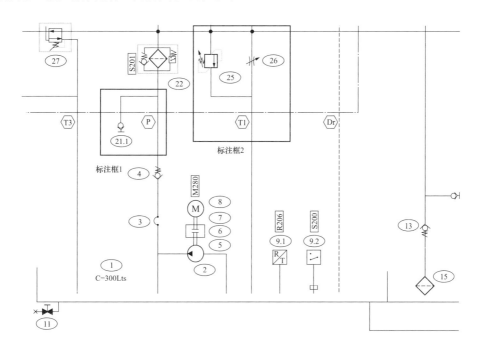

图 11-14　液压系统取油样测压点

2. 取油容器

取油容器应不污染油样，且不与油样发生反应；一般采用 100mL 的标准油样瓶，以保证在取油前、后瓶内无污染（水分、杂质等）。取油量一般为 80mL，即油样瓶容量的 80%。油样瓶表面提前粘贴好标签，记录机组编号、日期、油样信息等。

3. 送检时间

由于液压油的检查涉及光谱分析、铁谱分析等，需要送到实验室进行化验。液压油的长时间存放可能会产生沉淀等情况影响检测结果，现在一般要求 15～30d 内送到实验室。

4. 取油操作流程

（1）取样点查找。通过液压原理图，找到取样点；

（2）打开液压系统的截止阀（见图 11-14，标注框 2 内的可调式节流阀 26），泄压后连接取样软管（未经过滤芯的液压油）。

（3）工作准备。复位风力发电机组，让液压系统以自动模式运行（液压系统由于压力低于正常工作压力值，此时液压泵启动进行液压系统补压）。

（4）取油样。缓慢关闭可调式节流阀 26，直到有液压油从取样软管缓慢流出（缓慢关闭可调式节流阀 26 时，液压系统补压速度逐渐大于泄压速度，液压系统压力逐步上升，开始有液压油从测压点通过软管流出）。

（5）清洁。先流出 100mL 液压油用以清洁取样软管。

（6）取油量。取出的油样需充满 80%油样瓶容积。

（7）送检。按照规定填写油样标签，并在指定时间内邮寄到检测中心。

（8）恢复。恢复风力发电机组并复位，清洁液压站区域。

注意：①为了保证油样的真实度和人员的安全，长期未运行的液压系统推荐运行 20min；长时间运行导致液压油温度高的液压系统，推荐停止运行一段时间进行液压油降温，然后开始液压油的全部取油样流程。②如果没有符合上述要求的取样点，必须在油箱内取油时也可在液压油箱取油样（见图 11-15）。

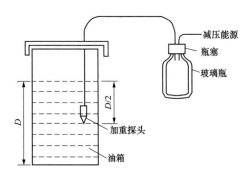

图 11-15　液压油箱取油样

二、案例 2：液压元件更换

当发现液压系统产生渗漏或液压元件异常时，需要进行液压元件的更换，包括但不限于液压油管、液压阀、测压点、液压泵、油箱等。具体操作如下：

1. 变桨液压缸更换操作

（1）停机与运输。风力发电机组停机，使用吊车将工具与液压缸提升至机舱。

（2）锁定叶轮锁。锁定叶轮锁使三叶片位置呈 Y 字形，锁定叶轮锁。

（3）断电泄压。液压系统断电，泄压至零。

（4）拆除附件。拆除液压缸上的附件（位置传感器、位移传感器等），如果其他设备或元件对液压缸的搬运也存在安全隐患，可以一起拆卸，如轮毂内的阀岛等。

（5）卫生处理。做好废油收集工作，拆卸液压缸管路和固定装置。

（6）旧件运输。将旧液压缸移出轮毂，新液压缸移入轮毂（推荐使用牵引工具，并做好防护与固定工作，防止液压缸活塞伸出威胁作业人员安全）。

1）牵引：由于液压缸本身重量较大，再加上轮毂内与轮毂罩内空间受限，搬运难度较高，推荐使用牵引设备，包括吊点、液压缸固定卡夹工装（见图 11-16）和专用吊车等（如无专业牵引设备，推荐使用手拉葫芦配合定位绳与吊带操作）。牵引时推荐双点固定（对液压缸缸体前后或左右两点进行固定，不建议以活塞杆作为吊点，防止造成防尘封、密封圈和缸体内壁损伤或活塞杆与缸体卡涩），两点分别安装一台牵引设备可以配合进行水平位移（例如一台固定在轮毂锥形环，另一台固定在机舱内，可以通过缓慢释放锥形环设备和收紧机舱内设备使液压缸进入轮毂），液压缸运输流程，如图 11-17 所示。

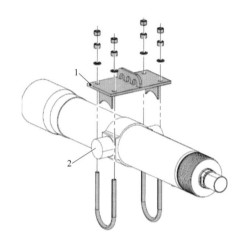

图 11-16　液压缸运输工装

1—液压缸固定卡夹工装；2—吊点

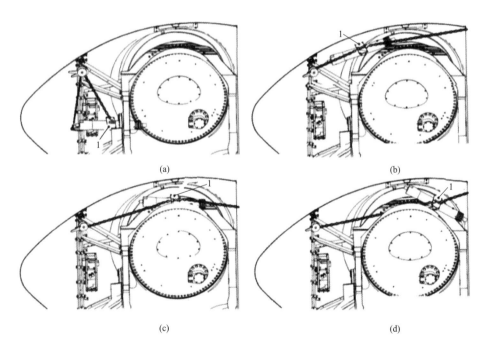

(a)　　　　　　　　　　　　　　　(b)

(c)　　　　　　　　　　　　　　　(d)

图 11-17　液压缸运输流程

（a）手拉葫芦配合定位绳与吊带操作；（b）双点固定；（c）两点分别安装一台牵引设备

可以配合进行水平位移；（d）水平位移

2）防护与固定：在搬运液压缸时通常保持活塞杆处于收回状态（液压缸非工作状态），为防止搬运过程中活塞杆伸出，可使用螺栓、堵头等安装在液压缸有杆腔和无杆腔进油口；液压缸进油口、放气阀易受损，可采取包裹防护措施。工作人员可能面临挤压、撞击、液压油腐蚀、高温和油蒸汽等伤害，需要配备对应手套、护目镜等。

（7）检查。检查螺纹、密封圈等情况，恢复液压缸安装（先恢复机械连接结构）。

（8）安装。连接液压缸上的附件，清洁轮毂。

（9）测试。移除叶轮锁，进行运行测试。

（10）恢复。恢复其他防护，工作结束。

2. 液压滑环更换

（1）停机与运输。风力发电机组停机，使用吊车将工具与液压滑环提升至机舱。

（2）锁定叶轮锁。

（3）断电泄压。将液压系统与轮毂断电，泄压至零（如果该液压系统在液压滑环油路进、出口有截止阀），建议关闭截止阀（效果等同于液压系统断电，防止液压油流入轮毂）。

（4）拆除附件。拆除保护附件（液压滑环外安装有保护罩和保护罩支架）。

（5）电气拆卸。拆除位于液压滑环外的电气滑环部分（见图11-18），拆除前确认已经完全断电，并做好位置记录与线缆的固定工作。

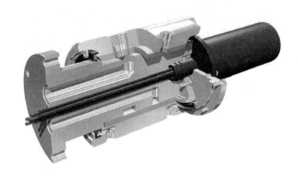

图 11-18　液压滑环结构

（6）线缆拆除。做好防污染措施后，拆除液压滑环上的液压油管和取下机舱侧连接线缆。

（7）检查。检查新液压滑环等元件的螺纹、密封等状态。

（8）更换。按照上述步骤反向安装恢复。

（9）测试。连通液压油路和电气回路，进行测试。

（10）恢复。卫生清理，工作结束。

3. 液压泵/电机更换操作

当液压系统报出无压力或建压超时故障时，可通过启动液压泵建压，判定是否为液压驱动单元（液压泵、电机、联轴器组成液压系统驱动单元）故障：通过观察电机风扇确认电机是否工作，通过液压泵运行声音和液压系统压力反馈数值是否变化，判定液压泵是否工作（压力传感器反馈压力数值无上升、无波动则液压泵未工作）和是否存在内泄（压力传感器反馈压力数值有变化，但无法达到预定压力则液压泵存在内泄现象）。确定液压泵故障后，应及时更换液压泵，更换操作方法如下：

（1）风力发电机组停机。如果在高速刹车附近作业，应锁定叶轮锁。

（2）准备操作。断开液压系统电源，验明电机无电压，调节溢流阀泄压至0bar，拆卸电机接线与油箱盖螺栓（见图11-19，标注位置），以便打开油箱盖。

（3）液压泵拆卸。工作人员佩戴橡胶手套后打开端盖即可看到液压泵，如图11-20所示。拆除连接油管和泵体固定螺栓，因为液压泵和电机常采用联轴器连接，并且液压泵、电动机、联轴器、阀岛

图 11-19　油箱固定螺栓

和端盖的连接形式存在多种形式，所以液压泵固定螺栓存在多种形式，需根据实际情况配备螺丝刀和扳手。

图 11-20　液压泵固定

（4）液压泵安装。查看新液压泵液压油进、出口标志，拆除液压泵进、出口堵头，依次安装固定螺栓和进、出油管。

（5）测试与恢复。恢复油箱端盖和电机接线，启动液压系统，查看液压系统建压状态，若液压系统能够正常工作则测试完成。检查完毕后清点工具耗品，恢复风力发电机组状态。

注意：部分风力发电机组油箱使用支架固定，距离地面较高，泄压后建议对油箱放油，防止意外翻洒。

4. 其他液压元件更换操作

除以上液压元件外，阀岛与油箱、卡钳更换较少，蓄能器、液压阀、油管、油压传感器等液压元件的更换操作与前文液压系统油滤芯更换流程相似，下面以蓄能器更换为例进行讲解。某风电场 1.5MW 风力发电机组报出"液压系统频繁打压"故障，经排查发现蓄能器 29（见图 11-21）氮气泄漏，经充氮操作后判定充气口密封圈损坏，需更换蓄能器，具体操作如下：

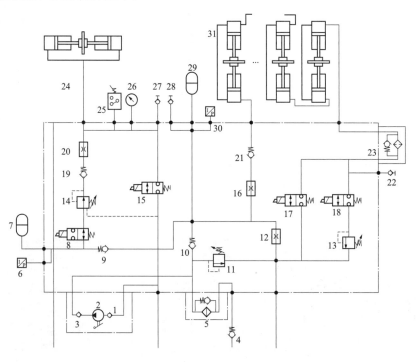

图 11-21　液压图

（1）风力发电机组停机。如果在高速刹车附近作业，应锁定叶轮锁。

（2）准备操作。断开液压系统电源，防止启动建压，操作可调式节流阀 12（见图 11-22，正常工作时处于关闭状态，作为截止阀使用）泄压至 0bar，使用软管连接测压点 28，排出残留的液压油。使用干净的抹布清洁并缠绕蓄能器连接位置，防止液压油流出和液压油被灰尘污染。

（3）蓄能器拆卸。佩戴橡胶手套、护目镜等防护用品，使用相应型号的扳手拆下蓄能器，清理流出的液压油。

（4）蓄能器安装。查看阀岛与新蓄能器连接螺纹状态，检查密封圈状态并涂抹液压油润滑。将新蓄能器安装于连接处，先逆时针旋转2圈校准螺纹，然后顺时针旋转安装至蓄能器固定，使用扳手进行紧固。

（5）蓄能器测试与恢复。使用扳手松动排气螺栓，并通过手动泵进行建压直至无气体排出后，锁紧排气螺栓，清洁连接位置。恢复并启动液压系统观察液压泵建压频率是否恢复正常（如有详细建压频率和系统压力下降数据，也可以通过压力表监测测压点28处压力变化进行判断）和蓄能器连接处是否渗漏。检查完毕则清点工具耗品，恢复风力发电机组状态。

注意：①如拆卸的是轮毂、偏航等支路蓄能器，在拆除后可能由于工作位置较低等原因导致液压油流出，需要提前放油。如拆卸后不能及时安装新蓄能器，应使用油堵进行防护。②当蓄能器较重时，可采用三脚架、手拉葫芦等吊具进行辅助操作。③更换蓄能器后需对蓄能器充氮气，需要确认工作地点气温，并对照氮气温度-压力图/表确认压力数据。

三、案例3：刹车间隙调整

当刹车片与刹车盘间隙不均匀时，在刹车时可能只有单侧刹车片起作用，或刹车释放时仍有一侧刹车片未脱离，进而增加刹车片磨损和影响风力发电机组安全。此时需要进行刹车间隙调整，即在主轴刹车释放状态下，调整主轴刹车的两个刹车片与刹车盘的间隙。以华锐1.5MW风力发电机组为例，刹车间隙调整操作如下：

（1）在主轴刹车片定位系统图（见图11-22）中可看到制动器的主定位系统和辅助定位系统，其中带弹簧和螺母的长螺杆是辅助定位系统。为保证两侧间隙相等，可用主定位系统进行调节，在主定位系统失效的情况下，辅助定位系统起作用保证定位精度，确保两侧间隙相等。

图11-22 主轴刹车片定位系统

（2）关闭制动器，调节主定位系统的过程中，应保证辅助定位系统处于非作用状态。因此，要松开辅助定位系统的锁紧螺母（见图11-23）。

（3）松开主定位系统的胀紧螺栓及锁紧螺母，保证滑动部分能自由活动，拧紧主定位系统滑动部分顶端调节螺栓，保证主定位系统组成中箭头所示位置（见图11-24）的距离为零。

（4）使制动器制动5～10次，制动间隙保持在要求范围内，制动器间隙集中在被动钳一侧（制动器的齿轮箱侧）。

（5）再次使制动器处于制动状态，用17N·m的力矩拧紧主定位系统的胀紧螺栓。旋开主定位系统滑动部分顶端调节螺栓，调整至总间隙的一半（如总间隙是2.5mm，则向外旋出1.25mm）。

（6）拧紧主定位系统滑动部分顶端调节螺栓，再次测试，直到刹车间隙符合要求为止。

图11-23　主定位系统组成

四、案例4：刹车片更换

刹车片分为主轴刹车片与偏航刹车片，更换方式基本相同。以主轴刹车片更换为例，具体操作如下所述。

当发现刹车片摩擦材料厚度小于规定要求时，应及时更换刹车片，具体操作如下：

（1）停止风力发电机组，锁定叶轮锁。

（2）操作液压系统使刹车卡钳打开，并保持打开状态（可采用拆卸刹车片磨损传感器的方式）。

（3）拆除与刹车片连接的制动器随位螺栓（也称复位螺栓）和刹车片挡块螺栓（可只拆除一侧，拆卸过程中用手扶好刹车片，防止刹车片掉落）。如图11-24所示，主轴刹车卡钳组成中的13和16。

（4）从单侧抽出刹车片，并装入新刹车片。

（5）恢复挡块等附件，检查刹车片固定牢固可靠，并测量调整刹车间隙。

（6）进行主轴刹车测试，动作 2 次确定刹车是否顺畅。

（7）工作结束。

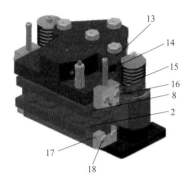

图 11-24　主轴刹车卡钳组成

2、8—刹车片；13—主动钳随位螺钉；14—随位弹簧；15—主动钳摩擦衬垫挡块；16—主动钳摩擦衬垫挡块螺栓；

17—从动钳摩擦衬垫挡块；18—从动钳摩擦衬垫挡块螺栓

注意：不同位置螺栓力矩要求不同，需要按照要求进行紧固。制动器外通常有罩壳保护，应在锁定叶轮锁之后拆除罩壳。

第十二章

其他设备设施维护与检修

本章节主要介绍风力发电机组开关器件（断路器、接触器、继电器）、传感器、滤波器和电缆、电动机的维护与检修内容，列举风力发电机组 SCADA 系统、视频监控系统、提升装置和振动在线监测系统、消防系统的维护与检修。通过本章内容的学习，帮助检修人员了解风力发电机组其他设备设施的维护与检修，进而掌握维护与检修的方法。

第一节　开关器件维护与检修

一、断路器

（一）断路器的定义

能接通、承载以及分断正常电路条件下的电流，也能在所规定的非正常电路（例如短路）下接通、承载一定时间和分断电流的一种机械开关电器。

（二）断路器的分类

根据使用电压等级不同，断路器分为高压断路器和低压断路器，断路器主触头接入额定电压不超过 1000V AC 或 1500V DC 电路中的断路器称之为低压断路器。本章节所提到断路器除特殊说明外，均指低压断路器。常用低压断路器主要有带熔断器的断路器、限流断路器、插入式断路器、塑料外壳式断路器、空气断路器、真空断路器、气体断路器。

（三）断路器结构与工作原理

低压断路器旧称低压自动开关。它既能带负荷通断电路，又能在短路、过负荷或低电压（或失压）时自动跳闸，其功能与高压断路器类似。其原理结构和接线如图 12-1 所示。

如图 12-1 所示，当线路上出现短路故障时，其过流脱扣器动作，使开关跳闸；如出现过负荷，其串联在一次线路的加热电阻丝加热，双金属片弯曲导致开关跳闸；当线路电压严重下降或电压消失时，其失压脱扣器动作，同样使开关跳闸；如果按下按钮 6 或 7，使分励脱扣器通电或使失压脱扣器失压，则可使开关远距离跳闸。

（四）断路器的检查与维护

1. 通电使用前的检查

（1）断路器安装前检查运输断路器的包装箱，不应有碎纸屑或灰尘。

（2）检查导线的连接状态，检查接线端子与连接导线应紧固。

（3）目测检查是否有引起断路器绝缘距离减少的导电物，如多余线头、小螺丝钉。

（4）用 500V 兆欧表测量电源侧和负载侧的绝缘电阻应不小于10MΩ。

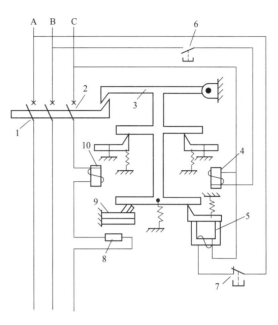

图 12-1　断路器原理结构图

1—主触点；2—锁扣；3—搭钩；4—分励脱扣器；
5—失压脱扣器；6、7—按钮；8—热脱扣器；
9—受热双金属片；10—过电流脱扣器

（5）检查耐压性能，施加电压最小为 1500V，施加时间为 1s，应无闪络或击穿。

2. 正常条件使用的断路器，每年应进行检查的项目

（1）检查接线端子的紧固情况，观察是否松弛。

（2）检查断路器表面，特别上部电源侧的表面，有无积存的尘埃和黏着的油污。为保证足够的爬电距离，绝缘处的凹槽内不应有尘埃、异物的跨接。

（3）应定期检查断路器接线端子的变色情况、接线端子和连接导体颜色变化较快的断路器，以及应检查其内部主回路的零件。

（4）每 3 个月至少对并网断路器动力电缆连接点及设备本体可能发热引起火灾的部位进行检查，发现异常及时处理。

3. 断路器定期维护项目及要求

（1）定期统计并网断路器动作次数，应按设计次数或周期进行更换。并网断路器更换时应进行检验，确保定值正确。各辅助回路的断路器应按技术要求进行更换，严禁擅自改变容量。

（2）结合风电机定检工作，核对机组主断路器保护定值，不得擅自修改。

（3）用相应电压等级绝缘电阻表，对带电体与大地、相间测量绝缘电阻，绝缘电

阻应大于 10MΩ，如未能达到应检查绝缘电阻低的原因。

（4）每年至少开展一次主控系统或变流器系统联跳电气主回路断路器（或单元变压器低压侧断路器）保护功能测试及断路器分合闸试验。

（5）检修时，对断路器进行数次合、分操作，检查断路器操作性能是否良好，观察装有脱扣按钮（试验按钮）的断路器在按动按钮数次后的脱扣情况。

（五）断路器操作

以风电场常用的 KFW2 型智能型万能式断路器为例，介绍低压断路器的操作过程。

1. 手动分合闸操作

（1）合闸。当断路器处于储能、断开状态时，推压绿色"I"按钮，断路器合闸，指示器由红色"O"转换到绿色"I"。

（2）分闸。当断路器处于闭合状态时，推压红色"O"按钮，断路器分闸，指示器由绿色"I"转换到红色"O"。

2. 电动分合闸操作

（1）合闸。当断路器处于储能、断开状态时，按下合闸按钮，将额定电压施加于合闸电磁铁上，使断路器合闸。

（2）分闸。当断路器处于闭合状态时，按下分闸按钮，将额定电压施加于分励脱扣器便能将断路器分闸。

注意：抽屉式智能型万能式断路器本体抽出、插入操作前，必须使断路器处于断开状态。

（六）典型故障案例

断路器典型故障有断路器异常发热、断路器无法操作、断路器脱扣异常、在过电流下断路器拒动等。断路器异常状态原因和处理方法如下所述。

1. 断路器接线端子温度的异常升高故障处理

（1）故障原因：接线端子与导体连接的螺丝松弛；导线表面氧化。

（2）处理方法：将接线螺丝紧固；对导线表面氧化层进行打磨处理。

2. 断路器绝缘外壳温度异常升高故障处理

（1）故障原因：断路器触头弹簧压力偏小或触头接触不良，造成接触电阻增大而发热。

（2）处理方法：检查断路器异常发热原因后修理或更换。

3. 断路器无法合闸故障处理

（1）故障原因：断路器因故障电流而自由脱扣，再操作时应首先让其再扣；断路器因异物机械卡涩。

（2）处理方法：进行再扣操作；清除断路器机械卡涩异物。

4. 断路器不能再扣故障处理

（1）故障原因：欠电压脱扣器线圈未通电，电磁系统不吸合；断路器的过电流脱扣器（双金元件）动作后未充分冷却；双金属元件受损伤造成变形，使其寿命已尽。

（2）处理方法：检查欠压脱扣器是否接上电源，如接电源，检查是否断线，脱扣线圈是否正常；让双金属元件充分冷却；更换新断路器。

5. 断路器在正常工作电流下脱扣故障处理

（1）故障原因：断路器内部发热；接线端子螺丝松弛；断路器受冲击振动；低电压时因电动机的堵转电流而脱扣。

（2）处理方法：更换断路器；紧固端子螺丝；采用缓冲装置，减小冲振；重选额定电流适合的断路器。

6. 断路器合闸后立即脱扣故障处理

（1）故障原因：由于启动电动机时受冲击电流而脱扣，点动启动时引起瞬时动作；电动机启动电流大或起动时间长，引起长延时脱扣器动作；由于分励脱扣器、欠电压脱扣器操作回路的错误连接而造成误动作。

（2）处理方法：改变瞬动脱扣器的整定电流值或选择合适额定电流的断路器；改变断路器的整定电流，或更换合适的断路器；检查更改接线。

二、接触器

（一）接触器的定义

接触器又称机械式接触器，仅有一个休止位置，能接通、承载和分断正常电路条件（包括过载运行条件）下的电流的一种非手动操作的机械开关电器，通常用于频繁操作的电气一次回路。

（二）接触器的分类

根据闭合主触头所需要的力的性质不同，可以分为电磁式接触器、气动式接触器、电气气动接触器、锁扣接触器、真空接触器等。根据电源性质不同，可以分为交流接触器、直流接触器。

（三）接触器结构与工作原理

1. 接触器结构

接触器主要由电磁系统、触头系统和灭弧装置组成，其结构简图如图 12-2 所示。

2. 接触器工作原理

（1）当线圈通电时，静铁芯产生电磁吸力，使得动铁芯被吸合，进而带动触头系统的三条动触片发生动作，主触点闭合，辅助常闭触点断开，辅助常开触点闭合，接通电源。

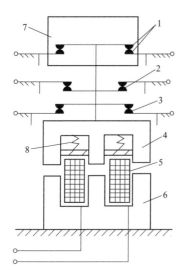

图 12-2　接触器结构简图

1—主触头；2—常闭辅助触头；3—常开辅助触头；

4—动铁芯；5—电磁线圈；6—静铁芯；

7—灭弧罩；8—弹簧

（2）当线圈断电时，静铁芯的电磁吸力消失，弹簧的反作用力使得动铁芯与静铁芯分离，触头系统的三条动触片动作，使得主触头断开，辅助常闭触点闭合，辅助常开触点断开，切断电源。

（四）接触器的检查

（1）通过的负荷电流是否在接触器的额定值之内。

（2）接触器的分、合信号指示是否与电路状态相符。

（3）灭弧室内有无因接触不良而发出放电响声。

（4）电磁线圈有无过热现象，电磁铁上的短路环有无脱出或损伤现象。

（5）接触器与导线的连接处有无过热现象。

（6）辅助触点有无烧蚀现象。

（7）灭弧罩有无松动和损裂现象。

（8）绝缘杆有无损裂现象。

（9）铁芯吸合是否良好，有无较大的噪声，断开后是否能返回到正常位置。

（10）周围的环境有无变化，有无不利于接触器正常运行的因素，如振动过大、通风不良、导电尘埃等。

（五）接触器定期维护项目及要求

1. 交流接触器检查与维护

定期做好检查与维护工作，是保证接触器可靠运行，延长使用寿命的有效措施。每 3 个月至少对并网接触器、励磁接触器可能发热引起火灾的部位进行检查，发现异常及时处理，根据接触器结构，应对交流接触器各部件进行检查与维护。

（1）外观检查与维护。消除灰尘，先用棉布沾少量专用清洁剂擦洗油污，再用布擦干；定期检查接触器各紧固件是否松动，特别是紧固压接导线的螺丝，以防止松动脱落造成连接处发热。如发现过热点后，可用整形锉轻轻锉去导电零件相互接触面的氧化膜，再重新固定好；检查接地螺丝是否紧固牢靠。

（2）灭弧触点检查与维护。检查动、静触点是否对准，三相是否同时闭合，应调节触点弹簧使三相一致；检查辅助触点动作是否灵活，触点有无松动或脱落，触点开距及行程应符合规定值，当发现接触不良又不易修复时，应更换触点；测量相间绝缘电阻，其阻值不低于 10MΩ；检查触点磨损深度不得超过 1mm，严重烧损、开焊脱落时必须更换触点；更换新触点后应调整行程和触点压力，使其保持在规定范围之内。

（3）铁芯检查与维护。检查各缓冲件位置是否正确齐全；检查铁芯端面是否清洁，铁芯有无松散现象，定期清除铁芯极面灰尘及油污；检查短路环有无脱落或断裂，若有断裂会引起很大噪声，应更换短路环或铁芯；检查电磁铁吸力是否正常，有无错位现象。

（4）电磁线圈检查与维护。检查线圈有无过热或表面老化、变色现象，如表面温度高于 65℃，即表明线圈过热，可能引起匝间短路，如不易修复时，应更换线圈；检查接触器控制回路电源电压，并调整到规定范围之内，当电压过高线圈会发热，吸合时冲击大，当电压过低吸合速度慢，容易使运动部件卡住，触头熔焊在一起；一般电源电压为线圈额定电压的 85%～105%时应可靠动作，低于线圈额定电压的 40%应可靠释放；检查引线有无断开或开焊现象；检查线圈骨架有无磨损、裂纹，是否牢固地装在铁芯上，若发现异常磨损必须及时处理或更换；运行前应用兆欧表测量绝缘电阻，是否在允许范围之内。

（5）灭弧罩检查与维护。检查灭弧罩有无裂损，严重时应更换；对栅片灭弧罩，检查是否完整或烧损变形、严重松脱、位置变化，如不易修复应及时更换；清除灭弧罩内脱落杂物及金属颗粒。

2. 直流接触器检查与维护

（1）外观检查与维护：清除灰尘，检查外观是否完整无损，拧紧紧固件。

（2）灭弧室维修检查与维护：灭弧室有无破裂或严重烧损，灭弧室内的栅片有无变形或脱落，若不能修复应予以更换；若无需更换，可用毛刷进行清理或铲除灭弧室内的金属溅物和颗粒。重新安装灭弧室时，应将它安装在原来一极上，不能随意改变更换到另一极上，以免影响灭弧能力。

（3）触点检查与维护：测量相间绝缘电阻，其阻值不低于 10MΩ；若触点接触处有金属颗粒或毛刺，可用细锉锉掉，银焊触点若有开焊、裂缝或磨损到原来厚度的 1/3 时，应予以更换；更换新触点后应调整行程和触点压力，使其保持在规定范围之内。

（4）铁芯检查与维护：检查铁芯极面有无变形、松开现象，擦拭极面上的污垢，检查接触器铁芯非磁性垫片有无磨损或脱落，检查缓冲件是否完整、位置是否正确。

（5）操作线圈检查与维护：检查线圈外表层有无过热变色，接线有无松动，线圈骨架有无碎裂现象，检查线圈的固定是否牢固，缓冲性是否完整；检查接触器控制回路电源电压，并调整到规定范围之内，当电压过高线圈会发热，吸合时冲击大，当电压过低吸合速度慢，容易使运动部件卡住，触头熔焊在一起；一般电源电压为线圈额定电压的 85%～105%时应可靠动作，低于线圈额定电压的 40%应可靠释放。

3. 接触器检查与维护注意事项

（1）在更换接触器时，应保证主触头的额定电流稍大于负载电流，使用中严禁用并联触头的方式增加载流量。

（2）对于操作频繁，启动次数多（如点动控制），经常反接制动或经常可逆运转的电动机，应更换为重任务型接触器，或更换比通用接触器大一挡或二挡的接触器。

（3）当接触器安装在容积一定的封闭外壳中，更换后的接触器各项损耗之和不应大于原接触器，以免温升超过规定。

（4）更换后的接触器与周围金属体间沿喷弧方向的距离，不应小于规定的喷弧距离。

（5）更换后的接触器在用于可逆转换电路时，动作时间应大于接触器断开时的电弧燃烧时间，以免发生短路。

（6）更换后的接触器，其额定电流与分断能力均不应低于原接触器，而线圈电压应与原控制回路电压相符。

（7）接触器的实际操作频率不应超过设计规定，以免引起触头严重发热，甚至熔焊。

（六）典型故障案例

1. 交流接触器常见故障处理

（1）接触器不能正常吸合故障处理。

1）故障原因：线圈供电线路断路；线圈导线断路或烧坏；控制按钮的触点失效，控制回路触点接触不良，不能接通电路；机械可动部分卡住，转轴生锈或歪斜；控制回路接线错误；电源电压过低。

2）处理方法：更换导线；更换线圈；检查控制回路，消除故障；排除卡涩故障，修理受损零件；检查、改正接线；调整电源电压。

（2）接触器吸力不足故障处理。

1）故障原因：电源电压过低或波动较大；控制回路电源容量不足，电压低于线圈额定电压；触点弹簧压力过大或触点超过行程；控制回路触点脏污或严重氧化导致触点接触不良。

2）处理方法：调整电源电压；增加控制回路电源容量，提高控制回路电压；调整弹簧压力及行程；定期检查，维修控制回路触点。

（3）接触器不释放或释放缓慢故障处理。

1）故障原因：可动部分被卡住、转轴生锈或歪斜；触点弹簧压力太小或反力弹簧损坏；触点熔焊；自锁触点与按钮间的接线不正确使线圈不断电；铁芯极面有油污或尘埃，或铁芯去磁气隙消失，剩磁增大。

2）处理方法：排除卡涩故障，检修受损零件；调整触点弹簧压力或更换反力弹簧；修理或更换触点，排除熔焊故障；检查改正接线；清理铁芯极面或更换铁芯。

（4）接触器电磁铁噪声或振动大故障处理。

1）故障原因：线圈电压过低；动、静铁芯的接触面接触不良；短路环脱落或断裂；触点弹簧压力过大；铁芯极面生锈或异物（油污、尘埃）侵入，或磨损严重。

2）处理方法：提高控制回路电压；修理动、静铁芯的接触面，保证接触良好；维修或更换短路环；调整弹簧压力；清理铁芯极面或更换铁芯。

（5）接触器线圈过热或烧损故障处理。

1）故障原因：电源电压过高或过低；运动部分被卡住；线圈绝缘损伤或制造质量不良，线圈匝间短路等；铁芯极面不清洁或变形，使衔铁运动时受阻，造成动、静触点接触不良，线圈电流增大。

2）处理方法：调整电源电压；排除卡涩故障；更换线圈或接触器；清除铁芯表面污染物或修复。

（6）接触器触点熔焊故障处理。

1）故障原因：控制回路电压过低，因吸力不足导致触点接触不良；触点闭合过程中，可动部分被卡住；操作频繁或过负荷使用；触点弹簧压力过小；触点表面有金属颗粒突起或异物；负载侧短路。

2）处理方法：提高控制回路电压；排除卡涩故障；调换合适的接触器；调整弹簧压力；清理触点表面；排除短路故障并更换触点。

（7）接触器触点过热或灼伤故障处理。

1）故障原因：操作频率过高，或工作电流过大而触点的断开容量不足；触点弹簧压力太小；触点表面氧化或表面有金属颗粒突起。

2）处理方法：更换合适的接触器；调节触点弹簧压力或更换弹簧；处理触点表面或更换触点。

（8）接触器触点严重磨损故障处理。

1）故障原因：三相触点动作不同期；负载侧短路；接触器选用不合适；灭弧装置损坏，使触点分断时产生电弧不能被分割成小段迅速熄灭。

2）处理方法：调整到同期状态；消除短路故障，更换触点；选择合适的接触器；更换灭弧装置。

（9）接触器灭弧装置故障处理。

1）故障原因：受潮；破碎；灭弧栅片脱落。

2）处理方法：烘干；更换灭弧装置；重装灭弧栅片。

2. 直流接触器常见故障处理

（1）接触器吸合不上或吸力不足故障处理。

1）故障原因：电源电压过低；控制回路电源容量不足，或发生断路、控制触点接触不良等；线圈参数与使用条件不符；可动部分卡住，线圈断线或烧坏。

2）处理方法：调高电源电压；增加控制回路电源容量，修复线路或控制触点；调换线圈；排除卡涩故障或更换线圈。

（2）接触器不释放或释放缓慢故障处理。

1）故障原因：触点压力太小；触点熔焊；可动部分被卡住；反力弹簧力太小或损坏；铁芯极面有污垢；直流操作电磁铁非磁性垫片脱落或磨损。

2）处理方法：调整触点压力；更换触点；排除卡涩故障；调整或更换反力弹簧；清理铁芯极面；装好或更换非磁性垫片。

（3）接触器线圈过热或烧坏故障处理。

1）故障原因：控制回路电源电压过高或过低；线圈技术参数与实际使用条件不符，或线圈绝缘损坏；直流操作电磁铁的双绕组线圈常闭辅助触点不释放。

2）处理方法：调整电源电压；更换线圈；修复常闭辅助触点。

（4）接触器电磁铁噪声大故障处理。

1）故障原因：铁芯极面生锈或有污垢，铁芯极面磨损严重、铁芯歪斜或被卡住；短路环断裂；触点压力过大；电源电压过低。

2）处理方法：清理铁芯极面或更换铁芯；更换短路环；调整触点压力；提高电源电压。

（5）接触器触点严重磨损或熔焊故障处理。

1）故障原因：操作频率过高或过载；负载侧短路；触点压力过小；触点表面有突起的金属颗粒或异物；控制电源电压过低；可动部分卡住，吸合过程有停滞或合不到底情况。

2）处理方法：调换合适的接触器；排除短路故障；调整触点压力；清理触点表面；调高电源电压；排除卡涩故障。

（6）触点过热或灼伤故障处理。

1）故障原因：触点压力过小；触点上有污垢，表面不平或有突起金属颗粒；操作频率过高，工作电流过大，触点的通断能力不足。

2）处理方法：调整触点压力；清理或修整触点表面；更换容量大的接触器。

三、继电器

（一）继电器的定义

继电器是一种当输入量（电、磁、声、光、热）达到一定值时，输出量将发生跳跃式变化的自动控制器件。继电器是具有隔离功能的自动开关元件，广泛应用于遥控、遥测、通信、自动控制、机电一体化及电力电子设备中，是最重要的控制元件之一。

（二）继电器的分类和作用

1. 继电器分类

（1）继电器按照其用途的不同可分为控制继电器、保护继电器、中间继电器。

（2）按其动作原理分为电磁式继电器、感应式继电器、热继电器、机械式继电器、电动式继电器和电子式继电器。

（3）按反应参数分为电流继电器、电压继电器、时间继电器、速度继电器、压力继电器等。

（4）按动作时间分为瞬时继电器、延时继电器。

2. 继电器的作用

根据某种输入信号的变化来接通或断开控制电路，实现自动控制和保护电力拖动系统的电器，这里所说的输入信号可以是电压、电流等电量（达到一定电流、电压会接通或断开电路），也可以是转速、时间、温度和压力等非电量（受监控的设备达到一定的转速、一段时间或温度值或一定的气体/液体压强便会接通或断开电路）。

继电器一般不是用来直接控制信号较强电流的主电路，而是通过接触器或其他电器对主电路进行控制，因此与接触器相比较，继电器的触头断流容量很小，一般不需要灭弧装置，结构简单、体积小、质量轻，但对继电器动作的准确性则有较高要求。

（三）继电器结构与工作原理

电磁式继电器典型结构示意图如图 12-3 所示。电磁式继电器的结构与接触器相似，由电磁系统、触点系统和释放弹簧等组成，区别在于继电器用于控制电路，流过触点的电流比较小，所以不需要灭弧装置。电磁式继电器的动作原理和接触器基本相同，都是靠电磁铁吸合和释放来实现对触头的控制，在线圈两端加上一定的电压，线圈中就会流过一定的电流，从而产生电磁效应，衔铁就会在电磁力吸引的作用下克服返回弹簧的拉力吸向铁芯，从而带动衔铁的动触点与静触点（常开触点）吸合。

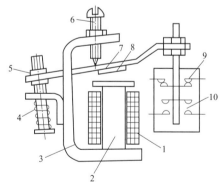

图 12-3 电磁式继电器结构示意图

1—线圈；2—铁芯；3—铁轭；4—弹簧；

5—调节螺母；6—调节螺钉；7—衔铁；

8—非磁性垫片；9—常闭触点；10—常开触点

当线圈断电后，电磁的吸力也随之消失，衔铁就会在弹簧的反作用力下返回原来的位置，使动触点与原来的静触点（常闭触点）释放。这样吸合、释放，从而达到了在电路中导通、切断的目的。

（四）继电器的检查

（1）继电器的分、合信号指示是否与电路状态相符。

（2）电磁线圈有无过热现象，电磁铁上的短路环有无脱出和损伤现象。

（3）通过继电器与导线的连接处颜色变化判断有无过热现象。

（4）铁芯吸合是否良好，有无较大的噪声，断电后能否返回到正常位置。

（5）检查器件是否固定牢固，若存在松动情况，应重新紧固。

（6）检查外壳绝缘是否完好，是否有电弧烧损痕迹，若有电弧损伤痕迹应更换。

（7）检查触点接触是否良好，吸合压力是否符合要求，达不到要求应更换。

（8）检查接线是否牢固。

（9）重点检查各电机的热继电器、超速模块、延时继电器的保护整定值。

（五）继电器的定期维护项目及要求

1. 定期外观检查

（1）定期清除灰尘，如果铁芯发生锈蚀，应及时进行更换。

（2）定期检查继电器各紧固件是否松动，特别是紧固压接导线的螺丝，以防止松动脱落造成连接处发热。若发现过热点后，应及时进行更换。

（3）各金属部件和弹簧应完整无损和无形变，否则应予以更换。

2. 触头系统检查

（1）动、静触头应清洁，接触良好，动触头片应无折损，软硬一致。

（2）继电器触头磨损深度不得超过 0.5mm，严重烧损、开焊脱落时必须更换继电器。

（3）在停电的情况下，利用万用表对器件进行开断检查。

3. 铁芯检查

（1）结合风力发电机组定检工作，及时清理继电器表面堆积的灰尘，灰尘过多会使运动机构卡住。当带电部件间堆积过多的导电尘埃时，还会造成相间击穿短路。

（2）检查铁芯铆钉有无断裂，铁芯端面有无松散现象。

（3）检查电磁铁吸力是否正常，有无错位现象。

4. 电磁线圈检查

（1）使用数字式万用表检查线圈直流电阻。一般仅对电压线圈进行直流电阻测量，继电器电压线圈在运行中，有可能出现开路和匝间短路现象，进行直流电阻测量便可发现。

（2）定期检查继电器控制回路电源电压，并调至规定范围。当电压过高时线圈会发热，吸合时冲击较大；当电压过低时吸合速度慢，使运动部件容易卡住，造成触头拉弧熔焊在一起。

（3）电磁线圈在电源电压为线圈额定电压的 85%～105%时应可靠动作；若电源电压低于线圈额定电压的 40%时应可靠释放。

（4）检查线圈有无过热或表面老化、变色现象，若表面温度高于 65℃，即表明线圈过热，可能破坏绝缘引起匝间短路，应更换线圈或更换继电器。

（5）检查引线有无断开或开焊现象，线圈骨架有无磨损、裂纹，是否牢固地安装在铁芯上，若发现问题必须及时更换。

（六）典型故障案例

1. 电磁式继电器通电后不动作或不能完全闭合故障处理

（1）故障原因：线圈断路；线圈额定电压高于电源电压；运动部件被卡住；触点弹簧或释放弹簧压力过大。

（2）处理方法：更换线圈；更换额定电压合适的线圈；排除卡涩故障；更换弹簧或继电器。

2. 电磁式继电器线圈断电后仍不释放故障处理

（1）故障原因：释放弹簧反力太小；运动部件被卡住；触点已熔焊。

（2）处理方法：更换合适的反力弹簧或继电器；排除卡涩故障；更换继电器。

3. 热继电器不动作的故障处理

（1）故障原因：热继电器的额定电流值与电动机的额定电流值不符；热继电器的整定电流值偏大；热继电器触头接触不良；热继电器热元件烧断或脱焊。

（2）处理方法：按电动机的容量选用热继电器（不应按接触器的额定电流值调整热继电器）；根据负载合理调整热继电器整定电流值；清除热继电器触头表面灰尘和氧化物；更换热元件或热继电器。

4. 热继电器动作太快故障处理

（1）故障原因：整定电流值偏小；电动机启动时间过长；连接导线太细；操作频率过高或点动控制。

（2）处理方法：合理整定动作电流值，或更换适合的热继电器；选择合适的热继电器；按要求选用导线；限定操作方法或改用过流继电器。

5. 热继电器热元件烧坏故障处理

（1）故障原因：负载短路；操作频率过高。

（2）处理方法：排除短路故障，更换热继电器；合理选用热继电器。

6. 热继电器主电路不通故障处理

（1）故障原因：热元件烧坏；接线松脱。

（2）处理方法：更换热继电器；拧紧松脱导线。

7. 热继电器控制电路不通故障处理

（1）故障原因：触头烧坏；控制电路侧导线松脱。

（2）处理方法：更换热继电器；拧紧控制电路松脱导线。

8. 时间继电器延时触头未动作故障处理

（1）故障原因：电源电压太低；线圈损坏；接线松脱；传动机构卡住或损坏。

（2）处理方法：调高电源电压；更换线圈；紧固接线；排除卡涩故障或更换时间继电器。

第二节　传感器维护与检修

一、传感器简介

（一）传感器的定义

传感器是能感受到被测量的信息，并能将感受到的信息，按一定规律变换成为电信号或其他所需形式的信息输出，以满足信息的传输、处理、存储、显示、记录和控制等要求的检测装置。

（二）传感器的结构原理

传感器一般由敏感元件、转换元件、调理电路组成。敏感元件是传感器中能直接感受或响应被测量的部件，是构成传感器的核心；转换元件是传感器中能将敏感元件感受或响应的被测量转换成可用的输出信号的部件，通常这种输出信号以电信号的形式出现；调理电路是把传感元件输出的电信号转换成便于处理、控制、记录和显示的有用电信号所涉及的有关电路。

（三）传感器的分类

传感器主要按其工作原理和被测量来分类。传感器按其工作原理，一般可分为物理型、化学型和生物型三大类；按被测量输入信号分类，一般可以分为温度、压力、流量、物位、加速度、速度、位移、转速、力矩、湿度、黏度、浓度等传感器。为方便表示传感器的功能，便于选用，下面主要是按其被测量分类。

二、传感器定期维护项目及要求

1. 总体维护检查要求

（1）外观检查：检查传感器表面有无缺损、受潮等情况，避免因破损导致测量精度下降。

（2）接线端子：检查传感器接线端子有无松动、弯折等现象。

（3）线路：测量传感器接线电阻是否正常，如出现阻值偏大的情况，对接线进行更换；对接线的极性进行校核，避免极性接反。

2. 温度传感器校验

利用毫伏信号发生模拟热电偶产生对应于不同温度值的毫伏信号作为变送器的输入信号；利用精密的电阻产生对应于不同温度值的电阻信号作为传感器的输入信号，通过调整相应的电位器，从而实现传感器零点、量程调整校验。传感器校验时应注意极性，并且在通电预热 15min 后开展校验，校验中以缓慢的速度输入信号，以保证不产生过冲现象。在调整电位器时不要用力过猛，防止拧坏。校验前，要准备好校验记录单，并查热电偶在各校验点的温度/毫伏对照表或热电阻温度/电阻对照表。

3. 压力变送器校验

从下限开始平稳地输入压力信号到各检定点，读取并记录输出值至测量上限，然后反方向平稳改变压力信号到各个检定点，读取并记录输出值至测量下线，此为一个循环。0.1 级及以下的压力变送器进行 1 个循环检定；0.1 级以上的压力变送器应进行 2 个循环检定。强制检定的压力变送器应至少进行上述 3 个循环检定。在检定过程中不允许调整零点和量程，不允许轻敲和振动压力变送器，在接近检定点时，输入压力信号应足够慢，避免过冲现象。

4. 液位传感器校验

（1）选择检定点。检定点的选择应按量程的基本均匀分布，一般应包括上限值、下限值在内的不少于 5 个点。误差计算过程中，数据保留的位数应以舍入误差小于液位传感器最大允许误差的 1/20～1/10 为限（相当于比最大允许误差多取一位小数）；具有数字显示功能的液位传感器的最大允许误差和检定后的误差计算结果，其末位应与液位传感器的显示末位对齐。判断仪表是否合格应以舍入以后的数据为准。

（2）检定方法。从零点开始，缓慢地上升液面或缓慢减少反射板与基准面的距离，直至液位传感器测量上限，然后缓慢降低液面或缓慢增加反射板与基准面的距离，直至液位传感器零点。期间，分别读取上下行程中标准值和被检值。对于压力式液位传感器（变送器）的检定可以参照 JJG 882《压力变送器检定规程》执行。

5. 位移传感器校验

（1）静态灵敏度检定。把位移传感器安装在相应的位移静校器上，改变传感器的测量距离以每 10%量程为 1 个测量点，在整个测量范围内，包括上、下限值共测 11 个点，顺序在各个测量点测量传感器的输出值和传感器的移动距离，以上、下两个行程为一个测量循环，检测 3 个循环。将检定数据中的 10%～90%量程的上、下行程各 9 个检测点的数据为 1 组，共取 3 组，采用最小二乘法计算。

（2）动态参考灵敏度检定。用标准加速度计监控振动，在被检传感器动态范围内，选取某一实用的频率值（推荐 20、40、80、160Hz）和某一指定的位移值（推荐 0.1、0.2、0.5、1.0、2.0、5.0mm）进行检定，其被检传感器的输出值和振动台的位移值之比为该传感器的动态参考灵敏度。

6. 转速传感器校验

（1）频率积分法。基本方法为 F/V 转换法，该方法输出为电压或电流，只要通过频率和电流的转换（集成电路）就能与电流或电压输入型的指针表和数字表匹配。常用的集成电路其转换准确度可优于 1%，但在低频测量时该方法便无能为力，此时可采用单片机或 FPGA，做 F/D 和 D/A 转换，其转换准确度在 0.05%～0.5% 之间，量程从 0～2Hz 到 0～20kHz。

（2）频率运算法。显示的直接结果是数字，在显示准确度、可靠性、成本和使用灵活性上有一定要求时，就可直接采用脉冲频率运算型转速仪。在频率运算方法中，有定时计数法（测频法）、定数计时法（测周法）和同步计数计时法。定时计数法（测频法）在测量上有±1 的误差，低速时误差较大；定数计时法（测周法）也有±1 个时间单位的误差，在高速时，误差也很大；同步计数计时法综合了上述两种方法的优点，在整个测量范围都达到了很高的精度。

7. 振动传感器校验

通过试验建立传感器的输入量与输出量之间的关系，同时也确定出不同使用条件下的误差关系。振动测量中所使用的各类传感器，它的各项性能指标如灵敏度、线性范围、频率响应特性等，对测量数据的精度和可靠性直接产生影响。根据国家计量检定规程（JJG 134《磁电式速度传感器试行检定规程》，JJG 2971《标准压电加速度计检定规程》），传感器校验的周期一般为一年，振动传感器的技术指标很多，因此校准的内容也很多，主要包括以下几个性能指标的校准：

（1）灵敏度。灵敏度是指在规定的频率范围和周围环境条件下输出量（电压、电流）与输入量（振动的位移、速度、加速度等）的比值。

（2）频率特性。频率特性分为幅频特性和相频特性。

1）幅频特性是指传感器灵敏度随频率变化的特性。

2）相频特性是指输入量与输出量之间的相位差随频率变化的特性，一般只考虑校验幅频特性。

（3）线性范围。线性范围是指传感器输入量与输出量之间保持线性关系的最大机械输入量的变化范围。

（4）横向灵敏度。横向灵敏度是指传感器承受与主轴方向垂直的振动时，其输入与输出振动之间的比值。

第三节　滤波器维护与检修

一、滤波器简介

（一）滤波器的定义

风力发电机组的核心部分就是并网逆变器，逆变器对于风力发电机组而言，相当于是非线性负载，能够带来大量的谐波，因此在风力发电机组中，滤波器是不可或缺的。

风力发电机组逆变器包含了网侧滤波器和机侧滤波器，机侧滤波器只是用于保护发电机绝缘，而网侧滤波器则决定了风力发电机组的电能质量，所以一般谈及风力发电机组的滤波器指的是网侧滤波器。

网侧滤波器接在电网和网侧模块之间，用于抑制电压畸变和电流谐波，吸收电流高频分量。

（二）滤波器的分类

一般包括 LC（电感—电容）、LCL 滤波（电感—电容—电感）等。

1. LC 滤波器

LC 滤波器又称无源滤波器，是利用电感、电容和电阻的组合设计构成的滤波电路，可滤除某一次或多次谐波，最普通易于采用的无源滤波器结构是将电感与电容串联，可对主要次谐波（3、5、7）构成低阻抗旁路。

2. LCL 滤波器

LCL 滤波器，是滤波器的一种结构形式，头部是一组电感在串联，中间部分是并联的安规电容，尾部又串联了一组电感上去。用于过滤逆变器的开关频率。

（三）LC 滤波器结构与原理

无源 LC 电路不易集成，通常电源中整流后的滤波电路均采用无源电路，且在大电流负载时应采用 LC 电路。全功率变流器网侧 LC 滤波器由交流滤波电容和网侧电感组成，位于变流器内部。

二、滤波器检查与维护

1. 滤波电容检查

（1）观察法：从外表上看滤波电容，检测其有没有破裂、脱皮、漏液、炸开等现象。

（2）测容值法：把疑似故障电容拆下，用数字式万用表测其容值是不是与标称值相近，如是就是好的，否则是坏的。

（3）电阻挡测量法：用万用表的电阻挡进行测量。方法为：将电容两管脚短路进行放电，用万用表的黑表笔接电解电容的正极。红表笔接负极（对指针式万用表，用数字式万用表测量时表笔互调），正常时表针应先向电阻小的方向摆动，然后逐渐返回直至无穷大处。表针的摆动幅度越大或返回的速度越慢，说明电容的容量越大，反之则说明电容的容量越小。如表针指在中间某处不再变化，说明此电容漏电，如电阻指示值很小或为零，则表明此电容已击穿短路。

注意：测量大容量高耐压值的电解电容一定要把电容存储的电荷放干净后测量。

2. 电感检查

（1）对电感进行测量首先要进行外观检查，看线圈有无松散，引脚有无折断、生锈现象。

（2）用万用表的欧姆挡测量线圈的直流电阻，若为无穷大，说明线圈（或与引出线间）有断路；若比正常值小很多，说明有局部短路；若为零，则线圈被完全短路。对于有金属屏蔽罩的电感线圈，还需检查它的线圈与屏蔽罩间是否短路。

三、典型故障案例

1. 滤波电容过流故障

（1）故障原因：预充电回路过流导致故障，电网电压过高，或网侧发生谐振，导致滤波电容电流过大。

（2）处理方法：

1）查看故障录波，检查是否因电网电压过高或网侧发生谐振导致电容过流。

2）用万用表测量预充电回路充电电阻的阻值，确认充电电阻正常。

3）检查预充电回路电压，接线是否良好。

4）检查预充电回路保险是否烧坏。

2. 滤波电容电压异常

（1）故障原因：运行环境散热不良，电容接触不良，检测单元损坏。

（2）处理方法：

1）检查冷却系统是否正常运行。

2）检查电容接线是否虚接，电容是否击穿，更换损坏电容。

3）检测单元是否损坏，更换检测单元。

3. 电感器过温故障

（1）故障原因：散热故障、测温元件损坏、内部短路故障。

（2）处理方法：

1）检查散热系统是否正常。

2）检查测温元件是否正常，更换损坏的测温元件，检查接线正确性。

3）检查电感器本体是否有烧灼痕迹。

4）测量相关参数与出厂值对比，不满足要求则予以更换。

第四节　电缆维护与检修

一、电缆基础理论

（一）基本概念

风力发电机组电缆相关部分主要包括：连接机舱和塔架部分的耐扭曲电缆；设备、仪器仪表用屏蔽型控制电缆；动力电缆；叶片导流及塔筒防雷接地电缆；二次信号回路电缆及配套用端子排。

（二）主要功能

（1）连接机舱和塔架部分的耐扭曲电缆主要作用：连接机舱与塔筒之间电力传输，优秀的抗扭矩能力能防止偏航扭矩过大造成电缆断裂。

（2）设备、仪器仪表用屏蔽型控制电缆主要作用：传输设备控制指令，同时屏蔽效果能防止外界电磁干扰造成信号紊乱。

（3）动力电缆主要作用：传输电能的电缆。

（4）叶片导流及塔筒防雷接地电缆主要作用：雷击电流导流及泄流保护作用，防止雷电直击造成设备损坏。

（5）二次信号回路电缆及配套用端子排主要作用：特殊信号量进行保护、控制信号传输的电缆。

（三）电缆分类

（1）按电压等级分为低压电缆（一般指 1kV 及以下）和高压电缆（一般指 1kV以上）。

（2）按绝缘材料主要分为油浸纸绝缘电缆、塑料绝缘电缆、聚氯乙烯绝缘、聚乙烯绝缘和交联聚乙烯绝缘电力电缆、橡皮绝缘电缆、乙丙橡皮绝缘电力电缆。

（3）按用途可分为电力电缆、控制电缆、信号电缆、计算机电缆。

（四）主要组成与结构

以 YJV22-35kV 高压铜芯电缆为例，电缆的构造主要包括电缆芯（导线）、屏蔽层、绝缘层、防护层和填充料，如图 12-4 所示。

（1）电缆芯。电缆芯采用具有高电导率的金属材料，目前主要是用铜或铝。铜易焊接、导电性能和机械强度也都比铝优良，但铝的资源丰富、价格低，且质量轻。为

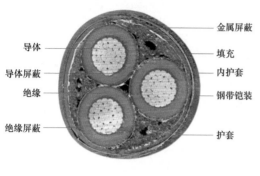

图 12-4　电缆地构造图

标注：金属屏蔽、填充、内护套、钢带铠装、护套、导体、导体屏蔽、绝缘、绝缘屏蔽

了便于运输和敷设，电缆芯常用多根导线扭绞而成。在单芯电缆或分相铅包电缆中，导电线芯常用圆形芯；而在多芯电缆中，为减小尺寸及质量，有时制成扇形芯。

（2）绝缘层。绝缘层用来隔离导体，使导线和导线间、导线和防护层相互隔离。因此它必须有高的耐电强度和机械强度。另外，在很大的温度范围内应具有柔软性，防止电缆施工时弯曲损伤。

（3）屏蔽层。在电缆结构上的所谓"屏蔽"，实质上是一种改善电场分布的措施。电缆导体由多股导线绞合而成，它与绝缘层之间易形成气隙，导体表面不光滑，会造成电场集中。

在导体表面加一层半导电材料的屏蔽层，它与被屏蔽的导体等电位，并与绝缘层良好接触，从而避免在导体与绝缘层之间发生局部放电。这一层屏蔽，又称为内屏蔽层。在绝缘表面和护套接触处，也可能存在间隙，电缆弯曲时，电缆绝缘表面易造成裂纹，这些都是引起局部放电的因素。在绝缘层表面加一层半导电材料的屏蔽层，它与被屏蔽的绝缘层有良好接触，与金属护套等电位，从而避免在绝缘层与护套之间发生局部放电。

（4）防护层。防护层用来保护绝缘层，使电缆在运输、敷设和运行中不受外力损伤和防止水分、潮气等侵入绝缘层，防护层具有一定的机械强度。塑料或橡皮绝缘电缆常常在外面包以塑料或橡皮层作护套。电力电缆常用钢铠等做防护层。

风力发电机组专用电缆主要用于发电机、变频器等诸多重要结构部位，因此风力发电机组专用电缆必须具备优良性能，确保能在较为恶劣的外界环境中保持优良的电气传输性能和机械性能。

（5）填充料。填充料的作用是保证电缆的圆整，避免挤出护套时电缆表面出现麻花形状。一般采用聚丙烯网状填充绳、玻璃纤维绳、无机纸绳等，填充材料必须具备不会对绝缘缆芯造成不良影响，材料本身不具备吸湿性，不易收缩、不腐蚀等特点。

（五）工作原理

电力电缆的工作原理是通过有传导电流功能的实心单线或绞合组成的导体进行电能的传输，在电缆体外面包覆具有耐受电压的绝缘材料，以保证电力电缆的正常工作。

（六）技术参数

电力电缆型号中各字母先后为序，其意义如表 12-1 所示。

表 12-1　　　　　　　　　　　电力电缆规格型号对照表

1	2	3	4	5	6	7	
						外护层（外被套）	
特性	用途	绝缘种类	导体	内护层	特征	十位	个位
ZR-阻燃 TZR-特种阻燃 NH-耐火 DL-低卤 WL-无卤	电力电缆缺省表示 K-控制电缆 P-信号电缆 DJ-计算机电缆	Z-纸 X-橡皮 V-聚氯乙烯 Y-聚乙烯 YJ-交联聚乙烯	L-铝铜芯不标注	V-聚氯乙烯内护套 Y-聚乙烯内护套 H-普通橡套 F-氯丁橡胶护套 L—铝护套 Q 铅护套	D-不滴流 F-分相护套 P-屏蔽 Z-直流 CY-充油	0-无铠 1-联锁铠装纤维外被 2-双层钢带铠装 3-细钢丝铠装 4-粗钢丝铠装	0-无外被套 1-纤维外被套 2-聚氯乙烯外护套 3-聚乙烯外护套

例如：YJV22/YJLV22，表示交联聚乙烯绝缘钢带铠装聚氯乙烯护套电力电缆，敷设于有外界压力作用的场所。

二、维护检修项目

（一）巡检周期及巡检内容

1. 风力发电机组一次电缆巡检内容

（1）电缆上不可堆放材料、重物、酸碱性化合物等。

（2）根据季节天气特点，如遇雷暴雨天气应增加巡检次数，检查电缆两端是否拉伸过紧，保护管或槽有无脱开或严重锈蚀现象。

（3）定期对电缆中间接头和终端头测温，多根并列电缆要检查电流分配和电缆外皮的温度。

（4）检查电缆位置是否变化、接头有无变形、温度是否异常，电缆沟通风、排水、照明设施是否完整，防火设施是否完善。

（5）检查穿线孔洞处是否封堵完整，保持清洁、无积水。

2. 风力发电机组二次电缆巡视内容

风力发电机组二次电缆主要包括各控制柜内控制回路电缆、安全链保护电缆、信号计量电缆以及通信传递电缆，多为 24V 低压端子排小电缆。由于风力发电机组二次电缆主要用于各控制柜及其他设备间信号传递，可以在日常巡视检查过程中直观检查电缆外观及连接情况。

（1）巡检中应加强线缆松动排查。

（2）对柜体电缆敷设严格按照标准要求排查，严格按图施工、连接正确。线束应横平竖直、层次分明、坚固牢靠，严禁线缆缠绕打结及相互短接。

（3）定期通过红外成像仪对二次电缆运行情况进行扫描分析有无过热情况，并详细记录。

（4）检查二次电缆屏蔽线是否良好接地。

（5）检查二次电缆编号是否标记清晰，电缆载流量是否符合要求。

（6）检查二次电缆防磨损措施是否完备，防止因机械旋转、振动等造成电缆磨损。

（二）典型故障案例

电力电缆常见典型故障有接地故障、开路故障、闪络故障、击穿故障等。

1. 接地故障

（1）故障原因：电缆绝缘材料受到损伤，出现接地故障。

（2）处理方法：

1）用兆欧表测其绝缘阻值，依据电压等级合格阻值为，1kV 以下工作电压不小于 0.5MΩ，每千伏工作电压绝缘阻值应不小于 1MΩ。

2）在损伤处进行绝缘处理或重新布线。

3）测试合格后恢复。

2. 开路故障

（1）故障原因：电缆金属部分的连续性受到破坏，形成断线，且故障点的绝缘材料也受到不同程度的破坏。

（2）处理方法：

1）用兆欧表测其绝缘阻值无穷大。

2）重点检查中间接头、终端头等部位绝缘损伤、放电情况。

3）找出故障点，按工艺要求进行处理。

4）测试合格后恢复。

3. 闪络故障

（1）故障原因：绝缘子油污造成闪络放电；端子接头松动；金属碎屑及棉毛等沾染造成临时性接地；小动物对电缆啃咬、搭接带电部分引起；电缆室密封不严，烘潮设备故障引起。

（2）处理方法：

1）定期清洁绝缘子。

2）采用合适的金属夹件材料，按参考力矩值定期校紧。

3）定期检查、清理风机内部的杂物。

4）加强防小动物的措施，如封堵孔洞、加设防鼠挡板等。

5）通过工艺使电缆室密封良好，保证烘潮设备正常投运。

4. 击穿故障

（1）故障原因：长时间、大电流工作放热，绝缘层老化；电缆选型不合适，载流量不足；接头工艺缺陷，如铜铝过渡未镀锌、接头连接处未打磨造成尖端放电、压接过紧线径变细、压接过松金属表面氧化电阻增大；外力导致绝缘破坏。

（2）处理方法：

1）加强运行管理，防止设备过载运行。

2）按设计标准对电缆型号选型。

3）加强对电缆的监造过程，施工过程、安调过程和验收过程的管控。

4）减少对电缆的外力影响，如拉力、压力、旋转部位的摩擦。

第五节　电动机维护与检修

一、定义

电动机（motor）是把电能转换成机械能的一种设备。它是利用通电线圈（也就是定子绕组）产生旋转磁场并作用于转子（如鼠笼式闭合铝框）形成磁电动力旋转扭矩。电动机按使用电源不同分为直流电动机和交流电动机，电力系统中的电动机大部分是交流电机，可以是同步电机或者是异步电机（电机定子磁场转速与转子旋转转速不保持同步速）。电动机主要由定子与转子组成，通电导线在磁场中受力运动的方向跟电流方向和磁感线（磁场方向）方向有关。电动机工作原理是磁场对电流受力的作用，使电动机转动。

二、组成结构及原理

电动机是利用电磁感应原理工作的机械，它用途广泛，种类很多。通常将电动机的组成结构分为四大类。

（1）第一类是导电材料，用以构成电路，常用铝或铜制成。

（2）第二类是导磁材料，用以构成磁路，常用 0.35mm 或 0.5mm 厚的两面涂有绝缘漆的硅钢片叠成。

（3）第三类为绝缘材料，作用是把带电部分分隔开来，用云母、瓷等材料制成。按国际电工协会规定，绝缘材料的绝缘等级共分 Y、A、E、B、F、H、C 七级，常用的有五个等级，每个等级的极限允许温度见表 12-2。

（4）第四类为机械支撑材料，用钢铁或铝合金制成。以三相异步电动机为例，其基本构成如图 12-5 所示。三相异步电动机的工作原理是当电动机的三相定子绕组（各相差 120°），通入三相对称交流电后，将产生一个旋转磁场，该旋转磁场切割转子绕组，从而在转子绕组中产生感应电流（转子绕组是闭合通路），载流的转子导体在定子

旋转磁场作用下将产生电磁力，从而在电机转轴上形成电磁转矩，驱动电动机旋转，并且电机旋转方向与旋转磁场方向相同。

表 12-2   绝 缘 材 料

等级	绝 缘 材 料	最高允许温度（℃）	最高允许温升（℃）
A	经过浸渍处理的棉、丝、纸板等，普通绝缘漆	105	65
E	环氧树脂，聚酯薄膜，青壳纸，三醋酸纤维薄膜，高强度绝缘漆	120	80
B	用提高了耐热性能的有机漆作粘合剂的云母、石棉和玻璃纤维组合物	130	90
F	用耐热优良的环氧树脂黏合或浸渍的云母、石棉和玻璃纤维组合物	155	115
H	用硅有机树脂粘合或浸渍的云母、石棉和玻璃纤维组合物，硅有机橡胶	180	140

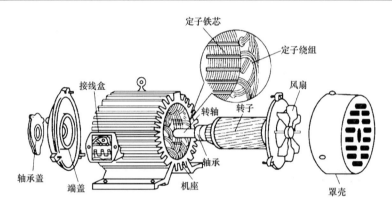

图 12-5 三相异步电动机基本结构图

三、主要分类

常用的分类方法主要有以下两种：

（1）按照能量转换职能来分，可分为发电机、电动机、变压器和控制电机四大类。

1）发电机的功能是将机械能转换为电能。

2）电动机的功能则是将电能转换为机械能，它可以作为拖动各种生产机械的动力，是国民经济各部门应用最多的动力机械，也是最主要的用电设备。

3）变压器的作用是将一种电压等级的电能转换为另一种电压等级的电能。

4）控制电机主要用于信号的变换与传递，在各种自动化控制系统中作为多种控制元件使用，如国防工业、数控机床、计算机外围设备、机器人和音像设备等均大量使用控制电机。

（2）按照电动机的结构、转速或运动方式分类，可分为变压器、旋转电机和直线电机等。

1）变压器是一种静止的电机。

2）旋转电机根据电源电流种类的不同又可分为直流电机和交流电机两大类。交流电机又分为同步电机和异步电机。同步电机转速恒为同步转速。电力系统中的发电机几乎都是同步电机。异步电机作为电动机运行时，其转速低于同步转速；作为发电机运行时，其转速高于同步转速。异步电机主要用作电动机。

3）直线电动机就是把电能转换成直线运动的机械能的电机。直线电动机又可分为直线异步电动机、直线同步电动机，直线直流电动机和其他直线电动机。

风力发电机组中主要使用的电动机是控制电机和异步电动机，像变桨系统中使用的弹簧压力式同步伺服电机就为控制电机，齿轮箱油冷系统中使用的三相异步电动机和偏航中使用的三相异步制动电机就为异步电动机。同步伺服电机和异步电机相比，它由于不需要无功励磁电流，因而效率高、功率因数高、力矩惯量比大，定子电流和定子电阻损耗较小，且转子参数可测、控制性能好。

四、日常巡检内容

（1）电动机表面不应有锈蚀、碰伤、划痕和涂覆层剥落，颜色应正常，标志应清楚无误，风扇端盖、扇叶之间无磨损。

（2）对电动机进行试运行，听其运行声音是否正常，是否存在异常温升、抖动及异味等情况，根据感官判断与平时相比有没有异常变化。

（3）电动机电缆不因外部弯曲力或自身重量而受到力矩或垂直负荷。电缆的弯头半径做到尽可能大。

（4）通过 SCADA 监控系统查看电动机扭矩值，确保电动机运转时加载到轴上的径向和轴向负载控制在相应的规定值以内。

五、典型故障案例

（一）常见故障及原因分析

（1）电动机过热：可能原因包括环境温度高、表面不干净、过载、缺相、电源谐波大、风扇不转、低速长时间运行、外部散热空间不够等。

（2）电动机启动后发热超过温升标准或冒烟：可能原因包括电源电压达不到标准，电动机在额定负载下温升快；电动机运转环境的影响，如湿度高等原因；电动机过载或单相运行；电动机启动故障，正反转过频繁；轴承故障等。

（3）电动机振动：可能原因包括电动机安装地面不平；电动机内部转子不稳定、轴承损坏、轴不对中等。

（4）绝缘电阻低：可能原因包括电动机内部进水，受潮；绕组附着杂物，粉尘影响；电动机内部绕组老化等。

（5）电动机外壳带电：可能原因包括电动机接线柱与机壳绝缘距离不足；电动机绕组绝缘不良等。

（6）电动机运行时声音不正常：可能原因包括轴承磨损；定转子铁芯松动；风道堵塞或风扇摩擦风罩；定、转子铁芯相摩擦；电源电压异常等。

（二）常见故障处理

1. 通电后不启动或缓慢转动，并发出"嗡嗡"的异常声响

该故障一般有 4 种故障原因，并对应 4 种处理方法，具体内容如下所述。

（1）原因分析。

1）电源电压过低造成。供电电源电压过低；回路电阻过大造成压降过大，使电动机所得到的电压过低；对使用降压启动的，减压数值超过了所需启动转矩的电压数值；三相绕组本应接成三角形的，接成了星形。

2）配电设备中有一相电路未接通或接触不良。问题一般发生在熔断器、开关触点或导线连接处。

3）电动机内有一相电路未接通。问题一般发生在接线部位。

4）启动时电动机负载过大或转子卡住。电动机装配太紧或轴承内油脂过硬，或轴承卡住。

（2）处理方法。

1）检查三相电源电压，排除电压异常故障；根据电动机额定电流计算电源线线径，更换为合格的电源线；调节降压参数在合理的数值范围之内；检查三相绕组接线方式，按照要求接线方式进行调整。

2）检查接触器或断路器两侧电压是否正常，停电状态下主触头接触是否良好，检查导电连接部位是否存在松动或氧化等现象。

3）检查电动机连接片是否压紧（螺丝松动）；检查引出线与接线柱之间是否垫有绝缘套管等绝缘物质；检查电动机内部接线是否漏接或松动；检查绕组是否有断线故障等。

4）检查负载本身或传动机构，减载或查出并消除机械故障。重新装配使之灵活；更换合格油脂。修复或更换轴承。

2. 启动时，断路器跳闸或熔断器熔体熔断

启动时，断路器很快跳闸或熔断器熔休熔断，除负载过大以外，还有可能是绕组故障、定转子扫膛、转子"断条"等。该故障一般有 3 种故障原因，并对应 3 种处理方法。

（1）原因分析。

1）绕组内有严重的匝间、相间短路或绕组接地故障。

2）转子有严重的"细条"或"断条"故障。对于绕线转子，有短路、断路等故障。

3）定、转子严重相互摩擦（又称"扫膛"）。

（2）处理方法。

1）需对电动机进行拆解检查及维修，检修处理绝缘薄弱部位，必要时更换绕组。

2）需对电动机进行拆解检查及维修，处理异常部件。

3）检查轴承及轴承端盖是否损坏，更换相应的轴承或轴承端盖。

3. 三相电流不平衡度较大

三相电流不平衡度较大，是指空载时超过 $\pm10\%$（电动机行业标准规定）、负载（满载或接近满载）时一般不超过 $\pm3\%$。该故障一般有 4 种故障原因，并对应 4 种处理方法。

（1）原因分析。

1）三相电源电压不平衡度较大。三相电源电压不平衡度将直接影响到三相电流的不平衡度。在 GB/T 22713《不平衡电压对三相笼型感应电动机性能的影响》中提到：三相电源电压不平衡度对三相电流的不平衡度影响，会因电动机的负载状态不同而有区别，额定负载附近时，三相电流的不平衡度略大于三相电压不平衡度。随着负载的减小，影响逐渐增大，当电动机空载运行时，将是三相电压不平衡度的 6～10 倍，例如三相电压不平衡度是 1%，则电动机三相电流空载电流的不平衡度将有可能高达 $6\%\sim10\%$。

2）绕组有相间或对地短路故障。

3）绕组有匝间短路故障。电动机绕组出现匝间短路时，往往会对绕组造成局部完全烧毁的严重故障。

4）定、转子之间的气隙严重不均匀。相对于定子或转子铁芯径向尺寸而言，定、转子之间的气隙是相当小的，但它在整个磁路中的作用却相当大（其磁阻远大于整个铁芯的磁阻），当气隙宽度出现严重不均匀的现象时，将会造成一个圆周上磁路的不均衡，气隙大的部位磁阻大，从而使三相电流的平衡性变差。

（2）处理方法。

1）确定三相电源电压不平衡度的方法是测量三相电源电压。如有可能，首先在电动机与电源线连接的位置进行测量（一般在电动机接线盒内的接线端子上测量），测量结果确为三相电源电压不平衡度较大，则继续沿着供电线路向配电柜的电源进线方

357

向逐级测量查找故障位置，按照图12-6（a）所示顺序。接触器的触点被电弧灼蚀或造成接触不良，是造成三相电压不平衡的最常见原因。应对其经常检查，若发现灼蚀较严重时，应尽快修理，否则将形成恶性循环，如图12-6（b）所示。

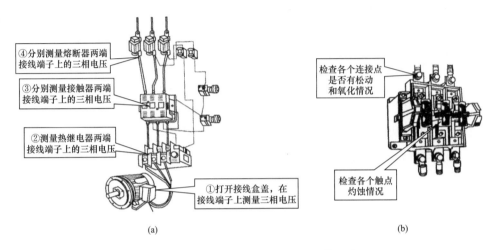

④分别测量熔断器两端接线端子上的三相电压

③分别测量接触器两端接线端子上的三相电压

②测量热继电器两端接线端子上的三相电压

①打开接线盒盖，在接线端子上测量三相电压

检查各个连接点是否有松动和氧化情况

检查各个触点灼蚀情况

(a)　　　　　　　　　　　　　　　　　　(b)

图12-6　测量电动机三相供电电压的顺序

（a）测量顺序；（b）检查接触器

2）在确认电源正常的情况下，考虑绕组是否存在相间或对地短路故障。绕组对地和相间绝缘情况用绝缘电阻表检查。绝缘电阻值合格范围可根据产品技术文件要求或GBT 20160《旋转电机绝缘电阻测试》执行。

3）通过检查绕组直流电阻的大小和三相不平衡率来判定绕组是否有匝间短路故障，对电动机进行拆解检查及维修，必要时更换绕组线圈。

4）新电动机定、转子气隙严重不均匀的原因主要是轴承端盖与定子铁芯的同轴度严重不合格。使用中的电动机气隙变得严重不均匀的原因主要是轴承损坏后其径向游隙变大或轴承外圈在轴承端盖内滑动将轴承室严重磨损，造成转子与定子铁芯的同轴度受到破坏，转子下沉，如图12-7（a）所示。严重时将出现定、转子铁芯之间发生局部摩擦现象（又称"扫膛"）。此时，轴承温度将会上升，通过监听轴承部位的声音，如图12-7（b）所示，可感觉到噪声明显变大，并伴有异常的摩擦声。检查轴承及轴承端盖是否损坏，更换相应的轴承或轴承端盖。

4. 空载电流较大

该故障一般有两种故障原因，并对应两种处理方法：

（1）原因分析：

1）定子绕组匝数少于设计值。

2）原因分析：定、转子之间的气隙较大或轴向未对齐（错位）。

定子内圆
转子外圆
气隙大
气隙小

(a) (b)

图 12-7 电动机定、转子气隙严重不均匀

（a）监听轴承损坏和外环摩擦轴承室的声音；（b）因轴承损坏造成定、转子之间的气隙严重不均匀的示意图

（2）处理方法：

1）对电动机进行拆解检查及维修，必要时更换电动机。

2）处理方法：对电动机进行拆解检查及维修。

5. 电动机温升较大

温升较大的原因有两个方面，一个是发热部位产生的热量较多；另一个是散热系统没有起到应有的作用。该故障一般有 2 种故障原因，并对应 2 种处理方法。

（1）原因分析。

1）电流大于额定值，电动机的定子电流是产生热量的主要因素，一方面通过绕组后直接产生与其 2 次方成正比的热量，另一方面是转子输出转矩和转子自身热损耗、铁芯损耗、轴承运转摩擦损耗、风扇等所有需要能量的来源。所以在很大程度上，电动机过热的表现形式是电流大。

2）散热不良。

（2）处理方法。

1）检查负载（包括附加在电动机输出转轴上的所有机械负载）是否超过了额定值。检查是否为电源低，导致在负载不变的情况下电流增大。检查轴承是否损坏、严重时造成定、转子相摩擦，使运转阻力明显加大。检查三相电流是否平衡。检查转子是否存在细条或断条，使输出转矩不足，转速下降，电流增大。检查是否普通电动机使用变频电源供电。统计数据表明，当输出同样的功率时，其温度将高出使用工频电源的 10% 以上，在较低频率下运行时或更加严重。

2）检查环境温度是否过高。检查冷却系统是否出现故障，如风扇损坏、通风道堵塞等。检查机壳表面是否覆盖了影响散热的油污、灰尘等。检查是否因制造缺陷问题造成的散热不良，其中包括：①绕组浸漆未达到工艺要求，留有较多的空隙，使传热效果降低。②定子铁芯与机壳接触不密实，减少了传热面积。③定、转子之间的气隙较小，降低了轴向气流的流量，从而降低了传热效果。④转子扇叶面积较小。⑤转子轴向或径向部分通风孔被异物堵塞（容量较大的电动机）。⑥错用了较小的风扇（例如 4、6、8 极的电动机使用了 2 极电动机的风扇）。⑦传热和散热结构设计性能不理想。

6. 由三相绕组烧毁的状态确定故障原因

当绕组烧毁时，可根据其烧毁的状态来确定故障原因。该故障一般有 3 种故障原因，并对应 3 种处理方法。

（1）原因分析：

1）全部变色。

2）一相或两相全部变色或烧毁。

3）绕组部分变色或局部烧毁。

（2）处理方法。

1）全部变色，绝缘和绑扎带等变黄、变脆甚至开裂，说明该电动机曾长时间过电流运行，过电流产生的原因为过载或低转速运行。更换电动机后应检查电源回路和负载。

2）三相绕组中有一相或两相全部变色或烧毁，是由于电源断相（有一相电源没有供电或供电电压不足额定值的 1/2 时，均可认为是电源断相）或绕组断相运行造成的。

3）如果绕组出现局部烧毁现象，则说明该处发生了匝间短路、相间短路或绕组接地故障（接地点在槽口处居多）。轻微的绝缘损伤可通过局部浸漆进行处理，严重时需更换绕组。

第六节　风力发电机组 SCADA 系统维护与检修

一、SCADA 系统简介

风力发电机组数据采集与监控（supervisory control and data acquisition，SCADA）系统（简称 SCADA 系统），实现对风力发电机组生产数据的采集、监测、储存、分析、展现，为集中监测、故障分析、技术支持、经营决策等提供及时、准确的数据基础。

二、SCADA 系统结构

风力发电机组的数字量、模拟量信号由风力发电机组主控 PLC 通过交换机和光纤采集至实时数据库服务器，生产人员通过 SCADA 系统监控全场的所有风力发电机组。

系统具备完善的风力发电机组状态监视、参数报警、数据记录、分析统计的功能。系统的软件架构如图 12-8 所示。

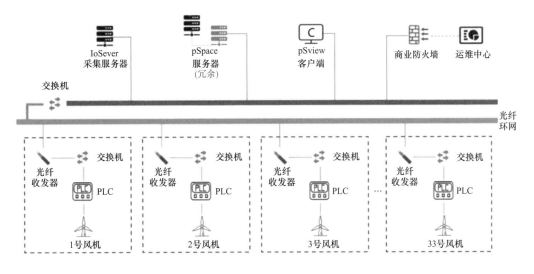

图 12-8　SCADA 系统结构

风力发电机组有三级控制权限，分别是就地控制、场站中央控制、远程集中监控。就地控制由布置在每台风力发电机组控制柜的 PLC 负责，就地控制每台风力发电机组，能够对此台风力发电机组的运行状态进行监控，并对其产生的数据进行采集。中央控制部分一般布置在风电场控制室内，工作人员能够随时控制和了解场站所有设备的运行和操作。远程集中监控是由集控中心对场站设备进行远程运行监视和控制。

三、SCADA 系统功能

不同风机厂家配套 SCADA 系统功能差异较大，一般为风场及风力发电机组状态数据的实时显示、历史查询、数据分析、数据统计，以及风力发电机组的控制管理等功能。

系统监控画面显示风力发电机组实时数据和历史数据。实时数据包括功率、风速、风向、桨距角、功率因数、大部件关键信息等；历史数据包括发电量、可利用率、功率曲线、风玫瑰图、故障统计等信息。同时，系统还具备历史数据下载功能，在风力发电机组遇到故障情况下对故障原因分析时，方便调取数据进行具体分析。系统还提供数据分析、数据统计，以及风力发电机组的控制管理等任务，所有任务均提供直观的图形化显示，方便操作人员对风力发电机组进行维护、控制和管理。

（一）风电场总览界面

风电场总览界面实现了对风场内风力发电机组运行状态的图形化显示，并展示全风场的平均风速、最大风速、最小风速、总有功功率、总无功功率、平均环境温度、本日发电量、本月发电量、本年发电量、风力发电机组列表、风力发电机组状态信息、风力发电机组排列界面和风场概要菜单等信息。

（二）单机界面

单机界面实现了对单台风力发电机组相关参数的图形化展示和控制命令下达，并提供对单台风力发电机组图表报表的查询与打印。单机界面包括对风能参数、机械能参数、电能参数、温度参数、单机报警信息、风力发电机组参数列表与状态信息的显示。

（三）统计报表

（1）提供以年、月、日、小时、任意时段为统计范围的风力发电机组产能报表输出，用以展示该风力发电机组的发电统计信息，如风速（最大最小均值极大值）、有效风时数、空气密度、功率（最大最小均值）、总发电量、总耗电量、发电量（包括有功无功）、耗电量（包括有功无功）、时间可利用率、发电量可利用率、发电时间、等效发电时间、满发时间、等风时间、户外平均温度、机舱最高温度等。

（2）提供风力发电机组运行性能报表，用以展示风力发电机组各种状态统计信息，如通信中断时长、次数，停机时长，运行时长，启动时长、次数，风力发电机组故障停机时长、次数，限电停机时长、次数，气象原因停机时长、次数，电网故障原因停机时长、次数，维护或手动停机时长、次数，并网发电时长，限电发电时长，正常发电时长等数据。

（3）提供电量损失报表，用于查询风力发电机组某时间段电网限电损失、风力发电机组故障损失、风力发电机组维护损失、气象原因和电网原因造成的损失等。

（四）数据查询

（1）报警信息用于查看和统计风力发电机组的故障和报警信息。

（2）风场玫瑰图提供风场风速、风向频率、风速平均值，以及最大最小值的分布情况，为系统操作人员了解现场风况提供图形化支持。

（3）功率曲线分析提供各风力发电机组在不同统计时段的功率散点和拟合曲线，并与标准功率曲线对比分析，评估风力发电机组性能指标。

（4）自定义曲线查询提供风力发电机组所有测点的历史曲线查询和对比分析功能。

四、SCADA 系统通信中断处置

SCADA 系统通信中断是指服务器通信中断，导致不能对现场风力发电机组进行监控。通信中断的应急处理步骤为：

（1）如果发生单台或者单条线路通信中断，应到故障点位风力发电机组或者环网结点风力发电机组检查。

（2）如果全场风力发电机组通信丢失，则首先检查交换机、光缆、网线等是否正常，无问题后再对风力发电机组环网节点进行信息检查。

第七节　视频监控系统维护与检修

风电场视频监控系统包括升压站视频监控系统和风力发电机组视频监控系统。

一、监控设备定期维护

为使监控系统正常运行，要做好以下定期维护以及保养：

（1）每两个季度对设备进行一次除尘和整理，将监控设备沉积的灰尘扫掉，取下摄像头、防护罩等部件，彻底吹除灰尘，检查监控设备盘柜的通风、散热、除尘、电源等是否正常。

（2）根据监控系统设备各部分的使用说明书，每两个季度检查一次其技术参数和监控系统的图像质量，确保全部点位功能正常。

（3）每日监控和分析系统设备的运行状态，及时发现和消除问题。

二、监控系统常见故障

（一）查看 IP 通道内的具体报错提示

（1）进入录像机主菜单。

（2）通道管理。

（3）IP 通道界面，鼠标左击三角形感叹号获取报错信息。

（二）根据报错信息，分别进行如下处理

（1）报错提示"未知错误/被锁定/0X12"。通常是因添加摄像机时，输入的摄像机密码不对导致的，可以从网页输入摄像机 IP 地址，登录验证密码。若忘记了摄像机的激活密码，可重置摄像机密码。

（2）报错提示"网络不可达"。

1）确认该"网络不可达"的通道密码正确。

2）进入主菜单。

3）通道管理。

4）通道配置。

5）IP 通道界面，选择对应的错误通道，点击"删除"，然后点击"刷新"：①如果对应摄像头的 IP 地址刷新不出来了：一般是因为摄像头的信号无法正常传输至录像机，优先检查摄像头供电、摄像头和交换机之间的线路问题，使用电脑下载设备网络搜索软件搜索摄像机 IP，只有能够稳定地搜索到摄像头 IP，摄像头才能正常添加。

②如果能刷新出一个左边带绿色"+"号的IP地址，请先记住该摄像头的IP网段（即IP地址的前3位）。

（3）如果录像机有连接外网，修改摄像机IP地址，具体步骤如下：

1）进入主菜单。

2）通道管理。

3）IP通道。

4）在线设备中找到对应摄像机IP，点击编辑，将摄像机IP地址修改成和录像机同一个网段，修改完成后再重新添加。

（4）如果录像机没有连接外网，建议直接修改录像机IP地址，具体步骤如下：

1）在主菜单。

2）系统配置。

3）网络配置。

4）基本配置界面确认录像机的IP地址；取消录像机自动获取IPV4地址的勾，设置录像机跟摄像机一个网段的IPV4地址。

（5）报错提示"IP通道异常"。

1）确认摄像机是否同时添加到多台录像机，如有需保证该摄像机只被这一台录像机添加。

2）检查摄像机IP是否与局域网其他设备IP冲突。主要包括：通道管理、通道配置、IP通道。先删除提示"IP通道异常"的设备，再选中已删除的设备，点击"编辑"修改设备IP地址最后一位（或将摄像机断电重启）后重新添加。

3）若摄像机密码与录像机一致，则直接点击绿色加号即可添加。

4）若摄像机密码与录像机不一致，点击"自定义添加"，输入摄像机IP地址、协议、管理端口（默认8000）、用户名（默认admin）、摄像机密码（激活摄像机的密码）后，点击"添加"。

5）摄像机有无经过复杂网络，如光纤、网桥和多层交换网络等，可以进入录像机主菜单→系统维护→网络检测→网络检测。在目的地址栏输入摄像机IP地址进行测试网络是否通。若不通，请检查线路连接，更换线路测试或者将摄像机与录像机直连测试。

6）判断是否是广角摄像机，广角摄像机添加NVR，需要指定的NVR型号才能关联。

7）如上述都不成功，局域网网页访问摄像机确认是否能登录并看到图像，如果可以，可恢复出厂设置再测试查看。

（6）报错提示"IP通道未接入"。

1）先核实录像机密码，录像机密码不能包含 admin（如包含建议修改）。

2）若摄像头支持 POE 供电：一般建议网线长度控制在 70m 左右。若网线过长，建议换短网线或换一个即插即用口进行测试，或者给摄像机外接电源供电测试（排除因线路问题导致供电不足的情况）。

3）若摄像头不支持 POE 供电，先外接电源给摄像机供电，再接入录像机的 LAN 口。

4）摄像机完全恢复出厂设置，如果录像机背部的 POE 网口灯是亮的，换短网线重新拔插也不行，将电脑与摄像机都连接到录像机 POE 口，网页登录摄像头 IP，配置→系统→系统维护→完全恢复后。重新插入 POE 网口，录像机会进行自动激活和添加。

（7）报错提示"检测中"。

1）确认设备信息：考虑前后端型号版本是否匹配。

2）请先确认激活摄像机的密码"是否包含 admin"字符？如果包含，请先删除 admin 字符，尝试用其他的密码进行激活。

注意：如果使用 IPC 激活密码激活摄像机，那么 IPC 激活密码也不能包含 admin 字符，点击此处查看 IPC 激活密码修改方法。

3）检查摄像头供电是否正常，能否正常工作，可通过以下方法判断：

如果摄像头没有正常工作，可以尝试将摄像机接入其他的 POE 口或者换短网线测试。

方法 1：可以查看录像机 POE 口指示灯是否亮起，指示灯不亮的说明摄像头没有在正常工作。

方法 2：通道管理→通道配置→POE 配置界面查看对应通道的 POE 功率。如果录像机正常给摄像机供电，对应通道会显示功率数值。若现在显示"×"，则说明未正常给摄像机供电。

4）若测试过方法 1、方法 2 都不行的话：给摄像机单独接上电源，通过 IE 浏览器输入摄像头 IP 地址，访问摄像头，进入配置→系统→系统维护界面。将摄像头完全恢复出厂，然后再接入录像机，看是否能正常添加。

第八节　提升装置维护与检修

一、爬梯维护与检修

主要检查内容如下：

（1）检查爬梯连接螺栓紧固，与塔筒连接处无开焊。

（2）检查爬梯有无油污。

（3）检查爬梯有无腐蚀、有无生锈。

二、助爬器维护与检修

（一）检查导向轮装置

钢丝绳导向轮装置应与顶轮和驱动轮保持在同一垂直线上，检查导向装置滑轮的旋转是否顺畅，发现问题由技术人员进行维修，进行原零部件更换。

（二）检查助爬器主机

主机应安装牢固，各零部件无松动、变形现象。助爬器主机部分可委托有资质的单位开展年检。

（三）检查钢丝绳

主要检查内容如下：

（1）拉动钢丝绳时减速电机应平缓转动，钢丝绳应顺畅进出主机箱，无卡滞现象且钢丝绳应处于绷紧状态，表面无严重磨损。

（2）检查钢丝绳接头处压接套无松动、滑移现象。

（3）助爬器牵引绳根据松紧度，年检时须重新拉紧焊接。

（四）检查电控箱

主要检查内容如下：

（1）检查电控箱旋钮，转动应灵活，无松动或脱落现象；按钮按动应顺畅，无破损或标识模糊。

（2）检查电控箱粘贴标识，应清晰，无脱落现象。

（五）检查顶轮装置

检查顶轮装置安装应牢固，零部件无松动、变形，钢丝绳通过应顺畅。

三、免爬器维护与检修

（一）检查驱动部分

主要检查内容如下：

（1）检查外观是否有损伤，各部件是否有松动、变形，减速机底部是否有漏油。

（2）试运行免爬器，检查驱动装置是否有异响。

（3）电机转动是否正常，发现问题应由技术人员进行维修，如需更换建议采用原厂家部件。

（二）检查车体

主要检查内容如下：

（1）检查车体各部件是否松动、变形，导向轮是否磨损。

（2）检查转换开关、手动制动装置、急停按钮是否正常。

（三）检查电控箱

主要检查内容如下：

（1）检查电控箱按钮是否有松动、脱落、破损等现象。

（2）检查指示灯、开关是否正常。

（3）检查标识是否完整清晰。

（四）检查钢丝绳

主要检查内容如下：

（1）钢丝绳应能顺畅进出驱动装置，无卡滞现象且钢丝绳处于张紧状态、表面无严重磨损。

（2）钢丝绳出现断丝、打结、弯折、变形、散股等损伤，需进行更换。

（3）调整张紧装置，将张紧指示标调到标准值区域。

（五）检查张紧装置

使用前确认张紧装置的张力指示标处于标准值区域内。

（六）检查顶轮组件

检查顶轮组件安装是否牢固，紧固件有无松动、各部件是否变形，钢丝绳通过是否顺畅。

（七）检查爬梯及导轨

主要检查内容如下：

（1）检查爬梯是否牢固，是否有断裂或连接不牢固等现象。

（2）检查导轨安装是否牢固，是否有断裂、错位或连接不牢固等现象，是否有明显磨损。

四、机舱提升装置维护与检修

（一）塔筒升降机检查

塔筒升降机主要检查内容如下：

（1）塔筒升降机是用于运送人员或工具物料到合适高度以完成风力发电机组的运维及检查的永久性安装设备。升降机每次操作前，检查提升机、安全锁和所有的辅助部件（限位开关、钢丝绳导向轮等）状态，确保无缺陷。

（2）检查工作钢丝绳和安全钢丝绳是否正确穿过相应的导向轮。

（3）检查载荷：升降机载人运行时，不得超过额定载荷；考虑到载物模式，升降机可能停滞在半空中，作业人员需要进入升降机进行操作而不过载，在升降机载物运行时，建议载物不超过设定值。

（4）检查升降机电缆是否被有序地收集在收缆桶内，有无溢出或与钢丝绳干涉。

（二）钢丝绳和吊点横梁检查

钢丝绳和吊点横梁主要检查内容如下：

（1）操作升降机时，检查导向钢丝绳的张紧指示器，如果不在合格区间范围内，需进行调节，调节合格后才能对升降机进行操作。

（2）当升降机在塔筒顶部停靠后，检查钢丝绳和吊点横梁的连接是否正常。

（3）检查工作钢丝绳和安全钢丝绳是否有异常现象，是否缠绕。

（三）工作区域检查

工作区域主要检查内容如下：

（1）确保塔筒升降机运行区域内无障碍物，避免障碍物影响升降机安全运行。

（2）确保升降机运行区域内所有设置的保护措施及警示标识处于正确的位置且牢固可靠。

（四）控制功能检查

控制功能主要检查内容如下：

（1）急停：在自动或手动模式下，按下厢内的急停按钮后，点触上升和下降按钮升降机都不会工作。

（2）上限位：升降机上升过程中，触动上限位开关限位杆或上轮廓限位开关都会触发限位开关，升降机立刻停止上升。

（3）终极上限位：如果终极限位开关被触发，升降机立即发出报警声，此时升降机不能上升也不能下降。

（4）下轮廓限位：升降机下降过程中，下轮廓板遇到阻碍，将触发下轮廓限位开关，停止向下运行；阻碍移除后，升降机可以继续向下运行。

（5）下限位：升降机下降到起始平台时，下限位开关被触发，升降机停止下降。

（6）门禁开关：在未关门或门未完全关闭的情况下进行操作，升降机不能上升或下降。

（7）自动运行：将控制盒上的转换开关调至"Auto"位置，点触厢外上升或下降按钮，升降机将自动运行（仅限于厢外操作）。

（五）定期维护

至少每年对升降机的整个系统检查一次，尤其是提升机和安全锁及钢丝绳。对于检查的频繁程度，应根据升降机实际应用的情况而定。提升机和安全锁每累计运行250h后必须由经过有资质的机构进行检修，并提供一份新的检修合格证。

1. 塔筒提升机维护主要内容

（1）提升机表面污垢太多时需要清洁，清洁时应保证足够的通风。

（2）当提升机累计工作超过 125h 或已经投入使用 6 年（上述时间先到为准），应更换润滑油。

（3）提升机首次换油后，建议每 6 年在提升机维护时检查油质，如润滑油浑浊需换油。

（4）当污垢清洁后，确保没有外观缺陷。

（5）检查入绳口和出绳口有无异常磨损。

2. 安全锁的检查和更换

（1）安全锁年检时进行以下工作：

1）按下锁绳按钮，检测锁止功能。

2）顺时针旋转安全锁手柄至其极限位置，检测解锁功能；

3）拆除安全钢丝绳拉紧装置（配重或钢丝绳预紧装置），手动快速拉安全钢丝绳检测安全锁失速锁绳功能，然后重复 2）完成解锁。

（2）在高温（平均温度在 25℃以上）、高湿（平均湿度在 80%以上）或海上、沿海比较潮湿的地区，已经使用 3 年，年检时进行以下额外检查：

1）将安全锁拆下并由有资质人员进行检测与评估。

2）如果在上述检查中发现异常，则需要将整个项目所有安全锁送回有资质单位重新进行校定。

（3）年检时已经安装 6 年或运行 250h（上述时间先到为准），进行以下工作：

1）拆下安全锁，更换为经过重新校定的安全锁。

2）原安全锁返厂校定或授权第三方校定。

3）以上各项检查如存在异常，需将安全锁返厂维修、校定。

3. 钢丝绳

（1）保持钢丝绳清洁，严禁表面附着含对镀锌钢丝绳有腐蚀性的物质。

（2）年检：如果发现以下任意一种情况，检查更换相应钢丝绳。

1）钢丝绳直径 30 倍的长度范围内出现断股或断丝超过 8 根以上。

2）钢丝绳表面或内部严重腐蚀。

3）过热损害，钢丝绳明显变色。

4）对于安全钢丝绳和工作钢丝绳，从压接铝套伸出的钢丝绳头的长度 $L<10mm$。

5）与标准直径相比，钢丝绳直径减小超过 10%。

6）钢丝绳表面的破坏，严重机械性损伤（挤压、撞击伤害等）。

（3）钢丝绳：根据安装说明，检查钢丝绳在顶部和底部安装情况。

1）顶部钢丝绳固定牢固，各螺栓无松动现象。

2）如有二次防护绳，检查二次防护绳连接是否正确。

3）底部钢丝绳端部拉紧装置安装是否正确，导向钢丝绳的张紧力是否合适，确保张紧力在合适范围。

4）如需清理，仅限于手工清理方式清理钢丝绳，如用面料或者毛刷。不允许使用任何溶剂或清洗剂。

5）检查钢丝绳压接铝套下方红漆是否对齐，压接铝套上的红漆是否开裂。

6）钢丝绳检查方法：手动模式下，操作升降机上升；检查人员戴手套轻握钢丝绳向上捋，手触钢丝绳是否有断丝，同时观察是否有局部变形，并在钢丝绳上标注出下次年检的重点区域，划线标记；观察升降机及其附件与塔筒是否干涉；遇到干涉或者其他紧急情况，应立刻停止升降机。

7）安全要求：随时观察是否有障碍物，发现异常立即停止使用升降机；全程戴手套，发现明显断丝处应及时避开，以防止划伤、扎伤。

4. 电缆线

（1）检查电缆外皮和接口是否损坏，如发现损坏，及时更换电缆。

（2）检查电缆的收缆情况，如电缆线不能有序地盘卷在收缆桶内，需要消除电缆的额外扭转应力，全程往复运行进行验证。

5. 过载保护/指示信号

（1）检测传感器和报警器有无明显缺陷。

（2）装置进行过载测验。

6. 标示牌

检查所有标示牌和信息标识的完整性和可识别性，更换丢失或难以辨认的标示牌和信息标识。

7. 电器及电控箱

（1）检查厢内厢外各操作按钮（上升、下降按钮，转换开关，急停按钮等），确认是否可以按动到位，各按钮相对应的功能是否正常。

（2）检查各限位开关（上限位开关、终极上限位开关、轮廓上限位开关、下限位开关、门禁开关）固定是否牢固，触发是否灵敏，功能是否正常。

（3）检查下轮廓限位各活动部件有无卡滞，连接件有无松动；在升降机下降过程中，下轮廓板遇到在升降机正下方任意位置的阻碍，都将触发下限位开关。

（4）检查电控箱固定是否牢固，外观是否损坏、各部件是否缺失或损坏。操作升降机，通过升降机功能判断各接触器动作、过载继电器效果是否正常，测试电机启动器是否能正常工作。

（5）检查分线盒固定是否牢固、外观是否损坏、线路是否松动、锁紧头是否锁紧。

（6）电控箱箱盖处有封条，任何作业人员在打开电控箱后应重新贴新封条。

第九节　振动在线监测系统维护与检修

一、振动在线监测系统介绍

1. 振动传感器的构成及工作原理

（1）振动传感器是将机械振动量转换为呈比例的模拟电气量的机电转换器件。

（2）传感器至少有机械量的接收和机电量的转换两个单元构成。机械接收单元感受机械振动，但只接收位移、速度、加速度中的一个量；机电转换单元将接收到的机械量转换成模拟电气量，如电荷、电动势、电阻、电感、电容等；另外，还配有检测放大电路或放大器，将模拟电气量转换、放大为后续分析仪器所需要的电压信号，振动监测中的所有振动信息均来自于此电压信号。

2. 振动传感器的类型

（1）振动传感器的种类很多，且有不同的分类方法。按工作原理的不同，可分为电涡流式、磁电式（电动式）、压电式等；按参考坐标的不同，可分为相对式与绝对式（惯性式）；按是否与被测物体接触，可分为接触式与非接触式；按测量的振动参数的不同，可分为位移、速度、加速度传感器，以及由电涡流式传感器和惯性式传感器组合而成的复合式传感器等。

（2）在现场实际振动检测中，常用的传感器有磁电式速度传感器（其中又以绝对式传感器应用较多）、压电式加速度传感器和电涡流式位移传感器。其中，加速度传感器应用最广，而大型旋转机械转子振动的测量几乎都是涡流式传感器。

3. 振动传感器配置

针对风力发电机组传动链的特点，需要在主轴承、齿轮箱、发电机、机舱、塔筒安装振动加速度传感器，如图 12-9 所示。

4. 振动服务器

（1）振动服务器，由高性能的专业服务器和相应软件组成，主要完成的功能是数据的长期存储与管理、基于 B/S 结构的数据传输功能、专业的诊断分析图谱、系统管理及设置、数据的分析与故障诊断。

（2）使用数据库，可自动存储振动数据、转速数据、工艺量数据等，所有数据按照时间线进行存储保存，存储在数据库中。可在数据库中筛选、查询及导出变转速振动数据、触发报警后的采集报警数据、设备发生故障的故障数据，其数据存储压缩形式符合振动数据的特殊需要，能生成打印图表。为获取大量数据以评估风力发电机组运行状态，即使未超过振动限值，也记录计算的平均值和各特征频率振动值，振动数据须包含约束的条件，如时间、转速等。可满足 5 年存储数据要求。可以与中控室 SCADA 系统进行通信，网络平均负荷率小于等于 25%。

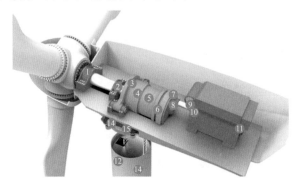

图 12-9　振动加速度传感器

1—叶片；2—轴承座（1）径向；3—轴承座（1）轴向（选配）；4—轴承座（2）径向；5—轴承座（2）轴向（选配）；6—齿轮箱输入端径向；7—齿轮箱输入端轴向（选配）；8—内齿圈垂直径向；9—内齿圈水平径向；10—齿轮箱输出端径向；11—齿轮箱输出端轴向（选配）；12—发电机驱动端径向；13—发电机驱动端轴向（选配）；14—发电机非驱动端径向；15—发电机非驱动端轴向（选配）

二、振动监测设备维护与检修

（一）硬件设备日常检查及维护

在执行风力发电机组定检时，风场维护工程师需要对 CMS 设备进行相应的检查及维护，主要包括设备的外观、连接情况、运行状态进行检查和维护，设备的异常情况进行处理等。

（二）对设备的外观进行检查

检查采集器、传感器、信号线等外观是否完好，如有破损，及时更换新备件。检查机柜是否发生锈蚀，如果出现掉漆锈蚀，应及时做相应的保护措施。保持机柜内部干燥，避免因湿气过大造成元器件短路损伤等。

（三）对设备的连接情况进行检查

检查传感器、信号线、接线端子是否牢靠，如果松动应按照规定进行拧紧，保障设备连接的可靠性。

（四）对设备的运行状态进行检查

（1）电源指示灯常亮，如果出现熄灭，则说明设备供电异常。

（2）仪器运行和仪器异常两个灯只亮一个，且仪器运行绿色灯每隔 10s 左右闪烁一次。

（3）网络通信和网络断开两个灯只亮一个，且网络通信灯每隔 1s 左右闪烁一次，设备网络出现异常时网络断开红色灯则是常亮。

（4）串口通信和串口失联两个灯用来指示串口调试时的工作状态。一般情况下两个灯都不亮，只有在做调试时才闪烁。

（五）硬件设备定期维护项目及要求

（1）检查机柜外观是否良好，如果出现掉漆锈蚀，应及时做相应的保护措施。

（2）检查转速传感器支架是否松动，转速传感器与测速挡片的距离是否正常，能否正常测到转速信号，如果存在异常，应及时处理。

（3）检查连接的振动传感器是否松动，振动传感器的偏置电压是否正常，工作电压在 8～16V 之间，如果存在异常，应及时处理。

（4）检查接线端子排上的接线是否松动，如果存在异常，应及时处理。

（5）检查工作状态灯，是否正常指示。状态指示如图 12-10 所示，绿色指示灯亮或者闪烁表示工作正常，红色指示灯亮或者闪烁表示工作异常。

（六）传感器异常判断及处理

（1）振动传感器在工作时，由采集器提供工作电源，通过检测传感器工作时的

传感器
接线端子

图 12-10　传感器接线端子

端子电压来判断传感器是否异常，传感器工作电压有如下 3 种状态：

1）工作电压在 8～16V 之间，传感器工作正常；

2）工作电压小于 8V 时，传感器短路；

3）工作电压大于 16V 时，传感器断路。

（2）传感器短路或断路均表示传感器异常，此时传感器内部工作电路可能出现异常或接线端、线缆等存在异常，需要做进一步检查。使用万用表测量接线端子两端的电压，从而判断传感器偏置电压，红色线缆为正极，黑色线缆为负极，由万用表示数来判断传感器是否异常。

（3）传感器短路、断路的原因：传感器内部工作电路异常、传感器连接电缆短路或断路、接线端子异常。

（4）处理方法：

1）假设 1 通道测量传感器偏置电压异常，可将此传感器连接到 2 通道接线检测，如果此传感器在 2 通道同样偏置电压异常，则可确认传感器出现异常，如果此传感器在 2 通道偏置电压变为正常，则问题可能出现在传感器线缆或 DAU 接线端子。

2）可将传感器电缆帽拆下，直接用万用表测量电缆帽两接线端子电压，是否为 24V 左右，然后断开传感器线缆接线端子，测量接线端子两侧电压是否为 24V 左右，

从而判断线缆、通道、传感器是否存在异常。

（七）转速传感器的维护

（1）在日常巡查中，检查转速触发片在接近传感器时，传感器 LED 指示灯是否亮起。

（2）如果指示灯不亮，则调整传感器与触发片之间的距离，以 4～6mm 为适当。

需要注意的是，部分风力发电机组受到安装位置的限制，转速传感器安装在发电机侧，因此在风力发电机组对中维护的过程中，需要拆卸转速传感器的安装支架。在对中维护完成后，务必将转速支架恢复，同时测试转速信号能否正常触发，如指示灯不亮，则需调整转速传感器的触发距离。另外，注意转速传感器与触发挡片的距离。

（八）通信异常处理

采集设备发生通信异常，出现原因可能有服务器每隔固定时间查询设备状态，如 DAU 通信无响应，在监控界面上显示通信异常，此通信异常只表示 CMS 系统无通信。具体排查步骤如下：

（1）从中控室查看 CMS 系统通信异常对应风力发电机组的通信情况，如果此台风力发电机组在 SCADA 通信也异常，等风力发电机组通信恢复后，CMS 设备通信自动恢复。

（2）如果风力发电机组通信正常，则需要检查 CMS 设备是否正常。检查 DAU 设备指示灯的情况，如果 DAU 指示灯全熄灭，则说明 DAU 未通电，需要排查电源情况。

（3）电源异常（指示灯熄灭），可以用万用表测量电压接线端子电压，如果没有电压，检查电源供电线路上的空气开关有无断开，查找上游电路是否存在开关断开的情况，接线端子有无虚接。从电路方面查找断电的原因。

（4）如果是电源和仪器运行灯正常，网络断开红灯亮起，则说明采集设备到风力发电机组交换机之间的通信出现异常，只需逐步排查网络通信即可。

（九）注意事项

（1）检查各测点传感器有无脱落，检查传感器有无松动，用力矩扳手检查传感器安装力矩，检查传感器线缆有无松动。

（2）打开 DAU 外壳，查看 DAU 指示灯的闪烁情况，是否存在断电、通信断开、仪器异常等情况。

（3）检查网线与交换机接口是否松动。

（4）检查转速传感器的脉冲能否正常触发，如果不能触发，调整触发距离。

（5）在日常维护风力发电机组过程中，一定要避开传感器，不能踩踏。

（6）需要认清高低频传感器分布位置，更换传感器时，严格对应。

（7）更换传感器时，需要记录新、旧传感器的编号、风力发电机组编号、测点名称信息以便后续查验。

三、CMS 系统软件日常检查与维护

在执行软件系统日常检查及维护时，风场维护工程师需检查监控系统软件数据是否及时更新采集时间，监控软件各界面功能是否正常显示等。

（1）定期查看服务器监控系统数据采集的更新时间，如遇到数据采集未及时更新的情况，排除硬件设备问题情况外，进一步排查软件问题，检查服务器硬盘空间是否无储存空间等。

（2）定期查看服务器监控系统软件各界面功能是否正常显示，如监控状态显示、特征值显示、趋势分析显示等是否正常，及时处理对应软件代码问题。

（3）定期维护服务器软件系统，如查杀软件病毒等。日常避免外接设备的使用，减少服务器软件风险。

四、振动监测设备典型故障案例

振动监测设备典型故障案例主要包括转子不平衡、不对中、松动、共振、轴弯曲、联轴器损伤、轴承损伤、齿轮损伤等。下面结合损伤特征谱图分析详细描述。

（一）不平衡分析与处理

1. 静态不平衡

静态的不平衡导致转子两端的轴承在 1X 处出现不平衡应力，并且两端轴承上应力的方向相同，其产生的振动信号同相位。一个单纯的静态不平衡将在振动频谱中产生一个强烈的基频波峰，其振幅与不平衡的严重程度，以及旋转速度的平方呈正比。轴承上 1X 处的相对振幅取决于转子"重心"的位置。其频谱图如图 12-11 所示。

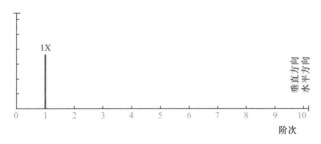

图 12-11　静态不平衡图

（1）特征：径向 1X 波峰（垂直或水平方向上）。

（2）最简单的不平衡模型是将转动轴的重心简化到一个点。这种不平衡称为静态不平衡，因为即使是在旋转体不旋转的情况下也能够表现出来，如果将其放在没有摩擦的轴承中间，重心位置将自动回转到最低位置。

（3）静态不平衡将会在旋转轴的两个承载轴承上产生一个 1X 频率的作用力，作

用于两个轴承上的作用力的方向总是相同。从这两个轴承上采集到的振动信号同相。

2. 偶不平衡

一个偶不平衡转子在静止的情况下可能是平衡的（当置放在无摩擦力的轴承上，看起来是完全平衡的）。但是一旦开始旋转，它就会在两端轴承上产生反相离心力。如果仅从振动频谱上来看偶不平衡和静态不平衡都是很相似的，只能通过相位测试来帮助区分这两种不平衡状态。其频谱图如图 12-12 所示。

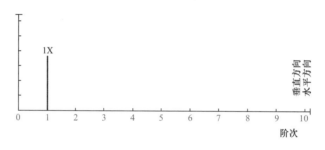

图 12-12　偶不平衡图

（1）特征：径向 1X 波峰（垂直或水平方向上）。

（2）一个旋转体如果存在偶不平衡，就有可能形成静态平衡（放置在无摩擦的轴承上旋转体看起来好像刚好平衡）。但当旋转体发生旋转的时候，就会在它的两个承载轴承上产生离心作用力，并且它们的相位相反。

（二）不对中分析与处理

1. 平行不对中

平行不对中会在每个轴的耦合端产生剪切和弯曲力矩。其频谱图如图 12-13 所示。

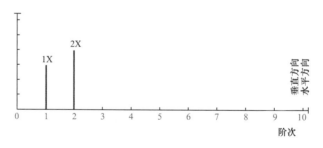

图 12-13　设备平行不对中图

（1）特征：径向 2X 波峰，径向 1X 低幅波峰（垂直或水平方向上）。如果不对中轴的中心线平行但不共线，这样的不对中称为平行不对中（或相离不对中）。

（2）平行不对中在各个轴的联结端产生剪切应力和弯曲变形。

（3）联轴器两端的轴承，会在径向（垂直和水平方向上）上产生高强度的 1X 和 2X 振动。在多数情况下，2X 处的幅度要高于 1X。

（4）对于单纯的平行不对中，轴向上 1X 和 2X 处的振幅都很小。

（5）沿联轴器检测到的振动在轴向和径向上异相，并且轴向上的相位差为 180°。

2. 轴线角度不对中

如果不对中的两个轴相交于一点但相互不平行，这样的不对中称为轴线角度不对中。其频谱图如图 12-14 所示。

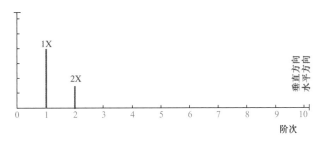

图 12-14　设备角度不对中

（1）特征：径向 1X 波峰，轴向 2X 低幅波峰，径向 1X 低幅波峰。

（2）如果不对中的两个轴相交于一点但互相不平衡，这样的不对中称为轴线角度不对中。

（3）轴线角度不对中会在轴上产生一个弯曲作用，在频谱上表现为高强度的 1X 振动和在两端的轴承上的少量轴向 2X 振动。

（4）还会有相当强的径向（水平和垂直方向上）1X 和 2X 振动，但是这些振动都是相同的。

（5）振动在轴向上相位差为 180°，而径向上同相。

（三）松动分析与处理

1. 旋转松动

轴承磨损可能会导致出现旋转松动。其频谱图如图 12-15 所示。

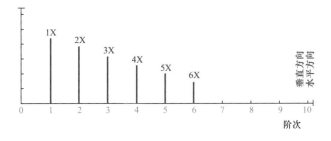

图 12-15　旋转松动

（1）特征：径向 1X 谐波（严重时出现 0.5X 谐波）。

（2）轴颈（轴套）和滚动轴承（轴承松动）间如果出现过量余隙，则会产生 1X

谐波，有时甚至能扩展到 10X。

（3）过大的滑动轴承游隙可能会产生后面所示的 0.5X 谐波，通常被称为半阶分量或次谐波。产生的主要原因是摩擦或严重的冲击作用，有时甚至会产生 1/3 阶的谐波。

2. 结构松动（弹性地基）

机器与地基之间的松动会使其最小刚性方向上的 1X 振动升高。这通常是在水平方向上，同时还取决于机器的安装和布局方式。其频谱图如图 12-16 所示。

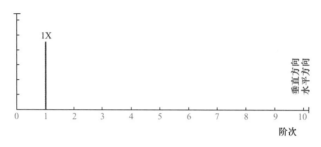

图 12-16　设备基础或设备结构松动

（1）特征：水平方向上 1X 波峰。

（2）机器和它的基础之间出现松动，在刚性比较弱的地方就会出现 1X 振动，这通常发生在水平方向上，但有时也要根据实际情况确定。如果松动严重，往往会产生低阶 1X 谐波。

（3）如果水平方向 1X 振动比垂直方向上的 1X 振动振幅大得多，很可能就是松动所致。如果水平方向 1X 振动比垂直方向上的 1X 振动振幅小或相等，那么其出现不平衡的可能性就比较大。基础松动或基础柔性化是紧固连接件的螺栓松动、腐蚀或裂纹所致。

注意：如果机器安装基础的弹性比较强，其实平轴向的振动要强得多。

（4）在这种情况下，相位可以作为辅助识别的手段，机器和基础在垂直方向的振动相位差为 180°。

3. 轴承座松动

轴承底座断裂或轴承座一些连接螺栓出现松动时，引发设备轴承座出现松动现象。其频谱图如图 12-17 所示。

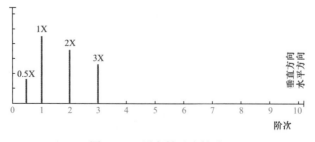

图 12-17　设备轴承座松动

（1）特征：径向 1X、2X 和 3X 波峰。

（2）频谱上现实 1X、2X 和 3X 处有振动分量，但通常没有其他谐波，在严重的情况下还会有 0.5X 的波峰。

（3）相位一般不用来辅助识别这种故障轴承和基础间有 180°的相位差。

（四）共振分析与处理

当机械设备所受外界激励频率与该机械设备某阶固有频率想接近时，引发共振现象发生。其频谱图如图 12-18 所示。

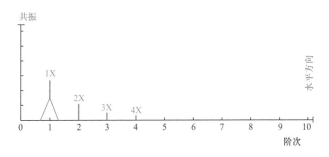

图 12-18　共振频谱图

（1）特征：频谱中通常只在一个方向有"峰丘"出现。

（2）共振是激振频率达到机器的固有频率时发生的一种现象。固有频率是指一个结构在外部驱动力作用下发生振动的频率。

（3）在单个轴方向上，在"峰丘"上存在一个高幅的波峰。

（4）如果增加（或者减少）激振频率使共振现象不再发生，振幅会明显减小。

（五）轴弯曲分析与处理

当转轴工作不平衡，各轴径受力不均衡等或曲轴轴承松紧不一导致中心线不在一直线等原因，引发轴弯曲。其频谱图如图 12-19 所示。

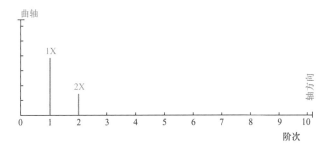

图 12-19　轴弯曲频谱图

（1）特征：轴向 1X 波峰。

（2）轴的弯曲会引起轴向高强度 1X 振动。如果在轴的中心附近出现弯曲，其主导波峰通常出现在 1X 处，如果是在靠近联轴器的地方则还会出现 2X 波峰。

（3）轴向垂直和水平方向的测量通常也能得到 1X 和 2X 波峰，其中最关键的就是轴向测量。

（4）相位测量对于诊断轴的弯曲故障是非常有用的。在轴向上测得的两端在 1X 处的相位，其相位差为 180°。

（六）联轴器损伤分析与处理

当齿轮箱轴和发电机转轴水平度及同轴度误差较大时，超过了联轴器所能补偿的范围，造成联轴器旋转时别劲，引发联轴器损伤。联轴器连接螺栓或弹性膜片出现松动时同样引发联轴器出现损伤。其频谱图如图 12-20 所示。

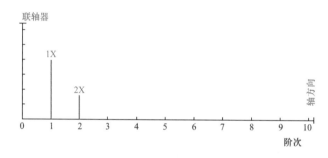

图 12-20　联轴器频谱图

（1）特征：1X 和 2X 波峰。

（2）如果联轴器没有准确对中，例如法兰盘端面不平行，在振动频谱上显示出与轴线角度不对中类似的显示。

（3）联轴器故障是很常见的问题，通常在径向上产生 1X 和 2X 的高强度波峰。

（4）联轴器磨损会产生不对中和松动的所有特征。

（七）滚动轴承分析与处理

滚动轴承在设计、制造、安装、润滑和使用维护过程中，因设计不可靠、材料缺陷、制精度不够、装配不当或使用过程中的润滑不良、腐蚀、过载、异物侵入等因素，会导致轴损伤或故障。主要损伤形式包括磨损、疲劳剥落、锈蚀和腐蚀、烧伤、塑性变形、断裂、胶合和保持架损坏。

滚动轴承表面损伤的形态和轴的旋转速度决定了激振力的振动频率；轴和外壳决定了振动系统的传递特性。最终的振动特性，由上述两者共同决定。也就是说，轴承异常所引起的振动频率是由轴的旋转速度、损伤部分及外壳振动系统的传递特性所决定的。轴承损伤频谱图如图 12-21 所示。

（1）特征：在次同步频率出现波峰（带有谐波）。

（2）滚动轴承故障遵循典型模式，轴承会发出高频的尖叫声。目前主要的诊断工具有 HPD、峰值能量、SEE 等。

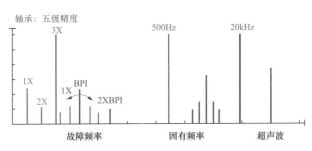

图 12-21 滚动轴承频谱图

（3）随着故障的发展，在频谱上的显示也会随之发生变化。在不同频率（如 3.9X、6.45X 等）处将出现波峰，并通常伴有谐波以及 1X 或保持架频率的边频带。

（4）有 4 个重要的激振频率：球过内圈频率（BPI），球过外圈频率（BPO），保持架频率（FT）和球旋转频率（BS）。

（5）激振频率的 4 个参数：球直径、球数、节径和接触角。

（6）沿联轴器检测到的振动在轴向和径向上异相，并且轴向上的相位差为 180°。

五、齿轮箱振动原因及典型案例分析

齿轮常见的故障有磨损、胶合、塑性变形、裂缝和裂纹、轮齿折断等。引发这些故障的主要原因包括制造误差、装配误差、润滑不良、超载冲击、操作失误等。

齿轮相互啮合时，受到周期变化的啮合应力，从而激发整个齿轮系统的振动，齿轮运转时产生振动的主要原因包括以下几个方面。

（1）齿轮的啮合引起的振动。齿轮在传动过程中，其轮齿周期性的进入和离开啮合区，齿轮受载也发生周期性突变，引起齿轮振动；轮齿在啮合过程中其啮合刚度也呈周期性变化，这也是引起齿轮振动的原因之一。此外，由于齿轮啮合变形，基节发生变化，会引发齿轮的啮入和啮出冲击。

（2）齿轮固有频率振动。固有频率振动是指齿轮受到外界持续激振力作用，产生瞬态自由振动，并带来噪声。齿轮将以多阶固有频率振动，但是具有高阶固有频率的振动多数在很短的时间内就消失了，只剩下基本的低阶固有频率振动。

（3）齿轮制造和装备误差引起的振动。齿轮制造时会产生加工误差，装配过程中也会产生装配误差，对齿轮运动准确性、平稳性和载荷分布均匀性产生影响，都会使齿轮产生振动。

（4）齿轮磨损引起的振动。由于齿轮的装配、制造误差和润滑不良原因，会导致齿轮产生各种破坏，当齿轮出现磨损故障，齿轮间隙变大，有时会出现裂痕、点蚀、

一端接触、剥落等类型的故障。因啮合而产生的冲击振动的振幅和其他振动振幅相比大很多，并且冲击振动的振幅几乎有相同的振级。

（5）断齿引起的振动。轮齿折断是齿轮最严重的故障形式，一旦发生轮齿折断故障，就造成设备无法工作、停机现象。引起轮齿断裂常见的原因有过载断裂、磨损断裂和疲劳断裂。其中，在各类断裂中，疲劳断裂所占的比例最大。齿轮在长期运转中，轮齿长期受到周期性的交变应力，就会在轮齿根部产生裂纹，随着时间的增加裂纹会逐渐扩展，最终导致轮齿折断。齿轮折断会使齿轮产生很大的冲击，迫使机器停止工作。

（6）齿轮制造缺陷引起的振动。当齿轮因制造原因而出现如齿形误差、偏心、周节误差等缺陷时，齿轮运转平稳性会大大降低，特别是当齿轮处于加速或者减速阶段时，制造缺陷引起的振动冲击会更加明显。

（7）齿轮不同轴引起的振动。制造、安装或使用过程中的某些问题都可能导致联轴器两端的轴不对中，由此会造成齿轮产生分布类型的误差，因齿形误差而导致信号调制现象。

1. 齿轮啮合故障频谱

齿轮啮合故障频谱图如图 12-22 所示。

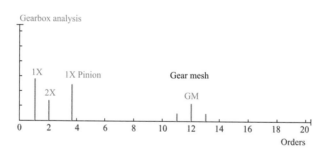

图 12-22　齿轮啮合频谱图

（1）特征：径向 100/120Hz 处的波峰。

（2）通常会在轴的转速频率和齿轮啮合频率处出现波峰，但是幅值不高。可能会出现 2X 波峰，并且在齿轮啮合频率附近有轴转速频率的边频带。

（3）对于直齿轮主要的振动是在径向，斜齿轮主要的振动是在轴向。

（4）啮合频率=齿数×轴的转速。

（5）输出转速=输入转速×主动轮齿数/被动轮齿数。

（6）时域波形分析对于变速箱时是很有用的，因为在时域波形中可以看到每个齿啮合对应的脉冲。通常可以通过研究时域波形得到齿数。根据故障的特征，齿轮每旋转一转就可以看到一个脉冲，而脉冲的幅值有大有小。

2. 齿轮磨损频谱图

齿轮磨损频谱图如图 12-23 所示。

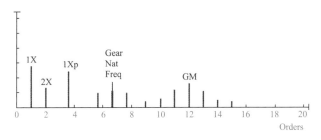

图 12-23 齿轮磨损频谱图

（1）特征：齿轮啮合频率附近的 1X 边频带。

（2）当齿轮的齿开始发生磨损的时候，齿轮啮合频率处边频带的幅值升高，而边频带的振幅决定于齿轮的转速，同时将出现齿轮固有频率的振动，固有频率振动也会有边频带产生，并且它有很宽的基频。

（3）齿轮啮合频率=齿数×轴的转速。

（4）输出速度=输入速度×主动轮齿数/被动轮齿数。

3. 齿轮不对中频谱图

齿轮不对中频谱如图 12-24 所示。

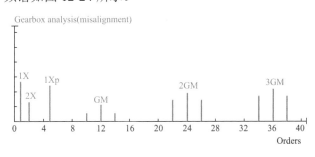

图 12-24 齿轮不对中频谱图

（1）特征：齿轮啮合频率谐波附近的 1X 边频带。

（2）不对中齿轮会在啮合频率处产生带有边频带的啮合频率振动，但是有啮合频率的谐波是很常见的，在二倍和三倍啮合频率处谐波的峰值还比较高。因此，设置较高的频率范围（Fmax），使所有要测量的频率都能看到，是很重要的。

（3）齿轮啮合频率=齿数×转速。

（4）输出速度=输入速度×主动轮齿数/被动轮齿数。

4. 齿轮破裂或折断频谱图

齿轮破裂或折断频谱图如图 12-25 所示。

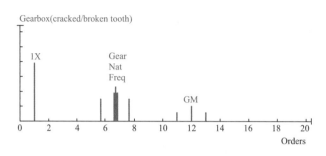

图 12-25　齿轮破裂或折断频谱图

（1）特征：径向高强度的 1X 波峰，齿轮固有频率，啮合频率处的 1X 边频带。

（2）轮齿发生破裂或折断会在齿轮的旋转频率处将产生高强度振动，导致齿轮共振。在齿轮的旋转频率处会产生边频带。然而，最好的方法是观察破裂或折断的轮齿的时域波形，如果齿轮有 12 个齿，那其中一个齿的波形就会和其他不同。脉冲的时间间隔等于齿轮的旋转周期（齿上一固定点重复啮合的时间差）。

（3）齿轮啮合频率=齿数×轴的转速。

（4）输出速度=输入速度×主动轮齿数/被动轮齿数。

第十节　消防系统维护与检修

一、消防系统使用方法

1. 便携式灭火器使用方法

（1）人员站在上风向，离火源 1.5～2m 位置。

（2）拔掉灭火器铅封、拔掉保险销。

（3）一手端着灭火器瓶底（带喷管的一手握着喷管），另一手抓着压把。

（4）对着火源根部来回扫射。

2. 自动消防设施使用方法

（1）在风力发电机组内无人时，将气体灭火控制器内的控制方式选择开关设定在自动位置，灭火系统处于自动控制状态。当机舱内发生火情，火灾探测器发出火灾信号，报警器即发出声光报警信号，同时发出联动指令，关闭所有联动设备，经过 30s 延时后，发出灭火指令，电磁铁动作，打开电磁瓶头阀阀释放启动气体，启动气体通过启动管道打开选择阀（组合分配系统）和瓶头阀，释放灭火剂实施灭火。

（2）在风力发电机组内有人时，将气体灭火控制器内的控制方式选择开关设定在手动位置，灭火系统处于手动控制状态。当机舱发生火情，人员持干粉灭火器站在靠近机舱出口处，拔下保险销，一手握紧喷管，另一手捏紧压把，将喷嘴对准火焰根部扫射。当判定无法灭火后，可按下机舱门口的紧急启动按钮或气体灭火控制器上的启动按钮，即可按上述程序启动灭火系统实施灭火。启动自动灭火系统后，人员必须在30s内撤离。

二、消防系统日常管理和检查

1. 消防设施日常检查

（1）干粉灭火器常规检查。

1）铅封完好。

2）压力表指示在绿区或黄区。

3）瓶体外观无腐蚀。

4）喷头及胶管完好，无严重裂纹或松动。

5）在检验日期内。

（2）自动灭火系统进行常规检查。

1）检查柜式灭火装置，设备状态和运行状况应正常。

2）储瓶间的设备、灭火剂输送管道和支、吊架的固定，应无松动。

3）发现空置、泄压、超期、铅封开启或其他原因影响使用的灭火器及时以书面形式通知本单位。

4）储瓶间内不允许存放易燃、易爆和有腐蚀性的物质。

2. 消防设施维护

（1）火灾自动报警系统报警部件或探测部件无异常，系统正常。

（2）灭火瓶组无超期或泄压。

（3）高压软管应无变形、裂纹及老化。

（4）各喷嘴孔口应无堵塞。

（5）灭火剂输送管道有损伤与堵塞现象时，应进行严密性试验和吹扫。

（6）每年应以书面形式通知本单位对每个机舱内的自动灭火系统进行一次模拟启动试验和模拟喷气试验。

（7）钢瓶的维护管理应按 TSG R0006《气瓶安全技术监察规程》执行。

（8）灭火器启用后，协助本单位联系厂家对自动灭火系统进行维修。

3. 注意事项

（1）储瓶应设置于防护区外专用的储存容器间内。

（2）储瓶间的室内温度应为 0～50℃，并保持干燥和良好通风，避免阳光直接照射。

（3）平时瓶头阀和电磁瓶头阀上的压力表锁紧螺母应锁紧，以防止压力表处慢漏气，检查时再慢慢地拧开。拧开后需停留片刻再观察压力表值，检查完毕依然要将该螺母锁紧。

（4）瓶组框架必须用地脚螺栓固定。

（5）储瓶应避免接近热源，运输过程中应轻装轻卸，防止碰撞、卧置、倒置。

（6）瓶头阀转轴端部的保险块和手柄上锁紧螺栓是为了防止转轴在运输、安装过程中因碰撞、振动等原因引起转动使阀门误动作而设置的，在设备运输、安装和开通前禁止取下。而在交付使用时，必须将保险块反装和手柄上锁紧螺栓松开，否则阀门将打不开；瓶头阀上的先导阀待投入使用时再安装。

（7）电磁铁单独包装运输以防启动瓶组在运输过程中误动作。

（8）启动管道在运输过程中均不准与瓶组连接，到现场再按图组装。

（9）在现场安装调试完毕投入使用前，才能取下电磁铁上的保险销。

（10）在灭火系统发出声光报警释放灭火剂前，保护区内所有人员必须撤离现场。灭火完毕后，必须先开窗或打开通风系统，将废气排除干净后，人员才能进入现场。

（11）更换新的密封垫、O形圈，尤其是密封膜片和安全膜片，必须由厂方提供与原材料型号、形状大小、厚薄相同、检验合格的成品，不得随意用未经试验的零件代用。

（12）当灭火剂输送管道设置在可燃气体、蒸汽或有爆炸危险粉尘的场所时，应设防静电接地。

（13）气体自动灭火系统应经专业机构或消防监管部门验收合格，工程具有《气体灭火系统竣工验收报告》方可投入使用。

（14）气体灭火系统的检查、维护、保养人员应为经过专门培训合格者；严禁其他人员操作，以免发生意外事故。

三、应急处置

1. 应急设施设计要求

（1）机舱应有保证人员在30s内疏散完毕的通道和出口。

（2）风力发电机组内的疏散通道及出口，应设应急照明与疏散指示标志。

（3）风力发电机组内应设火灾声报警器，必要时，可增设闪光报警器。

（4）风力发电机组的入口处应设火灾声、光报警器和灭火剂喷放指示灯，以及防护区采用的相应气体灭火系统的永久性标示牌。灭火剂喷放指示灯信号，应保持到防护区通风换气后，以手动方式解除。

2．发生火情的紧急处置

（1）当机舱内发生火情，气体灭火控制器不能发出灭火指令，应通知风力发电机组内人员迅速离开现场，关闭联动设备，先拉出电磁瓶头阀上的手动止簧片，再按下阀体顶部手动按钮，即可按上述程序启动灭火系统实施灭火。若此时电磁瓶头阀发生故障，可先打开相应选择阀的手柄，敞开压臂，然后再分别打开相应灭火剂储瓶上的瓶头阀，释放灭火剂实施灭火。

（2）当发生火情报警，在延时时间内发现不需要启动灭火系统进行灭火的情况下，可按下紧急停止按钮或气体灭火控制器上的红色紧急停止按钮，即可阻止灭火指令的发出。

第十三章

远程集控系统维护与检修

本章主要介绍远程集控系统的维护与检修，主要内容包括远程集控系统及重点设备的检查维护，列举了典型故障的处理方法及典型作业案例。通过本章内容的学习，为远程集控设备设施的维护与检修提供有效指导和方法参考，提升远程集控系统整体运维水平。

第一节　远程集控系统概述

一、远程集控系统

新能源发电远程集控系统是指实现一定区域内所有风力和光伏发电远程集中监控的控制系统，包括集控主站和风电（光伏）场子站。集控主站部署于区域生产管理中心，对区域内多个风电（光伏）场实行远程监视和控制；子站部署于风电（光伏）场站侧，完成底层监控系统基础数据采集上传集控主站用于运行监视，同时接受并执行主站远程控制命令。

远程集控系统满足国家、行业、发电集团关于系统建设的相关要求，与新型电力系统建设需求相适应，具备软硬件设备扩展的能力，能够满足后期新建场站接入、新业务集成发展的需求。

远程集控系统是实施新能源集约化运行管理的基础技术保障，其主要运用多场站时序数据同步技术、云边协同技术和基于数据总线的远程监控技术，依托自动化平台，具备光伏、风电场站设备远方监视、遥控操作、负荷调整，以及异常和事故推送告警功能。为区域层面实现风电场站远程集控、优化调度、多能互补、应急协调等职能一体化提供支撑，增强集约管控与价值创造能力。

二、远程集控系统相关软硬件

远程集控系统一般按照集控中心侧和场站侧进行部署，严格参照"安全分区、纵向加密、横向隔离、网络"相关原则和要求。远程集控系统主要由计算机类设备、网络通信设备、信息安防设备、系统软件、通信链路和机房环境等组成。

第二节　远程集控系统检查与维护

一、计算机类设备检查与维护

（一）服务器检查与维护

服务器是指在远程集控系统中能为其他终端提供数据和应用服务支撑的计算机类设备，主要包括集控安全一二区自动化服务器、数据库服务器，以及安全三区数字化服务器或私云资源等。服务器为高性能和高可靠性的计算机，一般采用服务器专用中央处理器（central processing unit，CPU）、内存、磁盘阵列（redundant arrays of independent disks，RAID）等。服务器从技术架构上一般可分为 X86 架构服务器和 ARM 架构服务器等。

1. 服务器本体

（1）检查服务器前面板，查看有无故障灯闪烁或有无提示报警信息。

（2）检查服务器电源，查看电源模块指示灯是否长亮。

（3）检查服务器硬盘，每个硬盘指示灯是否有报警灯闪烁。

（4）检查服务器网卡，每个网卡的指示灯颜色和闪烁是否正常。

（5）检查服务器 USB 接口是否有未经允许的存储介质插入。

（6）检查服务器网络接口是否有未标明的网线接入。

（7）检查服务器的风扇运转是否正常，有无异常声音。

2. 存储部分

（1）检查存储系统指示灯是否有报警灯或者错误灯常亮。

（2）检查存储系统每个硬盘指示灯是否有报警或者损坏的颜色灯亮。

（3）检查检查存储系统数据备份是否正常。

（二）边缘一体机检查与维护

远程集控系统的边缘一体机（或通信管理机、网关机）的作用是将其他的电力系统规约转换成远程集控系统可以识别的规约，然后进行解析和数据转发。常见的接入规约有 CDT 规约、Modbus 规约、IEC104 规约、IEC102 规约、OPC 规约等。

边缘一体机的日常检查项目有：

（1）检查装置面板指示灯状态，是否有告警指示。

（2）检查装置电源是否正常。

（3）检查装置风扇是否正常。

（4）检查装置网口指示灯是否正常。

二、网络通信设备检查与维护

1. 远程集控系统的网络设备

远程集控系统的网络设备主要有网络交换机、路由器等。

（1）交换机按照传输速率可分为百兆交换机、千兆交换机、万兆交换机；按照接口的传输介质可分为电口交换机、光口交换机；按照网络工作层级可分为二层交换机、三层交换机。

（2）路由器是工作在网络层的网络设备，完成网络层中继以及第三层中继功能。对不同的网络之间的数据包进行存储、分组转发处理。路由器的作用是在网络中找到最佳的路由传输路径，实现不同 IP 地址段的网络互联或完成丰富的通信策略。

2. 网络设备日常检查项目

（1）检查设备面板指示灯状态，告警指示灯是否常亮，常亮则为异常。

（2）检查网口指示灯情况，查看是否有熄灭或其他不良情况。

（3）检查设备电源是否正常，指示灯为绿色则表示电源正常工作，电源指示灯不亮或者黄色则电源模块出现异常。

（4）检查设备风扇是否正常转动，设备运行状态下风扇未转动则为异常。

（5）检查所连接设备的网络通信是否正常，是否可以正常访问该设备。

（6）具备网络管理界面的网络设备，登录管理界面查看详细的日志记录，是否有错误日志，发现错误日志，应尽快进行排查解决。

三、信息安防设备检查与维护

1. 远程集控系统的信息安装设备

远程集控系统的信息安防设备主要有防火墙、纵向加密认证装置、正反向隔离装置等。

（1）防火墙是主要用于保护一个网络区域免受来自另一个网络区域的网络攻击和网络入侵行为的网络访问控制设备，能够及时发现并处理计算机网络运行时可能存在的安全风险、数据传输等问题，对内部网络起到隔离与保护的作用。

（2）纵向加密认证装置是采用非对称加密算法的硬件机器，主要应用于网络隔离区域之间的信息加密传输，是采用认证、加密、访问控制等技术措施实现电力监控系统数据安全传输、纵向边界安全防护的装置。纵向加密认证装置通过创建 VPN 隧道传输实时及非实时的业务数据，隧道两端的加解密公钥和私钥是一一对应的，即便黑客获取了业务数据报文也不能破解。

（3）正反向隔离装置是一种由带有多种控制功能专用硬件在电路上切断网络之间的链路层连接，在网络间实现安全应用数据交换的网络安全设备，分为正向隔离装置和反向隔离装置。

1）正向隔离装置一般在安全等级低的主机访问安全等级高的主机时使用，由安全等级高的主机将数据传输给安全等级低的主机。

2）反向隔离装置一般在安全等级高的主机访问安全等级低的主机时使用，由安全等级低的主机将数据传输给安全等级高的主机。

2. 信息安防设备的日常检查项目

（1）检查设备面板指示灯状态，告警指示灯是否常亮，常亮则为异常。

（2）检查网口指示灯情况，查看是否有熄灭或其他不良情况。

（3）检查设备电源是否正常，指示灯为绿色则表示电源正常工作，电源指示灯不亮或者黄色则电源模块出现异常。

（4）检查设备风扇是否正常转动，设备运行状态下风扇未转动则为异常。

（5）检查所连接设备的网络通信是否正常，是否可以正常访问该设备。

（6）具备网络管理界面的网络设备，登录管理界面查看详细的日志记录，是否有错误日志，发现错误日志，应尽快进行排查解决。

四、系统软件检查与维护

远程集控系统的系统软件主要包含数据库和应用程序。

1. 实时数据库

常见的实时数据库有 Thunder DB、智捷、PI 等。实时数据库是以系统服务的方式发布，当服务器启动后，该服务会自动启动。

2. 关系数据库

常见的关系库有达梦、人大金仓、DB2、Oracle 等。关系数据库是以系统服务的方式发布，当服务器重启后，该服务器会自动启动。

3. 数采与边缘计算程序

数采与边缘计算程序即场站数据采集接口与云边协同程序，一般运行在场站边缘一体机中，是远程集控系统数据传输的基础，场站风机、光伏逆变器、升压站、电量等数据均通过数采与边缘计算程序转发送至集控中心实时数据库。

检查方式是通过集控中心安全一区维护工作站，通过前置服务器以 SSh 方式连接至相应边缘一体机。登录后访问设备中的数采与边缘计算服务。

五、通信链路检查与维护

如出现场站网络中断、数据不刷新、风机出现通信中断状态等情况，通过集控中心安全一区工作站使用 ping 命令，ping 下属场站的数采装置判断通信链路是否正常。检查方式为点击开始菜单"运行"或快捷键"菜单键"+"R"打开运行窗口，输入 cmd（Linux 系统下使用终端）打开命令提示符窗口，在窗口中输入"ping 空格 IP 地址"（例：ping 198.122.210.11）。如有回复，则代表网络畅通；如显示"请求超时"或"无法访问目标主机"，则代表网络故障或现场设备意外关闭。出现此类问题时，需要对专线链路、设备和网络策略进行检查，查看链路是否正常联通，网络通信和信息安防设备是否正常运行，网络中是否修改了通信或安防策略。确认故障点位后，对相关设备或系统进行恢复处理。

六、机房环境检查与维护

远程集控系统分别部署在集控中心机房、场站继保室或通信机房，机房环境的稳定、可靠对远程集控系统整体的稳定运行和设备长久使用起到至关重要作用。机房环境检查与维护主要包括以下方面：

（1）检查机房温度、湿度是否正常，机房空调运转是否正常。

（2）检查机房火灾报警和灭火装置是否正常。

（3）检查机房主备电源系统和 UPS 电源系统是否正常。

（4）检查机房门禁系统是否正常。

（5）检查机房安防装置是否正常。

（6）检查机房有无渗漏水情况。

第三节　远程集控系统典型故障处理

远程集控系统常见的故障有数据中断、数据异常或丢失等。根据对各种故障发生原因排查与处理可分为软件类故障和硬件类故障。

一、软件类故障排查处理

数据中断、数据异常或丢失等问题是远程集控系统运行中较为常见的故障，本节介绍数据传输流转链路，以及如何判断数据中断在哪个环节中。集控系统中数据流向为：场站对侧数据外送装置（风机 SCADA 服务器、升压站远动装置、电能量采集装置等）→数采装置（通信管理机、网关机、接口机等）中接口程序（ECell）→交换机、纵向加密等通信和信息安全设备→集控中心实时数据库。对于统计类数据，由专门的统计程序根据实时库点位，算出统计值写入到关系数据库，集控系统页面查询实时数据库和关系数据库中的数据，在工作站页面或大屏上进行展示。

根据数据流向、数据中断等问题排查重点需要检查数据库、数据接口及相关网络设备或装置。

（一）数据库典型故障及处理

1. 数据库无法正常访问

（1）排查网络原因，确保访问数据库的客户端机器与数据库服务器在同一网络环境，检查 IP 地址是否正确、是否可以 ping 通、端口是否可以 telnet 通。如不通可访问本网段其他服务器进行网络排查，确认是否网络问题，同网段网络问题可参考本章第三节网络通信设备软件故障进行故障排查。

（2）如网络正常，则排查服务器是否正常运行；如不能正常运行，可参考本章第二节服务器故障处理章节进行服务器故障排查，确保服务器正常运行。

（3）网络、服务器均正常的情况下，可通过访问数据库进程管理客户端对服务组件状态进行检查，确保每一个服务组件正常运行，未启动的组件可以通过 start 按钮进行启动。

（4）在网络、服务器、数据库组件运行均正常的情况下，可通过重启服务器的方式进行处理（数据库相关组件已注册为系统服务器，重启后自动启动）。

2. 数据库实时测点不刷新

（1）全库实时测点不刷新的情况，需要对数据库服务器与核心交换机、集控侧 SDH、路由器等设备及集控侧光纤通道进行逐一网络排查。确保网络通信正常后，通过数据库进程管理客户端查看组件运行情况，确保每一个服务组件正常运行，未启动的组件可重新进行启动。

（2）单场站、部分场站实时测点不刷新的情况，需要对单个场站至集控侧的网络通道进行排查。如通道正常，则参考本节数据接口故障对现场接口程序进行故障排查。

3. 数据库计算测点不刷新

（1）全库计算测点不刷新的情况，需要通过数据库进程管理客户端进行服务组件的状态检查。如组件正常，重启统计程序 datacalc 组件。

（2）单场站、部分场站计算测点不刷新的情况，需要确认单个场站的实时数据是否正常，如不正常，则参考本节数据接口故障对现场接口程序进行故障排查。

（3）单个或部分计算测点不刷新，需要检查计算测点的模型配置是否正确，引用的实时测点名称、计算公式、格式是否正确。

（二）数据接口典型故障及处理

1. 网络故障

（1）场站侧与集控侧网络不通的情况可参考本节网络通信设备软件故障进行故障排查。

（2）场站侧边缘一体机与对侧数据外送装置的网络故障可通过 ping、telnet 等命令进行网络故障排查。

2. 边缘一体机数据接口故障

（1）数据接入不刷新的情况，先通过数采程序检查配置是否正确，确保配置正确后，可进入程序进程进行查看，确保本侧报文能够正常发送。可通过重启进程触发即时通信方式进行判别。

（2）数据转发不刷新的情况，可通过数采程序运行监管功能检查相应的转发进程是否正常运行。

3. 对侧数据外送装置接口故障

（1）风机数据中断的情况，可检查风机服务器的数据外送接口程序及所在的服务器是否正常运行。

（2）光伏数据中断的情况，可检查光伏数据外送接口程序及所在的服务器或远动装置是否正常运行。

（3）箱式变压器数据中断的情况，可检查箱式变压器数据外送接口程序及所在的服务器或远动装置是否正常运行。

（4）升压站综自系统数据中断的情况，可检查远动装置是否正常运行。

（5）AGC/AVC 系统数据中断的情况，可检查 AGC/AVC 数据外送接口程序及所在的服务器或远动装置是否正常运行。

（6）功率预测系统数据中断的情况，使用文件传输协议时可检查本侧边缘一体机或功率预测服务器中的 FTC、SFTP 服务是否正常；使用通信协议传输时可检查功率预测服务器中的数据外送接口程序及所在的服务器是否正常运行。

（7）电能量系统数据中断的情况，可检查电能量采集器或远动装置是否正常运行。

（三）网络通信设备典型故障及处理

1. 路由器故障

（1）网络不通的情况，使用 console 线将调试设备与路由器的 console 口连接，使用 CRT、超级终端等调试工具进入配置界面，通过 show running 或 display 等命令进行配置、端口状态等查看，可以通过 sys 等命令进入配置视图后进行配置修改，确保配置正确。

（2）系统数据错误，路由器出现满载、丢包、错包等情况，甚至会造成系统全方位的故障，影响局域网的通信，可能是由于系统需要更新固件版本来修复漏洞，可以通过 WEB、FTP 等方式进行固件更新。

2. 交换机故障

（1）网络不通的情况，使用 console 线将调试设备与交换机的 console 口连接，使用 CRT、超级终端等调试工具进入配置界面，通过 show running 或 display 等命令进行配置、端口状态等查看，可以通过 sys 等命令进入配置视图后进行配置修改，确保配置正确。

（2）系统数据错误，交换机出现满载、丢包、错包等情况，甚至会造成系统全方位的故障，影响局域网的通信，可能是由于系统需要更新固件版本来修复漏洞，可以通过 WEB、FTP 等方式进行固件更新。

（四）信息安防设备典型故障及处理

1. 防火墙故障

（1）网络不通的情况，使用网线将调试设备与防火墙的可视化配置口（一般是 ETH0）连接，用浏览器对防火墙进行配置核对，检查 IP 地址、安全域、访问策略等是否正常，可通过上传本地的备份文件进行还原。

（2）系统数据错误，防火墙授权问题，参考本节网络通信设备典型软件故障及处理。

2. 纵向加密认证装置故障

（1）网络不通的情况，使用网线将调试设备与纵向加密的可视化配置口（一般是心跳口）连接，用配置工具对纵向加密进行配置核对，检查 IP 地址、网关、隧道、加密策略等是否正常，可通过上传本地的备份文件进行还原。可通过建立明通隧道的形式检查网络链路是否正常。

（2）数据不通的情况，通过配置工具对纵向加密的隧道进行检查，可采用建立明通隧道的形式定位问题。

（3）系统数据错误，参考本节网络通信设备典型故障及处理。

3. 正反向隔离装置故障

（1）正向或反向数据无法传输的情况，使用配置线将调试设备与网闸的配置口连接，打开对应版本的网闸配置工具，查看内网、外网的配置是否正常，可通过上传本地的备份文件进行还原，配置完成后可使用自带测试工具进行内外网的测试，可通过内网 ping 外网虚拟地址、内网 telnet 外网虚拟地址端口的形式进行测试。

注意：隔离装置配置需要在内网、外网各进行一次，重启后生效。

（2）系统数据错误，参考本节网络通信设备典型故障及处理。

二、硬件类故障排查处理

（一）服务器故障

1. 服务器开机无显示（加电无显示和不加电无显示）

（1）检查供电环境。

（2）检查服务器电源和故障指示灯，目前常规厂商服务器均有故障指示灯或故障诊断卡等，可以定位到具体故障点。

（3）按下电源开关时，键盘指示灯是否亮、风扇是否全部转动。

（4）连接服务器的显示器是否有问题，可以尝试更换另一台显示器。

（5）插拔内存，用橡皮擦拭金手指，如果在故障之前有增加内存，去掉增加的内存再次尝试。

（6）将新增外接配件 CPU、硬盘、移动存储等卸载。

（7）去掉增加的第三方 I/O 卡，包括 Raid 卡等。

（8）清除 CMOS 信息。

（9）在有条件的情况下更换主板、内存等主要部件。

（10）清除静电，将电源线等外插在服务器上的线缆全部拔掉，然后轻按开机键几下。

2. 加电 BIOS 自检报错

（1）根据 BIOS 自检报错信息提示进行问题排查。

（2）查看是否外插了第三方卡件或添加其他部件，如有则还原基本配置重启。

（3）做最小化测试。

（4）清除 CMOS。

（5）确认能否正常进入 BIOS。

3. 系统安装阶段故障

（1）查看服务器支持操作系统的兼容版本，可从服务器官网查到兼容性列表。

（2）系统安装蓝屏，可通过对蓝屏故障代码进行诊断。

（3）安装在分区格式化的时候找不到硬盘，阵列驱动没有安装或者没有配置阵列，可以尝试适应引导光盘安装。

（4）大于 2T 的硬盘须使用阵列卡或者有外插识别卡，使用阵列卡配置阵列分成一个小于 2T 的空间，一个大于 2T 的空间，然后将系统安装在小于 2T 的空间，安装好系统后使用 GPT 方式分区。

（5）安装过程死机，检查兼容性列表→查看硬盘接口选择是否正确→阵列驱动安装是否正确→尝试最小化配置安装检查是否为内存或 CPU 等问题。

（6）引导光盘安装失败，查看引导光盘版本是否匹配，尝试手动安装系统，如有阵列重新配置阵列引导安装。

4. 操作系统启动失败

（1）在系统启动自检过程中报错，具体查看启动报错信息再确定处理方式。

（2）启动系统蓝屏，可通过对蓝屏故障代码进行诊断。

（3）进入登录界面死机，查看进入单用户或者安全模式是否正常，进入 BIOS 是否正常、是否会死机，进入磁盘阵列查看阵列状态是否正常，检查测试硬盘是否有坏道，进行最小化配置启动测试。

5. 系统运行阶段故障

（1）安装数据库等应用软件报错，查看系统版本和软件版本是否兼容，查看报错信息是否缺少插件。

（2）系统运行速度变慢，查杀病毒，检测阵列状态，测试硬盘有无坏道，重新安装系统或者修复。

（3）运行蓝屏，可通过对蓝屏故障代码进行诊断。

（4）运行死机，检查进入 BIOS 是否死机，进入系统后测试部件温度是否正常。

（5）硬盘拷贝数据文件速度变慢，测试硬盘是否有坏道，如果有阵列检查阵列状态，检查改变条带大小，与软件应用要求测试对比。

6. 服务器重启

（1）windows 系统一般在系统中通过开始菜单或进程管理器等方式进行重启。

（2）Linux 系统一般在系统中的终端中使用 reboot 命令进行重启。

（3）在无法进入操作系统，即蓝屏、死机等情况下可通过长按电源键进行重启，一般需要按 5s 以上，能明显听到服务器风扇关闭且服务器电源灯呼吸闪烁代表关机成功。

（二）边缘一体机（通信管理机、网关机、接口机等）故障

1. 无法启动

（1）检查供电环境。

（2）检查指示灯，根据故障提示定位到具体故障点。

（3）按下电源开关时，键盘指示灯是否亮、风扇是否全部转动。

（4）是否更换过显示器，或柜内 KVM 接线错误，尝试更换显示器或排查视频接线。

（5）插拔内存，用橡皮擦拭金手指，如果在故障之前有增加内存，去掉增加的内存尝试。

（6）将新增外接配件 CPU、硬盘、移动存储等卸载。

（7）系统蓝屏，可通过对蓝屏故障代码进行诊断。

（8）系统黑屏，可通过更换硬盘进行处理。

2. 数据不正常

设备正常情况下，数据采集或转发不正常可参考本章数据接口典型故障及处理内容进行故障处理。

（三）网络通信设备故障

1. 电源故障

开启设备后没有正常运作，面板上的 POWER 指示灯不亮，且风扇不转动。这种故障通常是由于外部供电环境不稳定、电源线路老化；由于遭受雷击等而导致电源损坏、风扇停止，从而导致设备不能正常工作；由于电源缘故而导致设备内部的其他部件损坏。首先检查电源系统，看看供电插座有没有电流，电压是否正常。在供电正常的情况下，检查电源线是否损坏、是否有松动等，对损坏电源线进行更换或重新插拔。若问题仍然存在，则考虑交换机电源或机内其他部件损坏，需要进行设备更换。

2. 主板故障

与该网络设备连接的所有其他终端的网络连接时好时坏，指示灯不规则闪烁，可能是电路板上元器件受损、基板不良，或硬件更新后出现兼容问题等。

处理时需确定是主电路板还是供电电路板出现问题，应先从电源部分开始检查，用万用表在去掉主电路板负载的情况下通电测量，看供电电压是否正常。若不正常，则需更换一个电源模块，检查网络设备前面板的指示灯是否恢复正常，网络通信是否恢复。

3. 端口故障

当整个网络中有部分终端不能正常进行网络通信的情况，可能是由于积灰、水晶头、光纤接头制作不标准、老化等原因。一般情况下，端口故障是个别的端口损坏，先检查出现问题的终端，在排除端口所连终端自身的故障后，可以通过更换端口来判断其是否端口问题，若更换端口后问题得到解决，再进一步排查端口故障。关闭设备电源后，用酒精棉球清洗端口，如果端口确实被损坏，则进行更换。此外，无论是光纤端口还是双绞线的 RJ45 端口，在插拔接头时一定要小心。

4. 模块故障

如堆叠模块、管理模块（即控制模块）、扩展模块等出现故障，可以通过模块上的指示灯来辨别故障，可能是由于搬运、安装过程中模块接触不良导致，可先确保设备供电正常后检查各模块的安装、接线是否牢固。

5. 背板故障

当外部供电正常，设备内部各个模块不能正常工作，可能由于设备处于恶劣工况下运行，短路、高温、雷击造成的背板损坏，需要进行背板更换，并确保设备运行工况良好。

6. 线路故障

连接电缆和配线架跳线出现问题,可能由于连接电缆内的缆芯或跳线发生了短路、断路或虚接,形成通信系统的故障,需要逐一对每一段线路进行排查。

第四节　远程集控系统典型作业案例

一、案例 1:远程集控系统数据中断或异常

数据中断或异常一般有数据通信出现问题、后台程序崩溃、计算程序故障 3 种故障。当故障发生时,远程集控系统会有明显异常提示,如远程集控系统中大面积数据停止刷新、发电设备状态显示为"通信中断"状态(见图 13-1)、系统数据出现大面积-9999 字样等。

图 13-1　发电设备状态显示为"通信中断"状态

1. 数据通信故障处理

这种故障一般为网络故障,请网络管理员进行排查处理即可,只要后台服务器和数据库服务器和工作站之间相互能够 ping 通,系统一般就可以恢复。

已接入集控中心的场站现场需要调整网络,必须提前报备集控中心。

2. 后台程序崩溃

遇到这种故障,后台程序崩溃,系统无法登录,会提示用户名密码错误,此时需

要登录到服务器后台中，重启后台。

docker 安装版重启后台执行命令：docker restart tomcat_SCADA。

3. 计算程序故障处理

登录到系统，使用管理员账号登录系统，点击系统设置，点击调度服务，重启相关程序。如 RealTime 程序是计算风机状态的，风机状态停止需要重启该程序；Sreal 程序是统计计算的，数据库关系统计值无法计算需要重启该程序。重启过后，观察系统内统计数据和风机状态计算数据，正常则故障处理结束。

二、案例 2：恶意病毒或木马防范

（一）事前预案

（1）为计算机类设备安装杀毒软件，定期扫描系统、查杀病毒并及时更新病毒库、更新系统补丁。

（2）定期进行漏洞扫描，及时修复中高危漏洞，定期检查系统加固策略是否完善，根据集团公司的指导文件定期完成指定的漏洞修复，恶意病毒或木马的防范。

（3）对公共磁盘空间加强权限管理，定期查杀病毒。

（4）原则上禁止移动存储器在生产控制大区使用，如有必要应使用安全的管理工具或移动存储进行相关操作，打开移动存储器前先用杀毒软件进行检查，可在移动存储器中建立名为 autorun.inf 的文件夹（可防 U 盘病毒启动）。

（5）需要从互联网等公共网络上下载资料转入内网计算机时，用刻录光盘的方式实现转存。

（6）对计算机系统的各个账号要设置口令，及时删除或禁用过期账号。

（7）定期备份，当遭到病毒严重破坏后能迅速修复。

（二）事后处理

1. Windows 系统

（1）使用离线版杀毒软件，对主机进行全盘扫描和查杀，如无法清除，建议重新安装系统。

（2）开启系统防火墙，关闭不必要的访问端口号或服务，重启再测试是否还会有可疑进程存在。

（3）进行漏洞扫描并及时修复中高危漏洞，检查主机加固策略是否完善。

2. Linux 系统

（1）通过安装防病毒软件，对主机进行全盘扫描和查杀，如无法清除，建议重新安装系统及应用。

（2）在防火墙关闭不必要的访问端口号或服务，重启再测试是否还会有可疑进程存在。

（3）排查是否存在异常的资源使用率（内存、CPU 等）、启动项、进程、计划任务等，使用相关系统命令（如 netstat）查看是否存在不正常的网络连接，top 检查可疑进程，pkill 杀死进程，如果进程仍存在，说明一定有定时任务或守护进程（开机启动），检查/var/spool/cron/root 和/etc/crontab 和/etc/rc.local。

（4）查找可疑程序的位置将其删除，如果无法删除，使用 lsattr 命令查看隐藏权限，使用 chattr 命令修改权限后将其删除。

（5）查看/root/.ssh/目录下是否设置了免秘钥登录，并查看 ssh_config 配置文件是否被篡改。

（6）进行漏洞扫描并及时修复中高危漏洞，检查主机加固策略是否完善。

三、案例 3：集控系统断电故障处理

1. 现场应急处置措施

发生停电事件后，值班人员向电网调度和值班领导汇报现场情况，得到同意后，按如下顺序依次切除负荷，即大屏幕显示系统、投影系统、LED 系统、大厅灯光等。值班人员每半个小时对蓄电池电压监测一次，当 UPS 蓄电池输出电压降低至报警值时，经调度同意后运行值班人员尽快将受控场站控制操作权限切至场站侧，由场站承担监视操作职责，集控做辅助监视。同时应按照系统设备重要程度，从低到高的顺序依次切除相应负荷，事件发生后值班人员应按照应急预案先行处置，优先保证重要系统供电。加强对正常供电设备和电池组的监视，同时立即着手故障设备的抢修恢复工作。

2. 注意事项

（1）佩戴绝缘手套、绝缘鞋等个人防护器具。

（2）对电源中断的设备恢复供电前，如发现有明显的设备损坏或人身安全受到威胁时，禁止送电。若不存在上述危险时，可恢复供电，送电后如发现明显的故障特征，应立即停止供电。

（3）有备用柴油发电机的，应启动柴油发电机，保证电源供应正常。

（4）电源恢复后，值班人员向调度汇报情况，并提出恢复送电的申请，得到同意后，运行监控人员应配合维护人员按照先主要后次要的顺序对其他设备逐一恢复送电，做好安全措施，避免造成二次失电。

四、案例 4：硬件设备维修办法

1. 清洁法

由于计算机类设备使用环境较差或使用时间较长，主机内会积有很多灰尘，它们

会影响元件的散热或使元器件接触不良，故应先进行清洁。

用小毛刷轻轻刷去主板、外壳上的灰尘。如果灰尘清除后，故障依然存在，可能是由于振动或灰尘使元器件接触不良，用橡皮擦擦去表面的氧化层，重新插好，开机检查故障。

2. 观察法

观察法就是仔细观察计算机板卡，查看故障产生的原因：

（1）系统运行时，用手触摸或靠近 CPU、显卡、硬盘和芯片等设备的外壳，查看其温度是否正常，如果严重发烫，则通常为该设备有问题。

（2）闻主机内是否有烧焦的气味，如果有，则可能是短路引起的故障。

（3）查看电源风扇、显卡风扇是否工作正常。

（4）听硬盘、光驱、显示器等设备工作的声音是否正常。

（5）仔细检查板卡的电阻、电容引脚是否相碰撞；表面是否烧焦；芯片表面是否开裂；电容表面是否鼓起，甚至爆裂。

（6）有异物掉进主板的元器件之间，造成短路，以及板卡是否有烧焦的地方。

3. 拔插法

拔插法就是通过将板卡拔出和插入来检查故障的一种常用检查方法。采用拔插法就是关机后，将插卡逐一拔出，每拔出一块就开机观察计算机的运行状态，一旦拔出某块板卡后运行正常，那么故障就由这块板卡引起。

另外，拔插法可以排除因板卡、芯片与插槽接触不良而造成的故障。只要将这些板卡、芯片拔出后再重新正确插入，便可以解决因接触不良而造成的微机硬件故障。

4. 交换法

CPU、电源、显卡、主板和内存的故障不能使用拔插法检测，此时可以采用交换法。交换法就是将功能性同的插件、同型号的插件或者芯片相互交换，从故障现象的改变来判断故障所在的位置。此方法多用于有配件替换且易拔插的维修环境。

5. 维修过程中的注意事项

（1）防静电。静电电压可以达到几万伏，是维修过程中的最大杀手。在处理元器件之前，触摸微机外壳的金属末端或其他的金属对象来放掉静电。

（2）不要带电拔插。维修中，往往需要反复重新启动机器，并且需要不断更换部件，一定不要带电进行元器件的拔插。

（3）轻拿轻放。维修中，所有的元器件都要轻拿轻放，以避免不必要的损失。

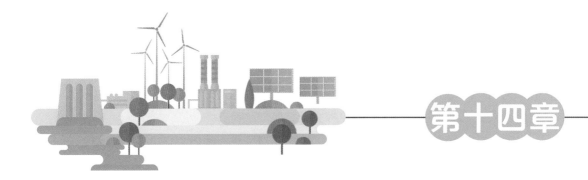

第十四章

海上风电机组维护与检修

第一节　海上风电机组维护与检修特点

一、不同于陆上风电机组的维护与检修特点

1. 维护与检修成本费用高

海上风电机组在维护、检修过程中，需要专门的运维船舶，如遇大部件更换还需要专用的起重船舶以及专用工程设备。加之海洋天气、环境变化莫测，导致维护、检修不能按计划实施，造成维护、检修效率较低。据相关数据显示，海上风电机组维护、检修费用，相较于陆地风电机组高2～4倍。

2. 受环境因素干扰明显

海上风电机组相较于陆地风电机组而言，海洋水文、气象环境更为复杂，季风、台风等海洋气候交替，海水对于风电设备侵蚀较大，加之水上交通与人力限制，大大压缩海上风电机组日常维护、检修有效作业时间，遇特殊气象条件（如大雾、台风）更会直接影响海上风电机组维护、检修工作的开展。

3. 海上交通风险较大

海上运维交通船是海上风电机组维护、检修的主要交通工具，许多运维船采用普通船舶，存在耐波性差、靠泊能力差等问题，加之海洋气候变化较快，加大了海上风电机组维护、检修的风险性，给海上风电机组维护、检修人员安全造成了一定的威胁。

二、不同于陆上风电机组的基础形式、临时维护与特殊维护

1. 基础形式

海上风电机组基础与陆上风电机组完全不同，目前国内海上风电机组常用基础形式有单桩基础、导管架基础、重力基础和漂浮式基础4种。

（1）单桩基础，如图14-1所示。钢桩直径为4.5～5m或5～6m、厚度为30～60mm，通过打入钻孔，需要一个过渡段固定在桩上部，并安装在海床下10～20m的地方，其

深度由海床地面的类型决定，塔架伸到水下及海床内。该基础通过侧面土压力来抵抗风电机组载荷，利用桩与土之间的摩擦力抵抗竖向载荷。

单桩基础的优点是不需要整理海床，制造相对简单，适合 0～30m 中等水深，安装简便，结构简单，节省材料。其缺点是受海底地质条件和水深约束较大，对冲刷、振动和垂直度较为敏感，且需要专用安装（钻洞）设备，不适合海床内有很多大漂石的位置，移动困难。

图 14-1　海上风电机组单桩基础

（2）导管架基础，如图 14-2 所示。导管架基础能够有效提高支撑结构的刚度，适用于大容量风电机组；同时，对地质条件要求不高，受波浪和海流的作用很小，技术成熟。但是，也存在基础的造价随着水深的增加呈指数增长，应用受到一定的限制等不足。

图 14-2　海上风电机组导管架基础

（3）重力基础，如图 14-3 所示。其主要材料为钢或者混凝土，类似于钢筋混凝土重力沉箱，用圆柱钢管取代钢筋混凝土，将其嵌入到海床的扁钢箱里建造，依靠基础的重力抵抗倾覆力矩，同时，抵抗上部结构传至基础的载荷。

重力基础的优点是结构简单、造价低，抗风暴和风浪袭击性能好，稳定性和可靠性好，安装技术成熟，依靠自身重量固定风电机组，重量减轻，范围为 80～100t。其缺点是施工时需要整理海床，受海浪冲刷影响大，且仅适用于浅水海域；对于海浪冲刷比较敏感，体积和重量大，拆除困难。

（4）漂浮式基础，如图 14-4 所示。漂浮式基础适合深海（如 50～100m 水深），用于构建未固定基础的浮动近海风电机组群。利用基础以及系泊系统相互之间的耦合作用抵抗上部结构传至基础的载荷。漂浮式基础有三种类型：水下抛锚式、三浮箱式与重力摆锤式基础。

漂浮式基础的优点是便于移动和拆卸，对水深不敏感，适用海域范围广，利于减少风电机组基础建设成本。其缺点是该技术还有待开展深入研究和应用开发，不稳定，只适合风浪小的海域。

图 14-3　海上风电机组重力基础

图 14-4　海上风电机组漂浮式基础

2. 临时维护

临时维护是不定期维护，是指每当有人员进入风电机组时，都应该进行的相应维护，从而降低定期检查维护的频次，提高风机可靠性，降低运维成本。

3. 特殊维护

特殊维护是由特殊的情况引起的（例如雷电、电网故障引起停机或更换零部件），都应该在事后记录存档。特殊维护完成后风电机组按照正常维护周期进行维护。

在风电机组长期断电（如电网故障等）的情况下，人员进入风电机组前，需要配备两台柴油发电机，一台给基础平台吊机供电，另一台 50kW 或以上功率的发电机给风电机组供电。具体操作如下：

1）基础平台吊机供电。

2）拆除塔基控制柜供电、PE 端子上端接线电缆。

3）柴油发电机至平台吊机接线电缆应与平台吊机功率相匹配。电缆 A 端颜色定义为 L1 接棕色、L2 接灰色、L3 接黑色、N 接蓝色、地线接黄绿色；电缆 B 端接入平台吊机接线盒内，颜色定义为 L1 接棕色、L2 接灰色、L3 接黑色、N 接蓝色、地线接黄绿色。

机舱上电操作如下：

1）上电前，机舱动力柜内所有开关应断开。

2）启动柴油发电机，并供电至基础平台吊机。

3）利用基础平台吊机将 50kW 柴油发电机吊至指定位置。

4）将 50kW 柴油发电机吊至指定位置后，把电缆（$3\times70mm^2+2\times35mm^2$）接入塔基柜端子供电、PE 脚。

5）由供电端子输入的 400V AC 供电至机舱动力柜端子。

注意：将拆除的每根电缆采用电工绝缘胶带包裹，保证电缆相互不能接触，并保证电缆上号码管完整；接线完毕后，检查电缆是否存在虚接、漏接情况；上电顺序需要逐级上电，使用万用表逐级测量后，进行下一级供电开关合闸。

三、海上风电机组维护与检修要求

1. 强化人员安全意识

通过强化安全培训，有效提高海上风电运维人员的安全意识。对海上风电运维人员各项专业水平、安全操作技能和意识进行培训及考核，安排海上风电运维人员进行海上消防、游泳、海上救护及安全教育等方面的专业培训，提高人员安全意识及处理事故的能力。

2. 加强运维安全管控系统

要加强海上风电运维人员安全管理，完善安全管理体系，严格执行"两票三制"，防止电气误操作，对下海船只、船上救生设备、下海工作时间、通信设备及通信方法都要有统一严格的规定，并加强监督管理，确保海上风电运维人员工作安全。

3. 结合状态监测实施专业检修

通过状态监测预警系统，对关键部件早期故障进行预警；开展大部件故障空中维修、更换工艺的研发，降低运维成本；整合安全、船舶、工艺技术、工装工具、物料、人员等要素，提供专业的大部件检修更换服务，降低运维成本。

第二节　海上风电机组独有维护内容

一、安保设施检查

1. 自动消防系统

风机上放置灭火器或自动消防系统的地方主要包括塔基、塔基柜、偏航平台、机舱、机舱柜和紧急避难舱。应严格按照使用说明书检查所有消防装置。

2. 急救箱

每年检查一次急救箱内物品，及时补充用掉的物品，撤换已经过期的物品，确保所有物品未过保质期。

3. 安全帽

安全帽按产品说明定期进行更换，备用安全帽一般储存在紧急避难舱中。

4. 跌落保护装置

跌落保护装置由带挂钩的防坠抓绳器、双头缓冲减震和滑动导向防坠制动器组成，存放位置要远离腐蚀性液体和尖锐物品。备用跌落保护装置一般储存在紧急避难舱中。

5. 防毒面具

防毒面具包括超细微粒过滤器和配有多用途 A1-P3 过滤器的安全面罩。防毒面具放在紧急出口处，定期检查防毒面具外观正常，并确保在有效期内。

6. 救生衣

检查紧急避难仓内备用救生衣是否损坏，腰带、胸口及领口的带子是否完好，救生哨是否可正常吹响。

7. 生活用品

检查紧急避难舱食物和水是否足够维护人员生活一个星期，是否在保质期内，否则应及时补充更换。

二、海上风电机组台风季维护

1. 台风季来临前（3~5月）

（1）风电机组对北值（正对北方的方向偏差值）重新校订。

（2）不间断电源检查：塔基 UPS 系统测试（续航≥120min，电压处于 400V±5% 范围内）、控制柜内 UPS 测试（续航≥30min）、变桨系统蓄电池容量≥70%，且能完成至少一次紧急顺桨。

（3）叶片外观检查，确认叶片无开裂、凹陷。

（4）风电机组密封性检查，确认安装部件结合面和各人孔天窗、舱门等无可视缝隙。

（5）桨叶重新校零。

（6）变桨电机制动力矩：变桨电机电磁抱闸制动力矩满足设计要求。

（7）防雷系统：防雷连接点连接可靠，防雷碳刷与防雷环可靠接触。

（8）风轮锁定及制动系统：风轮锁定系统伸出、收回动作正常，反馈信号正常。高速轴制动及释放动作正常，压力正常。高速轴制动片磨损在允许范围内。

（9）机舱罩及外置部件：固定良好，安装支架无松动。

（10）偏航系统：偏航电机电磁抱闸间隙小于规定值（一般为 0.8mm），偏航制动片磨损在允许范围内，偏航保压能力正常，偏航制动系统无液压油渗漏。

（11）电梯状态：电梯工作正常，钢丝绳无断股，电源能正常分断。

（12）机舱吊机状态：吊机钢丝绳或铁链无损伤，吊机支座或吊梁固定良好。

（13）高强螺栓状态：高强螺栓必须完成年度定检。

（14）塔筒电缆：扭缆和电缆固定和承载可靠，电缆无下坠、松脱。

（15）消防设施：灭火器处于可用状态，自动消防系统工作正常。

（16）外部爬梯：塔筒门爬梯固定牢靠，机舱维护平台爬梯固定牢靠。

（17）演练情况：完成风电机组台风模式演练、完成风电机组消防演练（含自动消防系统模拟触发及常规消防演练）。

2. 台风生成后（台风生成后/台风来临前 12h）

（1）对造成紧急制动、禁止偏航的故障进行优先处理（台风生成后）。

（2）检查风电机组故障屏蔽情况（台风生成后）。

（3）对风电机组进行手动解缆，解缆到±360°范围内（台风来临前 12h）。

（4）对风电机组顺桨动作进行测试，正常顺桨三个桨叶均能回到 89°（台风来临前 12h）。

（5）确认风电机组偏航全刹压力不小于设定值（台风来临前 12h）。

（6）确认现场风速情况（台风来临前 6h）。

（7）若台风到达 6h 前，现场风速不小于 30m/s，则进行如下动作：

1）手动触发风电机组台风模式；

2）根据厂家提供的偏航预设角度偏航预设后进行偏航锁止动作；

3）释放高速轴制动，并确认叶轮处于自由旋转状态。

3. 台风通过后（允许出海作业的前提下）

（1）检查基础（导管架）无倾斜、变形；

（2）检查塔筒门密封条是否完好，塔筒门处于闭合状态，且能正常开闭；

（3）检查外部部件损坏、缺失情况，并进行基本功能测试；

（4）检查叶片损坏情况；

（5）检查测风桅杆及附件损坏、缺失情况；

（6）机舱维护平台和机舱罩主体完好，机舱门和盖板开闭；

（7）检查偏航电磁抱闸功能；

（8）检查防雷系统情况及碳刷磨损情况。

三、海上风电机组防腐

（1）海上风电机组整机的防腐涂装为长期防腐防护，整机防腐防护设计寿命年限一般为 25 年，导管架基础结构等特殊部位的防腐设计年限应达到 30 年目标。

（2）对于容易复涂且不是特殊要求的区域，腐蚀防护质保期至少要有 5 年以上的防护能力。在此期间，防护涂层的表面不能出现任何破裂、起泡或涂层成片掉落等缺陷。

（3）运行中应定期巡视检查风电机组的腐蚀状况及防腐蚀效果，巡视检查的周期一般为 6～12 个月。其巡视内容主要包括轮毂系统、机舱系统等零件的防腐涂层及保护状况。

（4）定期检测周期一般为 5 年，可根据巡视检查结果及腐蚀状况适当缩短检测周期。检测时应查明发生腐蚀的原因和程度，评价防腐效果，预估防腐系统的寿命年限，提出相应的防腐处理措施和意见。

四、海上风电机组辅助控制系统及其维护

1. 发电机绝缘电阻在线监测系统

发电机绝缘电阻在线监测系统适用于双绕组发电机的绝缘电阻自动检测系统，其通过将绕组 1、绕组 2、中性点接地回路加装逻辑判断及程控系统实现在发电机停机状态时进行自动绝缘电阻测试。通过机箱内高精度采集模块收集测试电流信号，经过一系列数字处理流程，并结合历史测量数据和发电机组运行工况分析绝缘电阻的变化趋势，帮助用户实时掌握发电机绝缘情况，减小因低压发电机内部绝缘强度降低而发生的事故。接线原理图见图 14-5。

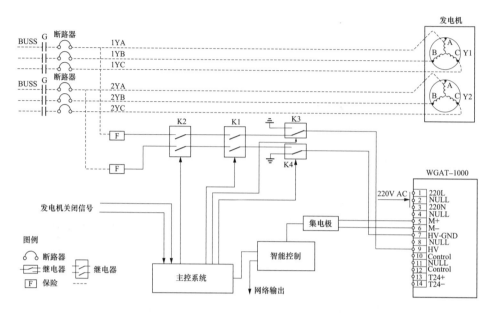

图 14-5　发电机绝缘在线监测系统接线原理图

发电机绝缘在线监测系统日常设备状态查看：可以在辅控集成系统《发电机绝缘监测》模块上登录检查，如发现绝缘电阻数值有降低趋势需到风机侧使用绝缘测试仪，分别对发电机两个绕组相间检测绝缘值，是否与设备检测结果一致。①如使用绝缘测试仪结果发电机绝缘电阻过低（超出标准）需再进行下一步更细致检查，在未查明原因不得再继续发电。②如自动检测发电机绝缘电阻测试仪误报警，需检查设备到测量点线路是否松动，柜体是否湿度过大等；处理检查完成，再使用绝缘测试仪人工校对结果，结果一致才可正常使用。

2. 塔筒状态监测系统

塔筒状态监测系统是一套重点面向高塔筒与海上风机提出的可靠在线监测系统，旨在塔筒损伤发生的初期阶段识别损伤以及定位损伤，将损伤状况及时通知业主进行处理，早发现、早处理，从而实现避免重大事故、提高发电量与降低运维成本的目的。塔筒状态监测系统操作界面如图 14-6 所示。

塔筒状态监测系统在使用过程中需注意以下使用要求：

（1）禁止对设备进行拆改，严禁打开产品机柜和移动设备安装位置。

（2）产品供电必须满足，采集器供电：220V AC±10%，50Hz±3Hz；串口服务器供电：24V DC。

（3）产品必须良好接地，不得拆改主机接地线缆。

（4）检修风机时，不能踩踏产品机柜任何部分，特别是连接器位置，防止连接器损坏。

该系统在安装完成后且经过现场调试进入正式运行阶段后，每年需要对产品进行检查维护。具体检查项目见相关产品检查记录表。

图 14-6　塔筒状态监测系统操作界面

3. IP 电话系统

海上风电机组一般使用防水防潮电话机（见图 14-7），该电话机支持标准 SIP 协议，可以有效兼容市面常用 IPPBX 以及网络调度平台，是专门针对地铁隧道、地下管廊隧道、高速公路隧道、矿山矿井、电厂电站、钢铁厂、港口、船舶、电解车间等高潮湿、高粉尘环境而研发的特种电话机，适合长期安装在各种恶劣环境使用，具备防水、防潮、防尘、防寒、抗冻、耐高温、抗氧化、抗腐蚀、抗暴力敲击等特性。

该电话机日常维护项如下：

（1）风机侧：电话拨打完毕保护盖门及时关上；拆装检修设备时电源电压不可使用错误（24V DC）。

（2）服务器：日常登录服务器 IP 地址，检查风机侧设备运行状态，出现有下线设备的及时检查故障原因。

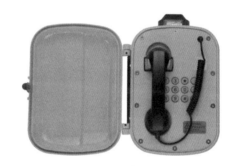

图 14-7　防水防潮电话机

（3）陆上值班室桌面电话：接打电话完成后，话筒需放回原位合上开关，定期拨打到风机侧，测试系统是否正常运行。

4. 盐雾浓度监测系统

盐雾浓度监测系统，它针对风机海上工作环境温度、湿度及盐雾浓度变化等特点，采用了特殊传感器及信号处理技术，成为风机运行环境监测的一种准确、有效的监测方法。

盐雾浓度监测系统由温湿度传感器、盐雾浓度传感器、数据采集器等设备组成。其中，温湿度传感器主要用于监测机舱、塔基内的温度和湿度；盐雾浓度传感器主要是监测机舱以及塔基内部盐雾浓度。海上盐雾浓度监测系统软件有四大功能，即设备总览、数据记录、数据列报、设备配置，如图14-8所示。

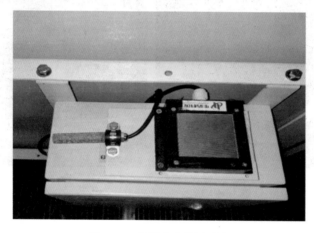

图14-8　盐雾浓度监测系统

盐雾浓度监测系统的维护为年检，主要包括温湿度、盐雾传感器的外观、装配连接与安装牢固性的检查。

第三节　海上风电机组典型故障

一、海上风电机组发电机水冷故障（案例1）

（1）故障现象：海上某风场19号风电机组报出发电机水冷水压压差小故障。

（2）故障原因："发电机水冷水压压差小"故障的故障逻辑为"当操作模式＞0且发电机水冷出水口水压与进水口水压的差值的绝对值＜1bar时，触发发电机水冷水压压差小故障"。

查看机组故障记录，如图14-9所示，机组触发"发电机水冷水压压差小故障"同时报出"变桨轴2通信故障"。

查看故障前后秒级数据，如图14-10所示。风电机组故障前发电机水冷泵处于启动状态，水冷动态进口压力4.49bar、动态出口压力2.18bar，属于正常状态，故障时刻水冷进口压力掉落至2.12bar，出口压力1.82bar，触发故障逻辑进、出口小于1bar的压差，报出发电机水冷水压压差小故障，水冷泵停转，进口压力继续降低，最低掉落至 0.86bar。实际静态进、出口压力应接近，且为 2.1bar 左右，反馈数值出现偏差，需现场登机检查压力传感器及其反馈回路接线。

TriggerTime	Description	OperationMode
2022-09-18-19:17:13.236	21023_SC_PitchCommunicationMPCA2Fault	5
2022-09-18-19:17:13.896	08083_SC_WaterPressureDifferenceTooSmall	3
2022-09-18-19:17:13.896	08083_SC_WaterPressureDifferenceTooSmall	3
2022-09-18-19:17:15.216	21130_SC_PitchSafeSignalFault	3
2022-09-18-19:17:16.776	08083_SC_WaterPressureDifferenceTooSmall	3
2022-09-18-19:17:16.776	08083_SC_WaterPressureDifferenceTooSmall	3

图 14-9　19 号风电机组故障记录

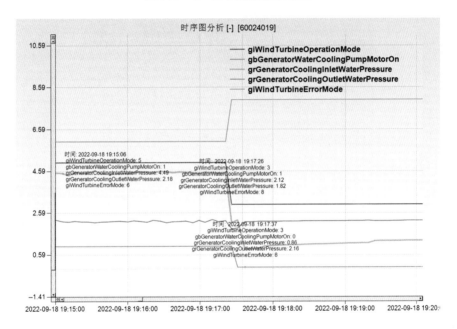

图 14-10　19 号机组故障前后秒级数据

（3）故障处理：现场登机排查传感器反馈线路无异常，发现进口压力传感器反馈数值与机械式压力表数值不符。经排查，水冷进口压力传感器损坏，现场更换进口压力传感器后压力恢复正常，故障消除。

二、海上风电机组塔基 UPS 故障（案例 2）

（1）故障现象：海上某风场 15 号风电机组发生塔基 UPS 供电故障，造成风电机组停机。

（2）故障原因：15 号机组在故障时刻的运行记录如图 14-11 所示。所有由塔基 UPS 供电的回路都报出开关故障，可以判断是塔基 UPS 发生了故障，UPS 输出断开，导致其他故障报出。

1）登机检查，发现塔基 UPS 输出开关 Q4 和塔基柜 208Q1 开关跳闸。塔基柜 208Q1 开关是应急舱供电开关，检查应急舱供电线路，发现航空插头进水，如图 14-12 所示。

SeqNo		WindFarm:HuiZhouGangKou		
WindTurbineType:MySE6.45MW				
WindTurbineNumber:+15				
SoftVersion:V5000				
SoftEditTime:06/20/2022				
SeqNo	TriggerTime	Description		OperationMode
3	2022-08-12-09:24:58.537	08042_SC_NacelleCabinetGeneratorFanMotorProtectionOK2		14
4	2022-08-12-09:24:58.537	13021_SC_NacelleCabinetGearboxLubricationOilHeaterFuseOK3		14
5	2022-08-12-09:24:58.537	13022_SC_NacelleCabinetGearboxLubricationOilHeaterFuseOK4		14
6	2022-08-12-09:24:58.537	13035_SC_NacelleCabinetNonUPS400VCircuitUPS24VDCWarning		14
7	2022-08-12-09:24:58.537	13037_SC_NacelleCabinetTowerUPS400VProtectionOK		14
8	2022-08-12-09:24:58.537	13038_SC_NacelleCabinetTowerUPS400VLightningOK		14
9	2022-08-12-09:24:58.537	13039_SC_NacelleCabinetTowerUPS400VSwitchPowerFuseOK		14
10	2022-08-12-09:24:58.537	13041_SC_NacelleCabinetHighVoltageFanOrHeaterFuseOK		14
11	2022-08-12-09:24:58.537	13042_SC_NacelleCabinetHighVoltageHumidityControllerFuseOK		14
12	2022-08-12-09:24:58.537	13045_SC_NacelleCabinetHighVoltagePowerFuseOK1		14
13	2022-08-12-09:24:58.537	13046_SC_NacelleCabinetHighVoltagePowerFuseOK2		14
14	2022-08-12-09:24:58.537	13053_SC_NacelleCabinetGearboxOilPumpLowSpeedProtectionOK1_2		14
15	2022-08-12-09:24:58.537	13054_SC_NacelleCabinetGearboxOilPumpHighSpeedProtectionOK1_2		14
16	2022-08-12-09:24:58.537	13055_SC_NacelleCabinetGearboxOilPumpLowSpeedProtectionOK2_2		14
17	2022-08-12-09:24:58.537	13056_SC_NacelleCabinetGearboxOilPumpHighSpeedProtectionOK2_2		14
18	2022-08-12-09:24:58.537	13057_SC_NacelleCabinetHydraulicPumpMotorProtectionOK2		14
19	2022-08-12-09:24:58.557	08040_SC_GeneratorWaterCoolingPumpMotorProtectionOK		4
20	2022-08-12-09:24:58.557	08041_SC_GeneratorFanProtectionOK1		4
21	2022-08-12-09:24:58.557	08049_SC_GeneratorWaterCoolingFanMotorProtectionOK1		4
22	2022-08-12-09:24:58.557	08053_SC_GeneratorWaterCoolingFanMotorHeaterFuseOk1		4
23	2022-08-12-09:24:58.557	08051_SC_GeneratorWaterCoolingFanMotorProtectionOK3		4
24	2022-08-12-09:24:58.557	08052_SC_GeneratorWaterCoolingFanMotorProtectionOK4		4
25	2022-08-12-09:24:58.557	08050_SC_GeneratorWaterCoolingFanMotorProtectionOK2		4
26	2022-08-12-09:24:58.557	13001_SC_NacelleCabinetHighVoltage400VLightningOK		4
27	2022-08-12-09:24:58.557	13002_SC_NacelleCabinetHighVoltage400VMainProtectionOK		4
28	2022-08-12-09:24:58.557	13003_SC_NacelleCabinetPitch400VProtectionOK		4
29	2022-08-12-09:24:58.557	13004_SC_NacelleCabinetCraneMotorProtectionOK		4
30	2022-08-12-09:24:58.557	13005_SC_NacelleCabinetGearboxOilQualityTestPumpProtectionOK		4
31	2022-08-12-09:24:58.557	13007_SC_NacelleCabinetGearboxOilPumpLowSpeedProtectionOK1_1		4

图 14-11　15 号风电机组运行事件记录

图 14-12　15 号风电机组应急舱供电插头

2）塔基柜 208Q1 开关跳闸是应急舱电源进线防水插头密封不良，插头进水，短路导致。

3）再查看 UPS 输出开关 Q4（型号为 NDB1T-63）和塔基柜 208Q1（型号为 3RV6011-4AA15）开关的脱扣曲线。Q4 额定电流 63A，208Q1 额定电流 16A，根据脱扣曲线，正常过流保护，208Q1 优先于 Q4 动作，而当短路电流过大时，Q4 和 208Q1 均瞬时脱扣。

4）根据供电插头情况，判断为三相短路，此时短路电流最大，Q4 和 208Q1 均瞬时脱扣。

（3）故障处理：

1）对应急舱供电插头更换防护等级合格的防水插头，对供电线路进行绝缘检查，若绝缘不合格，则更换塔基柜至应急舱的供电线路，并对全场风电机组的应急舱防水插头进行排查。

2）人员离开机位时，把208Q1进行分闸，在需要使用应急舱时，再把208Q1上电，防止风电机组运行过程中因应急舱线路短路造成UPS跳闸的情况出现。

三、雷电监测与盐雾监测通信故障（案例3）

（1）故障现象。海上某风场的桨叶雷电监测系统，出现门板掉落的问题；盐雾监测系统，出现部分设备通信故障的问题，导致该辅控系统失效。

（2）原因分析。门板掉落有以下原因：由于设备安装在轮毂上面，设备存在一定的振动，设备在安装时可能没有将门锁关闭到位，原门锁没有标识导致门锁振荡松动，门锁挡条移位最终导致门锁从门挡条脱落引起门板打开。由于轮毂长时间带动门板做离心运动，最终合页螺丝受力脱落将门甩出掉落。

盐雾通信故障经检查，其原因为现场采集模块电源线及串口服务器电源线误接成220V AC，导致电路板和串口服务器烧坏，最终通信故障。

（3）故障处理：

1）雷电检测门板掉落处理：①更换门锁，将全部门锁更换成自锁门锁；此门锁关上以后必须用钥匙才能打开，不会松动。门锁上面应有门锁关闭标识，清楚地标明门锁是否关闭到位。②更换门合页固定螺丝，将全部合页固定螺丝更换成防拆螺丝螺母，螺丝更换好后并在螺牙点704胶水，不会因振动脱落。

2）盐雾通信故障处理：由厂家统一补发配件，如图14-13所示。到现场对其进行更换，配置IP地址，同时对后续调试机组先检查电源接线，确认没问题再上电。

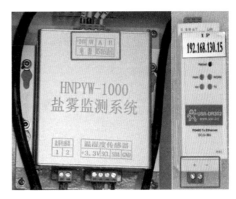

图14-13　盐雾监测系统与接线

　　钢笔是大家熟悉的书写工具,因为普及、使用简单、绘制方便,以及笔调清劲、轮廓分明等特点,也是画家和设计师青睐的绘画工具。钢笔画可以随时练习、写生、记录,具有其他画种难以媲美的表达特点,所表达的画面具有独特的艺术魅力,逐渐得到广泛的认可。徒手钢笔画作为造型基础课程之一,在建筑、环艺专业中越来越被强调,课程的开设越来越普及。钢笔画成为衡量一个学生综合能力高低的重要标准之一,也是学生学习期间必须要掌握的一项技能。

　　钢笔建筑写生是学习建筑钢笔画的一个重要的内容。首先,钢笔建筑写生对训练学生的观察能力具有一定的作用;其次,通过写生训练还能培养学生的画面表现技巧,对后续能够迅速、准确地表达构思是十分有益的;最后,长期的写生训练,能提高学生的审美情趣,为将来完成一件优秀的设计作品或一幅优秀的建筑画准备了条件。

　　作者在多年的户外写生实践和课堂教学中发现,学生在学习建筑钢笔画的过程中,往往由于急于求成的心态,又缺少正确的引导,而错误地选择表现熟练、画风潇洒的优秀作品为效仿的对象,忽略了学习是由浅至深、由简单到复杂的一个递进过程,学习时,更重要的是要先从严谨的表现手法着手,根据熟练程度,再逐渐过渡到相对快速的表现手法。鉴于这一点,作者想通过本书中大量图例的分析、比较来说明绘图的方法和步骤,以此来总结出钢笔画的基本原理和规律性。也让学生更加明白学习建筑钢笔画的目的、作用、学习方法。抓住规律性,才是学习的根本,这样学习建筑钢笔画也会显得简单、轻松。

　　本书是在《建筑钢笔画:夏克梁建筑写生体验》的基础上重新整理改编的,《建筑钢笔画:夏克梁建筑写生体验》出版之后在几年内重印就达十次之多,很多学校将其作为建筑写生课的教材,也有很多钢笔画爱好者将其作为自学的参考书,可见大家对该书的认可和喜爱。本书在原书基础上增加了《建筑钢笔画的创作》一章,其他章节内容也进行了调整,保留了大部分图解及"经典"作品,增加了活跃在钢笔画速写领域的作者及一线教师的大量优秀案例和名家作品,以此提升了本书的品质和高度,希望本书的出版能够再次对更多学生朋友和喜欢钢笔画的朋友起到学习、参考和借鉴的作用。

夏克梁

2021.7

目录
CONTENTS

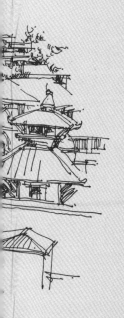

第一章　概论

1.1　钢笔画的起源及发展

　　钢笔是舶来品，跨过漫长的历史，可追溯到公元七世纪。当时欧洲人已经开始使用鹅毛管笔，鹅毛管笔逐渐成为主要的书写工具。文艺复兴时期，很多画家都用这种笔绘制他们的创作稿和素材稿，留下了很多经典之作，成为后代画家的学习范本。随着文艺复兴远去，十七世纪以后，印刷出版业开始蓬勃发展，新的印刷制版方式代替了旧时的凸版印刷技术。钢笔画开始进入商业领域，商家们邀请艺术家用它来绘制各种插图和装饰画。十九世纪末，自来水笔研制成功，通常意义上的钢笔工具才得到普及，钢笔画也得到了进一步的发展，成为一门独立的画种。从此，钢笔画被广泛地运用于各种插画、连环画的创作和建筑画的表现。近几年，随着制笔业的发展，钢笔画的工具也不仅仅停留在蘸水笔和自来水笔当中，而是拓展为各类签字笔、针管笔、宽头笔、软头笔、圆珠笔等。钢笔画的含义也从原来以钢笔为工具绘制的画，逐渐衍生为凡是绘制出的线条与钢笔线条相似的画。

| 1 |

1- 作为舶来品的钢笔画，在国内也已
逐渐发展成为一门独立的画种
作者：夏克梁

钢笔画传入我国之后，因其工具携带方便，书写自如，笔触清新刚劲，倍受爱好者和建筑师们的喜爱。钢笔建筑画是设计师必须具备的一种能力，很多建筑设计师把它作为表达设计意念的首选工具。近些年来，一些建筑、规划和室内设计专业将钢笔画融入造型基础课、建筑考察课、设计初步或设计表现课之中，它承载着造型基础课与设计表现课程的所有内涵。鉴于它的重要性，更有部分建筑、美术院校的相关专业在课程设置时，将其作为一门单独的专业基础课程进行设置。学生可以集中精力对钢笔画的表现手法进行系统的学习，锻炼对建筑的表现能力，提高建筑绘画的综合素养，为后续的设计表现课和专业课奠定扎实的基础。

1- 钢笔已成为很多专业画家和设
计师的绘画工具
作者：徐亚华
2- 建筑钢笔速写是设计师必须具
备的一种能力
作者：唐亮

1.2   建筑钢笔画的意义和作用

　　钢笔画工具简单，表现的手段灵活、生动，表现力强，钢笔线条造型明确，可以用最简洁的
线条准确地表达建筑的形体结构。因此钢笔（包括签字笔等）成为建筑、室内、景观设计师记录
建筑生活场景和表达设计意图最重要的工具。

　　设计师在构思过程中，可通过钢笔表现形式将大脑中抽象的思维，延伸到外部进行形象化展
示，使自己能够非常直观地去发现问题和分析问题，并根据钢笔草图来推敲深入，使方案更加完
善。钢笔画作为最常见的设计表现形式之一，是传递设计思想的载体，也因此，钢笔画是设计专
业人员必须具备的一种能力，是学生在设计考试、求职应试时的重要考察项目之一。

钢笔画除了作为独立的一种设计表现手法之外，还可以作为常见的设计快速表现手法（马克笔、彩色铅笔、钢笔淡彩等）的基础底稿。快速表现图往往在钢笔画的基础上着色而成，钢笔底稿的线条是否流畅、用笔是否到位（指结构），对后续的成稿尤为重要。所以学习手绘表现（色彩快速表现），首先得练好钢笔线描画法。因此，建筑钢笔画是建筑、室内设计等专业必修的一门专业基础课程，具有极其重要的作用。

建筑钢笔画的意义可以用三个关键词表达，即记录、表达和创作。记录是建筑写生的主要意图，画面是作画者对建筑本身的形式、环境、细节等方面的直观反映；表达则是建筑写生的重要特性之一，也是与一般建筑摄影的区别所在。作画者面对特定场景时不是一个机械的记录者，而需要将诸多个人化的感受借助恰当的工具、语言、方式倾注在画面上。创作是较前两者更高的阶段，创作的作品是具有主观性、艺术性、思想性，并用较长时间绘制的钢笔画艺术作品。

通过建筑钢笔画的学习和训练，学会以感性与理性交融的思维方式来思考问题，写生的过程带着明确的发现、思考、表达的目的，就可以从记录开始，渐次达到表达和创作。

| 2 |
| 1 | 3 |

1- 钢笔画如果作为上色的基础底稿，其好坏对最终的完成稿起到极其重要的作用
作者：卢国新
2- 钢笔画可以起到记录、收集素材、提高表达能力的作用
作者：张书山
3- 使用便捷是钢笔最大的特点
作者：夏克梁

1.2.1 作为独立的设计表现手法

钢笔画作为一种独立的设计表现手法时，具有很强的表现力，可以采用各种不同的表现方法非常清晰地表达空间的形体特征、材料质感、空间明暗层次等关系。

a) 以线条排列、组合来形成明暗层次的画法，可表现建筑和物体的空间体量感和层次感。这种画法采用写实的表现手法，在透视关系准确、比例结构严谨的骨架基础上，赋予合理的明暗关系，充分表现出建筑形体特征和空间存在，并具有真实性和艺术性。

| 1 | 2 |

1- 写实钢笔画
作者：庄宇

2- 线性钢笔画
作者：张书山

b）以线条描绘建筑轮廓和结构线的画法，可表现建筑的形体特征及建筑的结构特点。这种画法是在掌握透视及理解建筑形体结构的前提下，采用同一粗细的线条，依靠线条的疏密组合等处理手法，表现出极具特点的钢笔画作品。

c) 以随意性线条为主且速度较快的画法，可表达建筑的体块及空间关系。这种画法虽然只表达建筑大体空间关系，忽略细节，却能把握空间的比例及特征，为推敲深化方案提供了依据和方便，所表达的画面具有独特的艺术审美价值和感染力。这种表现手法也是培养画面整体意识的有效方法。

1.2.2　作为快速表现图的基础底稿

设计快速表现画法（指色彩画法），往往是在钢笔线稿的基础上进行着色。常见的快速表现画法有钢笔淡彩、马克笔、彩色铅笔等，同时钢笔画也可结合电脑进行上色，以达到一种既有电脑绘图的真实性，又具手绘艺术性的特殊的画面效果。

a) 线稿为底、水彩上色，即钢笔淡彩，是设计快速表现中较为常见的一种方法。水彩具有颜色透明的特点，在采用钢笔淡彩的画法时，只需在钢笔线稿的基础上，特别是在建筑界面的交界处和结构交接处，适当施加一些颜色，便可达到结构清晰、色彩轻快的艺术效果。

b) 线稿为底、马克笔上色，马克笔是目前设计快速表现中最为常用的一种工具，具有和水彩颜色相似的特点，既透明、艳丽，又缺少覆盖力等。所以选择马克笔作为工具时，也必须要以清晰的钢笔线稿为底稿，上色时，力求做到用笔刚劲有力，注重建筑的体块感，以产生强烈的视觉感染力。

c) 线稿为底、彩铅上色，彩铅也是设计表现中较受欢迎的一种工具，同时也是水彩、马克笔等快速表现的辅助工具。因材料的局限性，彩铅的画面相对难以深入。因此，也常以钢笔线稿为底稿，在此基础上，可淡淡地施以颜色，注重画面色彩的协调性和用笔的随意性，以达到清新淡雅的艺术效果。

1- 马克笔与钢笔搭档是"绝
配"，设计师常用马克笔
在钢笔线稿上进行着色，
钢笔线稿的好坏直接影响
着上色的效果
作者：辛冬根

2- 彩铅也是设计表现中较
受欢迎的一种工具，常结
合钢笔线稿使用
作者：辛冬根

3- 钢笔画的工具已极具包
容性
作者：夏克梁

1.3 建筑钢笔画的工具及材料

1.3.1 工具

　　建筑钢笔画的工具也是常用的书写工具，简单而普及，且携带方便、作画便捷，受到画家、
建筑师和设计师的广泛欢迎，成为他们最常用的绘画工具，往往一支笔就能表现出丰富的艺术效
果。常用的有钢笔、美工笔、针管笔、签字笔、圆珠笔等。在挑选工具的时候，作画者可以根据
个人喜好选择硬笔的类型，不同的笔产生的线条的表现力有所差异，画面的效果也有所不同。要
注意的是，不管选用哪种笔，最重要的是出水要顺畅。由于钢笔具有笔头坚硬、出水流畅、线条
硬朗的特点，作画时要注重表现这一特性，强调画面中线的造型、疏密以及线的对比产生的虚实、
详略、主次等关系。

钢笔与美工笔：钢笔是最常见、最具历史的书写工具，它起源于 17 世纪的鹅毛管笔，19 世纪初逐渐发展成为现在的贮水笔，这也意味着钢笔正式诞生。钢笔也是早期钢笔画的主要工具。美工笔是在钢笔的基础上，根据绘图用笔的多样性和画面的表现力，进一步研究拓展的结果。它在原有钢笔的笔头上进行弯曲，使用时，根据用力和笔身的起倒、方向的不同，可以描绘出各种不同特性的线条，增强了线条的表现力，也丰富了画面，使画面更具艺术感染力。（图 1、图 1-1）

针管笔与签字笔：针管笔是设计制图的常用工具，签字笔则是目前最常用的书写工具。它们所绘制出的线条均与钢笔线条相似，且针管笔、签字笔的型号、规格多样，出水顺畅，目前是钢笔画最常用的表现工具。（图 2、图 2-1）

1	3
2	4

1- 钢笔结合美工笔绘制的作品
作者：秋添

2- 采用签字笔绘制的作品
作者：张书山

3- 采用艺线笔绘制的作品
作者：夏克梁

4- 采用记号笔绘制在墙壁上的作品
作者：夏克梁

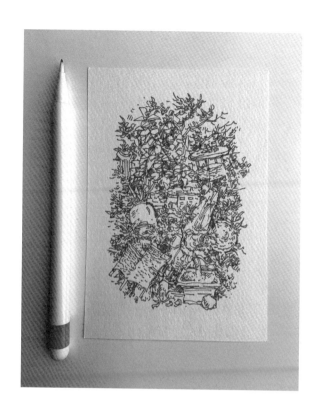

其他各种笔：钢笔画的概念已不仅仅局限在以钢笔、签字笔等工具所表现的画面，已经拓展到以艺线笔（图3、图3-1）、记号笔（图4、图4-1）、秀丽笔（图5、图5-1）、宽头笔（图6、图6-1）、马克笔（黑色）（图7、图7-1）、其他线性笔（图8、图8-1）等等为工具所表现的画面。只要敢于尝试和探索，不难发现有些工具具有极强的表现力，为拓展钢笔画的艺术效果带来了最大的可能，也使钢笔画的表现语言更加丰富多彩。

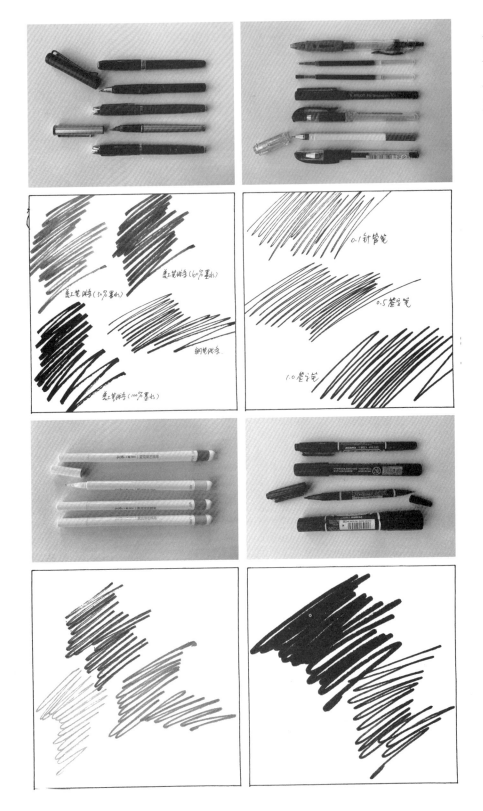

图1   图2

图1-1   图2-1

图3   图4

图3-1   图4-1

图 5	图 6
图 5-1	图 6-1
图 7	图 8
图 7-1	图 8-1

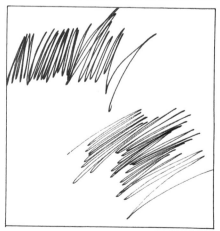

1 | 3
2 | 4

1- 采用秀丽笔绘制的小品
作者：夏克梁

2- 采用宽头笔绘制的作品
作者：夏克梁

3- 采用马克笔绘制的作品
作者：夏克梁

4- 采用普通线性笔绘制的作品
作者：夏克梁

1- 画在 A5 速写本上的小作品

作者：夏克梁

2- 纸张对于钢笔画的绘制会产

生一定的影响

作者：蔡靓

3- 画在 A2 速写本上的作品

作者：杨博

1.3.2　材料

钢笔画除了采用钢笔、签字笔等工具之外，另外用到的主要有纸张、墨水、涂改液等材料。

纸张对于钢笔画的完成也极为重要，适用于钢笔画的纸张很多，选择不同质地、不同肌理、不同色泽的画纸可以获得不同的画面效果。一般选用质地较为厚实的画纸，以防止硬笔笔尖在纸面快速运行时划破纸张。当然，也可以根据作品的预期效果选择特殊纸张。

钢笔画经常在户外写生时直接完成。出于作画方便的考虑，一般选用速写本比较合适。当然，也可以选用铅画纸和复印纸置于一块轻便、平整、具有足够硬度且尺寸合适的速写板上进行绘制。如果选择速写本（图1），素描速写本、水彩速写本是比较理想的纸张。除了具有一定的厚度之外，还种类繁多、规格大小不等，且携带使用方便，所以是外出写生的理想用纸。常用的有8开（A3）速写本、12开（方形）速写本、16开（A4）速写本。根据各自的习惯和具体情况也可选择超常规的速写本，如4开（A2）速写本，或是32开甚至64开的速写本。除此之外，也可以选用散装的有色纸、牛皮纸等。

| 1 | 2 | 4 |
| 3 | | 5 |

1- 用美工笔绘制的作品
作者：蔡靓

2- 用钢笔绘制的作品
作者：杨博

3- 用过涂改液的作品在电脑里稍作处理，不留痕迹
作者：秋添

4- 画在牛皮纸上的作品
作者：周锦绣

5- 除了牛皮纸上，也有很多有色纸同样适合钢笔画
作者：周锦绣

在使用灌水钢笔和美工笔时，还必须要用到墨水（图2）。一般选择国产墨水就可以，但要注意的是，如果描绘的钢笔线稿是作为钢笔淡彩的底稿，那么就要选择相对特殊的墨水，以防止上色时墨色渗开。

钢笔线条不宜修改，一般情况下，在描绘过程中，只能做"加法"，而不宜做"减法"。在万不得以的情况下，也可采用涂改液（修正液）或高光笔（图3）进行适当修改，因此，在画钢笔画的过程中，也可配备一瓶涂改液或一支高光笔。

图1

图2

图3

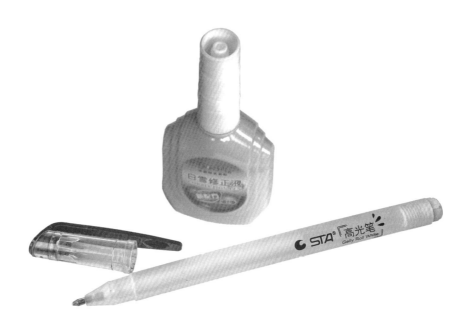

1.4 建筑钢笔画的特点

钢笔画不同于一般的绘画作品，而建筑钢笔画又稍有别于一般的钢笔画。从表现的内容来看，建筑钢笔画有表现鸟瞰的城市规划，有现代建筑，有教堂钟楼，有乡间别墅，有普通住宅，还有古老民居等。而表现形式除了一般钢笔画所具备的艺术特点之外，往往是以具体的形象表达作画者（或设计师）对设计或真实场景的体验，需要表现建筑的形体特点、结构关系、空间特征、建筑与环境的依从关系等，具有建筑的可读性。因此，建筑钢笔画往往采用的是相对写实的表现手法，客观真实地再现建筑，这也是建筑钢笔画的主要特点。

| 1 |
| 2 |

1- 略带影调的写实手法
作者：庄宇

2- 单线描绘的写实手法
作者：张书山

第二章　建筑钢笔画的画面构成要素及其画法

　　在学习钢笔画之前，有必要先分析并了解钢笔画的画面主要是由哪些元素构成的，这些元素又是怎样处理的，分析透彻了，掌握钢笔画的画法也就不难了。

| 1 | 2 |

1- 线条是钢笔画最基本的元素
作者：张书山
2- 线条描绘、排列、交织的基本方法
作者：张书山

2.1 线条（笔触）练习

　　钢笔画是以线条形式描绘对象，线条（包括点）是构成钢笔画的基本单位，常见的线条有直线、曲线、自由线、乱线等。线条具有极强的表现力，不同类型的线条具有不同的性格特征，不同种类线条的运用，直接影响到画面的效果。绘制钢笔画时，用笔应力求做到肯定、有力、流畅、自由。线条除了具体表现建筑的形体轮廓及结构外，还可表现出如力量、轻松、凝重、飘逸等美感特征的丰富内涵。也可通过线条的运用，将自己的艺术个性自然地流露在画面上。

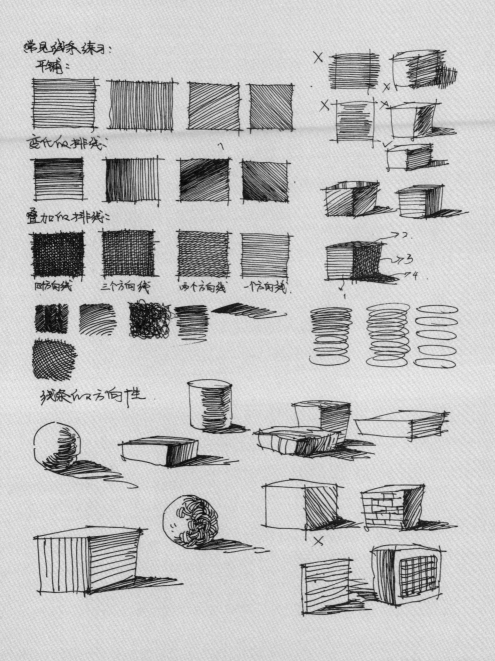

2.1.1 线条的特点

线条是钢笔画最重要的造型手段，极富艺术想象力和表现力，是画家、设计师表达自己主观思想和对客观物象情感的重要方式。有力、明确、流畅是钢笔线条的主要特点，画面中要充分体现。

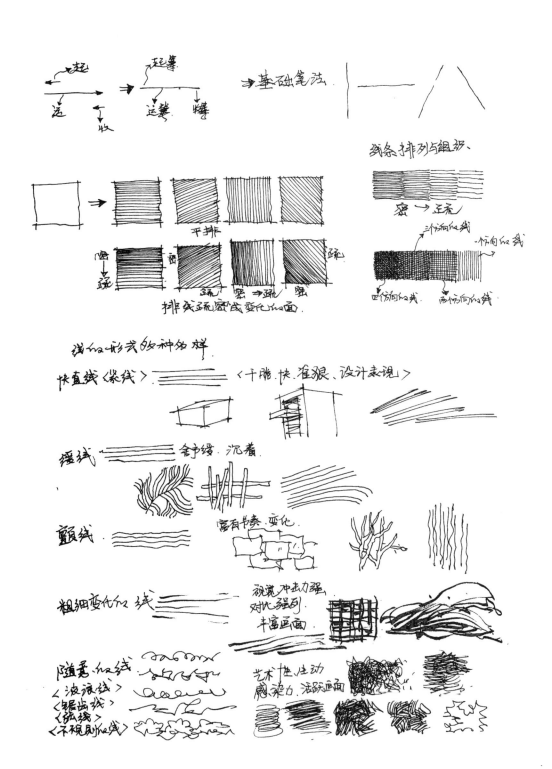

· 钢笔线条特点

比较与分析：

　　钢笔（包括各类签字笔等）作为书写工具已为人们所熟悉，但作为绘画的工具，钢笔线条因不宜修改往往使人产生畏惧，而导致不敢下笔。

　　在未采用钢笔作为绘画工具之前，初学者一般都会选用铅笔为工具。铅笔线条因受力和角度的使用不同，笔触会产生浓淡和粗细的变化，可以画出细腻柔和的渐变效果。铅笔线条且可以擦拭修改，反复描绘，所以对于初学者可以大胆使用。（图1）

　　钢笔线条（指普通钢笔、签字笔）不但不可以修改，而且从落笔到收笔，其线条始终保持着一致，不因钢笔受力和角度的不同而产生明显的粗细和浓淡变化。（图2）

　　从线条的比较中还可以发现，不确定、不自信的线条给人一种无力、松散的感觉，而当浑身使力描绘线条时，肯定、自信的线条具有一定的张力，给人一种力量感。（图3）

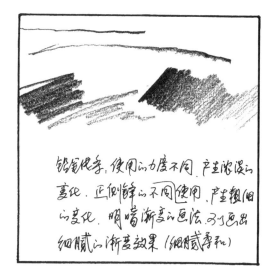

1

1- 线条的表现形式多样，
具有极强的表现力
作者：张书山

图1
图2
图3

结论：

在使用钢笔之前，大家都习惯于使用铅笔，铅笔可以修改，并随着使用力度的不同产生浓淡粗细变化。而钢笔不但不可以修改，而且从落笔到收笔的线条同样粗细、同样浓淡。描绘时，是靠同一粗细的线条来界定建筑的形象与结构，是一种高度概括的表现手法，并依靠线条的疏密组合来达到画面的虚实、主次等变化的艺术效果，而非依靠线条自身的浓淡变化。

从图中比较还得出，即使是用力不同也不会描绘出变化明显的钢笔线条，且不自信的线条反而给人以无力和松散的感觉。那么，在学习钢笔画的时候，首先要做到的就是敢于用笔，敢于去画，这也是学生学习钢笔画需要迈出的第一步。

1 | | |
2 | | |

1- 画好线条是学习钢笔画的第一步
作者：张书山
2- 自信肯定的线条
作者：张书山

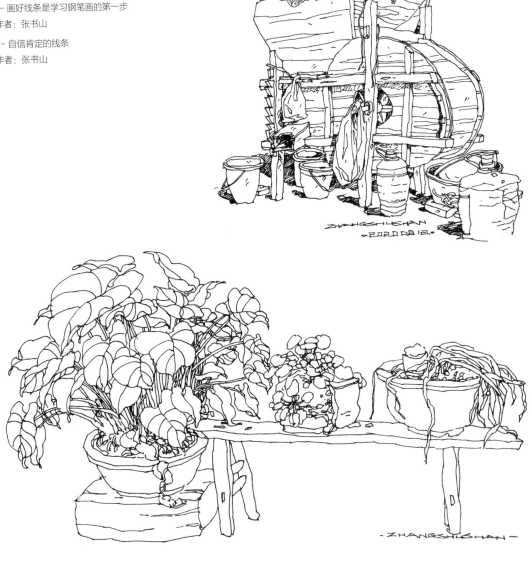

描绘线条时，要力求做到以下几点：

用笔时做到肯定和有力，一气呵成，使描绘的线条流畅、生动，不能胆怯、害怕落笔。（图4）

受力要均匀，线条的粗细从起始点到终端保持一致。（图5）

描绘长线条时，要注意其衔接处。如是重叠，将产生明显的接头，在画面中如果反复出现，将直接影响到最终效果，所以线段衔接处宁断而不宜叠。（图6）

线条的交接处（指物体的界面或结构转折处），宜交叉重叠而不宜断开。断开的线条，使所表现的物体结构松散，缺少严谨性。（图7）

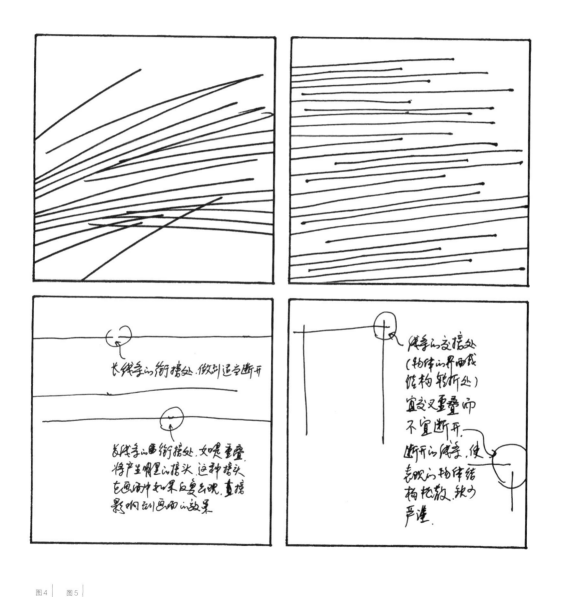

图4 图5

图6 图7

线条不宜分小段完成，也不宜反复描绘（图8）。

长线条中，可适当出现短线条，却不宜完全（或主要）依靠小段完成。（图9）

描绘排列均匀的组线条时，应尽量保持速度缓慢、受力均匀、间隙一致。（图10）

想画连贯性的线条，只要达到一定的熟练程度，将速度提高便可。（图11）

随意性的线条则是将速度再提快，所描绘的线条就带有一定的随意性。（图12）

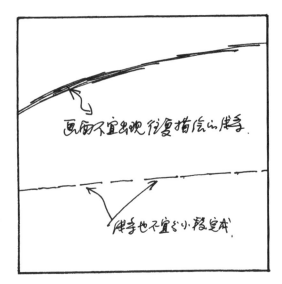

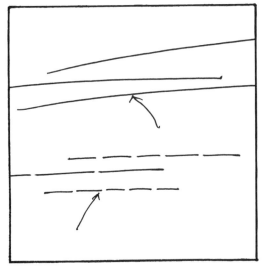

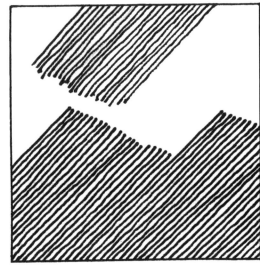

图8

图9 图10

图11 图12

1
2

1- 练习之初，线条不宜画得过
快，要保证线条的力度和均匀度
作者：张书山

2- 画到一定熟练程度的时候，
线条自然会变得很随性
作者：夏克梁

· **直线的运用**

　　直线给人以硬朗、坚硬的感觉。一幅画面不应全部由直线组成，否则画面将显得生硬、呆板，可适当穿插些曲线或圆弧线，以丰富画面。

　　直线是钢笔画中最常用的线条，直线中有长线和短线之分，构成画面的线条不宜是全部的长线或者是全部的短线，应是不同线条的组合。（图13）

· **曲线的运用**

　　曲线也是钢笔画中的常见线条。曲线在画面中的运用，能使得画面更加生动活泼。曲线多用在圆弧造型的建筑或物体上。有时，绘制直线时，因速度和力度的原因，也常常使直线带有一定的圆弧感。（图14）

1
2

1- 直线在画面中的运用
作者：夏克梁
2- 曲线在画面中的运用
作者：夏克梁

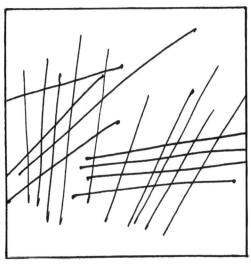 

图13　　图14

*Jianzhu Gangbihua
cong Jichu
dao Chuangzuo*

- **自由线的运用**

    自由线是在直线、曲线的基础上任意描绘的线条。当直线、曲线画到相当的熟练程度时，用笔时带有一定的速度感，所描绘的线条具有自由、随意的特点，是钢笔画所要追求的用笔线条。（图15）

- **乱线的运用**

    乱线在画面中并不是很常用，特别是不太适合初学者运用。乱线虽可以随意的涂画，但描绘时需要以建筑的形体结构和明暗关系为依据，赋予某种次序。所表现的画面要做到乱中有序，表达出建筑的形体及空间关系。（图16）

```
1
  2
```

1- 自由线在画面中的运用
作者：夏克梁
2- 乱线在画面中的运用
作者：夏克梁

图15　图16

· 点的运用

　　点的画法非常细腻，是表现明暗画法或是线描结合明暗的较好手段。也特别适合初学者来理解分析建筑的明暗关系，及锻炼耐心和细心。但点的画法相对要占据比较多的时间，适合学生在室内的长期作业，而不太适合作为户外写生采用的表现手法。（图17）

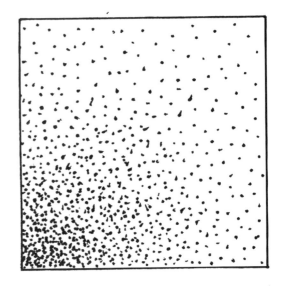

图 17

1- 用点表现的作品
作者：毛耀军

2- 墨点在画面中运用得恰到好处
作者：郑昌辉

· **墨点的运用**

　　墨点指的是墨水滴（或甩）在纸面上形成不规则的、大小不一的圆点。这些圆点有些是不小心造成的，也有些是有意为之的。墨点的添加，使画面显得更加生动和自然，但需要控制得当、安排到位。（图18）

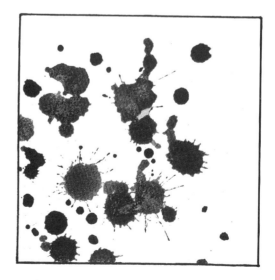

图18

2.1.2　线条的方向性

　　单一独立的线条无所谓方向性，但当线条运用到具体的物体中时，线条的方向将起到一定的作用。应尽量根据物体的结构及透视方向进行用笔，以便更好地塑造物体。

比较与分析：

　　图1，单一独立的直线条并无方向性。

　　图2，根据物体的明暗原理任意地排列线条，使物体产生亮面和灰面的大关系。

　　图3，根据物体的结构或透视方向进行用笔，也使物体产生亮、灰面的大关系。

　　两相比较，很明显，线条的方向对塑造形体起到了极大的作用。明显地感觉到图3比图2的用笔方向对塑造物体的体量、空间、质感等更有利。

　　图4，描绘树在水中的倒影时，显然，横线条比竖线条要更加贴切。

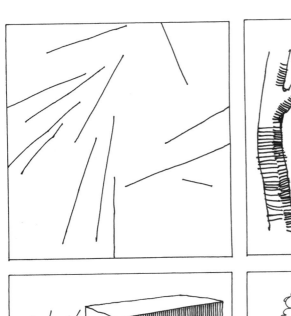

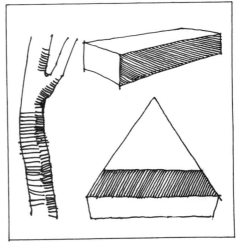

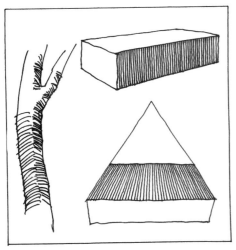

图1　图2

图3　图4

结论：

随意方向排列的线条和顺应物体结构及透视方向排列的线条将产生不同的视觉效果。在描绘物体时，根据物体的结构及透视方向用笔，有助于更好地塑造形体及空间。

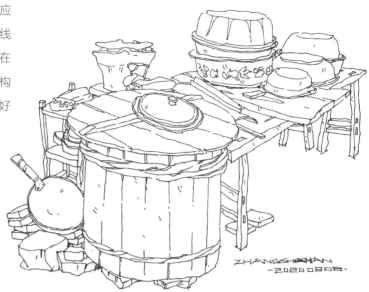

| 1 |
| 2 |

1- 根据物体的结构及透视方向用笔，有助于形体和空间的塑造
作者：张书山

2- 整个画面的线条其大方向基本一致，具体塑造某一形体时又根据结构用笔，使绘制的线条统一中有变化
作者：杨博

2.1.3 线条的组织

钢笔画依靠同一粗细线条或不同粗细线条的疏密组合、黑白搭配，使画面产生主次、虚实、节奏、对比等艺术效果。

线条的组合得当与否，直接影响着物体形体的塑造。线条在画面中起着决定性的作用，所以线条的组合要有一定的规律和方法。

1- 线条的组织直接影响着形体的塑造
作者：夏克梁

· 线条的排列与组合

比较与分析：

　　在描绘钢笔画的明暗关系时，需要依靠线条的排列、组合来达到明暗的渐变。

　　图1，无序的线条给人感觉凌乱、松散。

　　图2、图3，有序的线条使人感到有整体感并具有节奏感。

图1

图2

图3

结论：

线条的排列与交织要有一定的次序和规律，有序的线条排列使表现的画面更加统一整体。缺少了次序和规律，所表现的画面将显得凌乱无序，难以塑造出建筑的形体及空间关系。

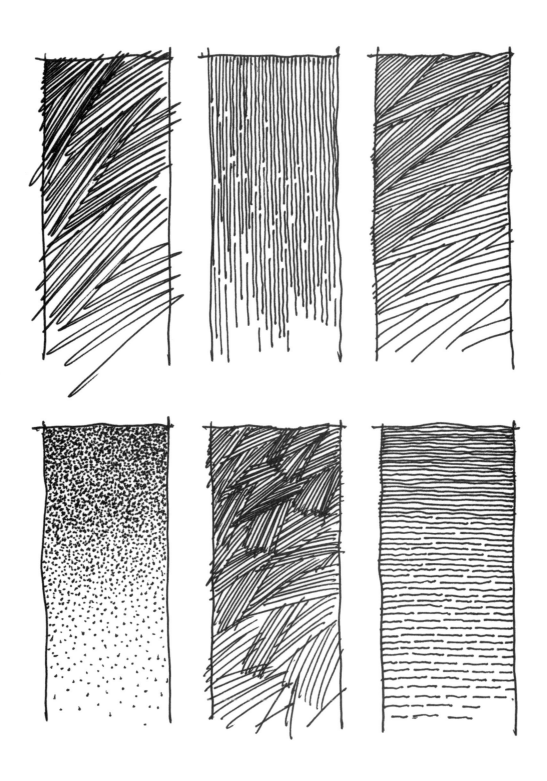

1│2

1- 线条的各种组合方法
作者：夏克梁

2- 无序线条和有序线条所
表现的画面之比较
作者：夏克梁

· 线条的叠加与交织

比较与分析：

图4，通过线条的排列和叠加（指同一方向的线条）来形成明暗关系是钢笔画常见的一种表现方式，但叠加过多容易导致"闷""腻"。

图5，菱形线条的叠加和交织会显得较为透气。

图6，十字线条的叠加和交织会显得更加透气。

1- 通过线条排列、叠加所表现
的明暗钢笔画
作者：陈炜

图4

图6   图5

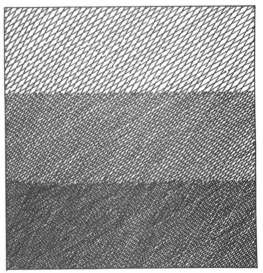

结论：

　　明暗钢笔画或线面结合的钢笔画，在绘制的过程中需要通过线条的叠加和交织来表现暗部的层次变化或细节的刻画。在线条的叠加和交织过程中，其线条的方向不要过于一致，否则容易导致暗部沉闷，可通过十字或菱形的交织方式来获得明暗层次，使表现的画面更具通透性。

1- 通过线条叠加、交织所表现的明暗钢笔画

作者：夏克梁

2- 透视的运用能增加画面的空间表达

作者：唐靖

3- 学习建筑钢笔画，必须要了解并掌握透视的基本原理，才能使表现的画面更具真实感

作者：马兆玉

2.2　透视的运用

　　表现建筑的空间层次，离不开运用透视的原理，掌握透视是学习钢笔建筑画的基础和前提。透视的准确表达是营造空间真实感的必要条件和重要基础，是正确地反映各景物在空间场景中关系的重要手段。画面中的建筑形体或空间如果违背透视规律就会与人的视觉感受不一致，画面就会变形、失真，缺少空间真实感，即使画面中充满着精彩的线条、精致的细节，也无法给人以舒适的视觉感受。反言之，正确合理的透视关系与空间塑造是一张优秀的速写所必须具备的条件。因此，学习建筑钢笔画，必须掌握透视学的基本原理和空间关系表达的基本方式，并运用透视法则，提高眼睛对于空间感和透视感正确与否的判断能力，并能够合理地运用到画面表现中去，使画面所表现的建筑结构及空间关系更加合理、准确和真实。

2.2.1 焦点透视

透视有多种方法，平常所讲的透视一般是指焦点透视，这种透视也是建筑钢笔画中最常用的透视方法。焦点透视主要包括一点透视、两点透视、三点透视（仰角透视和鸟瞰透视）。强调纵深感较强的建筑街景时，常常使用的就是一点透视的原理。两点透视在建筑钢笔画中应用得较多。为了强化建筑的三维空间和形象特点，作画者常常选择两点透视方法表现建筑物。三点透视运用得相对较少，常用于表现高大的建筑或全景视角的场景图。

- **一点透视**

一点透视可以很好地表现出建筑的远近感和进深感，透视表现范围广，适合表现庄重、稳定的环境空间。在建筑钢笔画中，一点透视多用于建筑室内，而相对少用于建筑外观。（图1）

图1

1- 建筑写生中,一般的画面都会用到
焦点透视
作者: 夏克梁

2- 一点透视在写生中的运用
作者: 夏克梁

3- 一点透视最适合表现廊道等场景
作者: 夏克梁

· 两点透视

　　两点透视也是建筑钢笔画中最常用的透视方法。两点透视的画面，空间表现直观、自然，接近人的实际感觉，但角度选择要十分讲究，否则容易产生变形。（图2）

图2

· 仰角透视

　　一般要求作画者的视线与所画建筑的距离相对较近，同时建筑物较为高大，由此易使视线与建筑场景间产生仰视的角度关系。在实际速写中，只有在主体建筑物特别高大雄伟、视距又较近的情况下才会运用到该透视方式。

	2
1	
	3

1- 两点透视在写生中的运用
作者：夏克梁

2- 建筑较为高大，视距较为正常的仰角透视所表现的效果
作者：夏克梁

3- 建筑高大、视距较近的仰角透视所表现的效果
作者：张书山

· 鸟瞰透视

鸟瞰透视要求作画者的视线高于所画的建筑场景，人的视线处于俯瞰的状态。一般是作画者站在地势较高的位置，描绘地势较低处的场景。画面所包含的范围可以比较大，常适用于表现较为宏大的建筑风景面貌。

在实地的场景写生中，由于受到时间、环境和气候变化等条件的限制，既不可能让作画者有充裕的时间，利用透视学的方法科学地求出透视关系，也不可能做到所画的每一条线都能严格地符合透视的规律。因此，在透视原理的运用中主要把握两项原则：其一是近大远小的原则，其二是根据观察角度在画面中确立消失点的原则。这样，我们就能够保持透视关系的大体准确，避免画面中出现明显的错误。

1- 略带俯视角度表现的画面
作者：张书山

2- 表现宏大的场面常采用鸟瞰透视
作者：李谱

2.2.2 其他透视法

除了采用焦点透视方法之外，钢笔建筑画中还经常使用空气透视法和图形的重叠法。

· 空气透视法

分析与比较：

图 1，空气中因存在着尘埃，从照片中不难发现，最远的山体只看到轮廓线，而看不到山上的任何建筑及树木；中间层次的山体则依稀感觉到建筑及树木的存在；最近的山体则能够清晰地看到建筑的轮廓及结构。

图 2，不按照空气透视的规律，所表现的建筑往往出现平淡、画面空间层次混乱，缺少空间感等问题。

图 3，根据空气透视的原理，将近、中、远表现成三个不同的层次，使表现的场景极具空间感。

图1

图2

图3

1- 采用空气透视法处理的画面，表现
的作品前后层次分明，空间感强
作者：夏克梁

结论：

由此可见，在处理画面的空间层次时，可以将
近处的建筑或物体层次表现得细微、深入；中间的
建筑或物体层次表现得稍微概括些；远处的建筑或
物体则只要画出其轮廓线便可。

· 重叠法

比较与分析：

　　当画面中的两个物体（或建筑）并置时，可能会出现三种不同的结果，如果将两个物体重叠时，便可清晰地辨别出物体的前后空间关系。

　　画面中的两个物体并置时（图4），可能是圆形和方形在同一空间层次上（图5）；或是圆形在前，方形在后（图6）；也可能方形在前，圆形在后（图7）。

图4	图5
图6	图7
图8	图9

	1
	2

1- 重叠法在画面中的运用，前后关系明了
作者：夏克梁

2- 建筑写生中也经常会用到重叠法
作者：唐靖

结论：

　　表现建筑的空间层次时，可通过建筑的重叠方法来表现建筑的空间层次感（图8、图9）。

2.3 选景与构图

选景与构图是建筑速写学习的起始步骤，它是训练作画者对以建筑为表现客体的环境进行观察、发现、选择并组成画面的过程，也是培养和提高作画者对于建筑审美能力的过程。

表现建筑时，选择不同的角度和视点，会产生不同的视觉感受。建筑写生首先要做的是观察，观察的目的是为了选景。选景的过程也就是直接考虑到构图的安排，因此，观察、选景、构图是密不可分的。

写生场景中，各种不同类型的建筑及周边多样的环境元素并存，有些场景秩序井然，让人感觉美观舒适，有些则杂乱无章，让人感觉烦躁混乱。因此，在选景中一方面需要从客观的对象出发，尽量选择一些能使人产生视觉美感的场景；另一方面也要进行主观考虑，作画者可根据自身的意图及对场景表现的驾驭能力来做出适当的调度，选择出既具有速写表现价值，又适宜于表现的建筑。该阶段的学习较为重要，其掌握程度直接影响到后续的画面效果。

| 1 |
| 2 |

1- 选景与构图直接相关，选景的过程也可以说就是构图的过程
作者：王骏

2- 选景时要注意多方位的观察和比较
作者：韩子明

2.3.1 角度的选择

表现建筑，要选择能最大限度地表现建筑特征的角度。

比较与分析：

图1，同一建筑的不同角度进行比较。

图2，从不同角度对建筑进行观察。

图3，图4，选择建筑的正前面和正侧面，表现的画面会显得平板、缺少变化，难以表达建筑的空间及进深感。

图5，选择建筑两个立面的中心角，画面建筑的左右立面的面积对等，使画面构图过于平均，显得呆板。

图6，选择建筑的正立面为主立面（面积大于侧立面），因为正立面是内容较为丰富的立面，画面的构图饱满，主题较为突出。

图7，选择建筑的侧立面为主立面（面积大于正立面），画面构图的主要位置将显得有所缺失，失去平衡感。

图1

图2 图3 图4

图5 图6 图7

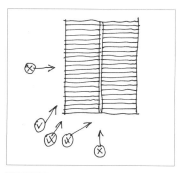

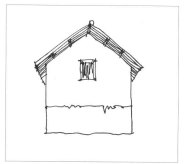

结论：

角度的选择对于表现建筑极为重要，角度选择得当，表现建筑时可以起到事半功倍的作用。角度不宜选在建筑某一立面的正前方和正侧面，也不宜选择两立面的中心角，而最好是选择建筑正面或侧面的三分之二处，这样的角度使表现的画面相对活泼、生动。具体应视建筑立面的内容丰富程度来定，立面越丰富，所看到的范围应该越广，反之则要窄。

2.3.2　视点的选择

　　视点则是以建筑的高度为参考依据，一般是建筑越高，视点则越低，以凸显建筑的高大和稳重。稍矮的建筑，视点可以适当高些，这样的画面会显得亲切。

1	3
2	

1- 角度的选择在写生中极为重要
作者：蔡靓

2- 角度选择得当，既能很好地表现建筑的特征，又能很好地表现出建筑的空间感
作者：张书山

3- 视点的选择直接影响着建筑及场景的表现
作者：张键

比较与分析：

图1，视点较低，好像是蹲着或趴着看建筑。

图2，比较符合人正常站立的视点。

图3，是一个高于建筑的视点，感觉是站立在另一屋顶上看该建筑。

图4，建筑像是蹲着或坐着的视点，而地面部分则是站立或更高的视点。建筑和地面的视点不一致，导致画面很不协调，让人觉得别扭。

图5，建筑和地面的视点一致，画面显得很和谐。

图1

图2　图3

图4　图5

结论：

视点的设置应根据建筑的具体情况来定，视点设置的高度不同，给人的视觉感受也不同。一般比较适宜选择正常站立或偏低的视点，而不适宜相对较高的视点。同时还要注意同一画面视点的统一性，不宜出现两个或多个视点，否则会使画面缺少真实感。

```
 1
 2
```

1- 写生中也会碰到斜坡这样的场地，这时将会用到略带俯视的角度
作者：夏克梁

2- 一般的建筑写生视点不宜定得过高，常将其定在画面自下往上的三分之一处，甚至更低
作者：夏克梁

2.3.3 构图的安排

构图，就是经营位置，是将所要表现的建筑或物体，合理地安排在画面中适当的位置上，形成既对立又统一的画面，以达到视觉心理上的平衡。

构图时首先根据建筑的造型特点、环境等因素决定其幅式。幅式分为横式、竖式和方式等。横式的构图使画面显得开阔舒展；竖式的构图具有高耸上升之势，使建筑显得雄伟、挺拔；方式的构图使画面具有安定、大方、平稳之感。

1- 构图，首先面对的
是幅式的选择
作者：秋添

比较与分析：

图1，面积对等。画面所展示的建筑尽管高低有变化，但在面积的比例上过于接近。

图2，在建筑的面积上稍做调整，画面显得生动活泼。

图3，形状雷同。画面所展示的建筑在高度和面积上有所区别，但建筑的外形过于相似。

另外，植物配景的形状也过于接近。

图4，改变画面中两幢建筑及主要植物的形状，画面的视觉感受有了很大的改变。

图5，高度一致。画面所展示建筑的高度过于一致，缺少天际线的变化。

图6，在建筑的背后适当添加一棵树，丰富了天际线，也使画面更生动。

图1	图2
图3	图4
图5	图6

图 7，重心偏离。所展示的画面重心偏向左边，达不到视觉上的平衡。

图 8，将左边屋顶背后的树移向右边，在画面中起到视觉上的均衡作用。

图 9，均由直线完成的画面在建筑的造型上和视觉上显得过于生硬。

图 10，在视觉过于生硬的画面中添加曲线（树木），使生硬的感觉得到缓解，柔化了画面的视觉效果。

| 图 7 | 图 8 |
| 图 9 | 图 10 |

1- 构图要注意内在和外在的节奏变化
作者：秋添

2- 构图要注意画面的均衡感
作者：蔡靓

结论：

构图时要注意画面中不同建筑的面积不宜对等，高度不应一致，形体不该雷同，要注意视觉上的平衡和变化。

2.3.4 取舍的处理

现实中，我们所面对的建筑与环境并非永远是理想化的。它们之中总有某些部分不能让作画者感觉到满意，总是不可避免、或多或少地存在不和谐的内容。有时所描绘到的主体对象的造型、角度可以让我们感到满意，但是其周边环境中的内容可能会过多过杂，若一并入图，画面构图会显得繁杂凌乱，有些部分还可能影响画面的整体感和美观性，甚至于破坏画面的协调性；有时周边环境中的内容又会显得太少太空，在描绘完主景部分后，画面缺少整体环境感和场景气氛感，以致画面单薄空洞，贫乏苍白，构图失去均衡。取舍中，包含着"取"和"舍"两层含义。

| 1 | |
| 2 | |

1- 取舍在写生中或多或少，是必定要用到的一种方法
作者：张书山
2- 极度概括也是取舍的一种手法
作者：张世忠

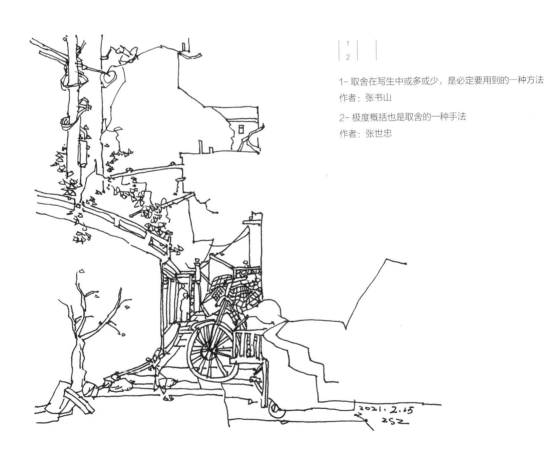

图1 　图2 　图3

图4

图5 ，　图6

比较与分析：

图1、图2、图3，现实中的场景照片。

图4，完全根据图1照片描绘的作品，画面显得较为凌乱，缺少主次，主体不够突出。

图5，采用"取"的方式，将原来图2场景中缺少的部分内容从外部借取过来，在画面中进行适当的安排，使其能够有利于画面的构图及表现，也使表现的画面内容丰富、主体突出。

图6，采用"舍"的方式，将破坏图3画面效果的对象和无碍大局的内容大胆地加以舍弃，以此突出主题，并使构图更为合理，保持画面的美观，也使表现的画面内容得当、主次分明。

ZHANG SHU SHAN

贵州井冈仁里

结论：

　　实景写生时，要求作画者对画面内容、布局结构等进行主观的概括和提炼，而不是一味地讲究"真实"地反映客观存在，全盘地收纳眼前之所见。客观对象的取舍作为画面处理的主要艺术手法之一，不但能够灵活地增减画面中的元素，将表现中遇到的不利因素转化为有利条件，而且能够有效地增强画面的整体协调性、场景气氛感和艺术表现力。

| 1 | 3 |
| 2 | |

1- 经过取舍的画面主体更突出，画面更纯粹
作者：张书山

2- 任何一张写生作品可以说都离不开取舍的处理手法
作者：杨健

3- 有光影的画面会显得更加鲜活
作者：徐亚华

2.4　光影的处理

　　自然界的所有物体因为光线的存在而呈现出视觉形象，通过反射的作用而为我们所感知。光线对物体的照射使它们产生了不同的明暗关系和阴影。有光就有影，光与影所构成的明暗关系随着时间的变化、位置的转移，在景物表面产生相应的变化。它也能形成不同的色阶，成为场景色调深浅、冷暖变化的依据。

　　光影能使物体产生立体感，使主体更加突出，使画面更具冲击力。作钢笔画时，根据不同的画法，采用不同的光影处理手法。

· **光影的作用**

比较与分析：

图 1，缺少光影的画面略显平淡。

图 2，光影使画面更具空间感。

图 1

图 2

80　建筑钢笔画从基础到创作

结论：

因钢笔材料的特殊性，光影的作用主要对写实钢笔画的影响较大。画面中设置光影，会使主次更分明、空间感更强、画面更生动。

1- 光影使画面层次更分明
作者：徐亚华

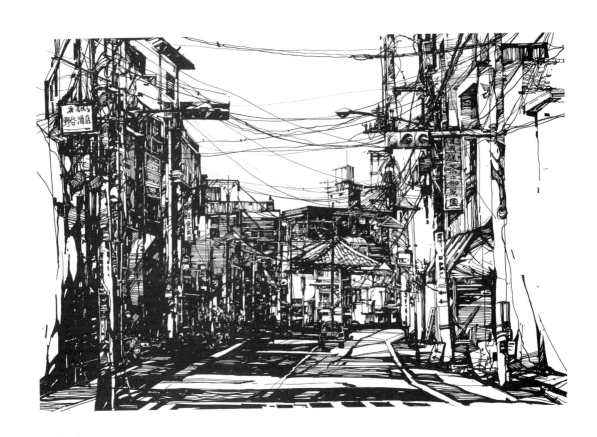

| | 1 | | |

1- 线描结合的表现方法，隐约
中也能感受到光影的变化
作者：蔡靓

图3 图4
图5
图6

· **光影的运用**

比较与分析：

图3，为阴影所干扰，从图中难以看出严谨的建筑结构；为结构所干扰，难以看出层次分明的空间体块关系。

图4，线描画法——忘掉光影：线描画法是以线条强调建筑的形体、结构，描绘时要求不被光影干扰，因此需要忘掉光影。

图5，综合画法——点缀光影：综合画法是线面结合的表现方法，其画面既有建筑结构的严谨性，又带有明暗层次的空间感，在光影的处理上，要求在空间或物体结构转折处适当地点缀光影。

图6，明暗画法——强调光影：明暗画法是以线条的组合来表达建筑的空间层次，其画面具有空间真实感。在光影的处理上，要求特别强调光影的真实合理。

结论：

不同表现手法的钢笔画，其画面中要采用相对应的光影处理手法，要果断、明确。

2.5 视觉中心的处理

　　一幅建筑钢笔画的画面，应有主次、轻重、虚实之分，以形成画面的视觉中心。缺少视觉中心的画面，将显得平淡、呆板而缺少生气。为了强调画面视觉中心，常需对画面进行主观的艺术处理来突出某一区域，从而将观者的注意力引向视觉中心，形成强烈的聚焦感。

1	
2	3

1- 视觉中心的位置需要事先设置，
不应随意处之
作者：夏克梁

2- 画面的内容不在于多少、场景不
在于大小，一般均有视觉中心
作者：张书山

3- 哪怕是表现对称的场景，也不宜
将建筑安排在正中间，而是中间略
往左或右偏移的位置
作者：秋添

2.5.1 视觉中心的位置

比较与分析：

图1，主体（即视觉中心）处在画面的中心位置，构图显得过于稳重和匀称，以至画面显得呆板。

图2，视觉中心偏向右侧，导致画面的重心不稳。

图3，如果把一个方形的画面按对角线分割为四，那么视觉中心最佳位置就是这四部分的中心位置或附近的区域。

图1
图2
图3

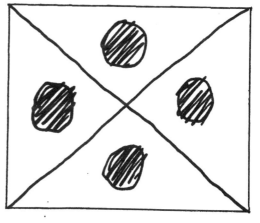

结论：

一张画面应该有一个视觉中心，而且视觉中心的位置在画面中非常重要。从图1、图2两图可以得出，视觉中心不宜安排在画面的正中间，也不宜安排在画面的边缘。

2.5.2　视觉中心的处理手法

对比是建筑钢笔画的重要艺术处理手法，在画面中，其常常表现为变化和反差。对比不仅能使画面的视觉中心明确，而且还能够增加画面的秩序感和层次感，并能够提升画面的视觉冲击力，使场景效果变得精彩，富有感染力。

比较与分析：

图1，缺少虚实对比的画面。

图2，画面强调虚实对比，视觉中心明确。

图3，尽管主体建筑刻画得比较深入，但延伸的路面和行人将视线引向画外。

图4，路面的延伸方向及行走的人，将视线引向视觉中心，使画面更加紧凑，主体更加突出。

图5，画面的刻画平均对待，缺少主次对比，导致画面平淡、主体不突出。

图6，建筑作为画面的主体，重点刻画，形成视觉中心。

1- 线条的疏密对比是强调视觉中心的主要手法
　　作者：张书山

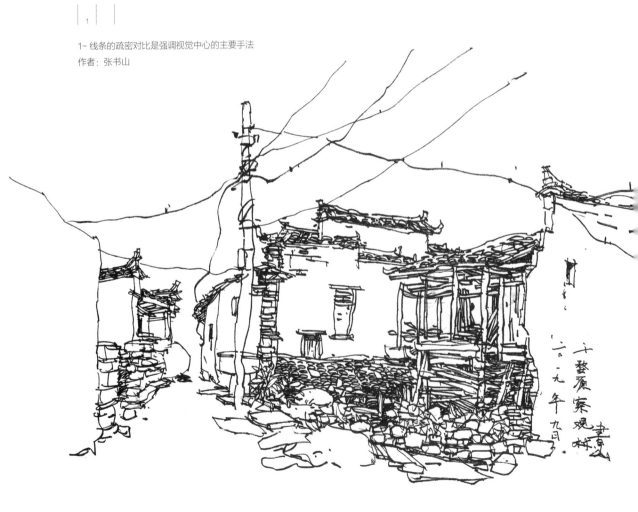

图1	图2
图3	图4
图5	图6

结论：

若画面中缺少对比，视觉中心就无法很好地显现出来，同时画面也会失去节奏感和韵律感，整体效果显得平淡呆板，缺乏视觉张力。视觉中心的处理可以通过多种方法获得：

图7，虚实对比，形成中心：钢笔画的虚实对比主要依靠线条的疏密组合形成对比，从而也产生了虚实关系，形成画面的视觉中心。

图8，诱导构图，形成中心：画面的视觉中心也可通过诱导来获取，如路面的延伸（从前景延伸到主体建筑），车辆或人物朝土体建筑走去或映去，以诱导人的视线，形成中心。

图9，重点刻画，形成中心：这种方法是处理画面较为常用的一种方法。画面中，往往将主体建筑作为重点进行深入的刻画，与配景形成强烈的对比，形成画面的视觉中心。

| 1 | | |

1- 通过构图的走势，来诱导
画面的视觉中心
作者：蔡靓

图7

图8　图9

2.6 画面的物体

　　建筑钢笔画的画面中物体主要包括主体建筑和相匹配的配景。处理画面的物体时，要注意采用概括、归纳、提炼等方法，使描绘的画面具有一定的艺术性。

　　主体建筑往往是画面的中心，处理时要相对突出、深入。

　　配景是建筑风景写生的重要组成部分，表现时相对简单、概括。配景在突出建筑、表现空间、营造气氛、提升画面艺术效果等方面，均能发挥其作用。

2.6.1 主体建筑

　　建筑物是建筑写生中需要重点刻画的对象。它往往形成画面的视觉中心，在画面中给人以深刻的印象。就单体建筑而言，既需要准确地表现建筑的外在特征，包括形态、结构、材质、色彩、光影等，也需要运用不同的手法刻画出建筑的内在气质和神韵，如内敛、奔放、稳重、活泼、高贵、质朴等个性特征。若表现的对象为建筑群体，则需将建筑间的空间远近、高低尺度等关系表达清楚，使各建筑在画面中的关系合理。

1	2	3
	4	
	5	

1- 一张完整的建筑钢笔画，往往是由
主体建筑和相应的配景所构成
作者：陈欣

2- 无配景的构筑物也能构成一张较为
完整的画面
作者：张书山

3- 主体建筑可以是一栋完整的建筑，
也可以是某一小型的构筑物
作者：张书山

4- 主体突出、在画面中占据较大面积
的画面
作者：张书山

5- 以建筑为主，并在画面中占据绝对
面积的画面
作者：张书山

| 1 | 3 |
| 2 | 4 |

1- 主体建筑可以是简单的，也可以
是复杂的；可以是独栋，也可以是
连排
作者：张成平

2- 画面完整的主体建筑
作者：唐靖

3- 植物虽常作为配景，但只要组织
处理得当也可成为独立的画面
作者：张世忠

4- 植物的学习可以从了解和分析其
形态、生长规律、结构等着手
作者：张书山

2.6.2　植物的表现

　　植物是画面中最常见的配景，也是较难表现的物体，常常让初学者无从着手。学习时可以通过观察分析，总结植物的形态规律，寻找恰当的表现手法。

　　植物的表现主要分为乔木、灌木和花卉的表现。乔木的表现应从树冠的组团关系入手，将大树冠区分出上下、前后、左右的团块组合关系，再对各组团的明暗交界线给以刻画，要注意各团块的明暗要统一于整体的明暗关系。对于远景中的乔木，一般可作平面化的处理，但是仍要注意树木的轮廓变化。中景的乔木多离建筑较近，可适当加以细致描绘。前景的乔木一般接近于构图的边缘处，可作概括处理。灌木的表现主要是区分几块界面的关系，若处于前景可作生动的处理。花卉的表现原理同灌木。

· 树的画法

比较与分析：

图1-1～图1-4，观察分析树的外部特征。

图2，树由树冠和枝干两部分组成。

图3-1～图3-2，照片中修剪过的树冠相比自然无序的树冠更加美观和整体，这也是园林工人修剪树冠美化环境的主要原因。

图4，无序的外形显得格外张扬，并不美观。

图5，主观调整后的树冠外形，起伏有变化且很统一。

图6，可以将树冠视为由一个或多个球体组成。

图7，所展示的是平面圆形；

图8，圆形中赋予树叶（平均分布），但尚显平面化；

图9，将圆形中的树叶集中在右下方，此时圆形略显立体感；

图10，右下方的树叶在排列时赋予圆球的明暗原理，所显圆形明显带有球状感；

图11，赋予树叶时，有意将其规则的圆形作一些凹凸的变化，所展示的圆球具有明显的树冠特征；

图12，根据圆球明暗原理，强化树冠的一些细部特征，一棵立体的树木就非常轻松地展现在画面上。

图1-1	图1-2	图1-3	图1-4
图2	图3-1	图3-2	图4

图5　图6
图7　图8　图9
图10　图11　图12

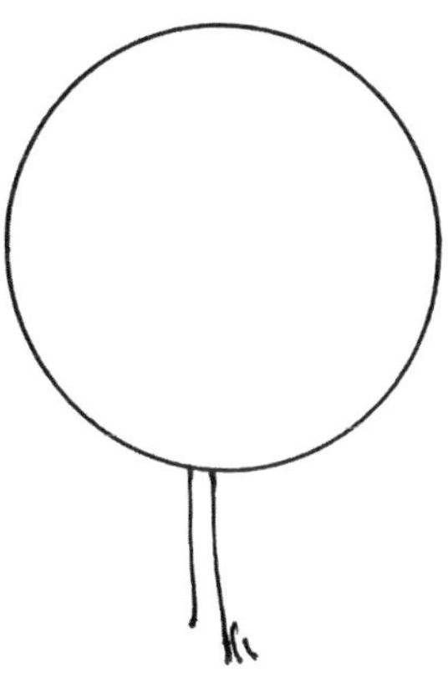

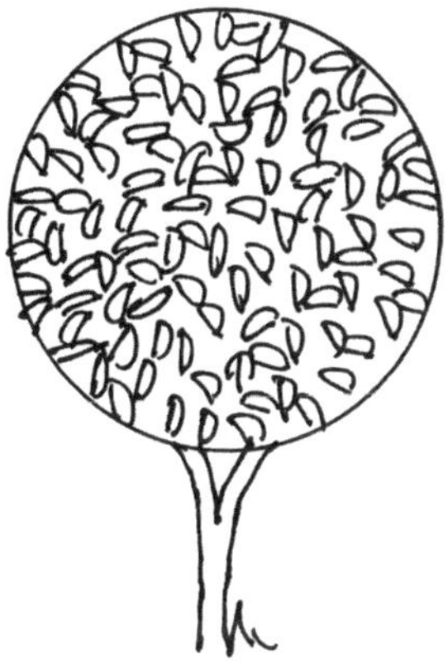

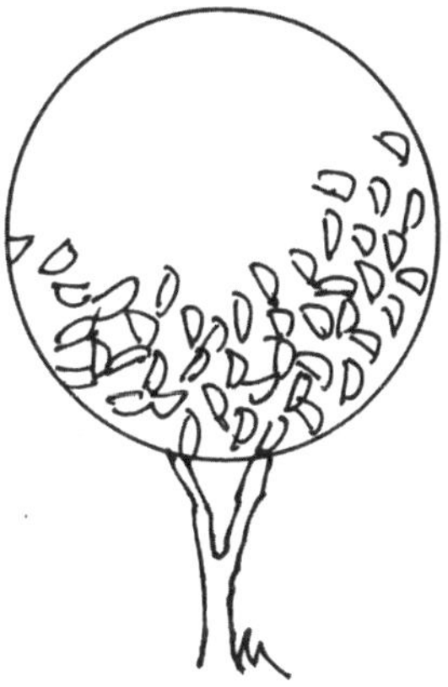

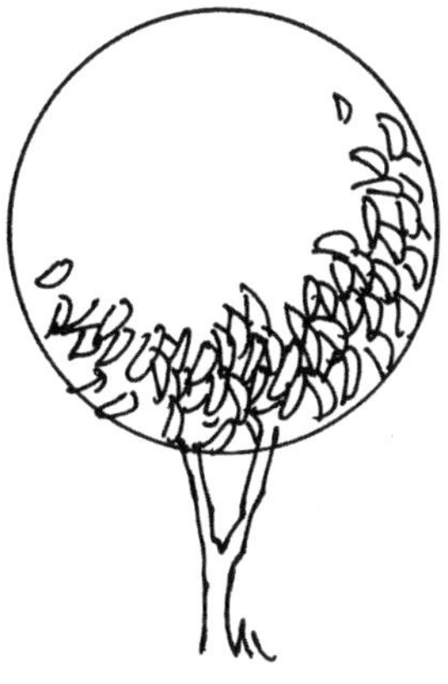

（图二）

习惯村小外别画远为瓦得
规客些，使观点村每复叠客体性。

结论：

表现植物的树冠时，可先将树冠看成是球状的几何体，再进行概括和提炼。

要注意树冠中的树叶（线条）分布不要平均对待，否则，所表现的植物将会显得平面化。只要掌握圆球的明暗原理，并注意树冠外形的适当变化，就很容易掌握画树、花草或其他相似物体的画法，学习钢笔画也将显得格外轻松。

同样，表现花草时，还要注意将其进行组团和分块。

1- 小灌木

2- 花草

3- 乔木

4- 随处可见的植物

5- 植物组合

6- 植物随笔

本页作者：夏克梁

1- 乔木、灌木及其具体的叶子
表现

作者：夏克梁

2- 植物前后关系的表达

作者：夏克梁

3- 植物与景观灯的组合

作者：张书山

4- 多种植物掺杂的画法

作者：马兆玉

5- 荷花叶子穿插关系的表达

作者：张书山

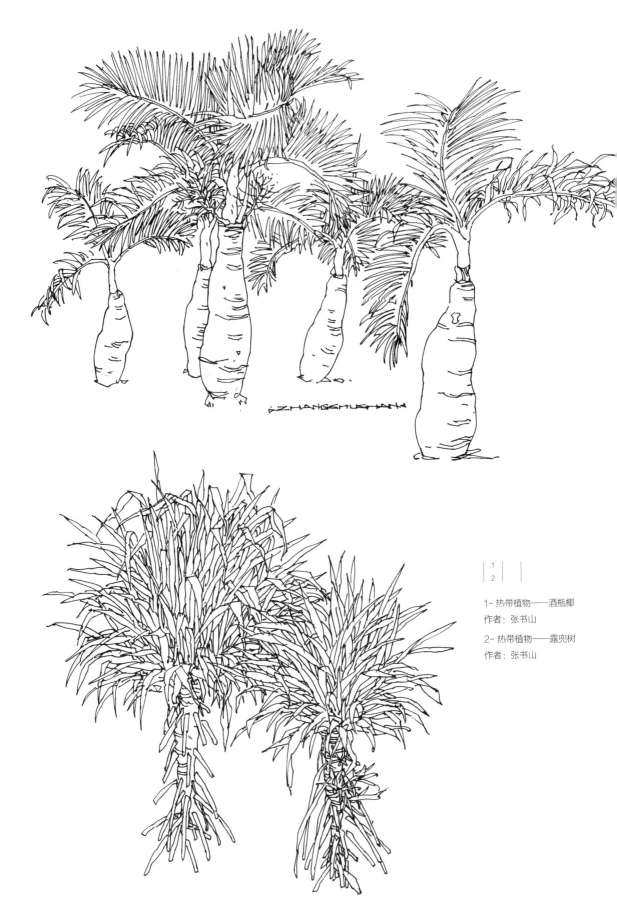

1- 热带植物——酒瓶椰
作者：张书山
2- 热带植物——露兜树
作者：张书山

· 树干的画法

比较与分析：

图 13-1~ 图 13-3，从所展示的照片中可以看出，自然界的树干并不一定符合审美规律。

图 14，枝干平均，导致主干不明显；

图 15，枝干分叉时，左右对称，显得呆板；

图 16，枝干分叉过于集中，看了别扭，且不好处理；

图 17，树干下粗上细的变化缺少过渡；

图 18，树干上粗下细，导致重心不稳；

图 19，主、支干对比明显，比例协调，并富有变化，给人以美感。

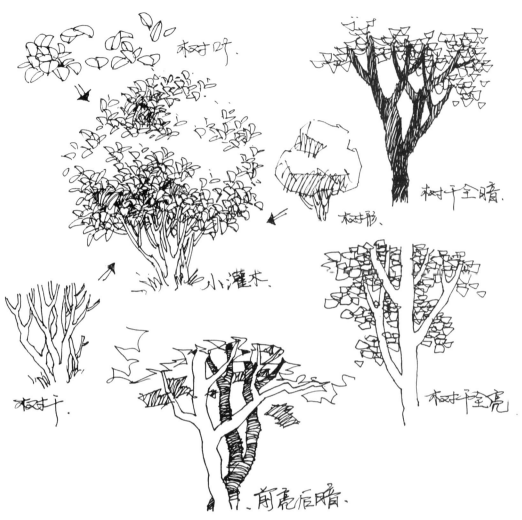

树叶吧.

树干全暗.

树吋形.

小·灌术.

树扣干.

前亮后暗.

树扣干全亮

结论：

　　树的枝干千姿百态，作画时，树干部分应遵照树木的生长规律，将主干和分支的连接方式描绘清楚。尽管图 13-1~ 图 13-3 都来自自然界，但并不美观。写生时，场景中可能出现的就是这样的枝干，可以通过调整或调换（将其移开，从别处移入另一株枝干）的方法来获取更理想的树干姿态。

1 | 3
2 |

1- 树干的姿态和表现
作者：张书山

2- 以树干为主的画面
作者：马兆玉

3- 树干的质感和肌理
作者：夏克梁

2.6.3　人物的表现

　　钢笔画中的人物，不仅能给画面带来生机，也体现出人与自然
环境和谐共存的美好意境。人物的安排，应根据画面的构图需要进
行组织，也要根据画面内容进行姿态的选择与确定，使其符合主题
和环境。画人物时，特别要注重表现场景中各种人物的动态，再根
据人物在画面中的位置、比例以及作用，决定刻画人物的深入程度。

　　远处的人物应做概括处理，一般只需勾勒其外形。中景中的人
物要表现出动态，上装与下装要区分开，服饰特征可适当详细表现。
近处且体量较大的人物则可适当描绘五官及衣褶等细节。根据不同
的表现风格，人物的造型还可以做适当的夸张，以符合画面的整体
需要。画面中特别要注意人物和环境间的比例关系，人物过大或是
过小都会使场景的尺度变得不真实。

2.6.4 交通工具的表现

建筑钢笔画中，最常见的交通工具是汽车。有时，画面中也会出现轮船、摩托车、自行车、三轮车等交通工具。汽车往往是以现代建筑为主体的画面中不可缺少的内容。它不但能够体现当今时代的特征，也能为城市环境增添现代化的气息。画汽车首先需要了解汽车的造型特点和结构特征，其次需要对其在环境中的比例和视角进行仔细的推敲和合理的表现，最后要注意线条的流畅和界面转折的肯定。

描绘过程中，根据画面的需要，也可将最远或最近的汽车（或其他交通工具）处理成轮廓线的方式。

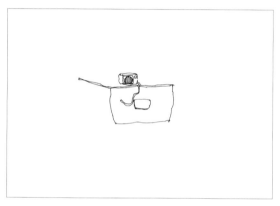

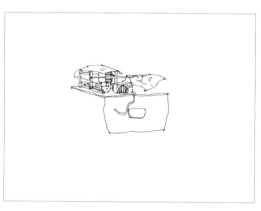

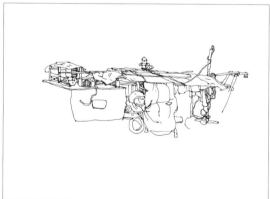

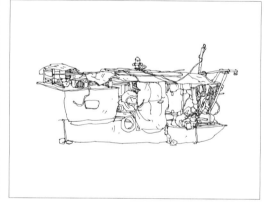

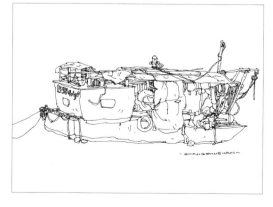

1- 人物增加了画面的生气
作者：张书山

2- 作为配景的人物，可以表现得非常概括
作者：张书山

3- 轮船绘制步骤图
作者：张书山

1- 各种摩托车和电动自行车
作者：李谱

2- 不同角度的小轿车
作者：向俊

3- 老爷车与摩托车
作者：向俊

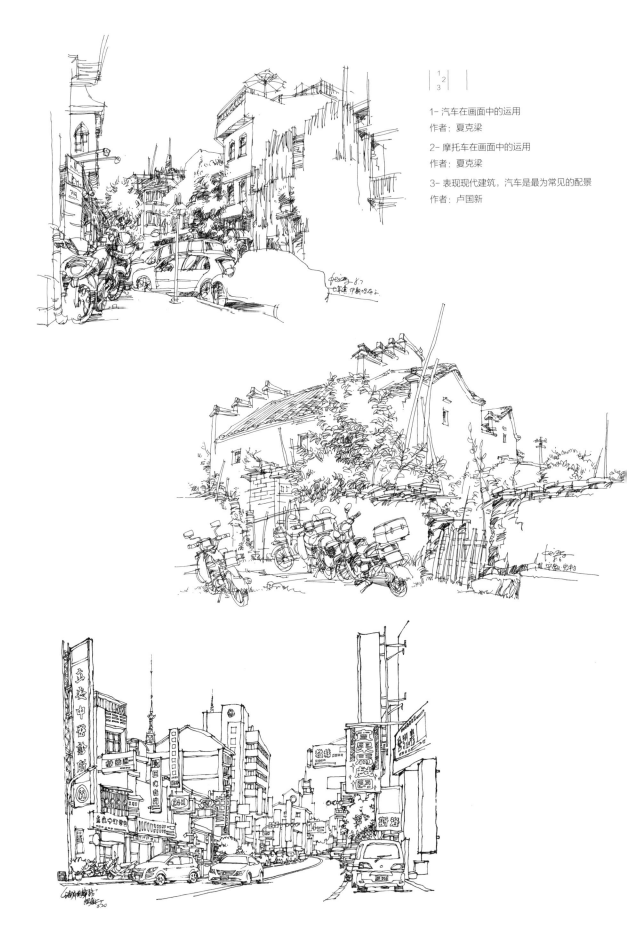

1- 汽车在画面中的运用

作者：夏克梁

2- 摩托车在画面中的运用

作者：夏克梁

3- 表现现代建筑，汽车是最为常见的配景

作者：卢国新

2.6.5 其他

　　除了主体建筑及植物、人物、交通工具等配景外，写生过程中往往还牵涉到物体材质质感的表达以及其他相关的视觉元素。学会处理好碰到的每一项内容，我们就能自如地面对写生中的各种场景，并画出满意的作品。

· **材质的表现**

比较与分析：

图1，任何一个建筑场景，都会牵涉到各种不同质感的材质。

图2，木板材质的表现；

图3，石头材质的表现；

图4，夯土墙质感的表现。

图2

图3

图1　图4

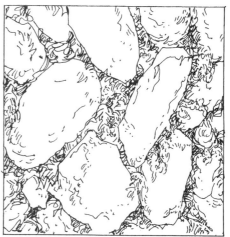

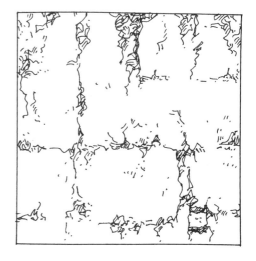

结论：

　　材质的表现关键在于对材料表面的光反射程度的描绘。各种材料表面对光线的反射能力强弱不一，需针对材料的特点来对质感加以表现。玻璃、金属或是抛光的石材对光线的反射能力较强，会形成一定的镜面效果并容易产生高光，在刻画时需注意表现出较为明显的反射效果；木材、外墙漆等材料对光线的反射较弱，刻画时略带光影反射即可；砖、泥墙、毛面的石材等材料对光线的反射能力很弱，表现中无需刻意强调反光和明暗反差。抓准了材料在受光时表现出的不同特性，质感刻画的问题也就迎刃而解了。

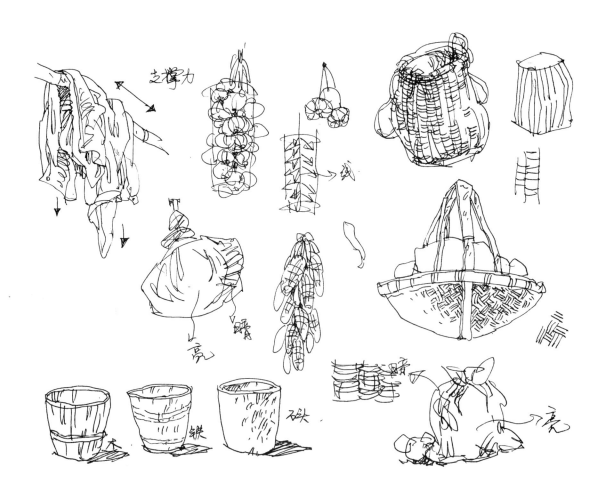

1- 不同材料质感的表现
作者：张书山

2- 藤编质感的表现
作者：周锦绣

3- 石材、木材、夯土是民居写生
中碰到最多的材质
作者：张成平

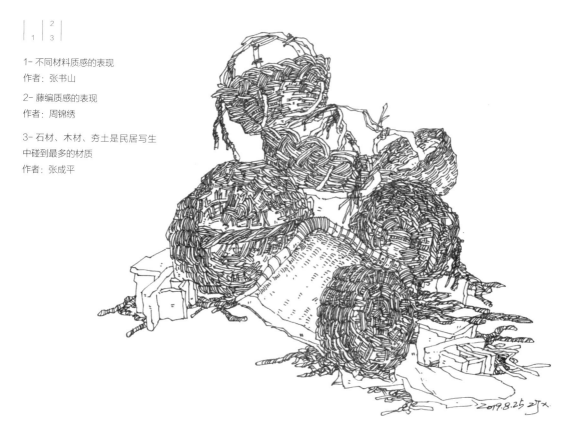

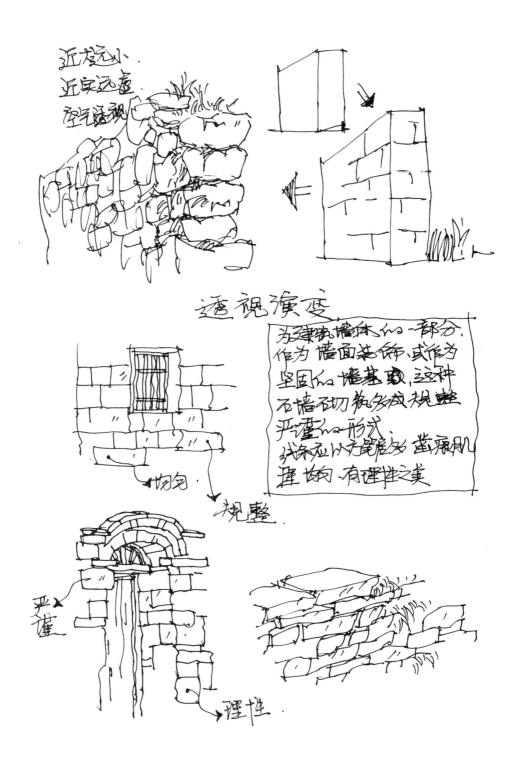

近发元小.
近实远虚.
空气透视

透视演变

为建筑墙体的一部分.
作为 墙面装饰 或作为
坚固的 墙基载,这种
石墙石切 数多成 规整
平整的 形式
残亢 以元庞危多 荤痕肌
理 结构 .有理性之美

物匀

规整

平
整

理性

1- 石墙画法分析
作者：张书山

2- 石墙透视原理
作者：张书山

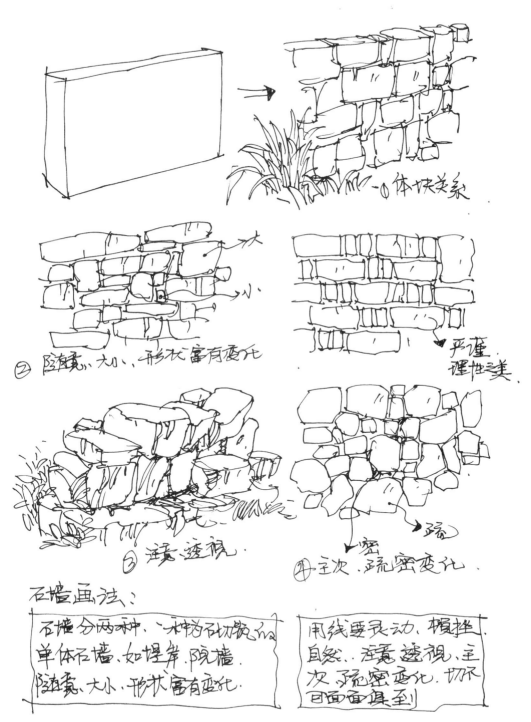

① 体块关系

② 随意宽、大小、形状富有变化

严谨、理性之美

③ 注意透视

④ 主次、疏密变化

密

疏

石墙画法：

石墙分两种、一种为石砌墙、一种为单体石墙、如堡垒、陡墙、随意宽、大小、形状富有变化、

用线要灵动、顿挫、自然、注意透视、主次、疏密变化、切不可面面俱到

比较与分析：

图 5-1~ 图 5-2，观察并分析照片中的石墙。

图 6，从观察中得出石头的垒砌方法。不难发现，石头的组合尽管大小不等，但石头间是相互并置关系。

图 7，要注意石头的垒砌并非重叠关系。

图 8，赋予石墙某种造型，但始终要把握住石头垒砌的规律，这样表现的画面将显得合理自然。

图 9，按前实后虚的处理手法描绘，所表现的石墙具有较强的空间关系。

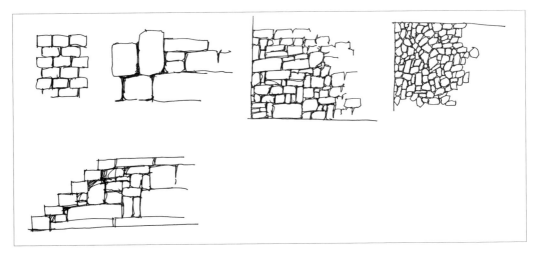

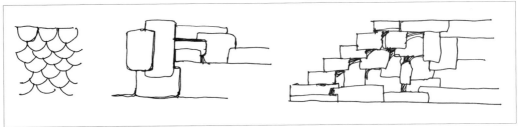

结论：

无论多大、多复杂的墙体，只要理解垒砌方法，了解石头间的并置关系，而非重叠关系，表现时再注意虚实变化，所表现的画面将显得合理，并具有空间感。

```
1
2
3
```

1- 石墙及其转折关系的表现
作者：夏克梁

2- 石头垒砌的小型构筑物
作者：周锦绣

3- 画面中的石墙
作者：周锦绣

图 5-1
图 5-2
图 6
图 7
图 8　图 9

1- 石墙在画面中出现较多的时候，可通过植物来"软化"，使表现的画面更加和谐

作者：周锦绣

2- 石墙的远近关系也可通过墙上石头的大小来区分

作者：周锦绣

· **路面的画法**

比较与分析：

图10，观察并分析照片中的路面。

图11，根据照片分析所得出的路面平面图。

图12，根据石头在路面中的布置规律画出透视图，所展示的画面缺少虚实变化，空间感不强。

图13，把握路中间石头排列的透视关系和虚实变化，由近至远适当画些小碎石过渡，所展示的画面具有极强的空间关系。

图10

图11　图12

图13

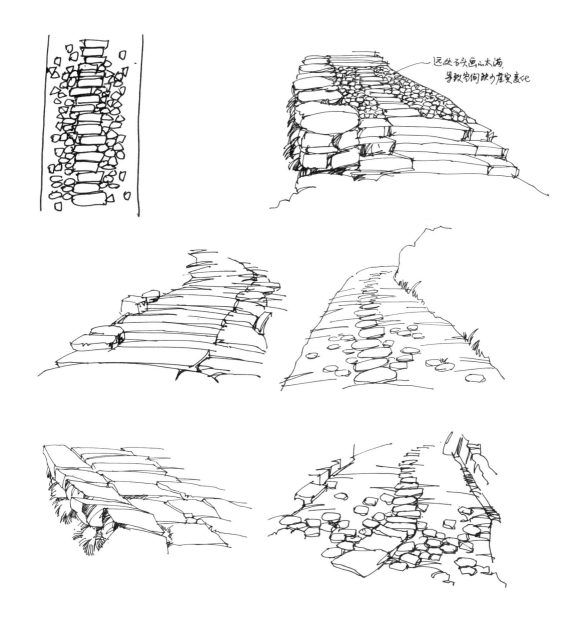

远处石头画太满，导致空间缺少虚实意念

结论：

画路面要注意，不宜将石头画得太满太实，而要把握住路中间石头排列的透视和虚实关系，从近到远适当画些碎石过渡，所展示的画面将具有极强的空间关系。

```
|1|
| 2 |
|3|
```

1- 石阶在画面中的表现
作者：夏克梁
2- 石板路的表现要注意凹凸不平的细节变化
作者：夏克梁
3- 带有石板路的画面
作者：夏克梁

· 木门和木板墙的画法

比较与分析：

图14，根据木门中木板的拼装结构，按实际情况将其画出，画面显得较为平均、呆板。

图15，木门中的门板适当进行概括，木门稍显得整体。

图16，在图15的基础上，再赋予一些破损的变化，画面显得更加生动整体。

图17，木板墙的照片。

图18，木板墙分析所得的立面及其透视图，画面显得较为琐碎。

图19，将木板墙立面图中的木条进行整合，抓住其主要特征，并画出透视，所展示的画面不但特征鲜明，而且非常整体。

 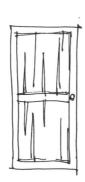 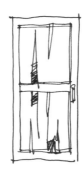 

| 图14 | 图15 | 图16 | 图17 |
| 图18 | | 图19 | |

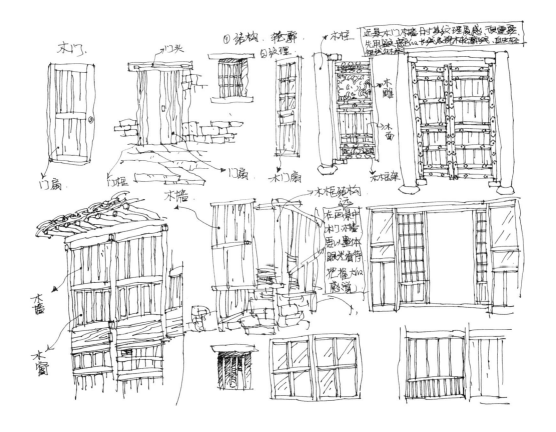

结论：

画木板墙（或相似物体）时，要以整体的眼光看待一个面或一个体，而不宜过于强调画面中的细节。只要抓住整体并适当表现其细部的主要特征，所表现的物体就会质感明显，而且整体感强。

1	3
2	4

1- 木门、木窗的结构和细节
作者：张书山

2- 刻画木门和木板时，既要考虑到整体性，又要考虑到其中的变化
作者：张成平

3- 画面中的木门和木板
作者：张成平

4- 民居建筑少不了要表现木门和木板
作者：夏克梁

· 打开门的木板墙

比较与分析：

图20，民居写生中经常碰到的木板墙及木门，有时木门是开着的，很显生活气息，也有时木门是关着的，如照片所示。

图21，根据照片中的场景所描绘出的透视图，画面显得平板、单调、生硬。

图22，将木门呈半打开状，让木板墙的立面产生明暗对比，丰富其画面。同时，在木墙与地面的交界处，有意增加物体，打破墙面和地面僵硬的交界线，所展示的画面更显生动。

 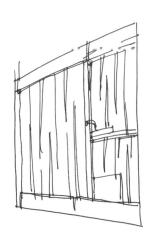 

| 图20 | 图21 | 图22 |

结论：

写生中，常碰到平板的墙立面和生硬的界面交界线。可以主观地、适当地改变或添加内容，所展示的画面将会显得更加生动和自然。

1-"开门"和"破洞"是表现木结构民居建筑的最有效方法
作者:张孟云

2- 写生中少不了主观的调整和改变
作者:夏克梁

· 瓦片的画法

比较与分析：

在写生中，学生很容易将瓦片描绘得太满、太散或结构出现错误等。想描绘好瓦片，首先要理解瓦片的摆置特点和结构，再根据艺术的处理手段去表现。

图23-1~图23-2，屋面瓦片的照片。

图24，分析瓦片摆置所得出的平面图及结构图。

图25，屋面画满瓦片，画面显得拥挤、压抑、平淡而缺少变化。

图26，适当画些瓦片，以点带面，但处理时缺少整体意识，展示的画面显得太松散，导致"花""碎"。

图27，画瓦片时，从前面至远处逐渐减少，过渡有序，表现出屋面整体性，并带有明显的虚实变化。

图28，密集的瓦片中，也可有意增加采光玻璃、砖块等，使平板的屋面瓦片产生变化，从而也丰富了画面的内容。

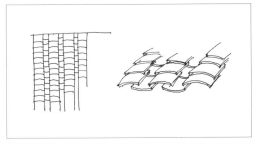

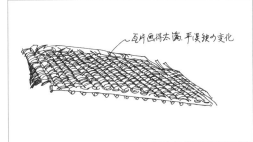

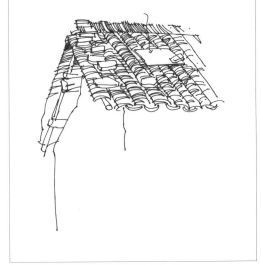

图23-1
图23-2
图24
图25
图26 图28
图27

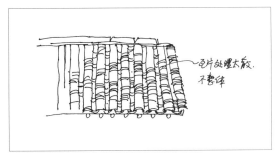

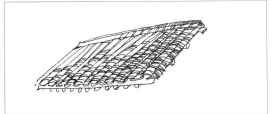

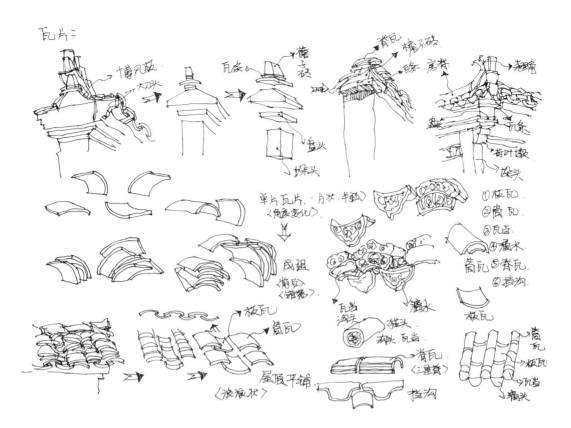

瓦片：

结论：

　　画瓦片（或其他相关物体）时，要注意表现其特征。画出瓦楞的结构线，从前面至后面有序地递减，使所表现的画面整体感强，前后的虚实关系明显。

1- 瓦片的结构分析和细节表现
作者：张书山

2- 马头墙和瓦片的表现
作者：张孟云

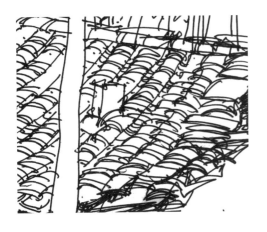

1- 瓦片的表现要注意局部的变化

作者：夏克梁

2- 瓦片的表现要注意整体性

作者：夏克梁

3- 瓦片屋顶与铁皮屋顶的区别

作者：唐靖

4- 琉璃瓦的表现

作者：张书山

· 柴堆和木条的画法

比较与分析：

　　柴堆和木条在民居建筑写生中经常会碰到，柴堆和木条的添加会使画面更加生动，但画柴堆要有一定的方法，否则很容易将其画得乱、散、平。

　　图 29，捆绑柴枝的照片，像圆柱体。

　　图 30，圆柱体。

　　图 31，用绳子将圆柱绑紧。

　　图 32，在圆柱体的基础上稍做拓展，使其两端的形状有所变化，但还要注意保持圆柱的形体。

　　图 33，将两端拓展的圆柱稍做细化，使其具有树枝的形态特征，圆柱的明暗交界处稍做强化。

　　图 34，进一步深化树枝的形状，强化明暗交界处与亮部的对比，使表现的柴枝具有明显的捆绑立体感。

 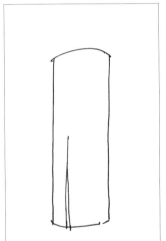 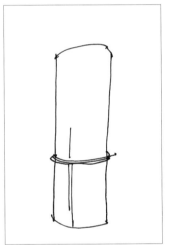

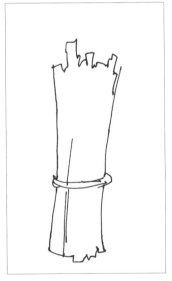 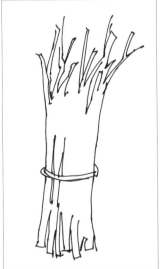 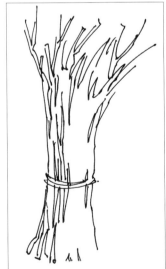

| 图 29 | 图 30 | 图 31 |
| 图 32 | 图 33 | 图 34 |

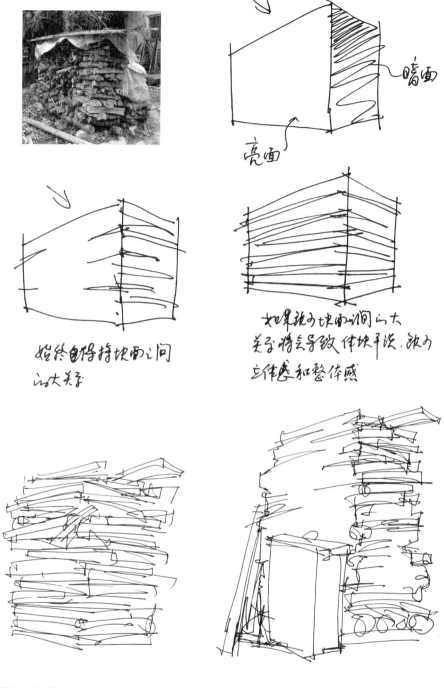

图 35 图 36
图 37 图 38
图 39 图 40

始终自保持块面之间
的大关系

如果把为块面之间的大
关系搞得太平均，体块平淡，缺乏
立体感和整体感

图 35，堆砌木条的照片。

图 36，将堆砌的木条看成是两个大块面。

图 37，在细化过程中，始终保持着两块面的大关系。

图 38，如果不按块面的大关系划分，画面将显得平均、琐碎，缺少立体感和整体感。

图 39，没把握好块面大关系的画面，显得琐碎和平淡。

图 40，把握住块面大关系所描绘的画面，不但具有堆砌木条的形态特征，还有明显的体块关系，整体感强。

结论：

不论是多么复杂的物体，只要用整体看待事物的眼光去分析理解，把握物体的大体关系，并注意其次序性，所表现的画面将显得整体，且具有体积和空间感。

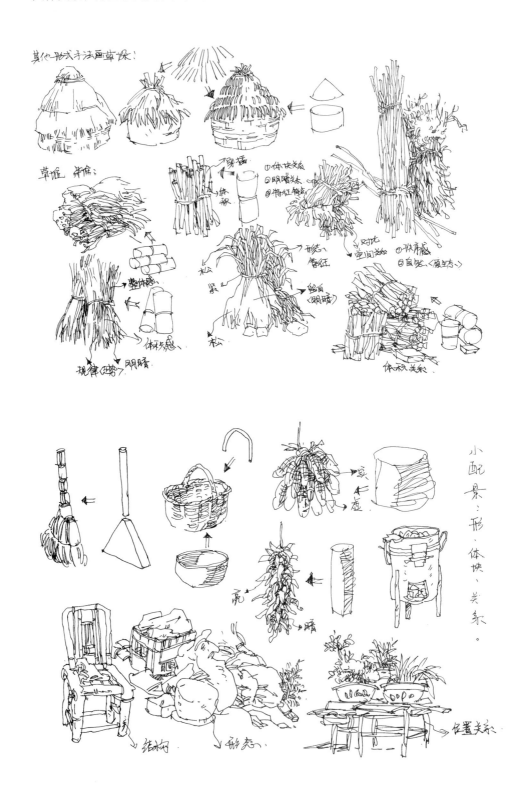

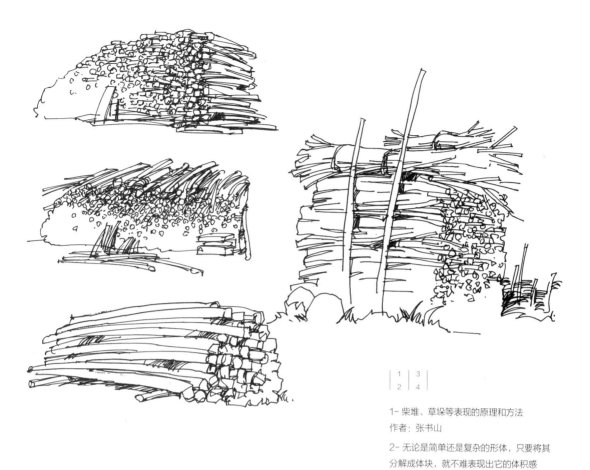

| 1 | 3 |
| 2 | 4 |

1- 柴堆、草垛等表现的原理和方法
作者：张书山

2- 无论是简单还是复杂的形体，只要将其
分解成体块，就不难表现出它的体积感
作者：张书山

3- 堆砌木材的画法
作者：夏克梁

4- 堆砌的柴堆等杂物
作者：夏克梁

1- 草垛、捆绑柴枝等的画法
作者：夏克梁

2- 了解并掌握表现柴堆等物体的基本规律，表现再复杂的场景也会迎刃而解
作者：夏克梁

3- 画面中的柴堆
作者：夏克梁

2.7　物体间关系的处理

除了积累各种独立的造型元素表现方法之外, 掌握好画面中物体和物体之间的关系也尤为重要。处
理物体和物体之间的关系, 实质上就是利用物体彼此之间的黑白关系、疏密关系相互衬托, 凸显物体间
的空间层次关系, 是一种处理画面关系的能力训练, 也是衔接独立个体塑造与画面整体关系处理两个阶
段不可或缺的环节。

比较与分析:

图1, 单一独立的物体, 其形体轮廓线往往由钢笔线直接来界定。

图2, 物体的形体轮廓线也可由背景组成的线条来衬托。

图3, 塑造空间时, 物体如缺少明暗层次的渐变或缺少底图之间的互衬, 所表现的画面往往会显得
呆板, 有时甚至会出现类似于剪影的效果。

图4, 画面中的某一物体, 当它的一部分由自身组织的线条来塑造, 而另一部分则是由其背景组成
的线条衬托界定时, 所表达的画面会显得更加生动、活泼。

图5, 画面中方形和圆形的空间关系, 是由线条组织成的明暗对比来获得的, 亮面衬托着暗面, 或
暗面衬托着亮面。

图6, 建筑物和植物 (或其他物体) 的空间关系有时也是依靠线条组织成的明暗对比来获得的。

图7, 形体之间如缺少明暗的相互衬托, 所展示的物体会显得缺少前后的空间层次。

图8, 形体之间相互衬托的明暗关系合理, 并赋予次序, 所展示的物体就能具有明显的前后空间关系。

图1　图2

图3　图4

图5　图6

图7　图8

*Jianzhu Gangbihua
cong Jichu
dao Chuangzao*

结论：

物体之间只要明暗关系合理，相互衬托，并赋予次序，就很容易表现其前后的空间关系。在手法方面，应该融合于画面某种统一的表现风格之中，并且充分利用丰富、细腻的线条拉开物体的前后、左右、叠加、遮挡等多种空间关系，淡化处理物体与物体之间的边缘线，做到场景中物体的空间层次丰富，"虚"而不空洞，"实"却不呆板。

| 1 | 2 |

1- 密集中留有空白，是处理物物之间
关系的有效方法
作者：夏克梁
2- 瓦片和前景植物的叶子都属于较为
细小的形体，通过叶子的留白处理，
便能有效表现两者之间的空间关系
作者：张书山

2.8 画面的处理

· **画面的紧凑性**

分析与比较：

    画面的整体性对于初学者来讲一直难以把握，很容易将其画散，导致画面不紧凑。我们可以从以下的几幅图中进行分析比较：

    图1，几根木条随意插在地面上，显得较为松散。在该图中可以感觉到，当你任意拔取其中的某一根木条时，对于画面并没有任何影响。

    图2，与图1具有异曲同工之处，画面的线条不连贯，物体孤立，导致画面显得松散。

    图3，通过横向的木条，将插在地上的木条紧紧地连接在一起时，此时松散的木条显得较为紧凑。

    图4，与图2相比，加强线条的连贯性，物体间关系变得紧密，画面也就显得更为紧凑。

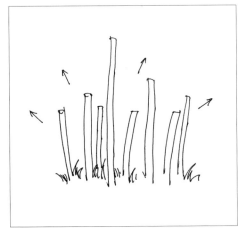

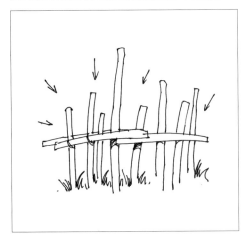

图1	图2
图3	图4

图5，将木条捆绑在一起，使原来松散的木条形成一个团块，将显得更加整体。

图6，如果用力再将其绑紧，木条将有一种向外的张力，画面给人以一种力量感。

图7，画面如图5、图6中的木条紧紧地绑在一起，物体间非常紧凑，缺一不可，使展示的建筑似一个体块，非常整体，并赋予某种力量感。

图5   图6

图7

结论：

画面的物体不应孤立地存在，而是需要线条（代表某一物体）将其连接在一起，使画面显得更加紧凑。如此，画面所表现的建筑或物体将显得更加整体，并具有张力。

1- 画面视觉中心的物体往往刻画得相对深入，这会让画面显得紧凑

作者：夏克梁

2- 紧凑性强的画面，给人感觉没有一根线条是多余的

作者：秋添

3- 画面中的物体都是通过线条紧紧联系在一起的，联系得越紧密，画面就显得越紧凑

作者：秋添

· **画面的空间处理**

分析与比较：

　　图 8，画面的构图紧凑、完整，前景的大树和主体建筑形成很好的空间关系，大树是画面不可分割的组成部分。

　　图 9，前景大树向画面右边移，构图较完整，大树和主体建筑的空间关系明确，大树是画面的组成部分。

　　图 10，前景大树再向画面右边移，画面还具有一定的空间关系，大树在画面中好像起的是限定边缘的作用，有点别扭，与画面的关系不够紧凑。

　　图 11，前景大树继续向画面右边移，直至树与画面脱离了线条的直接联系。画面显得松散，树和主体建筑缺少联系，树的存在与否对画面并无大碍，更谈不上空间关系。

图8	图9
图10	图11

结论：

　　表现画面的空间关系，除了通过刻画的深入不同，以达到虚实对比形成空间关系外，还可通过设置前景的方法，前景在表现画面中的空间关系中能起到至关重要的作用。在安排构图时，前景和主体之间要紧凑。可以通过背景线条（物体）的连接来达到紧凑的效果，但要注意的是背景线条的穿透性，也就是说背景线条一定要从前景的左边穿透到右边（或从右边到左边），哪怕只画一点点（如图9），但它与只画到一边（没穿透）所起到的效果是完全不相同的（如图10）。更不应该在前景和主体（画面）之间缺少背景线条的联系，这会导致物体之间的分离，画面将会显得很松散、不整体。

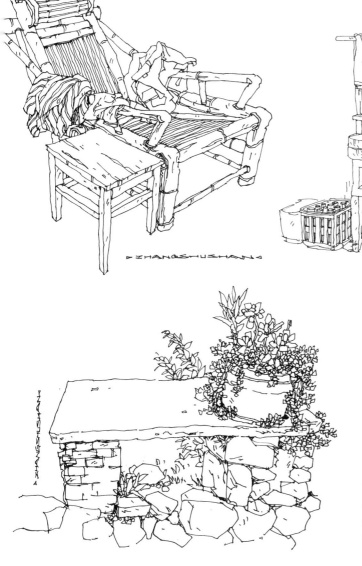

1- 画栏杆的通透关系时，要注意木档间空隙处适当画些物体便可体现通透感
作者：夏克梁

2- 凳子或椅子腿的空间关系是最容易被初学者忽略的，画的时候要注意前后结构的穿插关系
作者：张书山

3- 毛巾架空格背景的几点小笔触，示意着架子背面是装有背板的
作者：张书山

4- 石板底下的穿透性最主要是依靠背后的植物来体现
作者：张书山

· **虚实处理方法**

分析与比较：

　　图12，画面虚实处理对比强烈，以至省略了虚的部分的建筑。画面感觉缺少了一部分，给人不完整感。

　　图13，虚实处理得当，又能非常清晰地表达建筑的形体轮廓。画面的主次分明，视觉中心明确，构图完整。

图12　图13

　　结论：

　　画面除了主体建筑和配景之间的虚实对比关系外，还存在主体建筑自身的虚实对比。如果采用大实大虚的处理手法，要注意虚部分的形体轮廓线，如果完全省略，画面会给人感觉不完整，适当保留其轮廓线，画面将显得更加整体和完整。

| 1 | 2 |
| | 3 |

1- 大面积留白，局部适当安排物体并稍作刻画，这是一种常见的虚实处理手法
作者：夏克梁

2- 近处实、中间概括、远处轮廓线，这种虚实处理手法也是表现空间关系的最有效方法
作者：夏克梁

3- 表现建筑，也可以采用上实下虚的处理手法，使表现的建筑具有空间通透感
作者：唐亮

· **画面的线条对比**

分析与比较：

　　图14，同一粗细线条组成的画面，排列时如果缺少疏密对比，画面将显得平淡、无趣。

　　图15，粗细不等的线条构成的画面，使钢笔画的绘画语言更为丰富，也使表现的画面更加多变和生动，层次更加分明。

　　图16，作画时，基本采用同一种用笔方法所表现的画面。

　　图17，作画时，既有稳重严谨的线条，也有活泼奔放的线条。前者体现出"静"，后者表现为"动"。两种线条在画面中的并置与共存，形成了"静"与"动"的对比关系。它使画面显得松紧得宜，张弛有度。

　　图18，画面中的用线布局基本保持一致，使表现的画面显得非常平淡，缺少主次和空间进深感。

　　图19，画面中各景物塑造的细致程度不同。主要景物应塑造得较为细致，对于细部的刻画也相应深入，视觉层次丰富；次要景物的塑造需注意提炼和简化，无需面面俱到，将主要关系交待清楚即可。通过繁简对比，可使画面的视觉中心突出，视线集中，避免了平均感和散乱感。

| 图14 | 图15 | 图16 |
| 图17 | 图18 | 图19 |

结论：

建筑写生中，各种类型的线条通过穿插与组合，共同构成了画面中的形态。在将这些线条进行排列组合的过程中，线条与线条之间需要采用各种对比关系。这些对比关系主要表现为粗细对比、动静对比、繁简对比，有了这些对比关系，表现的画面就显得更加生动、主次更加分明。

1- 同一张画面，均由多种不同类型的线条穿插组合而成
作者：李明同

2- 多样的线条类型，也使画面更加丰富
作者：李明同

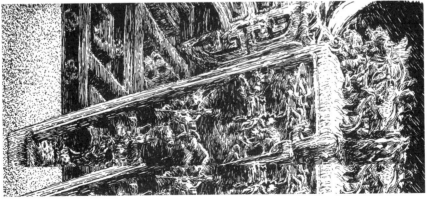

| 1 | 3 |
| 2 | 4 |

1- 塑造主体的线条，不同于表现背景的线条
作者：陈炜

2- 在钢笔画中，"点"是一种特殊的线条，点的添加也丰富了画面的表现语言
作者：陈炜

3- 建筑、植物采用刚劲、肯定的硬线，云彩采用随意自由的、若有若无的细线，形成强烈的对比。画面用线讲究，层次分明，主体突出
作者：唐亮

4- 美工笔表现的"黑块"也是线条表现的一种方式，适当地穿插和安排，会使画面更加生动
作者：唐亮

· 画面的块面对比

分析与比较：

图20，光影明暗的对比是使物体产生立体感的方式之一。缺少光影明暗对比的画面，物体的界面关系难以清晰地区分。

图21，明暗对比较强的画面更具有真实感。写生中，应注意近处景物的明暗对比强烈，受光面和背光面的反差较大；远处景物的明暗对比较弱，亮面与暗面关系较为接近。

图22，黑白色块的对比是塑造画面层次感的方式之一。缺少黑白对比的画面，就会使黑、白、灰三个基本层级关系不清，画面层次关系平淡，难以表现出空间感。

图23，通过黑白之间的相互衬托，视觉在统一而又充满对比的画面关系中获得秩序感和条理性。它也能使画面产生均衡感和分量感，不会显得单薄轻飘、苍白无力。

图24，画面中各物体之间的面积平均、对等，缺少对比，画面显得平淡、缺少变化。

图25，各景物块面大小不一，在并置与组合中形成对比关系，既能有效地克服画面中的平均感，又构成了画面的韵律感。

| 图20 | 图21 | 图22 |
| 图23 | 图24 | 图25 |

结论：

在建筑写生中，存在多种的块面对比关系，缺少对比，画面将显得平淡、无趣。因此在处理画面的时候，我们可以通过适度的夸张，加强景物间的光影明暗关系、黑白对比以及面积大小的对比关系。这不但能使场景中的尺度关系变得更为丰富，从视觉上增加层级感，也能使各形体、块面之间更为紧凑，提升视觉张力。

1- 如果画面中的物体大小过于平均，也可通过主观调整的办法对其进行改变，使表现的内容富有变化
作者：夏克梁

2- 无论是简单或复杂的画面，一般都存在着体块大小的对比
作者：夏克梁

3- 可以将建筑看成是一个完整的体块，与配景形成面积上大小的对比，使画面的主次关系分明
作者：卢国新

4- 建筑面积大小的对比
作者：张书山

第三章　建筑钢笔画的表现形式

　　钢笔画的工具非常普通，不同的工具和不同的使用方法，表现出不同的线条和笔触。根据线条组合的特点，我们可以将其表现形式大致分为五类，即单线画法、明暗画法、线面结合画法、快速画法以及装饰画法等。画面具体采用何种形式，需要依场景内容、作画目的而定。内容的选择取决于作者的主观感受或审美取向，而同一内容又可以通过不同的表现形式与手段来展现。

　　表现形式与手法尽管受到作画者的思想、个性、风格的影响，但都离不开"造型"，造型才是作画者表现的目的，所以无论采用钢笔画的何种形式语言，都是在表达一种理念，塑造一种形象。我们会发现，无论是远观建筑形体，或是近看建筑细节以获得灵感，建筑物都是很有趣的绘画主题，而且在表现形式上充满了无限发挥的可能性。

1- 钢笔画与其他绘画材料一样可以表现得非常深入
作者：陈炜

3.1 单线画法

　　这类画法多以钢笔、签字笔工具表现。线条是构成画面的基本元素之一，具有极强的表现力，用线条能够清晰地表现建筑的透视、比例、结构，是研究建筑形体和结构的有效方法。但是单线画法在造型上有一定的难度，完全要依靠线条在画面中的合理组织与穿插对比，来表现建筑的空间关系和主次的虚实关系，容易使画面走向空洞与平淡。绘制过程中，要求作画者不受光影的干扰，排除物象的明暗阴影变化，在对客观物体作具体的分析后，准确抓住对象的基本组织结构，从中提炼出用于表现建筑形体结构的线条。通过单线画法的练习，可以加强对建筑形体结构的理解和认识。

　　单线画法的绘画风格亦多变，可以是严谨、准确、一丝不苟；也可以用线大胆、潇洒奔放；而质朴平实、追求憨拙之趣也是常见的表现风格。采用何种表现风格，关键在于作画者在主观意识中对建筑空间场景的个性化理解，同时也与其个人的审美意趣密不可分，带有浓郁的个人气质，是作画者思想过程与艺术风格的一部分。

```
      | 2
  1   | 3
```

1– 单线画法，采用同一粗细的线条表
现建筑及物体的结构，通过线条组织
的疏密对比来表现画面的空间关系
作者：张成平

2– 单线画法同样很具表现力
作者：周锦绣

3– 单线画法，需要做到行笔自信、肯
定，才能使表现的线条有力度、画面
有张力
作者：张书山

3.2 明暗画法

光线是人们司空见惯的自然现象，在光的作用下，建筑会呈一定的明暗关系。光线也是建筑中必不可少的灵魂元素，不同时段光线的流动赋予了建筑更为丰富的内涵与无尽的感染力。

明暗画法是研究建筑形体的有效方法，这对认识空间关系和物体的体量关系起到十分重要的作用。作画者在遵循透视规律，清晰、准确表现建筑形体结构，勾勒环境场景关系的基础上，更为关注建筑景物受光后的明暗变化。

明暗画法依靠线条或点组合成不同明暗程度的面或同一面中不同的明暗变化。完全以面的形式来表现建筑的空间形体，不强调构成形体的结构线。这种画法具有较强的表现力，画面所呈现的建筑体块关系明确，空间及体积感强，层次丰富，容易做到画面重点突出、节奏明快、层次分明。

在明暗画法中，线条是多变的，有个性的，需要灵活运用。通常一幅作品中综合运用多种线条，如长线、短线、颤线、乱线、曲线、点等。这些线条和点的有机结合以及规则线条与不规则线条的有机结合，甚至有意识地运用富有韵律美感的排线，都有可能获得意想不到的艺术表现效果。而表现的关键还在于作者如何从画面整体入手，宏观控制画面的黑白灰关系，循序渐进地控制细部刻画与整体节奏的关系。通过钢笔明暗画法的练习，可以培养对建筑空间的虚实关系及光影变化的表现能力，从而提升作品的视觉张力。

1- 明暗画法，是表现建筑的体积和空间感的最有效方法

作者：夏克梁

2- 明暗画法，更易于塑造、刻画建筑的局部和细节

作者：陈炜

3- 明暗画法，是建立在素描基础之上的

作者：陈炜

3.3 线面结合画法

　　线面结合画法是在钢笔单线画法的基础上，在建筑的主要结构转折或明暗交界处，有选择地、概括地施以简单的明暗色调，融合了单线画法与明暗画法的特点，是一种综合技法的表现形式。借助清晰果敢的单线明确建筑形体、结构比例、细部装饰，又通过明暗光影塑造建筑形体的体块和空间，详实细腻。强化明暗的两极变化，剔去无关紧要的中间层次，能比较容易地刻画、强调某一物体或空间关系，又可保留线条的韵味，突出画面的主题，并能避其短而扬其所长，具有较大的灵活性和自由性。画面既有单线画法的严谨性，又有光影明暗画法的体块感。往往以精简的黑白布局而显得精练与概括，增加画面的艺术表现力，使画面的气氛更加丰富，赋予作品很强的视觉冲击和整体感。

1- 线面结合画法，主要是指以"线"为主、"面"（线条排列形成的面）为辅的表现手法

作者：夏克梁

2- 线面结合画法，也可以是以"面"（接近明暗的表现形式）为主、"线"为辅的表现手法

作者：杨博

3- 线面结合画法，是建筑速写中较为常用的一种表现手法，能使严谨的画面中带有几分生动

作者：夏克梁

3.4 快速画法

快速画法是在较短的时间内，迅速地将对象描绘下来的一种表现手法，简明扼要地把握建筑的形态特征与空间氛围。快速画法的钢笔画，其画面往往给人以生动、自然的显著特征。具有收集创作素材、提升整体把握画面的能力等方面的作用。其用笔随意、自然，画面的线条显得自由且不明确，建筑的形体有时由多根线条反复组合予以限定。画家只有充分发挥线条的特性，才能最迅速、最简洁地概括建筑对象场景。这种画法往往不能表达建筑的结构细节，而只能体现建筑设计的意象及其空间的氛围效果。通过快速画法的训练，可以锻炼作画者在较短时间内敏锐的观察力和准确、迅速地描绘对象的能力，以及整体地把握画面的能力，有助于后续设计工作中设计构思的顺利表达。

| 1 | 3 |
| 2 | 4 |

1- 快速画法，画面往往会显得很生动
作者：唐靖

2- 快速画法，也可以表现得非常概括和简练
作者：夏克梁

3- 快速画法，一般是指在较短时间内完成的速写作品
作者：夏克梁

4- 快速画法，表现建筑场景的大关系，可忽略细节的刻画
作者：向俊

3.5 装饰画法

　　装饰画法的钢笔画是一种强调形式美感的作品，它不是简单的图案变形，而是有着自己独立的审美风格和样式。它淡化思想性，强化形式美与装饰美，突出了人工创造与自然状态的区别，刻意追求华美的艺术风格。它的基础仍是建立在造型之上，注重夸张变形，突出高度的概括性与简练性；构图上注重追求自由时空，表现平面化的无焦点透视的多维空间；它在绘画语言上注重外在形式美感的设计，有显著人工美化的匠心。在西方平面构成的装饰原理的影响下，画面具有强烈的平面化、单纯化、夸张性、稳定感、韵律感和秩序感等特点，使人体会到现代感、品位感。

　　尽管装饰手法受到绘画者的思想、个性、风格的影响，但构建画面造型美感仍是其创作的目的。所以无论他们采用何种夸张的手法，将对象变化成何种模样，都是通过塑造一种形象，传达对美的独到认识。

1- 装饰画法，无论是画面中的建筑、植物
还是器物，其造型可以带有一定的夸张性
作者：郑昌辉

2- 装饰画法中，拙朴，也是一种装饰手法，
是很多钢笔画家追求的一种表现手法
作者：张孟云

3- 装饰画法，在绘制的过程中，保持相对
理性的状态
作者：孟现凯

4- 装饰画法，更加追求形式美感
作者：孟现凯

第四章　建筑钢笔画作画步骤

　　绘制建筑钢笔画时，要遵循一定的步骤和程序进行作画。一般是从局部开始入手，但是大脑中必须要有画面的整体意识，做到胸有成竹，落笔无悔。因为钢笔画不宜修改，对于初学者，在绘制时，也可先用铅笔起稿，以便更容易地把握建筑的比例和透视。然后再用钢笔描绘、深化，直至完成。无论作画者掌握钢笔画的熟练程度如何、采用何种表现方式，他们的作画步骤和学习要点是具有普适性与共性的。

　　观察选景：选择合适的建筑场景是一幅建筑钢笔画获得成功的前提。此环节侧重场景的角度选择和画面的构图形式。作者需要对建筑及环境有敏锐的洞察力和一定的画面处理能力，提前预见所要表达的画面场景和基本效果。犹如意大利雕塑家米开朗琪罗所言："我在创作之前就已经看到了那个塑像在大理石面前，我所要做的只不过把多余的石头一层一层地剥去罢了。"

　　视点选择：面对同一建筑场景，选择不一样的角度，转换视点的高度，离建筑主体近些或远些，都会造成建筑物在画面中的位置、比例随之改变，都会给画面带来不同的效果，营造不同的视觉感受。我们应当在作画前根据建筑的功能性质、形象特征、空间环境特点选择最能够凸显其个性特征的角度和视点进行表现，使画面获得无形的张力。

1- 观察选景：从多角度观察建筑及其
周边环境，选取最佳视角

2- 视点选择：确定合适的视点，可先
用铅笔勾画大致的形体

4 | 5

3- 整体把握: 刻画时要做到心里有数, 尽管从局部递进式的完成, 却要做到对整体效果的预知、把握

4- 细部刻画: 在逐步推进的过程中, 既要把握画面的整体性, 又要顾及细节的刻画和深入

5- 整体调整: 在逐步深入的过程中, 要注意不要画过头, 宁可先画七至八分, 到最后调整的时候再根据整体需要作刻画

1～5作者: 毛耀军

整体把握：初学者在户外写生时，如果缺少对画面的整体把握能力，建议先勾勒若干小草图以备推敲选用。开始绘制前，也可用铅笔淡淡地画出场景的基本透视线条以及建筑的形体比例，然后再用钢笔等其他工具进行刻画。作画时应当由整体入手，采用透视原理结合目测法画出大致的透视线，再依据透视线画出建筑物的大体轮廓，随后才能逐步画出建筑物的各个体块和细部造型。

细部刻画：在控制了画面布局与建筑总体关系之后，紧接其后的是深入刻画阶段。作画者需要对建筑各个界面、构件、细节逐步仔细刻画。只有将局部、细节刻画详细，画面才有可能清晰地呈现出建筑特有的历史文化语境。为了突出主题和重点，有意识地结合光影关系，适当压深建筑背光部分是常用的表现手法。同时也要最大程度地发挥线条的表现力，疏密得当，避免画面单调乏味。

整体调整：这是任何绘画形式的作画过程中不可逾越的重要环节，建筑钢笔画自然也不例外。对于初学者而言，有两个错误行为往往容易显现：或是一味关注细节，造成画面琐碎凌乱；或是画面物体均匀刻画，缺乏视觉焦点和主体重心。作画者可以在绘制临近结束时整体调整画面，查漏补缺，以预防这两类问题，获得更为整体的画面效果。

4.1 钢笔单线画法表现步骤

a）观察分析写生实景场地，作画前，按照画面构图需要，考虑如何增加或删除场景中的内容。

b）钢笔不宜修改，落笔时要做到胸有成竹。

c）可根据个人的掌握程度和习惯，从整体或局部开始着手。所谓的整体着手，就是用笔头先在画面中确定几个点，这样对初学者来讲易于控制画面的整体布局；从局部开始则适用于已经具备一定基础的学生。要注意的是：描绘第一笔时，一定要有第三笔、第六笔甚至后续更多笔法的意识，以便更好地控制画面。

d）逐步深入。

e）完成前，要注意整体地审视画面，再做进一步的调整和修改。

图1，写生实景场地。

图2～图6，步骤图。

图7，完成稿。

作者：张书山

4.2 钢笔明暗画法表现步骤

a）明暗画法也可从整体或局部开始着手。

b）为了更好地控制画面，可以先用铅笔画出建筑大致的轮廓、结构以及透视和比例关系。

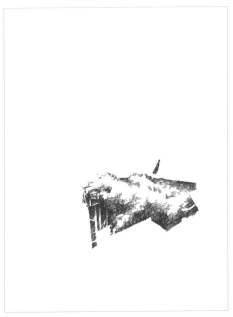

图1　图2

图3　图4

c）在铅笔稿的基础上，逐步描绘出建筑的结构及细节。

d）最后再深入调整，并擦去铅笔线。

图1～图10，步骤图。

图11，完成图。

图5　图6

图7　图8

图9 | 图10 | 图11

174　建筑钢笔画从基础到创作

4.3 钢笔线面结合画法表现步骤

a）仔细观察分析所表现的场景。

b）选择自己最感兴趣的地方（往往是视觉中心）开始着手，逐渐向周边扩展。

c）描绘过程中，要注意建筑的形体及透视关系。

d）进一步深入，除了强调主体建筑之外，还要注意空间的近景、中景、远景的层次关系。

e）最后要审视画面的整体关系，注意刻画主体的细节部分，关照整个画面的节奏和氛围的塑造。

图1~图8，步骤图。

图9，完成稿。

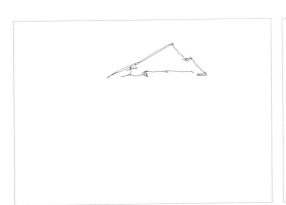
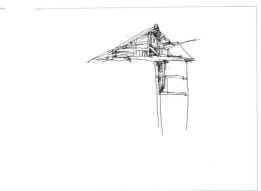

图1　图2　图7　图8

图3　图4　图9

图5　图6

第五章　建筑钢笔画的学习方法

　　学习建筑钢笔画，首先态度要严谨。不要急于求成，不要被他人熟练潇洒的用笔所诱惑，要一步一步打好扎实的基础。学习过程中，除了勤奋和努力之外，更重要的是要勤于思考和总结。还要接受科学正规的训练指导，以免走弯路，根据一定的程序和步骤制订训练计划，掌握正确的学习方法。

　　学习的方法是一个由浅入深、由简单到复杂的递进过程。练习时可循序渐进分五步进行。先从拷贝优秀作品练习开始，然后是拷贝照片的练习，接着临摹优秀作品，再过渡到临摹图片，最后是场景写生的练习。表现的手法也应从慢写（要求物体结构严谨，明暗关系明确，画面表现深入）到速写（物体结构简洁明了，空间特征概括明显）。

1- 简单，一方面体现在内容上，另一
方面体现在方法上
作者：王俊波

2- 画到一定熟练程度的时候，速度自
然会提快、用笔自然会越来越洒脱
作者：唐靖

5.1 拷贝优秀作品练习

拷贝是学习钢笔画的第一步，是熟悉并认识建筑钢笔画构成语言的一条捷径。在拷贝过程中，学生要以分析的方法，全面、细致、深入地解读被拷贝画面中的内容。一方面能加深记忆，另一方面也是培养学生对形体和结构的理解能力，以及对建筑尺度的把握能力。通过安排学生对优秀作品的拷贝，使学生了解钢笔画的特点和要求、钢笔画的用笔方法及画面的处理手法等，培养学生形成严谨的画面结构意识，并端正学生的学习态度。

5.2 拷贝照片练习

拷贝照片是学习建筑钢笔画的第二个环节。首先要选择画面结构明显，光影关系合理（一般要向光，不能逆光）的照片摹本，这是极其重要的。在拷贝过程中，不能埋头不加思考地进行描绘，而是要采取概括、取舍的艺术手法主观地处理空间中的每一个物体。同时要始终注意画面的主次关系、虚实对比，以及画面的整体性。通过布置对照片拷贝的任务，使学生能更好地主观处理画面。

1	2
	3

1- 拷贝是一种比较初级的训练方法，拷贝可以从拷贝作品开始，训练目的是培养结构意识、画面意识并找出处理画面的方法。因此拷贝练习首先需要找到一幅比较严谨的摹本

作者：夏克梁

2- 照片

3- 拷贝照片是继拷贝作品之后的又一项基础练习，主要是锻炼主观处理画面的能力

作者：张书山

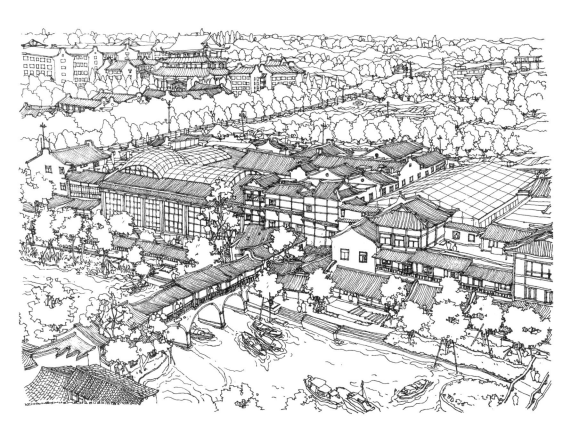

5.3 临摹优秀作品练习

　　临摹是学习建筑钢笔画过程中最平常也是必不可少的一种方法。通过临摹，可以学习和借鉴有价值的表现技法，学习处理画面的技巧和经验。但在临摹过程中，千万不可盲目地为了临摹而临摹，要从中训练分析、总结和动手的能力，学习规律性的表现技法。

5.4　临绘图片练习

　　临绘图片是从图片到场景写生的一个过渡环节。通过临绘图片，能够培养学生的观察和分析能力、艺术的概括能力、整体把握画面的能力和尺度平衡能力。同时，还可以促进学生对建筑设计作品比较全面、细致、深入地分析与学习，并加深记忆。

　　在该过程中，除了选择合适的图片用来临绘外，还要选择适合自己学习风格的优秀作品进行模仿借鉴。要注意对优秀作品进行分析总结，从模仿、借鉴他人画风，到最终创造出自己的独特风格。这也是学习建筑钢笔画的重要环节，通过该阶段的练习，学生能更主动地把握画面。

| 2 |
| 1 | 3 |

1- 临摹是很多人学习中不可缺少的一个环节，临本的好坏对于临摹很重要，可以说决定着学习的方向是否正确
作者：秋添

2- 建筑场景照片

3- 临绘照片是建筑钢笔画练习中很重要的一种方法
作者：夏克梁

5.5 户外场景写生练习

写生的内容十分广泛，包括建筑造型、结构、空间、材质、光影、环境等诸多方面。通过写生，可以培养学生对客观对象的正确观察，对建筑的直觉感知，增强立体空间意识，提高个人的艺术修养。同时，可以锻炼学生组织画面的能力、概括表现的能力和形象记忆的能力。在建筑写生过程中可以研究建筑和环境的关系，研究自然界的变化规律，研究建筑物在特定环境中的变化，为后续建筑画的创作积累更多的视觉符号和素材，并使艺术创作更贴近于真实。

建筑钢笔画并非一朝一夕所能驾驭，在基本了解学习方法的基础上，要有一个长期学习和积累的过程。只要肯努力钻研，勤于思考总结，就能够寻找到其规律。抓住规律，才是学习的根本，学习的效果也将事半功倍。另外，建筑钢笔画不同于其他题材的绘画，其本身具有严谨的结构体系与系统的风格语言。作画者必须学习一定的建筑设计和环境艺术设计专业知识，才有可能与建筑对话，理解建筑具象形体背后的历史文化。如果建筑钢笔画在精湛的技艺之外，还能表达出深层次的文化意蕴，作品会更有厚度与观赏性。

```
   | 2 | 3
 1 |   4
```

1- 户外写生是练习建筑钢笔画最有效的一种方法
作者：夏克梁

2- 建筑写生场景之一

3- 建筑写生场景之二

4- 户外现场写生，钢笔相比其他工具材料更便捷

2~4 作者：杨健

第六章　建筑钢笔画的创作

钢笔画是一种绘画门类，以建筑为题材的作品占据了钢笔画中很大的一个比例。作为设计师，学习钢笔画的首要目的是为设计表现服务，同时也能提高审美和艺术修养。而作为钢笔画家，学习钢笔画主要是为后续的创作打下基础。

6.1　习作与创作

习作：直接或间接地为正式创作提供准备的作品。

创作：指创造文化艺术作品，是造型综合能力与艺术创造能力的集中体现。

习作与创作没有明显的区分界限，习作多为日常的练习，绘制的时间相对较短，以写生的训练方法为常见，本身往往也具有独立的审美价值。创作一般具有主题思想，所花的时间相对较长，注重画面的思想性、艺术性、表现形式等。创作能体现一个人的艺术水平和思想，成熟的艺术家往往有自己独特的表现语言和艺术风格。习作是地基，创作是高楼，创作强的作者往往是建立在强习作的基础之上的。但部分创作经验很丰富的艺术家也会扬长避短，采用一些方法和艺术表现形式来完成自己的创作，获得较为理想的艺术成果。

1- 习作，所花的时间相对较少，以对
景写生为常见，内容也相对简单
作者：张书山

1- 创作，所花的时间相对较多，作品有一定的主题思想，画面表现得较为充分

作者：徐亚华

2- 钢笔工具材料的不断更新和拓展，丰富了钢笔画的语言，对钢笔画的创作起到推动发展的作用

作者：唐靖

3- 工具材料对创作产生一定的影响，钢笔工具相对简单，作者也可以通过改良、自制等办法改造钢笔，拓展工具的表现语言

作者：夏克梁

6.2　工具材料对创作的影响

　　工具与材料对于任何一个画种来讲
都极为重要，直接影响着作画心情、表
现形式以及最终的艺术效果。钢笔画的
工具早已不再局限于传统的书写钢笔、
签字笔和美工笔。随着市场的需求，新
工具不断地出现，彩色墨水、彩色艺线
笔、彩色圆珠笔所表现的作品均属于钢
笔画的范畴。除此之外，也要拓展自制
的工具。自制工具具有独特性，所表现
的作品往往也有独特的面貌。除了工具，
纸张等材料对于创作也会产生重要的影
响，这种影响体现在行笔、特殊技法、
视觉效果等等方面。

6.3 创作的准备工作

　　创作不是伸手就来，相比日常的写生训练，创作需要先设定主题、构思、收集大量的素材、勾画小稿等一系列的准备工作。只有准备工作做得充分、到位，创作才能够顺利，才能达到预期的效果。

```
|   | 3
| 1 2 | 4
```

1- 图片资料

2- 图片是基本素材

3- 根据图片资料创作的作品
作者：向俊

4- 还原曾经热闹的景象
作者：张书山

· 构思：

构思可以从以下几方面进行：

第一，创作所要表达的主题（内容）。

第二，创作采用的艺术表现形式（手法）。

第三，如何结合自身的特点和情况（擅长）。

第四，如何将作品表现得到位、充分（极致）。

	2
1	3

1- 内容：应某文化公司邀请绘制海南亚洲博鳌论坛临时会址外观效果

2- 手法：完成的作品将运用到各类衍生品之中，所以采用较为写实的表现手法，并以勾线为基础

作者：夏克梁

3- 擅长：作者采用了自己擅长的马克笔绘画材料，在绘制的过程中尽可能将表现技法、塑造刻画、画面处理等做到极致

作者：夏克梁

· 收集素材：

收集素材的方法和渠道很多，常见的有以下几种方法：

第一，赴现场实地考察，多角度拍摄建筑，或以现场速写的形式记录建筑的形态和局部细节。

第二，采用实地调查的方式挖掘并收集主题相关的元素和素材。

第三，通过上网或图书馆翻阅资料，获取建筑的相关信息，更深入地了解与之相关的历史和人文背景。信息包括文字资料和图片资料。

| 1 | 2 | 5 |
| 3 | 4 | 6 |

1- 赴现场实地考察，收集基本素材

2 - 4- 辅助素材

5- 勾画多个小稿进行比较

作者：夏克梁

6- 为了更好地把握画面，也可勾画精细小稿来推敲明暗大关系

作者：夏克梁

· 勾画小稿

　　勾画小稿对于创作来讲极为重要，小稿能起到帮助作者推敲及预知最终效果的作用。

　　a）采用传统手绘草稿的方式，这种方法比较便捷，是最常见的一种手法。

　　b）如果建筑场景宏大，或者建筑形态复杂，也可采用精细小稿的方式，有利于画面的把控。

　　c）充分利用现代科技产品，如借助电脑或数位板来推敲构图的多种可能，推断作品最终呈现的画面效果。

1- 借助电脑推断作品完成的最终效果
2- 创作需要有一定的方法
作者：蔡靓

6.4　创作的方法、要点和注意事项

　　创作对于很多建筑钢笔画的爱好者来讲有点遥不可及，实际上，并没有大家想象中的那么难。创作的方法很多，勇于去思考、敢于去尝试，不断地去分析和总结，总会找到一种比较适合自己的方法，再多多实践和交流，最终必定能创作出满意的艺术作品。

6.4.1 创作方法

· 写实表现法

因为工具的特殊性，钢笔画常以写实的艺术形式出现，通过线条的排列、组合、叠加来达到造型的目的。在很长一段时间内，写实风格的钢笔画是国内最为常见的一种类型，也成为很多作者固有的表达方式。当然，也有很多优秀的写实钢笔画非常打动人，能引起人的共鸣。

1- 写实表现法之一
作者：毛耀军

2- 写实表现法之二
作者：徐亚华

· **勾线提炼法**

　　钢笔画的表现形式很多，线是钢笔画的基本语言，创作时也可在线条的表现上做文章，对线条的运用需要多做思考和实践，把线条的运用做到极致。

2020.2.9

· 构图取胜法

　　构图是创作的基础，可以在构图上另辟蹊径，找到一种独特、另类的构图方法，以博取观众的注意。

· **解构重组法**

　　创作不只是客观地描写对象，完全可以围绕服务于画面的想法，通过解构重组等方法来组织画面，使表现的主题更突出、画面更具形式感。

1- 解构重组法之一
作者：赵晨旭

2- 解构重组法之二
作者：袁华斌

· 构成介入法

　　构成的介入增强了画面的
形式感，使表现的画面具有独
特的艺术形式，更具吸引力。

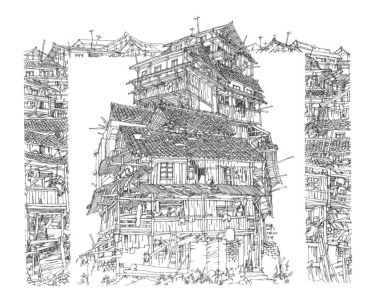

· 强调夸张法

抓住事物的某一特征，采用强调夸张的手法进行表现，使表现的画面具有一定的视觉张力。

| 1 | 3 |
| 2 | 4 |

1- 构成介入法
作者：夏克梁

2- 构成介入法是一种比较讨巧的方法，画面新颖、独特，更容易博眼球
作者：夏克梁

3- 创作原素材

4- 强调建筑的密集程度，使表现的画面更加震撼
作者：夏克梁

· 改头换面法

　　与写生中的"取舍"方法相近。创作过程中，根据画面的需求，直接用场景外的某一元素替换场景内的某部分内容，以达到完美的组合。

南京栖霞寺
二零一三年二月

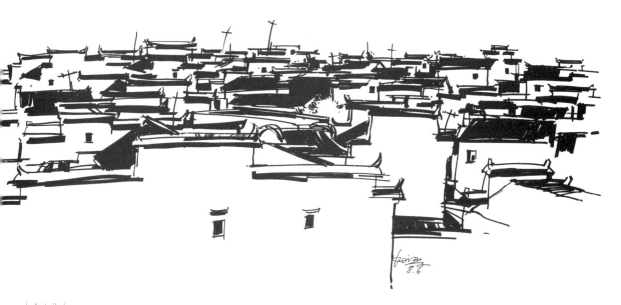

```
1 | 3
2 | 4
```

1- 场景照片

2- 以树木替换宝塔背后的建筑
作者：毛耀军

3- 参考版画的艺术形式
作者：夏克梁

4- 版画作品
作者：毛夏莹

· **参考借鉴法**

　　创作离不开参考和借鉴。可以借鉴他人的作品，特别是其他画种的作品；可以从某一图形中得到启发和灵感，再将这种灵感运用到创作中；当然也可以参考他人的表现技巧和艺术形式。

· 画幅改变法

长方形、方形、圆形为常见的画幅形式，适当改变画幅的形状也是创作的一种突破，是一种较为容易获取效果的方法。

|1| |
|2|3|

1- 画幅改变法
作者：夏克梁

2- 常规构图的一点"突破"，也算是画幅改变的一种方法
作者：夏克梁

3- 线条是钢笔画的基本语言，在绘制的过程中，要充分挖掘钢笔画独有的语言特点
作者：蔡靓

6.4.2　创作要点

　　任何一个画种，在创作中都能找到一些要点和方法，钢笔画的创作也不例外。掌握相应的要点，有助于提升钢笔画的创作水平。

· 发挥独特的表现语言

　　线条是钢笔画的基本语言，如何利用线条，彰显钢笔画独有的语言个性特征，对探寻和掌握钢笔画的表现规律、拓展钢笔画的艺术形式，有极为重要的作用，也是形成钢笔画作品风格、延展钢笔画形式面貌的极佳途径。充分挖掘表现语言的主要特性和特征是每位作画者钻研钢笔画的主要切入点。

1 | 2

1- 找到自己擅长的表现手法，将画面发挥到极致

作者：徐亚华

2- 钢笔画与水墨的结合，哪怕是一点点的突破，也是一种创新和收获

作者：赵晨旭

· 将画面做到极致

    建筑钢笔画具有多种不同的表现形式，各种表现形式都有自身的特点，不分好坏。无论你采用何种方法，只要将其做到极致，都是好方法，表现的作品都是好作品。

· 具备探研精神

　　艺术需要创新，作品需要有自己的特点和面貌，就要结合自身的优势，不断地研究和尝试，寻找适合自己的表现手法。探索过程中的一点点发现，有可能对你的创作都是一个很大的提升和突破。

6.4.3 注意事项

创作需要树立正确的艺术观,不要陷入某一误区,不要盲目跟风,要提高审美,提升作品的质量和品质。

· 作品要有大局意识

作品的整体感极为重要,在创作的过程中,整体始终是放在第一位的。不要因为追求细节的描绘和刻画,而失去整体感。

| 1 | 2 |

1- 画面的整体性是作品的第一要务
作者:秋添
2- 画得像不代表画得好,画得像也不代表画得不好,关键还是要看作品本身,但我们要注意不要将画得像作为评判作品的唯一标准
作者:陈炜

· **画得像不代表就是好**

　　因工具的原因，钢笔画多以写实手法为常见。在创作的过程中，很多人把画得像、画得细作为追求的终极目标，陷入创作的一个误区。

第七章 建筑钢笔画作品欣赏

1-《高堂》，钢笔
作者：徐亚华

2-《崛起的新时代》，美工笔
作者：蔡靓

| 1 | 2 |
| | 3 |

1-《牛腿》，蘸钢笔
作者：陈炜

2-《藏式建筑》，美工笔
作者：蔡亮

3-《欧建府邸》，美工笔
作者：蔡亮

1-《桂峰村民居系列之一》，签字笔
作者：耿庆雷

2-《桂峰村民居系列之一》，签字笔
作者：耿庆雷

3-《安徽宏村》，秀丽笔
作者：李国胜

4-《安徽卢村》，秀丽笔
作者：李国胜

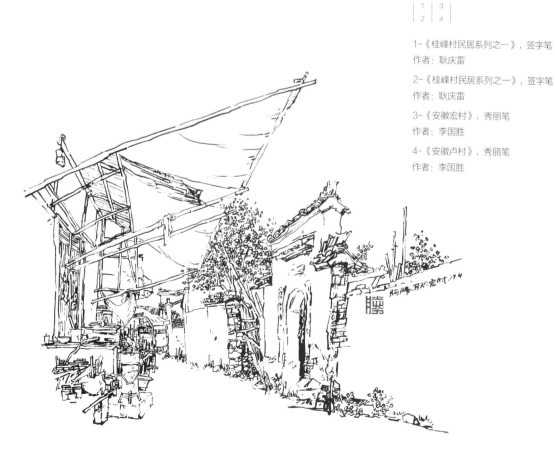

1	
2	3

1-《老街》，美工笔
作者：郑昌辉

2-《德阳楼》，美工笔
作者：郑昌辉

3-《晒秋》，钢笔
作者：韩子明

1	3
2	4

1-《太行石板屋》，钢笔
作者：韩子明

2-《太行深秋》，钢笔
作者：韩子明

3-《秋风楼》，钢笔＋水墨渲染
作者：毛耀军

4-《北京雍和宫》，钢笔
作者：毛耀军

山西·運城
萬榮縣·廟前
秋風樓二年
三月五日寫

北京
雍和宮
二〇〇年
八月十四日
雄軍

| 1 | 3 |
| 2 | 4 |

1-《杂物间》，秀丽笔
作者：唐靖

2-《拥挤的空间》，秀丽笔
作者：唐靖

3-《家园》，秀丽笔
作者：唐靖

4-《陈年老酒》，秀丽笔
作者：唐靖

1-《废弃的木屋》，钢笔
作者：张世忠

2-《老街》，钢笔
作者：张世忠

3-《婺源查干坦》，签字笔
作者：张书山

4-《乡情》，签字笔
作者：张书山

1-《欧洲风情》，美工笔
作者：唐亮

2-《午后》，美工笔
作者：唐亮

| 1 | 3 |
| 2 | 4 |

1-《水城威尼斯》，美工笔
作者：唐亮

2-《繁华街市》，美工笔
作者：秋添

3-《石阶上的风景》，美工笔
作者：秋添

4-《残破的老房子》，秀丽笔
作者：夏克梁

1 | 3
2 | 4

1-《井陉大梁江村口古槐》，钢笔
作者：卢国新

2-《井陉吕家村村口》，钢笔
作者：卢国新

3-《台湾安平老街圣母祠》，钢笔
作者：卢国新

4-《湘西新寨》，钢笔
作者：卢国新

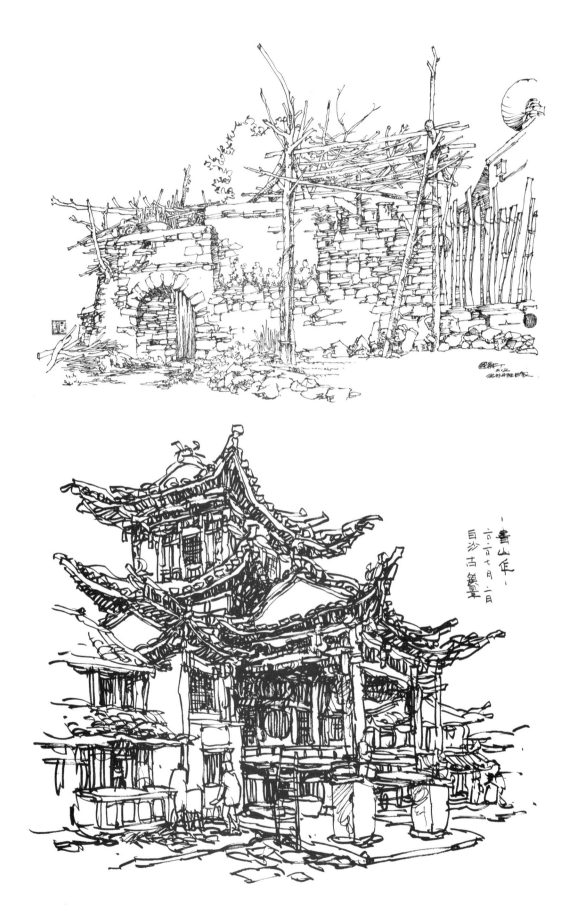

1 |
2 |

1-《厨房》，美工笔
作者：向俊

2-《老屋》，美工笔
作者：向俊

图书在版编目（CIP）数据

建筑钢笔画从基础到创作/ 夏克梁著.—南京：
东南大学出版社，2021. 10 （2024.1重印）
ISBN 978-7-5641-9696-7

Ⅰ. ①建… Ⅱ. ①夏… Ⅲ. ① 建筑画–钢笔画–绘画
技法 Ⅳ. ①TU204

中国版本图书馆CIP数据核字（2021）第 196791 号

建 筑 钢 笔 画 从 基 础 到 创 作
JIANZHU GANGBIHUA CONG JICHU DAO CHUANGZUO

著　　　者	夏克梁	
出 版 发 行	东南大学出版社	
社　　　址	南京市四牌楼 2 号　（邮编：210096）	
出 版 人	白云飞	
责 任 编 辑	曹胜玫	
经　　　销	全国各地新华书店	
印　　　刷	江苏扬中印刷有限公司	

开　　本	787mm × 1092 mm　1/16	
印　　张	15	
字　　数	374千	
版　　次	2021 年 10 月第 1 版	
印　　次	2024 年 1 月第 3 次印刷	
书　　号	ISBN 978-7-5641-9696-7	
定　　价	68.00 元	

本社图书若有印装质量问题，请直接与营销部联系，电话：025-83791830。